论低维纳器件
致广大而尽精微

白春礼
戊戌春月

中国科学院科学出版基金资助出版

低维材料与器件丛书

成会明　总主编

单原子催化材料

孙源淼　著

科 学 出 版 社

北　京

内 容 简 介

本书为“低维材料与器件丛书”之一。作者全面而深入地介绍了单原子催化材料的理论基础和应用，并对国内外研究进展进行了梳理和总结。第 1 章从电子与光电子角度分析了单原子催化材料的结构特点；第 2～4 章介绍了单原子催化材料的制备方法与表征技术，既囊括了主流且成熟的合成方法，又简要介绍了新兴且富有潜力的制备技术；第 5～8 章介绍了单原子催化材料在热催化、电催化、光催化和储能电池领域中的热门应用，同时总结了单原子催化材料在这些应用领域中的优势、现状和挑战；第 9 章系统梳理了单原子催化材料的理论设计；第 10 章介绍了单原子催化材料在尖端应用领域取得巨大的成就，并对未来发展方向进行了前瞻性展望。

本书可供从事单原子催化材料的科研工作者、各大院校相关专业师生以及企业专业技术人员作为学习参考和入门指导。

图书在版编目（CIP）数据

单原子催化材料 / 孙源淼著. -- 北京 : 科学出版社, 2025. 3. --（低维材料与器件丛书 / 成会明总主编）. -- ISBN 978-7-03-081308-4

Ⅰ. O643.36

中国国家版本馆 CIP 数据核字第 2025XB9760 号

丛书策划：翁靖一

责任编辑：翁靖一　智旭蕾 / 责任校对：杜子昂

责任印制：徐晓晨 / 封面设计：东方人华

科学出版社 出版

北京东黄城根北街 16 号

邮政编码：100717

http://www.sciencep.com

北京中科印刷有限公司印刷

科学出版社发行　各地新华书店经销

*

2025 年 3 月第　一　版　开本：720×1000　1/16

2025 年 3 月第一次印刷　印张：20

字数：378 000

定价：198.00 元

（如有印装质量问题，我社负责调换）

低维材料与器件丛书

编 委 会

总 序

人类社会的发展水平，多以材料作为主要标志。在我国近年来颁发的《国家创新驱动发展战略纲要》、《国家中长期科学和技术发展规划纲要（2006—2020年）》、《“十三五”国家科技创新规划》和《中国制造2025》中，材料均是重点发展的领域之一。

随着科学技术的不断进步和发展，人们对信息、显示和传感等各类器件的要求越来越高，包括高性能化、小型化、多功能、智能化、节能环保，甚至自驱动、柔性可穿戴、健康全时监/检测等。这些要求对材料和器件提出了巨大的挑战，各种新材料、新器件应运而生。特别是自20世纪80年代以来，科学家们发现和制备出一系列低维材料（如零维的量子点、一维的纳米管和纳米线、二维的石墨烯和石墨炔等新材料），它们具有独特的结构和优异的性质，有望满足未来社会对材料和器件多功能化的要求，因而相关基础研究和应用技术的发展受到了全世界各国政府、学术界、工业界的高度重视。其中富勒烯和石墨烯这两种低维碳材料的发现者还分别获得了1996年诺贝尔化学奖和2010年诺贝尔物理学奖。由此可见，在新材料中，低维材料占据了非常重要的地位，是当前材料科学的研究前沿，也是材料科学、软物质科学、物理、化学、工程等领域的重要交叉领域，其覆盖面广，包含了很多基础科学问题和关键技术问题，尤其在结构上的多样性、加工上的多尺度性、应用上的广泛性等使该领域具有很强的生命力，其研究和应用前景极为广阔。

我国是富勒烯、量子点、碳纳米管、石墨烯、纳米线、二维原子晶体等低维材料研究、生产和应用开发的大国，科研工作者众多，每年在这些领域发表的学术论文和授权专利的数量已经位居世界第一，相关器件应用的研究与开发也方兴未艾。在这种大背景和环境下，及时总结并编撰出版一套高水平、全面、系统地反映低维材料与器件这一国际学科前沿领域的基础科学原理、最新研究进展及未来发展和应用趋势的系列学术著作，对于形成新的完整知识体系，推动我国低维材料与器件的发展，实现优秀科技成果的传承与传播，推动其在新能源、信息、光电、生命健康、环保、航空航天等战略性新兴领域的应用开发具有划时代的意义。

为此，我接受科学出版社的邀请，组织活跃在科研第一线的三十多位优秀科学家积极撰写“低维材料与器件丛书”，内容涵盖了量子点、纳米管、纳米线、石墨烯、石墨炔、二维原子晶体、拓扑绝缘体等低维材料的结构、物性及制备方法，并全面探讨了低维材料在信息、光电、传感、生物医用、健康、新能源、环境保护等领域的应用，具有学术水平高、系统性强、涵盖面广、时效性高和引领性强等特点。本套丛书的特色鲜明，不仅全面、系统地总结和归纳了国内外在低维材料与器件领域的优秀科研成果，展示了该领域研究的主流和发展趋势，而且反映了编著者在各自研究领域多年形成的大量原始创新研究成果，将有利于提升我国在这一前沿领域的学术水平和国际地位、创造战略性新兴产业，并为我国产业升级、国家核心竞争力提升奠定学科基础。同时，这套丛书的成功出版将使更多的年轻研究人员获取更为系统、更前沿的知识，有利于低维材料与器件领域青年人才的培养。

历经一年半的时间，这套“低维材料与器件丛书”即将问世。在此，我衷心感谢李玉良院士、谢毅院士、俞书宏院士、谢素原院士、张跃院士、康飞宇教授、张锦教授等诸位专家学者积极热心的参与，正是在大家认真负责、无私奉献、齐心协力下才顺利完成了丛书各分册的撰写工作。最后，也要感谢科学出版社各级领导和编辑，特别是翁靖一编辑，为这套丛书的策划和出版所做出的一切努力。

材料科学创造了众多奇迹，并仍然在创造奇迹。相比于常见的基础材料，低维材料是高新技术产业和先进制造业的基础。我衷心地希望更多的科学家、工程师、企业家、研究生投身于低维材料与器件的研究、开发及应用行列，共同推动人类科技文明的进步！

成会明

中国科学院院士，发展中国家科学院院士

中国科学院深圳先进技术研究院碳中和技术研究所所长

中国科学院金属研究所，沈阳材料科学国家研究中心研究员

Energy Storage Materials 创刊主编

前 言

催化科学的起源可以追溯到 18 世纪末和 19 世纪初。当时，科学家注意到某些物质在化学反应中可以加快反应速率，而自身不发生永久变化。这种现象最早由英国化学家 Elizabeth Fulhame 在 1794 年研究中提及，她观察到在金属氧化还原反应中，一些物质能促进反应进行。1835 年，瑞典化学家 Jöns Jakob Berzelius 首次提出了“催化”的概念，用来描述这种现象。他的研究表明，催化剂能够在反应中加快化学反应速率，而在反应后保持不变。Berzelius 的工作奠定了催化科学的基础。随后，德国化学家 Wilhelm Ostwald 进一步研究并定义了催化剂的作用，强调了催化剂在化学反应中的重要性，并因此获得 1909 年的诺贝尔化学奖。至此，催化科学开始兴起并逐渐应用于工业生产中。20 世纪中期，石油化学工业的发展促进了催化技术的成熟。催化裂化和重整工艺的发展以及铂族金属催化剂的广泛应用，使催化反应在石油精炼中变得更加高效，同时具有更专一的选择性。分子筛和沸石催化剂也在此时期得到广泛应用，进一步提升了催化反应的性能。

20 世纪末至今，催化科学进入了多样化和精细化发展的阶段。在均相催化、非均相催化、生物催化和酶催化等领域均取得了重要进展。从早期简单的金属催化剂到现代复杂的纳米结构催化剂，催化技术的进步不仅推动了化学工业的变革，也在环境保护、能源转化和新材料开发等方面发挥了关键作用。在这一进程中，单原子催化剂作为一种新兴的催化材料，正引领着催化科学和技术的前沿，展现出巨大的潜力和应用前景。单原子催化剂是指通过精确控制，使催化剂活性中心以单个原子的形式分散在载体表面或其他结构中的催化剂。这种催化剂具备尺度低维和粒子呈单原子级分散的结构特点，使其兼具均相催化剂的高选择性和非均相催化剂的高稳定性，提供了独特的催化性能。自从单原子催化剂的概念首次被提出以来，其迅速成为化学、材料科学和纳米技术领域的研究热点。近年来，随着技术进步，多种制备方法如化学气相沉积法、原子层沉积法等相继被开发，进一步促进了单原子催化剂的研究和应用。此外，先进的表征技术如高分辨透射电子显微镜、X 射线吸收精细结构谱等的广泛应用，帮助揭示了单原子催化剂的微观结构和催化机制，使高活性单原子催化剂的精准设计成为可能。

本书作者团队在催化领域深入研究近十年，对于单原子催化体系具有较为系统的认识。本书的撰写目的在于系统地介绍单原子催化剂的基础理论、制备方法、表征技术及其在不同领域中的应用。通过对单原子催化剂科学的全面探讨，希望为读者提供一个清晰的、前沿的知识体系，帮助科研人员、工程师和学生深入理解和掌握这一新兴领域。本书将以十个章节的内容系统介绍单原子催化材料，首先概述单原子催化材料的发展历程和电子/光电子性质，接着介绍单原子催化材料的制备方法和表征手段，然后分别阐述其在热催化、电催化、光催化和储能领域的应用，以及单原子催化材料的理论设计，最后结合单原子催化材料的结构优势对其未来的应用场景进行了展望。

在本书即将付梓出版之际，感谢成会明院士组织撰写“低维材料与器件丛书”。感谢中国科学院深圳先进技术研究院孙源淼研究员团队师生的参与和付出，尤其是马昊、杨纪璇、要亚雄、闵志雯、叶信余、赵冉沁、巫陈浩、和河达、王子睿等同事的贡献。感谢科学出版社翁靖一编辑精益求精的工作。感谢国家自然科学基金委员会、广东省自然科学基金管理委员会、科学技术部的支持。在此谨对上述帮助和支持者一并致谢。

限于作者时间和精力，书中难免存在欠妥和疏漏之处，恳请广大读者朋友不吝批评指正。

孙源淼

2024 年 11 月于深圳

目　录

第1章 绪　论

1.1 碳中和愿景下的催化需求

在全球气候变化的大背景下，碳中和已成为国际社会的共识和追求目标。碳中和是指通过各种措施平衡碳排放量与碳吸收量，实现净碳排放的减少，以应对全球气候变暖问题。碳中和不仅仅是一个环境保护的口号，它代表着一种能源和工业生产方式的根本转变。这一转变要求在保证经济社会发展的同时，大幅度减少依赖化石燃料的能源结构，降低工业生产和日常生活中的碳排放。当前，全球多个国家和地区已经制定了碳中和的时间表和路线图。

开发和应用新的催化技术是实现碳中和宏伟目标的关键之一。催化是一种加速化学反应的过程，降低反应的活化能加快反应速率，使化学反应在更低的能耗和更少的副产物生成下进行。催化技术在实现碳中和目标中扮演着至关重要的角色，直接影响化学制造过程的能效和环境影响。通过降低活化能，催化剂不仅加快了化学反应的速率，还有助于在较低的温度和压力下进行反应，显著减少了能源的消耗和操作成本。例如，在制造业中，使用高效的催化系统可以减少生产过程中所需的热能和电力，从而直接降低化石燃料的使用量，减少二氧化碳的排放。此外，催化技术通过提高反应的选择性，减少了副产品的生成和有害物质的排放，这不仅有助于保护环境，还提高了原料的转化效率，进一步促进了资源的节约和可持续利用。因此，催化技术的优化和创新是推动工业过程向更清洁、更绿色转型的关键途径，对于全球范围内实现碳中和具有重要意义。

然而，实现催化技术的优化和创新面临着许多挑战。首先，需要开发新型催化剂，这些催化剂不仅要有高效的催化性能，还要具备良好的稳定性、耐腐蚀性和经济性；其次，催化过程的优化需要结合先进的工程技术，包括反应器设计、过程控制和系统集成。此外，碳中和愿景下的催化需求还促使科学家探索新的催化方向和方法。一个突出的例子是二氧化碳的电化学还原，可以将二氧化碳转化为有用的化学品，如甲醇或甲烷，不仅有助于减少温室气体排放，同时也提供了一种新的资源循环方式。光催化也是一个重要的研究领域，它利用太阳光作为能源驱动化学反应，如水分解制氢或二氧化碳还原，既环保又高效。

未来的催化研究将更加侧重于可持续性和环境友好性。这不仅包括开发新型催化材料和过程，还包括对现有工业过程的改造和优化。在这个过程中，跨学科的合作变得尤为重要。化学、物理、材料科学、环境科学、工程技术等多个领域的专家需要共同努力，以实现催化技术的创新和应用。此外，催化技术的开发和应用必须在经济上可行，才能在全球范围内得到广泛推广。这要求我们不仅要关注催化效率和环境影响，还要考虑成本效益比。因此，发展低成本、高能效的催化技术对于实现碳中和目标至关重要。与此同时，政策制定和社会意识的提升也是推动催化技术在碳中和中应用的关键因素。政府和国际组织需要制定相应的政策，鼓励催化技术的研发和应用，同时提高公众对碳中和重要性的认识。这些努力将有助于构建一个更加绿色和可持续的未来。

综上所述，催化技术在实现碳中和愿景中扮演着至关重要的角色。从基础研究到工业应用，从政策制定到社会意识提升，多方面的努力将共同推动这一领域的发展。随着新技术的不断涌现和社会对环保的持续关注，催化技术在碳中和过程中的应用前景充满希望。

1.2 催化反应基本原理

早在 1746 年，J. Roebuck 在使用铅室法生产硫酸时首次使用了 NO_2 作为气相催化剂，开创了现代工业催化过程的先例。NO_2 的使用有效促进了 SO_2 向 H_2SO_4 的氧化，为工业催化剂的发展奠定了基础。随后，1832 年，Phillips 发现铂（Pt）能作为 SO_2 氧化生成 SO_3 的多相催化剂，并成功地将其应用于工业生产中。1879 年，为了提高催化剂的使用寿命，研究人员开始使用 V_2O_5-K_2SO_4/硅藻土催化剂促进 SO_2 氧化成 SO_3，并且这种催化剂至今仍被广泛使用。此外，1857 年，研究人员使用氯化钙（$CaCl_2$）作为催化剂将氯化氢（HCl）氧化成氯气，这一技术成为工业催化历程中的重要里程碑，并广泛应用于制备有机氯化物、氯丁胶和漂白剂等领域。1836 年，瑞典化学家 Jöns Jakob Berzelius 在研究铂黑催化乙醇生成乙酸的过程中，首次引入了“催化”（catalysis）和“催化剂”（catalyst）这两个术语，进一步丰富了化学催化的理论基础。

催化剂是参与化学反应，而不被消耗的物质，它能够加快反应速率，但不改变反应的平衡位置。催化过程涉及多个步骤：反应物与催化剂结合、反应发生、产物与催化剂分离、释放催化剂用于下一个循环。

催化作用根据催化剂和反应物的相态，主要分为均相催化和非均相催化。均相催化中，催化剂与反应物处于同一相态，通常是液相，并经常在溶剂中进行。这类催化的机理研究相对较易，因为反应体系的均一性简化了分析。非均相催化（也称多相催化）则涉及催化剂与反应物或产物在不同相态下进行的反应[1]。这种催化过程通常涉及固体催化剂和气态或液态反应物，其中催化剂与反应物之间的界面是关键。

根据催化剂的驱动力不同，催化反应可分为热催化、电催化和光催化等。热催化是催化领域中最知名的类别之一，因其高效率和适用于大规模生产的特点，在传统工业过程中得到广泛应用[2, 3]。这类催化通常涉及在较高温度下进行的化学反应，从而有效促进反应物的转化。典型的例子包括水煤气变换反应和合成氨[4, 5]，这两种过程在化工和能源行业中具有重要地位。在这些应用中，热催化剂能够加快反应速率，提高产量和效率，对现代工业生产至关重要。

电催化通过加速电子在电化学反应中的转移来提高反应的速率和效率。这一过程主要涉及催化剂在电极表面的作用，优化电子的流动，从而提升整体反应的性能[6]。电催化在能源转换、储能设备和环境保护方面尤为关键，广泛应用于燃料电池、电解水制氢、金属-空气电池和 CO_2 还原等[7, 8]。电催化剂的设计旨在优化催化效率、降低超电势、减少能量损耗。当前的研究焦点是开发基于贵金属、过渡金属和碳材料的高效电催化剂，以满足全球日益增长的能源和环境需求。

光催化利用光能激活催化剂，并通过这种方式促进化学反应的进行。这一过程的核心在于光催化剂在光照条件下显示出的氧化还原能力[9, 10]。在光解反应中，光能被底物吸收，从而产生电子和空穴。这些电子-空穴对的生成是决定光催化效率的关键因素。价带的电子被激发，穿过禁带到达导带，价带由于缺失电子形成空穴，具有氧化的能力，导带得到电子后具有还原的能力[11, 12]。目前光催化广泛应用于环境净化、能源转换和有机合成。设计光催化剂的关键在于如何提高光能利用率和催化效率，同时要确保催化剂的稳定性。常用的光催化剂包括二氧化钛、硫化镉等半导体材料。目前，研究正集中于通过纳米技术和表面改性开发高效光催化剂，以应对环境和能源挑战。

1. 催化剂的特性

催化剂有三个主要特性：参与反应、加快反应速率以及本身不被明显消耗。在催化过程中，催化剂通过与反应物或产物的相互作用形成中间体，降低活化能，从而改变反应路径，加快反应速率（图 1.1）。催化循环完成后，催化剂恢复其原有状态。

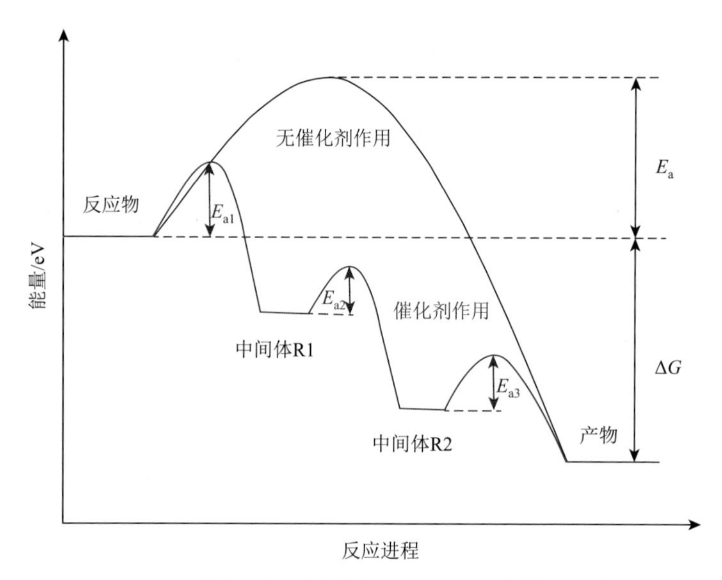

图 1.1 无催化剂作用和催化剂作用促进化学反应进程

值得注意的是，催化剂虽能加速化学反应，但不改变反应的平衡点，即不影响反应的吉布斯自由能（ΔG）和平衡常数（K）。催化剂能同时加速正反应和逆反应，但不改变最终状态的平衡组成。

此外，催化剂的效果会受到反应条件如压力、温度和反应物组成的影响。这些条件决定了催化剂表面物质的覆盖度和性质，进而影响副反应发生的可能性。例如，脱氢催化剂在加速脱氢反应的同时，也可能促进相应的加氢反应。同样，脱水催化剂也可能有助于水化反应的发生，并非所有在一个方向上表现良好的催化剂同样适用于逆向反应。因此，优化催化剂的选择和应用需要考虑这些因素，以确保在特定的反应条件下实现最佳性能。

催化反应通常由多个基元反应组成。如果总速率由一个基元反应的速率确定，则此步骤称为速率决定步骤（rate-determining step，RDS）。速率决定步骤是催化过程中活化能垒最高的反应步骤，但对于连续的反应步骤，RDS 不一定是催化循环中最慢的步骤。尽管活化能较高的反应步骤通常较慢，需要更多的能量启动反应，但反应速率也受反应物浓度的影响。因此，即使活化能较高，如果这一步骤在反应物浓度较高的条件下进行，其实际速率仍可能超过活化能较低但反应物浓度较低的步骤。当反应达到动力学稳态时，催化循环中所有基本反应的速率相同，即每个步骤的正反应速率与逆反应速率之差等于整个反应的速率，这样的动力学平衡确保了催化过程的连续性和效率。

2. 催化剂的性能指标

催化剂的性能主要由三个关键特性决定：催化活性（catalytic activity）、选择性（selectivity）和稳定性（stability）。在实际应用中，这三个特性共同影响催化剂的总体效能，其中选择性通常被视为比活性更为关键的因素，因其直接关系到反应的经济效益和效率。有效地平衡这三个特性，是实现高效和经济催化过程的关键。

（1）催化活性。催化活性是指催化剂加速反应的能力，通常通过周转率（turnover rate，TOR）或转换频率（turnover frequency，TOF）衡量，反映催化剂在单位时间内的效率。

TOF 指单位时间内在单个活性位点上反应的分子数量，具体表达式如式（1-1）所示：

$$\mathrm{TOF} = \frac{1}{N_{\mathrm{AS}}}\frac{\mathrm{d}n}{\mathrm{d}t}(\mathrm{mol\cdot s^{-1}}) \tag{1-1}$$

式中，N_{AS}为催化活性中心/位点的数量；n 为产物物质的量。当 TOF 数值较高时，表明催化剂具备较高的活性，能在较短时间内催化更多的反应，每个活性中心在单位时间内高效地将反应物转化为产物。相对地，TOF 值较低表明催化剂活性减弱，导致其催化反应频率下降，每个活性中心的转化效率降低。这种低效率可能源于催化剂的活性中心结构不理想、表面吸附能力不足或反应物与催化剂的相互作用不充分。催化剂本身的反应活性不足也可能导致低 TOF。因此，通过优化催化剂结构和调整反应条件来提升催化效率是至关重要的。

（2）选择性。催化剂的选择性关乎催化剂控制反应路径和方向的能力，反应在热力学上可以沿几个途径进行而得到不同的产物，如氧化还原反应可以生成水或过氧化氢。选择性可以用形成所需产物所消耗的反应物的百分比表示，具体表达式如式（1-2）所示：

$$\text{选择性} = \frac{\text{转化为所需产物的A的量}}{\text{A的总转化量}} \times 100\% \tag{1-2}$$

催化剂的选择性体现在其能够有效控制特定反应达到平衡状态，同时对其他潜在的反应路径影响甚微。具有高选择性的催化剂能够优先生成目标产物，并显著减少不必要的副产物，提高反应的经济性和效率。相比之下，低选择性的催化剂在催化反应时不特别倾向于任何一个特定的产物，可能导致生成多种不同的产物。这样通常会降低目标产物的产率，并增加副产物的产量，从而使后续的分离和纯化工作更加困难和成本增加。

（3）稳定性。催化剂的稳定性是指催化剂在反应条件下保持其化学和物理性质不变的能力，是衡量催化剂性能的关键指标之一。它包括催化剂在连续使用过程中不易发生活性下降、结构破坏或组成改变。在反应条件下，理想的催化剂应展现出长期稳定的性能，即在连续使用过程中维持其活性和选择性。此外，即便催化剂在使用过程中出现失活，也应能通过适当的处理在短时间内再生其性能。这种再生能力不仅延长了催化剂的使用寿命，也提高了其经济效益和可持续性。因此，在设计和评估催化剂时，考察其在实际应用条件下的稳定性、可重复性和可再生性是至关重要的。

3. 催化剂表面吸附

在催化作用中，催化剂表面的吸附过程对反应效率起决定性作用。这一过程可分为物理吸附和化学吸附两种。物理吸附是基于较弱的范德瓦耳斯力产生的吸附作用，其发生在吸附质与催化剂表面距离较远的空间上。化学吸附则发生在吸附质与催化剂表面距离更近的空间上，其本质为吸附质电子云与催化剂表面原子电子云的重叠，从而形成较强的化学键。

两种吸附方式各有特点：化学吸附的吸附热通常超过 80 $kJ\cdot mol^{-1}$，速率较慢，通常形成单层；而物理吸附的吸附热为 0～40 $kJ\cdot mol^{-1}$，速率快，可能形成多层吸附。催化剂性能的优化和设计重点在于理解和控制这两种吸附方式，因为化学吸附对催化剂的活性和选择性具有显著影响，而物理吸附虽快速易发生，但对催化效率的贡献较小。因此，在催化科学中，对化学吸附过程的深入理解是关键。

1）吸附热

吸附热是衡量催化剂表面与吸附质之间相互作用强度的关键指标，可分为积分吸附热和微分吸附热两种。积分吸附热是指吸附量发生较大变化时，在恒温吸附的整个过程中吸附 1 mol 物质所产生的热效应，反映了许多不同吸附位点性能累积的平均结果。微分吸附热则在吸附量微小变化时被测得，它精确显示了在特定覆盖度下的吸附能力，这种能力通常随覆盖度的增加而降低。这两种吸附热的测定对于理解和优化催化剂的化学吸附特性极为重要，因为它们直接影响催化剂的活性。高的吸附热通常表明强烈的化学键，有利于吸附质在催化剂表面的稳定，不仅影响催化反应的速率，也决定了催化剂的效率和选择性。因此，理想的催化剂设计需要恰当的平衡吸附能力与反应物的有效转化，以确保化学制造过程的高效性和经济性。

2）覆盖度

覆盖度（coverage，θ）是指在催化剂上的吸附面积与总表面积的比值。对于单层吸附，可以用给定时间的吸附量与饱和吸附量的比值来表示，如式（1-3）所示：

$$\theta = \frac{V}{V_m} \tag{1-3}$$

式中，V 为在给定时间内的吸附量，用标准条件下的气体体积表示；V_m 为饱和吸附量。对于理想吸附，每个吸附位点的吸附热（能量）相同，故吸附热与覆盖度无关。但对于真实情况，吸附热通常随着覆盖度的增加而降低，其原因有两点：

①由于催化剂表面的不均匀性，不同的吸附位点具有不同的活性（即吸附热也不同），所以吸附总是优先发生在活性高的吸附部位；②由于被吸附物之间的排斥力，随着覆盖度的增加，化学吸附吸附物表面出现相互排斥，所以导致吸附热的降低。然而，在某些情况下，吸附质之间可能发生相互吸引，导致吸附热相应增加。

3）吸附平衡

吸附平衡是指在单位时间内，催化剂表面的气体吸附量保持不变，这意味着总的吸附速率与脱附速率相等。通常情况下，一个特定的系统（即确定吸附剂和吸附质）达到平衡时，吸附量取决于温度和气体的压力。这可以用一个函数表示，即 $q = f(T, p)$，其中 q 为吸附量；T 为温度；p 为气体压力。

这个关系表明，吸附量会随着温度和压力的变化而变化，故吸附平衡可分为等温吸附平衡、等压吸附平衡和等量吸附平衡。等温吸附平衡考察在恒定温度下，吸附量随压力如何变化。此时所得的关系曲线称为等温吸附曲线，它通常用来描述吸附剂对特定吸附质的吸附能力。等温吸附曲线可以帮助理解吸附过程的热力学性质和吸附机制。等压吸附平衡关注在恒定压力下，吸附量随温度如何变化。这种研究反映了温度变化对吸附行为的影响，并且得到的等压吸附曲线有助于分析吸附过程的热效应，如吸附热等。等量吸附平衡是在恒定容积条件下研究吸附压力与温度之间的关系。通过观察等量吸附曲线，可以获得关于吸附质在固定空间内的行为和状态变化的信息，这对于设计压力容器和储存系统中的吸附剂特别有价值。

（1）Langmuir 吸附等温曲线。Langmuir 模型通常被视为理想吸附模型，基于一系列简化的假设描述吸附现象。这些假设包括：①吸附是单层的，没有其他的分子覆盖层；②被吸附物占据所有吸附位点的可能性是一样的；③吸附剂的表面是完全一致的；④一个分子被吸附在一个位点上的可能性与相邻空间是否已经被其他分子占据无关。

满足 Langmuir 假设的吸附模型的条件，达到吸附平衡时，吸附速率与脱附速率相等，即 $r_a = r_d$，吸附速率和脱附速率分别如式（1-4）和式（1-5）所示：

$$r_a = k_a P(1-\theta) \tag{1-4}$$

$$r_d = k_d \theta \tag{1-5}$$

从而推出：

$$k_a P(1-\theta) = k_d \theta \tag{1-6}$$

$$\theta = \frac{\lambda P}{1+\lambda P} \tag{1-7}$$

式中，$\lambda = k_a/k_d$，λ 称为吸附系数。根据 k_a、k_d 的含义，λ 相当于吸附平衡常数。式（1-7）即为著名的 Langmuir 等温方程。当气体压力较高时，$\lambda P \gg 1$，$\theta \approx 1$，即覆盖度趋近于 1。当气体压力较低时，$\lambda P \ll 1$，$\theta \approx \lambda P$，覆盖度与气体压力成正比。在这种情况下，又称该方程为 Henry 方程。

尽管 Langmuir 模型因其简单性在教学和初步研究中非常有用，但在实际应用中，很多吸附系统的表面并不完全均一，吸附质之间可能存在相互作用，或者可能发生多层吸附，这时就需要使用更复杂的吸附模型，如 Freundlich 或 BET（Brunauer-Emmett-Teller）等温曲线，来更准确地描述实际情况。

（2）Freundlich 等温曲线。Freundlich 模型适用于多层吸附和不均匀表面。这个模型没有对吸附层的数量设限，并考虑到表面能的不均匀性。其表达形式如式（1-8）所示：

$$\theta = kP^{\frac{1}{n}} \tag{1-8}$$

吸附热随覆盖度的对数而线性下降，即 $Q = Q^0 - \ln\theta$（Q^0 为初始吸附热）。式（1-8）中，k 与 n 均为常数，均随温度升高而降低。一般 $n > 1$，具体数值随吸附体系变化。Langmuir 方程和 Freundlich 方程都适用于物理吸附和化学吸附。有些体系不符合 Langmuir 方程的假设，尤其是在较宽的压力范围内时，Freundlich 方程能更好地描述这些情况。即便在某些体系中 Langmuir 方程适用，但在中等覆盖区的等温线仍可能表现出类似于 Freundlich 方程的特性。如果恰当选择参数 k 和 n，Freundlich 方程能够很好地拟合实验中等温曲线的数据。由于 Freundlich 方程考虑了吸附剂表面能量分布的异质性，它在模拟吸附行为时显示出较高的适用性和灵活性。这使 Freundlich 方程成为描述和预测吸附行为的一个有效工具，尤其适用于复杂的吸附系统，其中吸附位点的能量和活性可能各不相同。

（3）Temkin 等温曲线。Temkin 等温曲线考虑了吸附热与覆盖度的关系，是一个基于经验的方程。该模型特别适用于吸附热变化显著的场景，并用于描述化学吸附过程，通常表述为

$$\theta = \frac{1}{f}\ln a_0 P \tag{1-9}$$

式中，f 和 a_0 均为常数，令 $f = \gamma/RT$（γ 为常数）。这一方程对应的模型是吸附热随覆盖度增加而线性下降的情况，即 $Q = Q^0 - \gamma\theta$。在实际应用中，Temkin 模型不仅有助于更精确地模拟和预测吸附行为，而且为设计和优化催化及吸附过程提供了理论基础。因此，Temkin 模型在化工、环境工程等领域中非常有价值，尤其适用于处理涉及多种化学物质和复杂操作条件的工业应用。

（4）BET 等温曲线。BET 模型是由 Stephen Brunauer、Paul H. Emmett 和 Edward Teller 首先提出来的。基于 Langmuir 模型，BET 模型主要用于描述多层物理吸附。它假设第一层吸附符合 Langmuir 等温曲线，而更高层的吸附则类似于液态吸附。BET 模型特别适于估算多孔材料如活性炭、沸石、金属有机骨架等的比表面积。通过测定低压下的吸附等温曲线，可以计算出材料的比表面积，这对于催化剂、吸附剂和其他多孔材料的设计与应用至关重要。此外，通过分析 BET 等温曲线，还可以获得有关孔隙大小分布和孔隙体积的信息。

4）化学吸附的分子轨道

在化学吸附过程中，分子或原子在固体表面形成化学键，通常涉及电子的转移或共享。以金属 d 带与单原子相互作用的简单情况为例，图 1.2 揭示了金属与吸附原子之间电子密度的相互重叠以及形成新的扩展轨道的过程。这些轨道由原子和金属的电子共同填充。如果电子占据成键轨道，则发生相互吸引作用；如果占据反键轨道，则会导致化学键的削弱[13]。该过程可能出现以下几种情况：

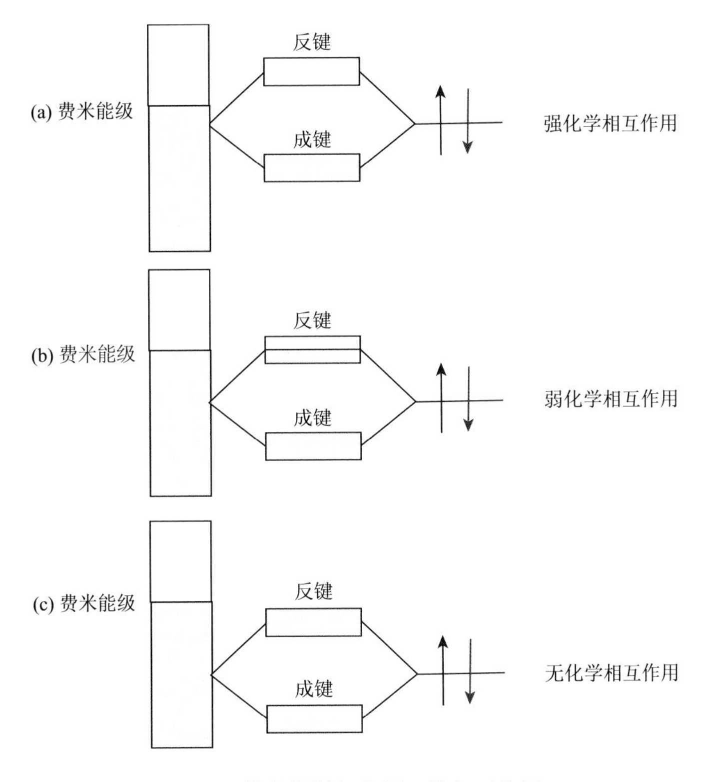

图 1.2　单个轨道与金属 d 带相互作用

（1）当化学吸附的反键轨道完全位于费米能级（Fermi level）以上并且为空时，将形成一个强的化学吸附键。这是因为成键轨道被电子占据，从而导致强烈的相互吸引作用［图 1.2（a）］。

（2）在中间情况下，化学吸附的反键轨道跨越费米能级。此时，反键轨道只被部分占据，原子吸附在金属表面，但化学吸附键的强度相较于情况（1）较弱［图 1.2（b）］。

（3）若原子与金属轨道之间的相互作用较弱，则成键轨道和反键轨道之间的能量差较小。在这种情况下，反键轨道位于费米能级以下并被电子占据。这会导致原子与金属表面发生排斥作用，使原子脱离表面［图 1.2（c）］。

此外，在对常见的双原子分子（如 H_2、N_2 和 CO 等）进行化学吸附分析时，必须要考虑分子轨道理论中的两个关键概念：最高占据分子轨道（highest occupied molecular orbital，HOMO）和最低未占据分子轨道（lowest unoccupied molecular orbital，LUMO）。以一个简单情况为例：分子 A_2，有占据的成键轨道 σ 和未占据的反键轨道 σ^*，当分子 A_2 与金属相互作用进行吸附时，其成键过程如图 1.3 所示。

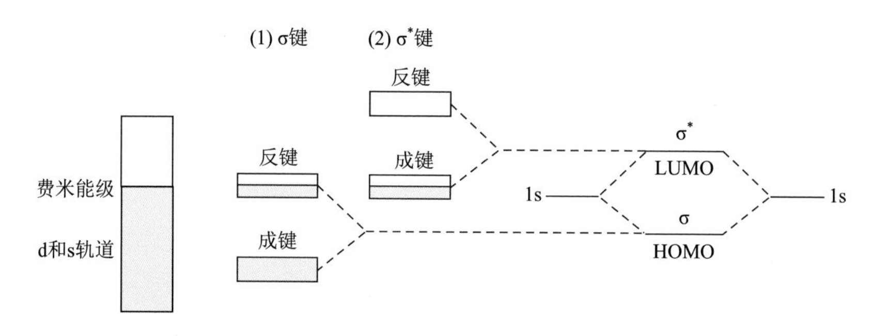

图 1.3　双原子分子在 d 金属上化学吸附的轨道示意图

（1）由 HOMO 组合新的分子轨道。将 A_2 的成键轨道 σ 与金属具有适合方向和对称性的表面能级进行组合。

（2）对 LUMO 做相同的处理。将 A_2 的反键轨道 σ^*与金属其他具有适合方向和对称性的表面能级进行组合。

在观察这些轨道相对于金属费米能级的位置时，关键是确定哪一个轨道被填充以及填充的程度。在化学吸附中，成键轨道和反键轨道通常都是被占据的。原则上，占据的分子轨道 σ 与占据的表面轨道之间会产生排斥效应。然而，如果反键轨道位于费米能级之上，这种排斥作用可以部分或全部被解除。

在催化过程中，化学吸附产生的轨道可能位于费米能级的上方或下方。如果化学吸附的反键轨道被占据，可能导致吸附质分子解离。这种现象发生的原因是电子填充到反键轨道中，增加了分子内部的电子排斥力，从而削弱了分子内的稳定化学键。

4. Sabatier 原则

1920 年，法国化学家 Paul Sabatier 提出了 Sabatier 原则，这一原则强调催化剂与反应物种之间的相互作用需要具有适中的强度[14]。根据 Sabatier 原则，过强的相互作用会使反应产物难以从催化剂表面脱附从而抑制催化活性，而过弱的相互作用则减少了反应物的有效吸附导致催化活性过低[15, 16]。因此，催化活性与催化剂和反应物之间的键合能力通常会呈现出火山状的关系图（图 1.4），该图描述了活性与氧结合能之间的关系，其形状类似于三角形或抛物线，峰值代表着最佳催化活性[17, 18]。Sabatier 原则可有效指导研究者寻找最高效的催化剂[19]。

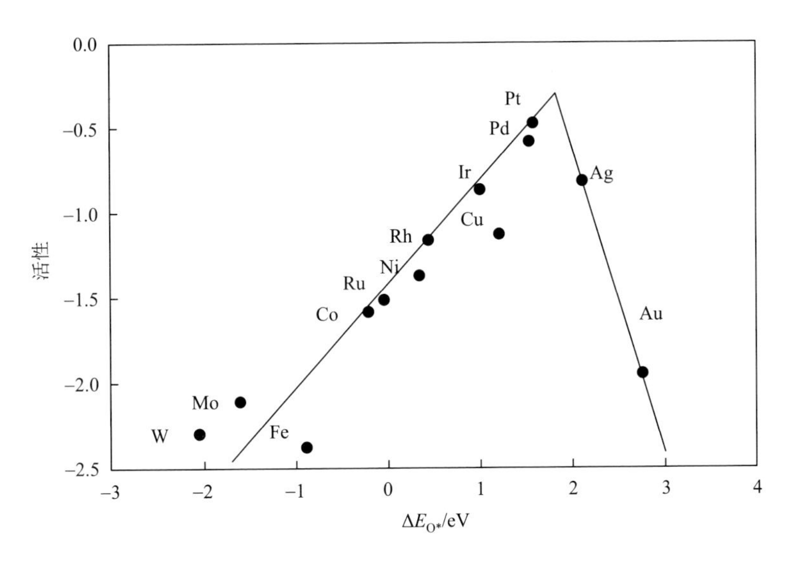

图 1.4 各种纯金属的活性与氧结合能（ΔE_{O*}）之间的 OER 火山图[17]

Brønsted-Evans-Polanyi（BEP）原理是定性分析某些催化反应火山曲线的便捷工具，最开始由 R. P. Bell、M. G. Evans 和 M. Polanyi 各自独立提出，用于解释在酸分离中反应活化能和自由能非常明显的线性关系。1924 年，BEP 原理在 Brønsted 催化方程中被首次发表提出，是描述化学反应中反应体系的活化能和反应焓变差值的模型。

BEP 原理证明了反应势垒 E_a 和反应焓变 ΔH 之间通常存在普遍的线性关系。基于 BEP 关系，Nørskov 等[20]在获得一系列催化反应的火山曲线方面取得了重大进展。利用 BEP 原理可以通过吸附能直接预测反应能垒。同时 Nørskov 等[20]发现，在催化过程中，吸附物质的各种中间体的能量往往与某些关键中间体的能量呈线性关系，这被称为多相催化中的另一个重要关系，即标度关系（scaling relation），标度关系揭示了不同物理量在一系列催化体系中具有线性相关关系。常见的标度关系大多表示两种不同吸附物在一系列晶面上的吸附能之间存在的线性关系。例如，只需要 C*和 O*的吸附能就可描述 CO_2RR 中的整个复杂反应路径。通过这种关系，描述催化剂活性的多变量空间被大大简化，整个反应只用一个或两个关键变量描述，并且通过描述符即可画出反应的火山图，用于预测催化剂的催化活性。将 BEP 原理与标度关系相结合，可以通过将所有能量归一化为两种表面吸附中间体的能量，绘制三维火山图曲线[21]。例如，Hu 等[22]通过绘制 CO 加氢的 TOF 相对于 C*和 O*化学吸附能的三维火山曲线，揭示了多相催化剂的重要性，因为表面物种之间存在一些特定的缩放关系。

然而，这个框架在指示最佳催化剂的同时，也限制了“静态”催化剂活性的极限。如何突破或规避这种极限，近来已成为多相催化领域的研究热点之一。2023 年，复旦大学徐昕团队通过在单原子催化剂中引入均相催化中半配位效应（hemilability）的概念[23]，为规避 Sabatier 火山曲线的限制提出了一个新的思路。

1.3 单原子催化剂的提出与发展

单原子催化剂（single atom catalyst，SAC）是近年来在催化科学领域中引起广泛关注的一类材料，其定义为以单原子形式分散在支撑材料上，每个金属原子独立存在，未与其他金属原子形成团簇或颗粒的催化剂。这种结构使每个金属原子的表面都完全暴露，从而极大地提高了催化剂的活性和选择性。单原子催化剂有效结合了均相与多相催化剂的优点，最显著特征是其原子利用率高达约 100%。同时单原子催化剂中的单个原子由于配位度低，能够与载体和反应物种发生高效的化学作用，表现出极高的本征活性。单原子活性位点高度均一且明确，在催化效率的提高和反应选择性的精确控制方面，展现出巨大的应用潜力[11]。此外，单原子催化剂易于分离，具有较好的稳定性与可重复利用性，为催化科学领域带来了重要的工业应用价值。

单原子催化的概念起源可以追溯到 20 世纪 60 年代（图 1.5）。研究发现，在化学吸附作用下，某些低负载催化剂表现出完全分散的特性，这指示了活性位点可能以原子级分散存在。然而，当时的化学吸附技术未能明确区分原子与小团簇

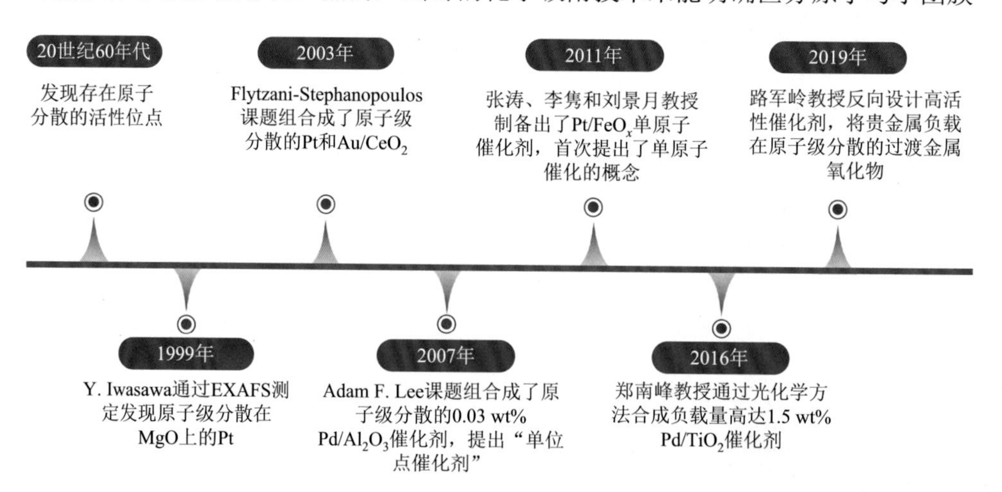

图 1.5 单原子催化剂的历史发展

的结构差异，导致这些活性位点可能呈现团簇状。随后基于有机金属化学的 π 键合催化理论，科学家提出单个金属原子可构成反应位点的想法，但这通常只存在于烃类反应[24]。20 世纪末期，逐渐有研究证明单个金属原子能作为有效的催化活性位点，然而，与纳米颗粒（nanoparticle，NP）相比，单原子催化剂的效率还需要进行更为详细的研究[25]。

1999 年，Y. Iwasawa 教授课题组通过扩展 X 射线吸收精细结构（extended X-ray absorption fine structure，EXAFS）测定证明在 MgO 上分散的单原子 Pt 在丙烷燃烧反应中展现出与金属 Pt 纳米颗粒相似的活性[26]。然而，丙烷的还原环境会导致这些分散的 Pt 原子聚集形成团簇，因此其有效应用可能主要限于氧化气氛中。

2003 年，Flytzani-Stephanopoulos 教授课题组在 Au/CeO_2 和 Pt/CeO_2 催化剂的研究中发现在进行酸洗处理前后，水汽变换反应的活化能并未发生变化[27]。酸洗前，催化剂为纳米颗粒和离子共存的状态；酸洗后，则形成了原子级分散的金和铂离子。实验观察表明反应机理在酸洗前后保持不变，从而强有力地证明了原子级分散的金属位点是真正的活性中心。这一发现颠覆了长期以来关于纳米颗粒作为活性中心的普遍认知，是催化活性中心研究领域的一个重要里程碑。

随着高级像差校正电子显微镜技术的进步，2007 年 Adam F. Lee 及其团队直接观察到了 Al_2O_3 上孤立的 Pd 原子[28]。如图 1.6（a）所示，高分辨率的高角度环形暗场扫描透射电子显微镜（HAADF STEM）图像证实了这些活性位点为孤立分散状态，被 Lee 称为“单位点催化剂”（single-site catalyst）。然而，这个术语可能略有不准确，因为它暗示所有 Pd 原子及其活性位点在结构上完全一致，而这在实际的多相催化剂中很难达到。

2011 年，张涛团队与清华大学教授李隽及美国亚利桑那州立大学教授刘景月共同合作，报道了 Pt_1/FeO_x 单原子催化剂的研究[29]。他们综合运用了球差校正扫描透射电子显微镜（AC-STEM）、EXAFS、傅里叶变换红外光谱（FTIR）以及密

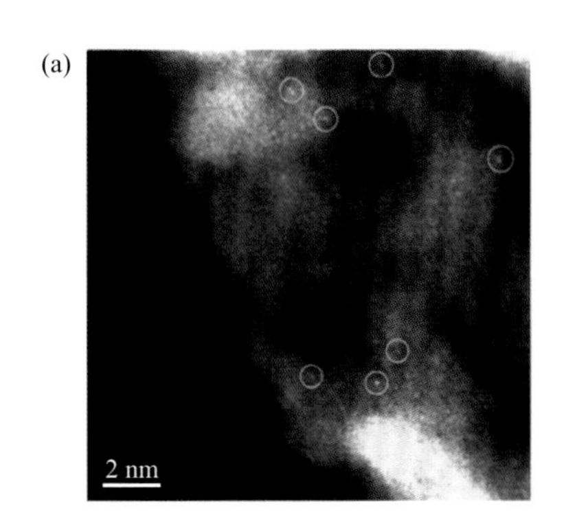

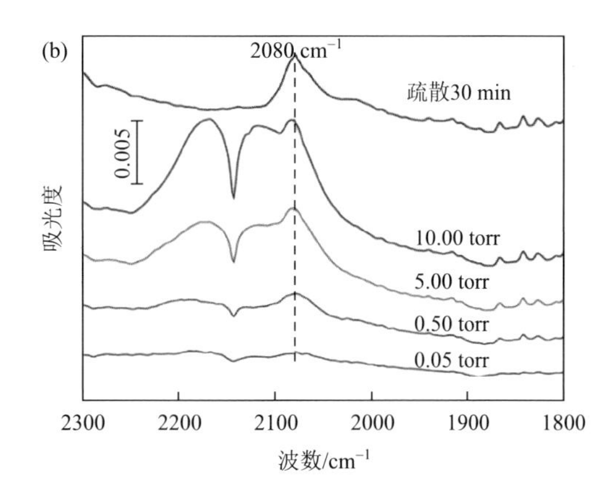

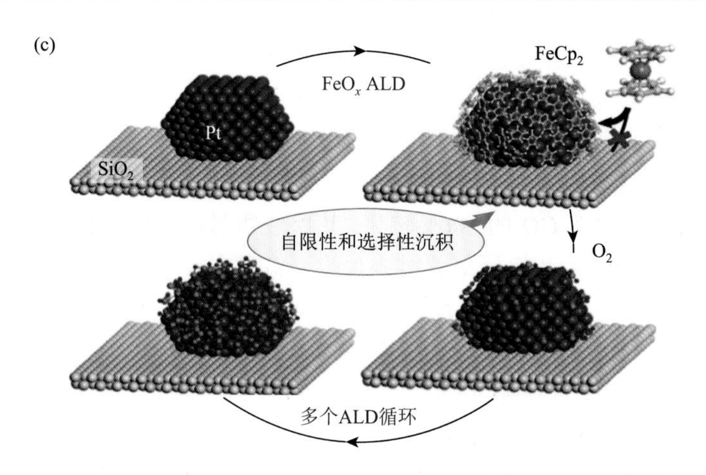

图 1.6 （a）0.03 wt% Pd/meso-Al_2O_3 样品的 HAADF STEM 图像[28]；（b）Pt_1/FeO_x 单原子催化剂 CO 吸附的原位 FTIR 谱图[29]；（c）$Fe_1(OH)_x$-Pt/SiO_2 催化剂 ALD 合成过程[30]

0.03 wt% Pd/meso-Al_2O_3：质量分数为 0.03%的介孔氧化铝负载钯单原子催化剂；Pt_1/FeO_x：铂原子锚定在 FeO_x 上的单原子催化剂；$Fe_1(OH)_x$-Pt/SiO_2：$Fe_1(OH)_x$ 原子级分散在 Pt/SiO_2 载体上；$FeCp_2$：二茂铁；1 torr = 133.322 Pa

度泛函理论（density functional theory，DFT）进行了深入的系统研究。这一工作成功揭示了催化剂的孤立分散特性、化学状态和配位结构，并详细阐述了其催化性能。通过 AC-STEM 的高分辨图可知，共沉淀法制备的 0.17 wt% Pt_1/FeO_x 为单原子催化剂，而 2.5 wt% Pt_1/FeO_x 催化剂中既含有单原子又含有团簇。EXAFS 进一步表明，单原子催化剂 0.17 wt% Pt_1/FeO_x 第二壳层只有 Pt-Fe 配位，而 2.5 wt% Pt_1/FeO_x 第二壳层含有 Pt-Pt 配位，说明 2.5 wt% Pt_1/FeO_x 存在金属团簇，这与 AC-STEM 结果一致。如图 1.6（b）所示，通过 FTIR 发现频率与 CO 压力无关，揭示了 Pt_1/FeO_x 单原子催化剂中吸附的 CO 分子之间没有相互作用，这一发现进一步证实了样品中单个 Pt 原子的高度孤立性。基于这些发现，团队首次提出了“单原子催化”概念，该概念迅速引起国际科学界的广泛关注，并在催化科学领域掀起了研究热潮。

2013 年，Sun 等[31]使用原子层沉积（atomic layer deposition，ALD）方法制备了第一个石墨烯基金属单原子催化剂。研究发现，通过简单调节 ALD 循环次数，可以精确控制 Pt 在石墨烯上的形态、尺寸、密度和负载量。与传统的 Pt/C 催化剂相比，这些新型催化剂展示了更高的甲醇氧化活性和出色的抗 CO 中毒能力。Sun 的研究为开发金属/非金属掺杂的石墨烯基单原子催化剂奠定了坚实的基础。2016 年，厦门大学的郑南峰教授通过光化学方法成功合成了高负载量（1.5 wt%）的 Pd/TiO_2 单原子催化剂[32]。该研究的核心在于利用紫外光诱导乙二醇自由基生成，这一过程对保持 Pd 单原子高度稳定至关重要。在苯乙烯加氢反应中，该催化剂表现出高于商业 Pd/C 催化剂 9 倍的催化活性，并且在 20 次循环使用后仍未失活。郑教授的这项工作不仅展示了贵金属单原子催化剂制备方面的突破，也为设计高负载量且稳定的单原子催化剂提供了新的策略。

2019 年，中国科学技术大学的路军岭教授采用原子层沉积技术精确调控，选择性地将单原子分散的 $Fe_1(OH)_x$ 沉积在 SiO_2 负载的 Pt 纳米粒子上[30]［图 1.6（c）］，成功达到了富氢条件下 CO 的 100%转化，其单位质量比活性是传统 Pt/Fe_2O_3 催化剂的 30 倍。与传统的过渡金属氧化物载体上负载的贵金属催化剂相比，路军岭教授的工作展示了一种创新的高活性催化剂反向设计策略，通过在贵金属上负载原子级分散的过渡金属氧化物，实现了催化性能的显著提升。

单原子催化剂中的活性位点由孤立的金属原子与载体材料的主族或过渡金属原子组成，这确保了金属原子的最大化利用和优异的选择性。关键的是，这些单原子与载体之间的强相互作用，主要通过离子键和共价键形成，称为共价金属-载体相互作用（covalent metal-support interaction，CMSI）。在非均相催化中，强金属-载体相互作用（strong metal-support interaction，SMSI）起着至关重要的作用[33]，尤其是在防止金属纳米颗粒的扩散和团聚方面[34]。载体的性质，如其化学成分、表面特性和结构都会影响其与单原子之间的相互作用强度，进而影响催化反应的效率。因此，选择合适的载体材料并优化它们的表面处理，是设计高效单原子催化剂的关键步骤。

尽管 SAC 展现出广阔的应用前景，但其制备仍面临着挑战。随着金属颗粒尺寸缩减到原子级别，其表面自由能显著增加，导致原子级金属颗粒趋向于团聚以形成更稳定的亚纳米或纳米团簇[35, 36]。为了解决金属原子团聚的问题，研究者开发了众多合成方法和表征技术。近年来，随着合成技术的进步，研究者已成功开发出多种策略来阻止单原子金属在高温下的迁移和聚集，如电化学合成法、原子层沉积法[37, 38]、化学气相沉积法[39]、溶剂热合成法[40]、热解法[41]、浸渍法和球磨法[42]等多种合成策略都被有效应用于高密度、热稳定的单原子催化剂的生产[43]。这些多样化的合成策略不仅增强了催化剂的热稳定性，也为高效催化剂的生产提供了可行途径。

同时，随着原位环境透射电子显微镜[43]和 X 射线吸收光谱[44]的迅速发展，近年来科研人员能够直接观察到贵金属纳米颗粒向热稳定单原子催化剂转化的动态过程。这些先进的表征技术，结合操作技术的进步和精心设计的 SAC，提供了一种深入理解活性中心的电子环境的独特的方法[45, 46]，为在电子层面上探究潜在的催化机制提供了新的视角。

此外，第一性原理的发展也极大地推动了单原子催化剂的进步[47]。密度泛函理论、从头计算法（*ab initio* method）和分子动力学（molecular dynamics，MD）为理解单原子催化剂表面的电子性质和反应机制提供了强有力的理论框架。同时，机器学习技术的应用正在改变单原子催化剂研发的方式，通过从大量数据中学习和预测，帮助研究人员更快地识别和优化新的催化剂。随着技术的发展，单原子催化剂正在进入一个新的发展时代，这将有助于研究人员设计出更高效、更具可持续性的催化系统。

目前单原子催化剂已经得到广泛研究，元素种类丰富，既有贵金属如铂、钯、金，也有非贵金属如铁、钴、镍等。同时其载体材料也相当多样，涵盖了氧化铁（Fe_2O_3）[48]、二氧化钛（TiO_2）、氧化铝（Al_2O_3）等金属氧化物，以及碳纳米球、纳米碳纤维、石墨烯[49, 50]等碳基材料。此外，单原子催化剂在 CO 氧化[51]、加氢反应[52, 53]、氮氧化物还原[54]、水煤气变换[55]等多种反应中表现出色[56, 57]，特别在碳中和领域，单原子催化剂在电解水[58, 59]和二氧化碳还原[60]过程中的高效能源转换能力，为减少温室气体排放和实现碳中和目标提供了重要支持。

1.4 单原子催化材料的研究思路

单原子催化剂在实现碳中和目标中发挥关键作用，尤其在降低碳排放、促进清洁能源转换及提升化学反应效率和选择性方面表现出色。通过其原子级精细控制和高效的催化性能，能够优化能源密集型工艺，减少不必要的能耗和碳排放。单原子催化材料的研发不仅对化学和能源行业的绿色转型至关重要，也对推动全球环境政策和实现可持续发展目标具有重要影响。本书基于国际上近年来单原子催化材料领域的研究成果，致力于呈现该领域的全球最新发展动态。本书首先介绍单原子催化材料的电子和光电子性质（第 2 章），再详细介绍单原子催化材料的制备（第 3 章）与表征（第 4 章），随后从热催化（第 5 章）、电催化（第 6 章）、光催化（第 7 章）及储能领域（第 8 章）几个方面全面介绍单原子催化剂的应用领域。最后，本书讨论了单原子催化材料的理论设计和优化（第 9 章），紧密贴合当下科技发展的最新趋势，还探索了其在仿生医药、生物传感器等领域的潜在新应用（第 10 章）。

参考文献

[1] West A. Heterogeneous catalysis：Tuning up a hybrid catalyst. Nature Reviews Chemistry，2018，2（4）：140.

[2] Yuan S，Li Y，Peng J，et al. Conversion of methane into liquid fuels-bridging thermal catalysis with electrocatalysis. Advanced Energy Materials，2020，10（40）：2002154.

[3] Tang Z，Zhang T，Luo D，et al. Catalytic combustion of methane：From mechanism and materials properties to catalytic performance. ACS Catalysis，2022，12（21）：13457-13474.

[4] Zhang F，Zhu Y，Lin Q，et al. Noble-metal single-atoms in thermocatalysis，electrocatalysis，and photocatalysis. Energy & Environmental Science，2021，14（5）：2954-3009.

[5] Wu Q，Liang J，Huang Y，et al. Thermo-，electro-，and photocatalytic CO_2 conversion to value-added products

over porous metal/covalent organic frameworks. Accounts of Chemical Research，2022，55（20）：2978-2997.

[6] Xu X，Zhong Y，Shao Z. Double perovskites in catalysis，electrocatalysis，and photo（electro）catalysis. Trends in Chemistry，2019，1（4）：410-424.

[7] Ren M，Guo X，Zhang S，et al. Design of graphdiyne and holey graphyne-based single atom catalysts for CO_2 reduction with interpretable machine learning. Advanced Functional Materials，2023，33（48）：2213543.

[8] Xia J，Wang B，Di J，et al. Construction of single-atom catalysts for electro-，photo-and photoelectro-catalytic applications：State-of-the-art，opportunities，and challenges. Materials Today，2022，53：217-237.

[9] Das S，Pérez-Ramírez J，Gong J，et al. Core-shell structured catalysts for thermocatalytic，photocatalytic，and electrocatalytic conversion of CO_2. Chemical Society Reviews，2020，49（10）：2937-3004.

[10] Dhakshinamoorthy A，Li Z，Garcia H. Catalysis and photocatalysis by metal organic frameworks. Chemical Society Reviews，2018，47（22）：8134-8172.

[11] He K，Huang Z，Chen C，et al. Exploring the roles of single atom in hydrogen peroxide photosynthesis. Nano-Micro Letters，2024，16：23.

[12] Tang D，Lu G，Shen Z，et al. A review on photo-，electro- and photoelectro-catalytic strategies for selective oxidation of alcohols. Journal of Energy Chemistry，2023，77：80-118.

[13] 李荣生. 催化作用基础. 3 版. 北京：科学出版社，2005.

[14] Chen Y，Zhang Y，Fan G，et al. Cooperative catalysis coupling photo-/photothermal effect to drive Sabatier reaction with unprecedented conversion and selectivity. Joule，2021，5（12）：3235-3251.

[15] Hu S，Li W. Sabatier principle of metal-support interaction for design of ultrastable metal nanocatalysts. Science，2021，374（6573）：1360-1365.

[16] Vogt C，Monai M，Kramer G J，et al. The renaissance of the Sabatier reaction and its applications on earth and in space. Nature Catalysis，2019，2（3）：188-197.

[17] Nørskov J K，Rossmeisl J，Logadottir A，et al. Origin of the overpotential for oxygen reduction at a fuel-cell cathode. The Journal of Physical Chemistry B，2004，108（46）：17886-17892.

[18] Jin H，Zhao R，Cui P，et al. Sabatier phenomenon in hydrogenation reactions induced by single-atom density. Journal of the American Chemical Society，2023，145（22）：12023-12032.

[19] Xu G，Cai C，Wang T. Toward Sabatier optimal for ammonia synthesis with paramagnetic phase of ferromagnetic transition metal catalysts. Journal of the American Chemical Society，2022，144（50）：23089-23095.

[20] Nørskov J K，Bligaard T，Logadottir A，et al. Trends in the exchange current for hydrogen evolution. Journal of the Electrochemical Society，2005，152（3）：J23.

[21] Hunter M A，Fischer J M，Yuan Q，et al. Evaluating the catalytic efficiency of paired，single-atom catalysts for the oxygen reduction reaction. ACS Catalysis，2019，9（9）：7660-7667.

[22] Cheng J，Hu P. Utilization of the three-dimensional volcano surface to understand the chemistry of multiphase systems in heterogeneous catalysis. Journal of the American Chemical Society，2008，130（33）：10868-10869.

[23] Chen Z，Liu Z，Xu X. Dynamic evolution of the active center driven by hemilabile coordination in Cu/CeO_2 single-atom catalyst. Nature Communications，2023，14：2512.

[24] Rooney J J，Webb G. The importance of π-bonded intermediates in hydrocarbon reactions on transition metal catalysts. Journal of Catalysis，1964，3（6）：488-501.

[25] Lang R，Du X，Huang Y，et al. Single-atom catalysts based on the metal-oxide interaction. Chemical Reviews，2020，120（21）：11986-12043.

[26] Asakura K，Nagahiro H，Ichikuni N，et al. Structure and catalytic combustion activity of atomically dispersed Pt

species at MgO surface. Applied Catalysis A：General，1999，188（1-2）：313-324.

[27] Fu Q，Saltsburg H，Flytzani-Stephanopoulos M. Active nonmetallic Au and Pt species on ceria-based water-gas shift catalysts. Science，2003，301（5635）：935-938.

[28] Hackett S F J，Brydson R M，Gass M H，et al. High-activity，single-site mesoporous Pd/Al_2O_3 catalysts for selective aerobic oxidation of allylic alcohols. Asian Journal of Control，2007，15（6）：8593-8596.

[29] Qiao B，Wang A，Yang X，et al. Single-atom catalysis of CO oxidation using Pt_1/FeO_x. Nature Chemistry，2011，3（8）：634-641.

[30] Cao L，Liu W，Luo Q，et al. Atomically dispersed iron hydroxide anchored on Pt for preferential oxidation of CO in H_2. Nature，2019，565（7741）：631-635.

[31] Sun S，Zhang G，Gauquelin N，et al. Single-atom catalysis using Pt/graphene achieved through atomic layer deposition. Scientific Reports，2013，3：1775.

[32] Liu P，Zhao Y，Qin R，et al. Photochemical route for synthesizing atomically dispersed palladium catalysts. Science，2016，352（6287）：797-800.

[33] Xu H，Zhao Y，Wang Q，et al. Supports promote single-atom catalysts toward advanced electrocatalysis. Coordination Chemistry Reviews，2022，451：214261.

[34] Zhuo H，Zhang X，Liang J，et al. Theoretical understandings of graphene-based metal single-atom catalysts：Stability and catalytic performance. Chemical Reviews，2020，120（21）：12315-12341.

[35] Wang L，Huang L，Liang F，et al. Preparation，characterization and catalytic performance of single-atom catalysts. Chinese Journal of Catalysis，2017，38（9）：1528-1539.

[36] Hu H，Wang J，Tao P，et al. Stability of single-atom catalysts for electrocatalysis. Journal of Materials Chemistry A，2022，10（11）：5835-5849.

[37] Zhang L，Banis M N，Sun X. Single-atom catalysts by the atomic layer deposition technique. National Science Review，2018，5（5）：628-630.

[38] Cheng N，Sun X. Single atom catalyst by atomic layer deposition technique. Chinese Journal of Catalysis，2017，38（9）：1508-1514.

[39] Tian J，Zhu Y，Yao X，et al. Chemical vapor deposition towards atomically dispersed iron catalysts for efficient oxygen reduction. Journal of Materials Chemistry A，2023，11（10）：5288-5295.

[40] Wu Y，Wang H，Peng J，et al. Single-atom Cu catalyst in a zirconium-based metal-organic framework for biomass conversion. Chemical Engineering Journal，2023，454：140156.

[41] Muravev V，Spezzati G，Su Y，et al. Interface dynamics of Pd-CeO_2 single-atom catalysts during CO oxidation. Nature Catalysis，2021，4（6）：469-478.

[42] Wang H，Wang X，Pan J，et al. Ball-milling induced debonding of surface atoms from metal bulk for construing high-performance dual-site single-atom catalysts. Angewandte Chemie International Edition，2021，133（43）：23338-23342.

[43] Li X，Huang Y，Liu B. Catalyst：Single-atom catalysis：Directing the way toward the nature of catalysis. Chem，2019，5（11）：2733-2735.

[44] Wan G，Yu P，Chen H，et al. Engineering single-atom cobalt catalysts toward improved electrocatalysis. Small，2018，14（15）：1704319.

[45] Ren Y，Wang J，Zhang M，et al. Locally ordered single-atom catalysts for electrocatalysis. Angewandte Chemie International Edition，2024，63（5）：e202315003.

[46] Zhang H，Liu G，Shi L，et al. Single-atom catalysts：Emerging multifunctional materials in heterogeneous catalysis.

Advanced Energy Materials，2018，8（1）：1701343.

[47] Lei J，Zhu T. Impact of potential and active-site environment on single-iron-atom-catalyzed electrochemical CO_2 reduction from accurate quantum many-body simulations. ACS Catalysis，2024，14（6）：3933-3942.

[48] Wang X，Kang Z，Wang D，et al. Electronic structure regulation of the Fe-based single-atom catalysts for oxygen electrocatalysis. Nano Energy，2024：109268.

[49] Qi Z，Zhou Y，Guan R，et al. Tuning the coordination environment of carbon-based single-atom catalysts via doping with multiple heteroatoms and their applications in electrocatalysis. Advanced Materials，2023，35（38）：2210575.

[50] Chen F，Jiang X，Zhang L，et al. Single-atom catalysis：Bridging the homo-and heterogeneous catalysis. Chinese Journal of Catalysis，2018，39（5）：893-898.

[51] Wang A，Li J，Zhang T. Heterogeneous single-atom catalysis. Nature Reviews Chemistry，2018，2（6）：65-81.

[52] Guo W，Wang Z，Wang X，et al. General design concept for single-atom catalysts toward heterogeneous catalysis. Advanced Materials，2021，33（34）：2004287.

[53] Singh B，Sharma V，Gaikwad R P，et al. Single-atom catalysts：A sustainable pathway for the advanced catalytic applications. Small，2021，17（16）：2006473.

[54] Wang X，Zhu Y，Li H，et al. Rare-earth single-atom catalysts：A new frontier in photo/electrocatalysis. Small Methods，2022，6（8）：2200413.

[55] Jin H，Song W，Cao C. An overview of metal density effects in single-atom catalysts for thermal catalysis. ACS Catalysis，2023，13（22）：15126-15142.

[56] Gao Y，Liu B，Wang D. Microenvironment engineering of single/dual-atom catalysts for electrocatalytic application. Advanced Materials，2023，35（31）：2209654.

[57] Lu X，Gao S，Lin H，et al. Bridging oxidase catalysis and oxygen reduction electrocatalysis by model single-atom catalysts. National Science Review，2022，9（10）：nwac022.

[58] Samantaray M K，D'Elia V，Pump E，et al. The comparison between single atom catalysis and surface organometallic catalysis. Chemical Reviews，2020，120（2）：734-813.

[59] Wang S，Min X，Qiao B，et al. Single-atom catalysts：In search of the holy grails in catalysis. Chinese Journal of Catalysis，2023，52：1-13.

[60] Li R，Wang D. Superiority of dual-atom catalysts in electrocatalysis：One step further than single-atom catalysts. Advanced Energy Materials，2022，12（9）：2103564.

第2章

单原子催化材料的电子和光电子性质

在当代催化科学领域，SAC 材料的探索和开发，标志着催化研究进展的一大飞跃，其独特之处在于可通过精确控制的掺杂或锚定手段，将单一原子（不论是金属或非金属元素）稳定嵌入宿主材料的晶格结构中，此过程将依赖强共价键的形成，以确保单原子在宿主材料基体中的稳定存在。SAC 不仅可以实现催化体系的高度稳定性，而且这种结构配置能够仍旧保持原子状态或其周围配位环境的配位不饱和性，为化学反应提供了必要的活性位点。不同于传统金属纳米颗粒/二维材料复合催化剂，SAC 的催化活性主要源自单原子与宿主材料之间的强烈电子相互作用，从而导致体系中新电子态的生成。正是这些新电子态的存在，为化学转换过程提供了高度特异性的活性位点，并在很大程度上能够针对特定化学反应提供高效率及高选择性的催化途径，进而实现对催化剂性能的精确调节。SAC 材料的研究不仅推进了催化科学的理论与实践，也为实现高效、可持续的化学生产过程开辟了新的途径，未来这些材料将会在能源转换、环境治理以及精细化学品合成等关键领域发挥显著作用。

2.1 石墨烯基单原子催化材料

作为被最广泛使用的二维材料之一，石墨烯表现出与石墨体不同的电子特性。随着石墨体层数的减少，费米能级附近的电子态密度逐渐降低，直到导带和价带在单层石墨烯的狄拉克点处相遇（图 2.1 左）。同样，将本体催化剂的尺寸减小为单个原子时也会导致其电子状态从连续状态变为离散状态（图 2.1 右）[1]。目前，石墨烯碳材料是 SAC 的良好宿主材料，金属单原子的引入可以使惰性石墨烯成为具有显著活性和选择性的许多反应的高活性催化剂。

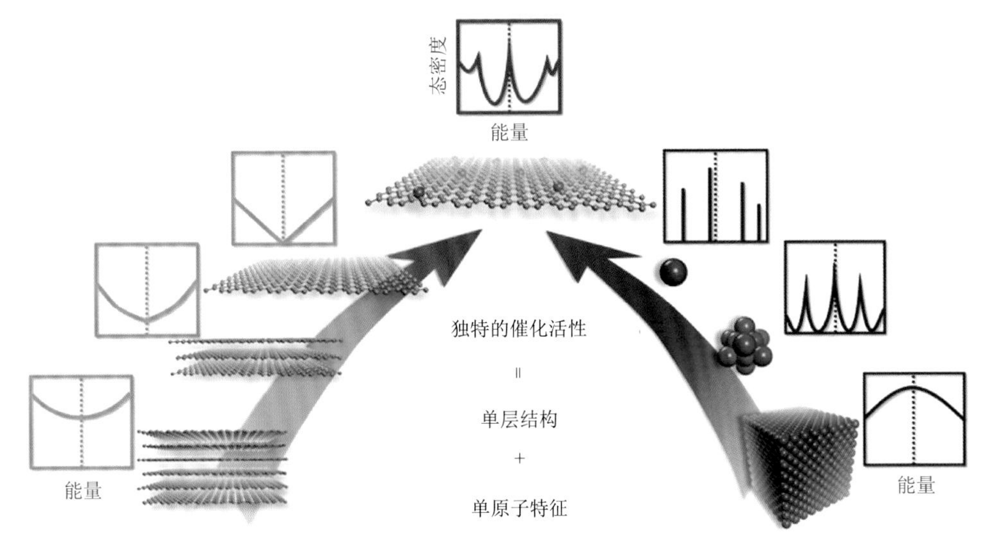

图 2.1　石墨烯基单原子催化材料的独特电子结构示意图[1]

2.1.1　几何结构及电子结构

一般来说，原子的性质是由电子在原子核周围轨道上的排列决定的，而原子的反应活性是由价电子构型决定的，因为这些电子是参与化学键的电子［图 2.2（a）］[2]。众所周知，石墨烯本身是由碳原子组成的，碳原子的外层电子排布形式为 $1s^22s^22p^2$，而最内层的 $1s^2$ 轨道的两个电子被牢牢地束缚在内电子层，从而基

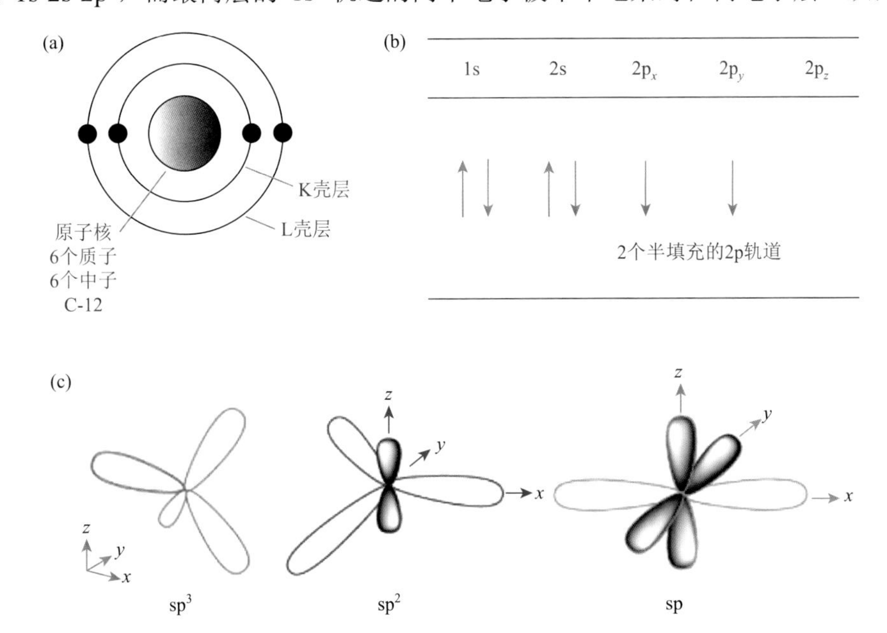

图 2.2　（a，b）基态碳原子的电子结构示意图；（c）sp^3、sp^2 和 sp 杂化原子示意图[2]

本上不对其电子结构产生作用［图 2.2（b）］。事实上，根据价层轨道杂化理论，在碳原子之间的化学键形成过程中，碳原子的原子轨道易发生杂化，包括 sp、sp^2 或 sp^3 杂化［图 2.2（c）］。

（1）对于 sp^3 构型，4 个电子被分配到四面体定向的 sp^3 轨道上（由 2s 轨道和 3 个 2p 轨道杂化而成），4 个 sp^3 轨道上的 4 个电子通常会与相邻原子的电子形成强 σ 键。

（2）对于 sp^2 构型，3 个价电子进入三角方向的 sp^2 轨道，与相邻原子形成 σ 键，而剩余的一个价电子则位于 p 轨道（π）上，该轨道垂直于 sp^2 轨道平面（参与 σ 成键的轨道），将有助于与一个或多个相邻原子的 p_z 轨道形成相对弱的 π 键。

（3）对于 sp 构型，4 个价电子中的 2 个沿 x 轴进入 sp 轨道形成 σ 键，另外 2 个电子沿 y 和 z 方向进入与 sp 杂化轨道垂直的 p_y 和 p_z 轨道形成两个 π 键。

石墨烯原胞含有两个碳原子，碳原子的 $2s^22p_x2p_y$ 4 个电子中的 3 个会形成 sp^2 杂化轨道，每个原子与最近邻的 3 个原子间形成 6 个轨道，其中 3 个是能量较低的 σ 轨道，另外 3 个是能量较高的反 σ 轨道，以此构成了石墨烯蜂窝状的晶格结构。根据能量最低原理，一个原胞中的 6 个电子（每个碳原子提供 3 个）将填充杂化形成的 3 个能量较低的 σ 轨道，而杂化形成的反 σ 轨道将是空的。这些 σ 轨道的能量都很低，离费米能级比较远，所以一般情况下不会考虑。而每个原胞中碳原子未参与 sp^2 杂化的 $2p_z$ 轨道将会形成 2 个 π 轨道，其中一个是能量低的 π 轨道，另一个是能量高的反 π 轨道。实际上，石墨烯中电子结构的主要特性便是源于这些 π 轨道中的电子在原胞内部和近邻原胞之间的跃迁。

单层石墨烯展现出独特的能带结构，最显著的特征之一便是零带隙结构，即价带和导带之间不存在带隙，这意味着在费米能级附近，电子和空穴的能级是完全重叠的，其价带由 π 键态形成，而反键态 π^* 态形成导带[3]。导带和价带在每个单元胞的 6 个顶点处相互接触，即狄拉克点（图 2.3）。电子在该区域的色散很大

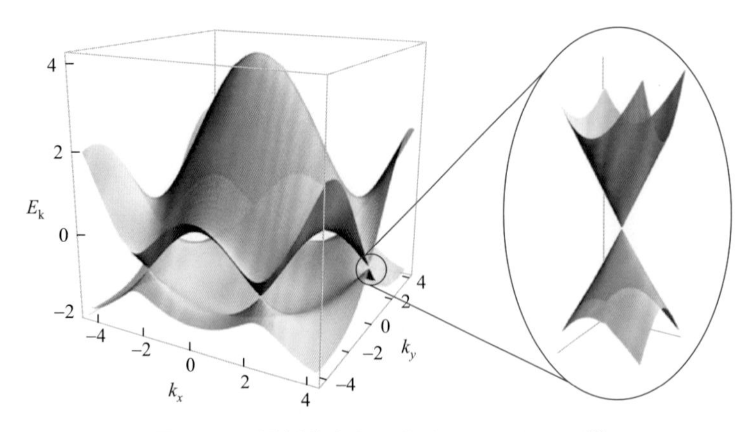

图 2.3　石墨烯蜂窝状晶格中的电子色散图[3]

程度上是线性的，即电子能量与动量之间呈线性关系，表现为费米能级附近的能带具有圆锥形状。另外，由于零带隙结构和线性色散关系的影响，石墨烯的电子态密度分布在费米能级附近呈现出独有的特征，即电子态密度随着能量的增加呈线性增加，并在费米能级处达到峰值，这与传统的金属和半导体材料有所不同，对石墨烯优异的电学传输性能有重要影响。

2.1.2　模型种类及合成方法

1. 石墨烯基单原子催化剂模型种类

基于石墨烯衬底，单原子的加入会在体系中引入新的电子能级，从而改变石墨烯衬底的电子结构，形成与石墨烯衬底相互作用的活性位点，从而影响活性位点周围的电子结构。这些活性位点的形成和调控可以通过实验手段和理论模拟实现，从而实现对电子结构的精确调控。例如，引入氮、硼等杂质原子可以改变石墨烯的电子结构，并调控其在催化反应中的活性和选择性。总体看来，石墨烯基单原子材料可大致分为三类，包括石墨烯基非金属原子、石墨烯基金属-N_x（x 为金属原子附近的 N 配位数量）中心和石墨烯基纯单金属原子。对于石墨烯基非金属原子催化剂，特别是氮掺杂石墨烯[4, 5]，在单金属原子催化剂兴起之前已经得到了广泛的研究[6, 7]，通常可作为光催化剂[8, 9]或电催化剂[10, 11]用于析氢反应（hydrogen evolution reaction，HER）、析氧反应（oxygen evolution reaction，OER）和氧还原反应（oxygen reduction reaction，ORR）等。其中，掺杂位点既可以在石墨烯的边缘，也可以在其晶格中，这取决于杂原子的类型和合成方法。而且，在聚合物电解质膜燃料电池（polymer electrolyte membrane fuel cell，PEMFC）的 ORR 反应中，金属-N_x 中心展现出与 Pt 基催化剂相媲美的催化活性[12-14]，配位不饱和金属使它们具有除电催化外的优异催化活性，石墨烯凭借大表面积和高机械强度成为限制金属-N_x 中心的良好载体，通常涉及第一排过渡金属（transition metal，TM）元素，如 Mn、Fe、Co、Ni 和 Cu。然而，在石墨烯上锚定单个金属原子并不总需要 N 配体，其中氧基团[15]或缺陷中的 C 原子[16, 17]也可与它们发生强烈的相互作用，尤其是铂族金属（platinum group metal，PGM）。迄今为止，广泛用作石墨烯上单金属原子的元素如图 2.4 所示[18]。

2. 石墨烯基单原子催化剂合成方法

SAC 的成功合成是其催化应用的前提条件，其合成途径分为原位合成和后合成两大类。原位合成方法多种多样，包括化学气相沉积（chemical vapor deposition，CVD）法、ALD 法、热解法、溶剂热合成法、球磨法等，而后合成方法相对简单，如热处理法和浸渍法。关于 SAC 的具体的合成方法将在第 3 章中详细介绍，这里仅介绍石墨烯基单原子催化剂的合成方法。

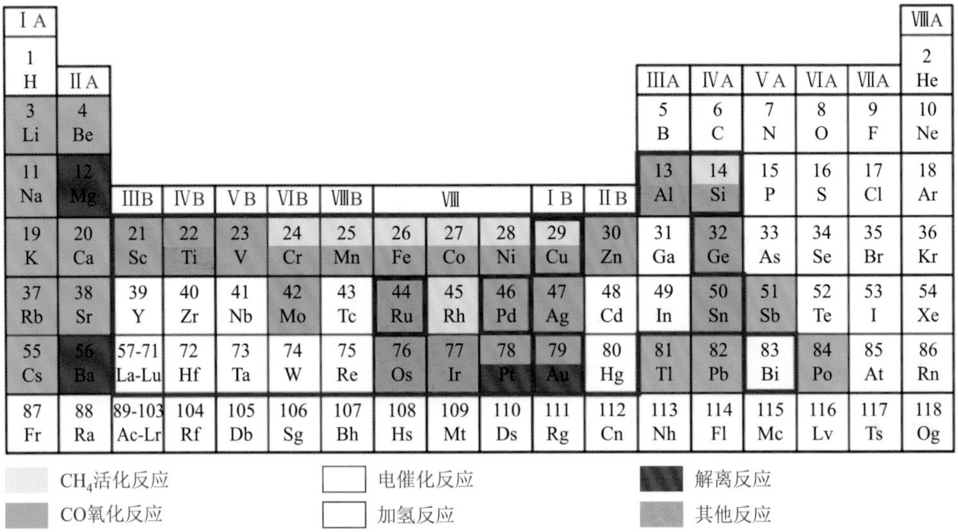

ⅠA																	ⅧA
1 H	ⅡA											ⅢA	ⅣA	ⅤA	ⅥA	ⅦA	2 He
3 Li	4 Be											5 B	6 C	7 N	8 O	9 F	10 Ne
11 Na	12 Mg	ⅢB	ⅣB	ⅤB	ⅥB	ⅦB	Ⅷ			ⅠB	ⅡB	13 Al	14 Si	15 P	16 S	17 Cl	18 Ar
19 K	20 Ca	21 Sc	22 Ti	23 V	24 Cr	25 Mn	26 Fe	27 Co	28 Ni	29 Cu	30 Zn	31 Ga	32 Ge	33 As	34 Se	35 Br	36 Kr
37 Rb	38 Sr	39 Y	40 Zr	41 Nb	42 Mo	43 Tc	44 Ru	45 Rh	46 Pd	47 Ag	48 Cd	49 In	50 Sn	51 Sb	52 Te	53 I	54 Xe
55 Cs	56 Ba	57-71 La-Lu	72 Hf	73 Ta	74 W	75 Re	76 Os	77 Ir	78 Pt	79 Au	80 Hg	81 Tl	82 Pb	83 Bi	84 Po	85 At	86 Rn
87 Fr	88 Ra	89-103 Ac-Lr	104 Rf	105 Db	106 Sg	107 Bh	108 Hs	109 Mt	110 Ds	111 Rg	112 Cn	113 Nh	114 Fl	115 Mc	116 Lv	117 Ts	118 Og

CH_4活化反应　电催化反应　解离反应

CO氧化反应　加氢反应　其他反应

图 2.4　在不同反应下，石墨烯上被用作单金属原子的元素[18]

首先，石墨烯基非金属原子材料的合成方法主要有两种，一种是在合成过程中原位掺杂，另一种是在含有杂原子的分子石墨烯或氧化石墨烯上进行后处理，其中前者主要包括 CVD 法、电弧放电法和溶剂热合成法。CVD 技术是一种自下而上的合成方法，已被用于大面积石墨烯薄膜的制备[19-21]。本质上，它是在管式炉中使用金属（Cu 或 Ni）薄膜或箔作为催化剂热解气态有机物的催化过程，其有机来源的种类广泛，可以是气体或可蒸发的液体，甚至是可以分解产生气体分子的固体。对于氮掺杂石墨烯，甲烷/氨是首次被报道和常用的 C/N 来源，其杂原子类型也多种多样，X 射线光电子能谱（X-ray photoelectron spectroscopy，XPS）表明体系结构中可存在吡啶 N、吡咯 N 和石墨 N，虽然 CVD 技术对杂原子掺杂石墨烯的合成具有很强的可调性，但其产率低限制了其实际应用，特别是粉末催化剂的应用[22-24]［图 2.5（a）］。电弧放电法是一种自上而下的合成方法，已被用于大规模生成富勒烯和碳纳米管（carbon nanotube，CNT），北京大学 Li 等使用此方法合成了氮掺杂多层石墨烯（主要是 2～6 层）结构，其中并不涉及 H_2，而是使用 NH_3/He 体积比为 1∶1 的混合物，且认为 NH_3 在高温下还可以分解为活性 H，从而抑制富勒烯和 CNT 的形成，因此高浓度的 NH_3 是必要的合成条件[23]。氮掺杂石墨烯的 N 含量也约为 1 atom%（atom%为原子百分比），并且 XPS 表明产物中几乎没有石墨 N，表明这种自上而下的合成方法只能在石墨烯的边缘或缺陷处引入少量杂原子［图 2.5（b）］。溶剂热合成法可以看作制备碳材料的通用性方法，如粉末形式的金刚石、碳纳米管和克级石墨烯。中国科学院大连化学物理研究所的包信和团队首先以氮化锂（Li_3N）和四氯甲烷（CCl_4）分别作为氮源和碳源，在不锈钢高压釜中成功合成了 1～6 层的 N 掺杂石墨烯[25]［图 2.5（c）］。

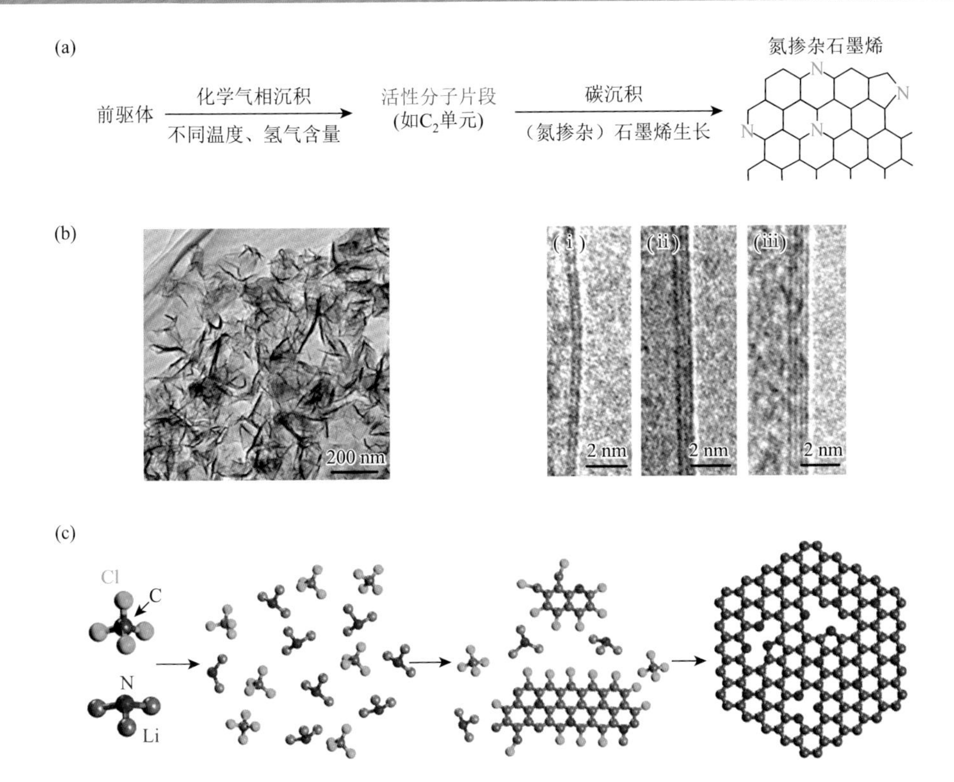

图 2.5　（a）CVD 法制备含氮石墨烯的示意图[22]；（b）直流电弧放电法制备多层石墨烯片的透射电子显微镜（transmission electron microscope，TEM）图像，以及由两层、三层和四层组成的多层石墨烯片边缘的高分辨率 TEM 图像[23]；（c）利用 CCl_4 与 Li_3N 反应的溶剂热合成法制备氮掺杂石墨烯机理[25]

对于石墨烯基金属-N_x 中心体系，其合成方法大致可分为三种：自下而上热解法、石墨烯衬底的后处理法和自上而下球磨法。热解金属盐和含碳、氮分子是制备石墨烯基金属-N_x 催化剂的常用方法，这类似于杂原子掺杂石墨烯的 CVD 合成方法[26-37]。SiO_2 包覆技术是合成各种结构碳材料的常用方法[38]，各种前驱体在 SiO_2 模板上的热解可以生成金属-N_x 中心，HF 可以腐蚀 Fe 或 Co 纳米颗粒，同时去除 SiO_2 模板，而 NaOH 只能去除 SiO_2 模板，这种比较对于识别活性位点很有用[26, 29]［图 2.6（a）］。对于石墨烯衬底的后处理方法，通常采用 NH_3 对氧化石墨烯和金属盐进行热处理工艺[39-44]，这是制备石墨烯基金属-N_x 催化剂的简便方法，氧化石墨烯、金属盐（$FeCl_3$、$CoCl_2$、$NiCl_2$ 等）和 NH_3 气体都是容易获得的所需原材料，并且可以有效避免有机化合物的生成［图 2.6（b）］。自上而下球磨法是一种制备石墨烯基金属-N_x 催化剂的温和方法，最初由中国科学院大连化学物理研究所的包信和团队成功开发。首先将天然石墨粉末在氩气气氛下球磨以剥离成石墨烯[45]，然后将一定量的金属酞菁（metal phthalocyanine，MPc）与获得的石墨烯混合，并在氩气气氛下进一步球磨[46]。由于球磨过程中产生的强剪切力和高温，MPc 分子会被分解形成 MN_4 中心，这些 MN_4 中心可以嵌入石墨烯缺陷中，从而得到石墨烯基 MN_4 催化剂［图 2.6（c）］。

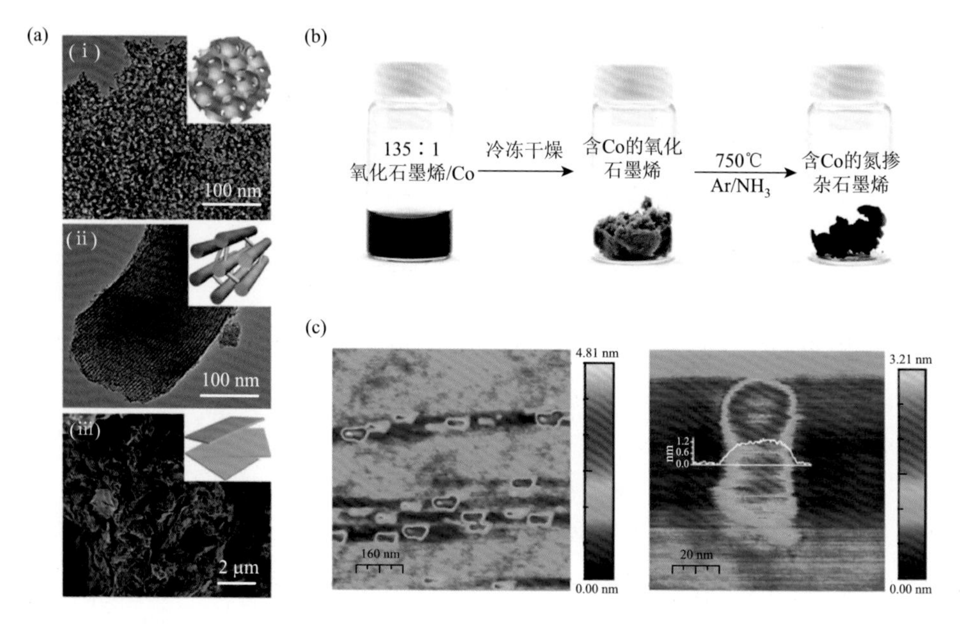

图 2.6 （a）制备的 C-N-Co 催化剂的 TEM 图像和扫描电子显微镜（scanning electron microscope，SEM）图像[38]；（b）Co-NG 催化剂的合成过程示意图[39]；（c）不同倍率下球磨 20 h 得到的石墨烯纳米片的原子力显微镜（atomic force microscope，AFM）图像[45]

对于石墨烯单金属原子材料，主要通过酸浸法[17, 47]［图 2.7（a）］、原子层沉积法[15, 48, 49]［图 2.7（b）］实现材料的合成。例如，Chen 及同事采用纳米多孔镍，以苯为碳源，通过 CVD 法制备了三维石墨烯，然后用 HCl（2 $mol \cdot L^{-1}$）浸出 Ni 6 h 后，石墨烯上留下单个 Ni 原子，含量为 48 atom%～8 atom%，在石墨烯晶格中，一个 Ni 原子占据了一个 C 原子，并与三个 C 原子成键[47, 50]。总的来看，石墨烯单原子材料的合成方法仍在进步中，可以借鉴一些其他成熟方法的经验，如质量分离-软着陆法和高温原子捕获方法，彼此之间还可以互相补充。例如，石墨烯基

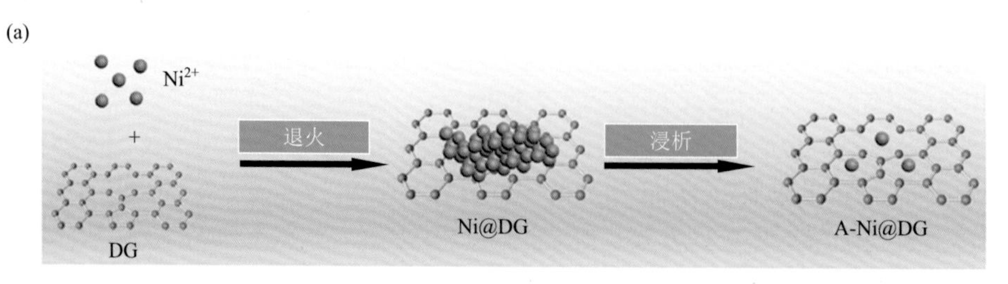

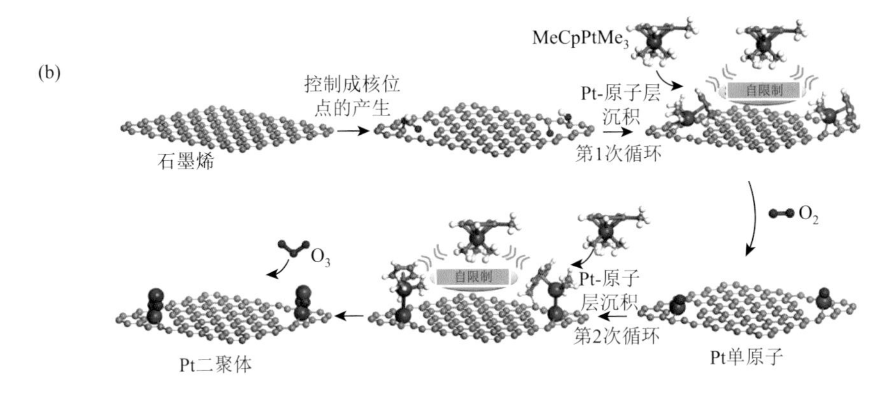

图 2.7　（a）原子分散在缺陷石墨烯上的 Ni 催化剂制备原理[17]；（b）石墨烯限域铂单原子催化剂的原子层沉积合成方法示意图[15]

DG 表示缺陷石墨烯；Ni@DG 表示 Ni 负载在缺陷石墨烯上；A-Ni@DG 表示原子级分散在缺陷石墨烯上的 Ni 催化剂

金属-N_x 中心的合成与石墨烯基非金属原子的合成非常相似，金属-N_x 催化剂的热解方法也应该适用于铂族金属，各种合成方法都值得进一步研究推广，特别是一些简便的方法，如球磨法、电镀沉积法、光化学还原法等。

2.1.3　光/电催化领域中的应用

除了众所周知的优异电输运特性，石墨烯在光照下仍可表现出广泛的光电子性质，包括宽光谱吸收特性、光电导效应、快速的光响应速度、可调的光电特性等。例如，石墨烯在较宽波长范围内具有高达约 2.3%的吸收率，即使在可见光范围内，石墨烯也几乎是透明的，这为其在光学透明材料中的应用提供了广阔的前景。另外，通过施加电压或磁场，石墨烯的带隙可以在一定范围内进行调节，使其在光学调制和光电子器件中具有更广泛的应用潜力。石墨烯单原子材料由于其极大的原子利用率及在增强光捕获、电荷转移动力学和表面反应方面的独特优势，在光催化领域也受到了广泛的关注。值得指出的是，尽管石墨烯的零带隙结构在光催化领域具有一定的限制性，但它仍然具有一些优势和潜在的应用价值。例如，石墨烯作为催化剂的载体或催化活性中心的支撑物，可以通过控制其结构、形貌和掺杂等方式改善其光催化性能。此外，石墨烯与其他材料的复合物也可以拓展其光催化应用的范围，如与半导体纳米材料复合，可以形成异质结构，提高光催化活性。

湖南大学费慧龙教授、叶龚兰副教授和广西大学赵双良教授[51]合成了低配位 $Co\text{-}N_3$ 基团修饰的皱缩和卷曲石墨烯（CoN_3-CSG）结构［图 2.8（a）］。通过热冲击处理实现体系皱缩和卷曲的形态特征，而低配位微环境通过在石墨烯衬底内引入由高温金属蚀刻效应引起的面内纳米孔隙实现，其独特的形态在很大程度上缓解了石墨烯的重新堆叠问题，从而显著增强了 BET 表面积和电化学活性表面积（electrochemically active surface area，ECSA），这可能会进一步提高活性位点的暴露程度并有效克服传质不足的缺陷。通过电化学测量和 DFT 计算发现，CoN_3-CSG 显示出异常高的 HER 活性，在电流密度为 10 $mA\cdot cm^{-2}$ 时超电势（η）低至 82 mV，Tafel 斜率为 59.0 $mV\cdot dec^{-1}$，在 $\eta = 100$ mV 时 TOF 为 0.81 s^{-1}（比 Co-N_4 对应物高约 2.6 倍），使其成为基于石墨烯 Co 单原子催化材料中最活跃的 HER 催化剂之一［图 2.8（b）和（c）］。

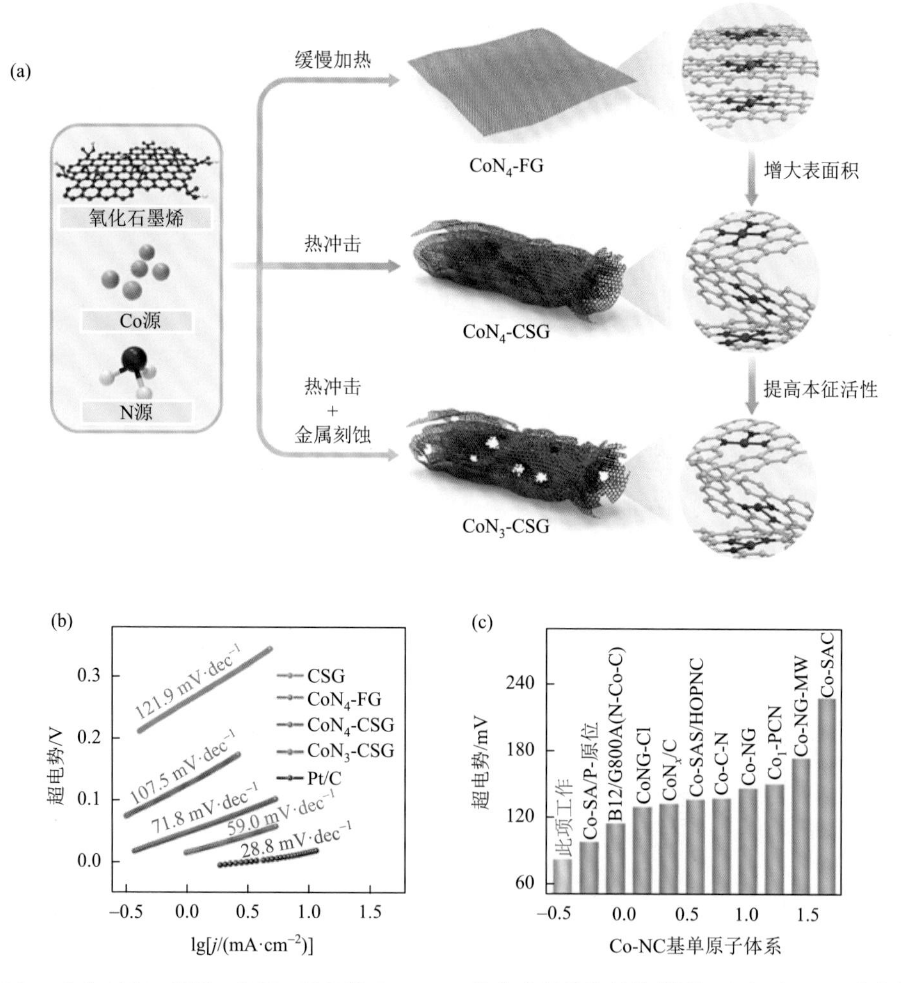

图 2.8 （a）CoN_3-CSG、CoN_4-CSG 和 CoN_4-FG 的合成条件和结构模型；（b）由 LSV 曲线得到的不同样品的 Tafel 斜率；（c）CoN_3-CSG 与先前报道的碳负载 Co-SAC 在 10 $mA\cdot cm^{-2}$ 时的超电势 η 比较[51]

FG 表示平坦石墨烯；CSG 表示褶皱且涡卷石墨烯

另外，澳大利亚昆士兰科技大学孙子其、太原理工大学郭俊杰和章海霞等[52]利用 Fe 修饰的 ZIF-8 制备了 Fe-N-C 催化剂（$Fe-N_4-Vc$），在热活化过程中 Zn 从 ZIF-8 中挥发出来，留下了富含缺陷和 N 的多级碳骨架，此架构便于将极不稳定的单一金属位点固定到突出的 N 配体和孔隙上［图 2.9（a)］。同时，尿素刻蚀会在 $Fe-N_4$ 活性中心附近产生碳空位，导致 $Fe-N_4$ 结构的电子密度重新分布，使 $Fe-N_4-Vc$ 活性中心的电子态不对称，这有利于 O_2 和反应中间体的吸附，降低了催化反应的能垒。更重要的是，相邻碳空位的产生导致 d 带中心上移，进一步提高了 ORR 活性。得益于 $Fe-N_4-Vc$ 催化剂分散的 $Fe^{2+}-N_4$ 活性中心和不对称的电荷分布状态，其在酸性和碱性条件下均表现出优于商业 Pt/C 催化剂的 ORR 催化活性。具体而言，该催化剂在酸性和碱性条件下的半波电位（$E_{1/2}$）分别为 0.934 V 和 0.901 V，并且其在酸性条件下循环 5000 次后的 $E_{1/2}$ 几乎未发生变化。总的来说，该项工作为全 pH 范围内的 ORR 催化提供了一种高效、高活性和高耐久性的非贵金属基催化剂，并为通过适当的电子不对称工程设计 Fe-N-C 单原子催化剂提供了思路［图 2.9（b)］。

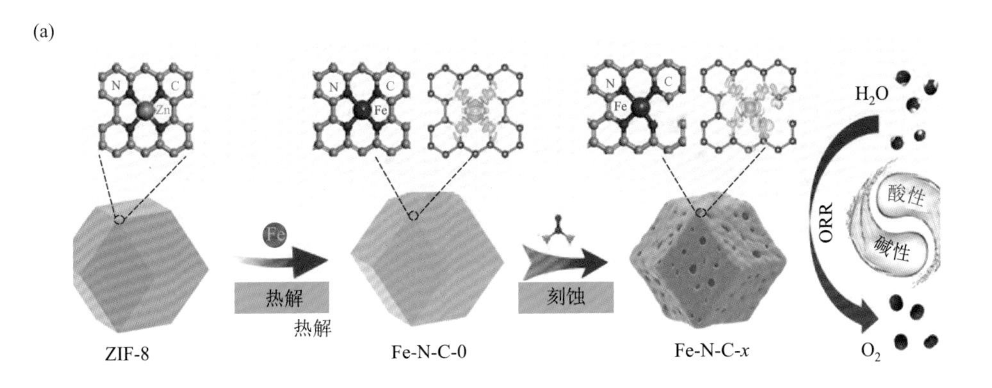

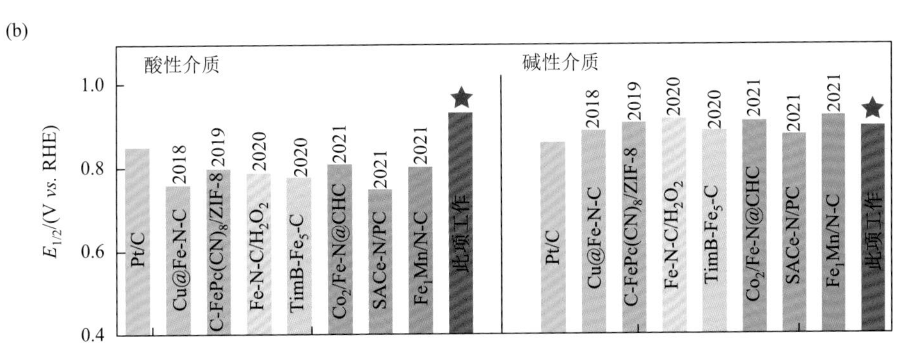

图 2.9　（a）Fe-N-C-x 的合成策略示意图；（b）$Fe-N_4-Vc$ 与其他各种催化剂在各种全 pH 下 $E_{1/2}$ 的比较[52]

ZIF-8 表示沸石咪唑骨架

中国科学技术大学熊宇杰课题组[53]针对吸光单元与单原子催化中心之间的鸿沟，采用还原氧化石墨烯为桥梁，促进了吸光单元向单原子催化中心的光生电子转移过程，实现了光催化 CO_2 的高转化数（turnover number，TON）[图 2.10（a)]。一方面，还原氧化石墨烯表面具有残余的 C/O 官能团，可以作为配体稳固地锚定 Co 单原子催化中心。Co 单原子与载体间的强相互作用可以改变 Co 单原子的电荷状态，从而影响活化 CO_2 分子的能力。另一方面，还原氧化石墨烯具有大比表面积和优异的导电能力，有助于光生电子通过 π-π 界面相互作用从吸光单元向催化中心进行转移，从而调控整个光催化体系的效率。该工作为从光催化 CO_2 转化催化位点的单原子设计提供了新的思路，同时突出了电荷动力学在衔接均相和异相光催化剂方面的重要作用［图 2.10（b)]。

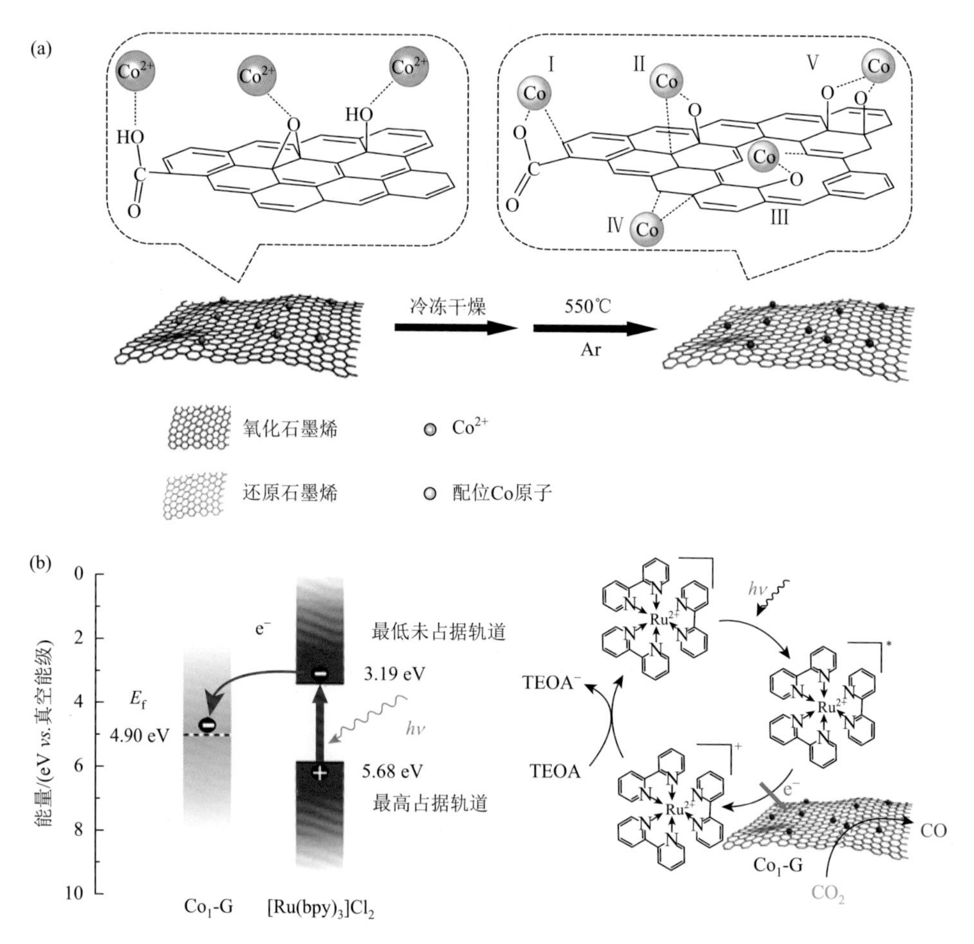

图 2.10　(a）Co_1-G 催化剂的合成过程示意图；(b）$[Ru(bpy)_3]Cl_2$ 向 Co_1-G 催化剂的电子转移示意图，以及以 $[Ru(bpy)_3]Cl_2$ 和 Co_1-G 纳米片分别为光吸收剂和催化剂，光催化还原 CO_2 为 CO 的过程示意图[53]

2.2 $g\text{-}C_3N_4$基单原子催化材料

随着非金属基催化技术的发展，碳纳米管、石墨烯和氮化硼等无金属材料引起了研究界的极大关注。Teter 和 Hemley[54]于 1996 年预测了 C_3N_4的 5 种类型：$\alpha\text{-}C_3N_4$、$\beta\text{-}C_3N_4$、伪立方-C_3N_4、立方-C_3N_4和 $g\text{-}C_3N_4$。其中 $\alpha\text{-}C_3N_4$、$\beta\text{-}C_3N_4$、伪立方-C_3N_4、立方-C_3N_4为硬质材料，然而由于稳定性不高，限制了它们的合成。相比之下，$g\text{-}C_3N_4$具有合成简单、稳定性好、半导体性能优良等优点，使 $g\text{-}C_3N_4$单原子催化材料成为近年来在催化领域备受关注的研究热点之一。相对于氮掺杂石墨烯，$g\text{-}C_3N_4$具有更明确的 N 物种和更大的 N 配位腔来锚定单个金属原子，有效地结合了 $g\text{-}C_3N_4$相的稳定性和单原子催化的高效性，有助于深入理解催化过程中的关键步骤和活性位点，为进一步优化催化性能提供了相关理论基础，在基础研究和潜在应用方面具有广泛的应用前景。

2.2.1 几何结构及电子结构

通常情况下，$g\text{-}C_3N_4$包括三嗪[55]或三-*s*-三嗪（庚嗪）[56]结构，如图 2.11（a）所示，它们均由 sp^2 轨道杂化的 C 原子和 sp^2 轨道杂化的 N 原子组成，可被视为氮掺杂石墨烯的特殊情况，其本身就是一种独特的非金属单原子催化剂。另外，$g\text{-}C_3N_4$的 C 或 N 原子可被其他非金属杂原子（B[57]、P[58]、S[59]等）取代，类似于杂原子共掺杂石墨烯。$g\text{-}C_3N_4$具有和石墨类似的结构，结构十分稳定。尽管其本征导电性较差，但具有优异的化学稳定性，不溶解于强酸或强碱等化学溶剂中。实验上，通过紫外-可见漫反射光谱表明 $g\text{-}C_3N_4$的带隙（E_g）为 2.7 eV，这使材料能够吸收紫外线和一部分可见光，$g\text{-}C_3N_4$可以在无需任何金属参与的情况下，通过一系列缩聚反应从含氮前驱体中合成，其价带和导带分别主要由 N-p_z 和 C-p_z 轨道构成[60]。通过 DFT 计算得到的理论 E_g 很大程度上依赖于所构造的模型和所使用的泛函，显然由于量子约束效应，单层 $g\text{-}C_3N_4$比块体形式展现出更大的 E_g。同

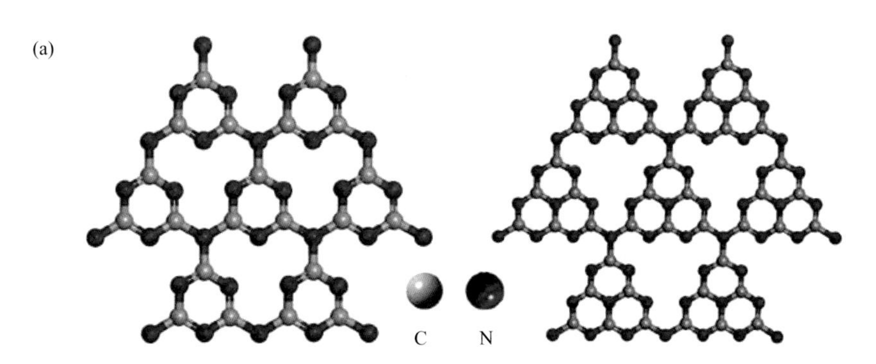

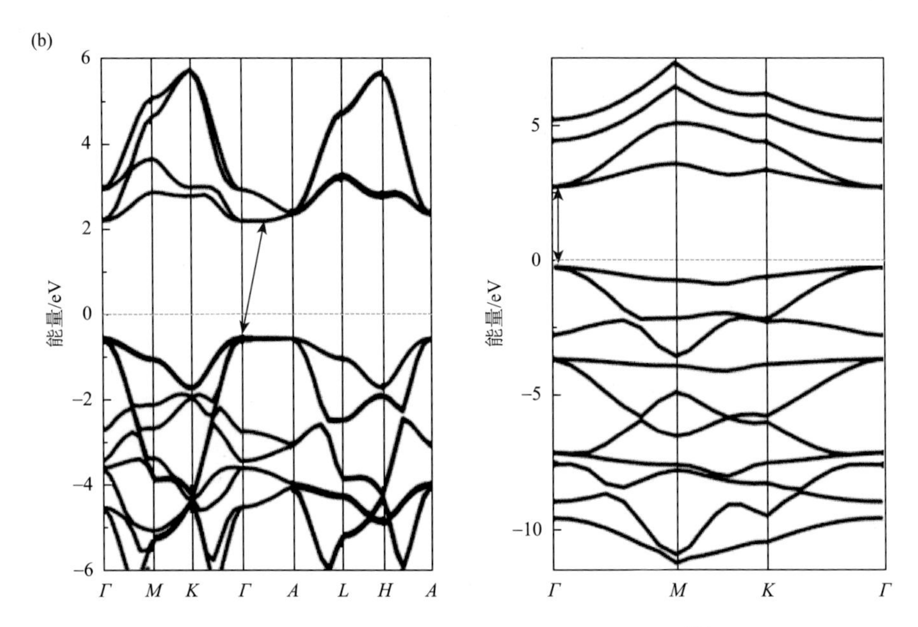

图 2.11 （a）g-C_3N_4的三嗪（左）和三-*s*-三嗪（庚嗪）（右）结构[56]；（b）块体（左）及单层（右）g-C_3N_4的能带结构[61]

时，如图 2.11（b）所示，在 HSE06 杂化泛函下，块体 g-C_3N_4的带隙为间接带隙，而单层 g-C_3N_4的带隙表现为直接带隙特征[61]。

值得指出的是，纯 g-C_3N_4 在一些光/电催化反应中可能表现出催化活性不足，需要通过改性或结合其他催化剂提高其催化活性。例如，纯 g-C_3N_4由于具有较低的电导率，所以其在电催化反应中电子传输能力有限，限制了其电催化活性，而在光催化中，原始的 g-C_3N_4由于光生载流子分离及迁移速率慢、电子和空穴容易复合、光吸收范围窄以及合成过程中比表面积降低等原因，其光催化性能也存在明显不足。为了克服这些缺点，研究人员采用了多种方法，包括杂质离子的掺杂、微观形貌控制、负载助催化剂等改性方法改善其光电催化性[62]（图 2.12）。在这些方法中，单原子负载是最有效的改性方式之一，可以使每个原子都充分暴露在表面上，提供更多的活性位点，实现对反应产物的高度选择，减少副反应的发生，同时单原子特征使催化剂具有较高的原子利用率，避免了大量贵金属的浪费。整体看来，g-C_3N_4 基单原子催化剂是近年来在光电催化领域引起广泛关注的一类材料。由于其独特的结构特性和催化性能，这些催化剂在光催化分解水产氢、二氧化碳还原、有机污染物降解等多个领域表现出了卓越的应用潜力。

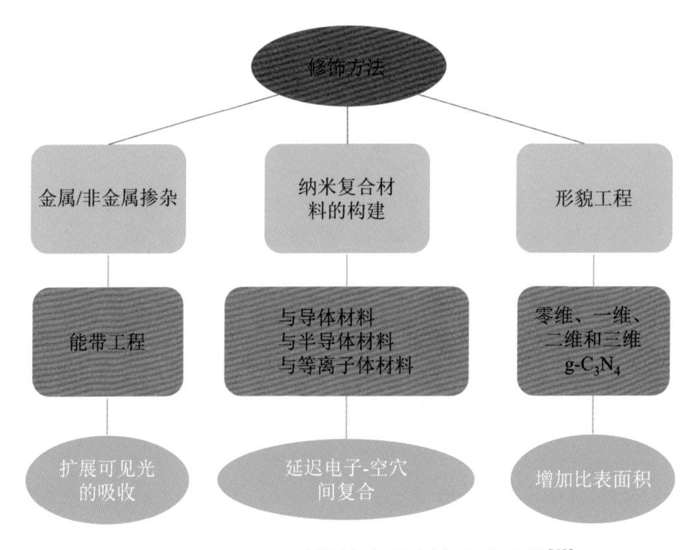

图 2.12　$g\text{-}C_3N_4$ 改性的应用方法及其特性[62]

2.2.2　模型种类及合成方法

1. $g\text{-}C_3N_4$ 基单原子催化剂模型种类

$g\text{-}C_3N_4$ 材料在 $g\text{-}C_3N_4$ 基催化剂中的作用根据其结构和组成可分为三类：①$g\text{-}C_3N_4$ 作为电/光催化反应的活性中心起主要作用，这类催化剂称为无金属 $g\text{-}C_3N_4$ 基催化剂；②$g\text{-}C_3N_4$ 作为载体或保护涂层，协同提高金属基催化剂的催化活性和稳定性；③具有重复三嗪基的 $g\text{-}C_3N_4$ 可以作为配合物锚定金属原子或团簇形成 $M\text{-}N_x/C$ 活性位点。将单原子负载于 $g\text{-}C_3N_4$ 材料是材料研究中最常见的一种改性方法，可有效地调节半导体的能带结构，从而改变材料的光学、电学等物理化学性能，最终有效调控其光/电催化性能。

2. $g\text{-}C_3N_4$ 基单原子催化剂合成方法

对于 $g\text{-}C_3N_4$ 基单原子催化材料的合成，Pérez-Ramírez 及其同事提出了两种合成路线，包括直接合成和后合成方法[63]（图 2.13）。直接合成法是在金属盐类的存在下[64]，通过单体（尿素、氰胺[63, 65, 66]、双氰胺[67, 68]或三聚氰胺[69]）聚合而成的自下而上合成方法，SiO_2 球可以用作模板以获得介孔聚合石墨碳氮化物（$mpg\text{-}C_3N_4$）单原子体系[63, 65, 66]；后合成方法是在合成 $g\text{-}C_3N_4$ 的基础上进一步负载金属的方法，将涉及液相浸渍[70-73]和气相原子层沉积[74, 75]两种方式。

直接合成方法是不同金属盐环境下，在硅球模板上进行氰酰胺聚合的过程，而对于后合成方法则是将金属盐浸渍在三种不同的 $g\text{-}C_3N_4$ 上（包括 $mpg\text{-}C_3N_4$、块状 $g\text{-}C_3N_4$ 和 $g\text{-}C_3N_4$ 纳米片），然后采用 $NaBH_4$ 进行液相还原，研究发现 mpg-

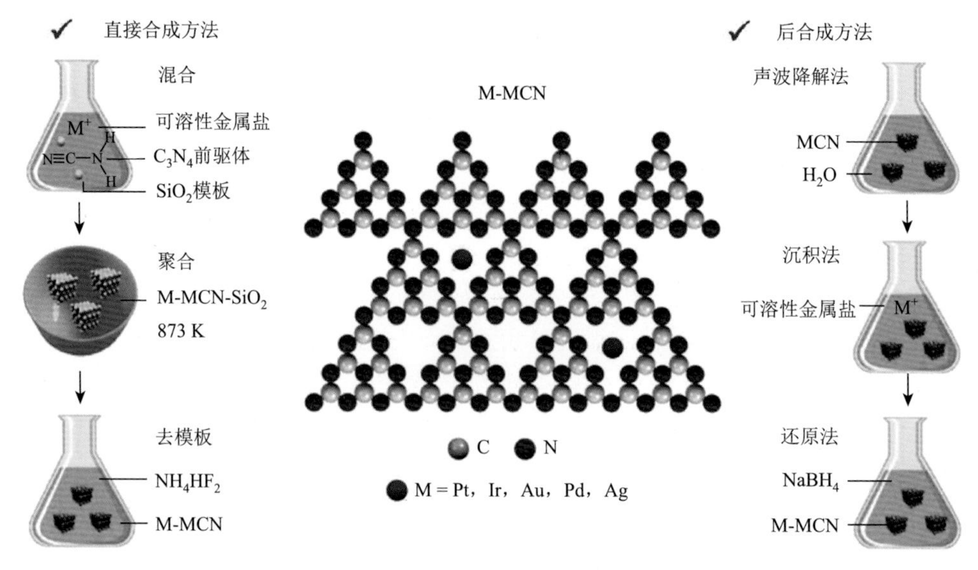

图 2.13 g-C_3N_4基单金属原子催化剂的合成的典型途径：直接合成方法和后合成方法[63]

C_3N_4是合成金属单原子催化剂的最有效的载体。除了形成 Au 纳米颗粒外，其他金属都可以在 mpg-C_3N_4中以单原子形式沉积。然而，只有借助 100℃下的 H_2/Ar（而不是 $NaBH_4$）温和还原条件，才可以成功合成 mpg-C_3N_4基 Au 单原子材料，而其 Au 含量仅为 0.05 wt%，当负载量＞0.3 wt%时，会形成 Au 纳米颗粒[73]。Liu 等开发了一种静电吸附方法，可以在 g-C_3N_4上提供更高含量（0.7 wt%）的 Au 单原子。对于在 g-C_3N_4上负载高含量的金属单原子，直接合成方法似乎更有希望[76]。Pérez-Ramírez 及其同事发现，即使在高达 6 wt%[65]和 1.4 wt%[63]的负载量下，也可以通过自下而上的方法制备出限域在 mpg-C_3N_4中的单原子，而在 g-C_3N_4上通过浸渍法制备的 Pt 单原子最高含量仅为 0.16 wt%[71]。

相对于传统的浸渍法，原子层沉积法是一种在 g-C_3N_4上进行金属单原子后合成的替代方法。例如，在 g-C_3N_4上进行 $Pd(hfac)_2$[75]或 $Co(Cp)_2$[74]的原子层沉积，合成 Co 或 Pd 负载的 g-C_3N_4基单原子材料。在相同的原子层沉积条件下，0.5 wt%的 Pd 单原子可以锚定在 g-C_3N_4上，而负载量为 0.3 wt%时，则在 Al_2O_3表面形成 Pd 纳米颗粒[75]。相比之下，Co 单原子含量可达 1 wt%，这可能是由于 g-C_3N_4在负载前的磷化作用[74]，非金属掺杂对 g-C_3N_4的改性可以调整支撑材料的多孔结构和表面化学性质[70]。然而，与石墨烯基金属单原子材料相比，g-C_3N_4的金属含量普遍较低，这可能是 g-C_3N_4层的强堆叠造成的。因此，目前也需要开发更有效的合成方法来进一步增加 g-C_3N_4基单原子材料的金属负载量。

2.2.3 光/电催化领域中的应用

以 g-C_3N_4作为载体，通过高度分散单原子催化剂（如金属原子）于其表面或孔隙中，可以显著提升催化活性和稳定性，单原子的最大原子利用率和独特的电子结构，使这类催化剂表现出非常高的催化效率和特异性。Qiao 等对具有分子构型的 Co-C_3N_4 催化剂进行了理论评估和实验验证，该催化剂在碱性介质中具有与 ORR/OER 的贵金属基催化剂相媲美的电催化活性［图 2.14（a）］[77]。实验和计算结果的相关性证实，这种高活性源于 g-C_3N_4 中精确的 M-N_2 协调，此外也构建了多种 M-C_3N_4 配合物的可逆 ORR/OER 活性，为这类有前途的催化剂分子设计提供了相关指导［图 2.14（b）］。Yang 等也研究发现，Mn-g-C_3N_4 的光催化效率是原始 g-C_3N_4 的 3 倍[78]。尽管观察到晶相和表面形态的微小变化，但这被证实并不是效率提升的决定因素，真正影响其光催化效率的因素是电子结构、光吸收以及 Mn 吸附后能带带边位置的变化。由于强吸附能和离子键特征，Mn 原子与 N 原子稳定地成键，而 Mn 吸附 g-C_3N_4 后带隙的减小也将导致吸收带边缘发生红移。同

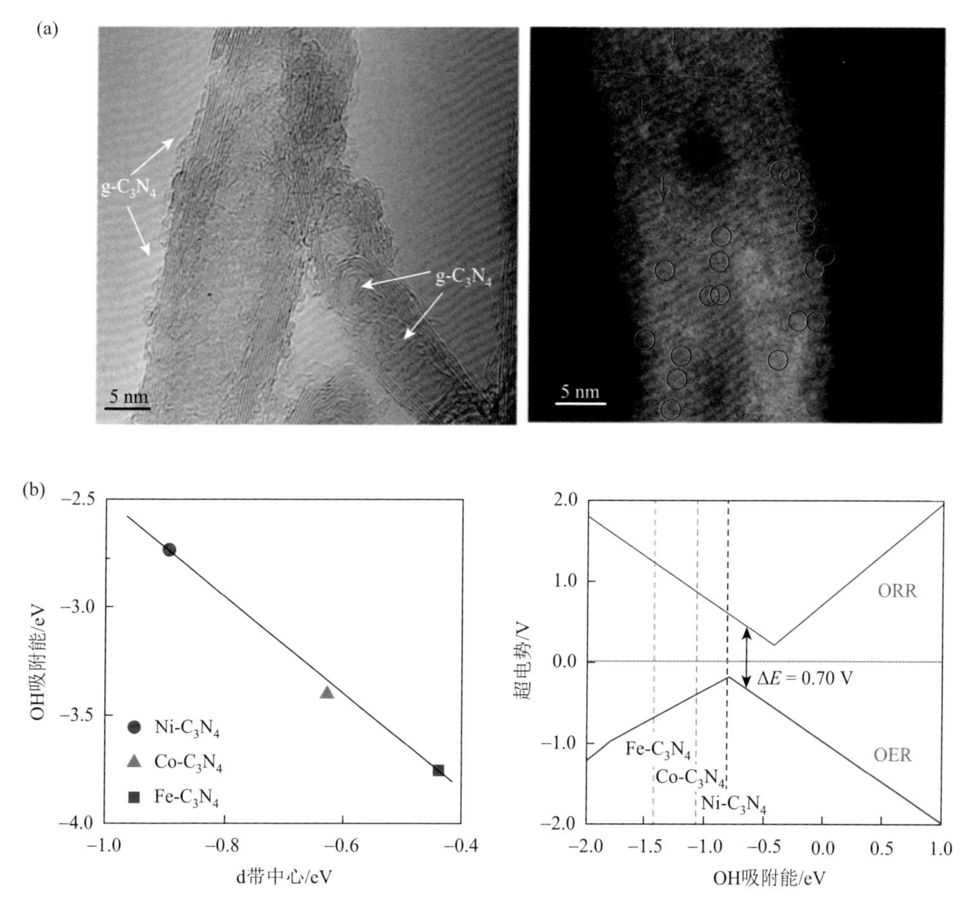

图 2.14　（a）Co-C_3N_4/CNT 的高分辨率 TEM 和 HAADF-STEM 图像；（b）M-C_3N_4 模型中 OH 吸附能与 d 带中心的关系，以及 M-C_3N_4 模型上 ORR 和 OER 的双火山图[77]

时，半填充的 Mn-3d 态将杂质态引入禁带间隙中，这将增加载流子的寿命，Mn-g-C_3N_4 的带边上移也最终导致电子-空穴复合的抑制。由于上述效应的结合，Mn 的负载使 g-C_3N_4 的光催化效率得到明显提升（图 2.15）。

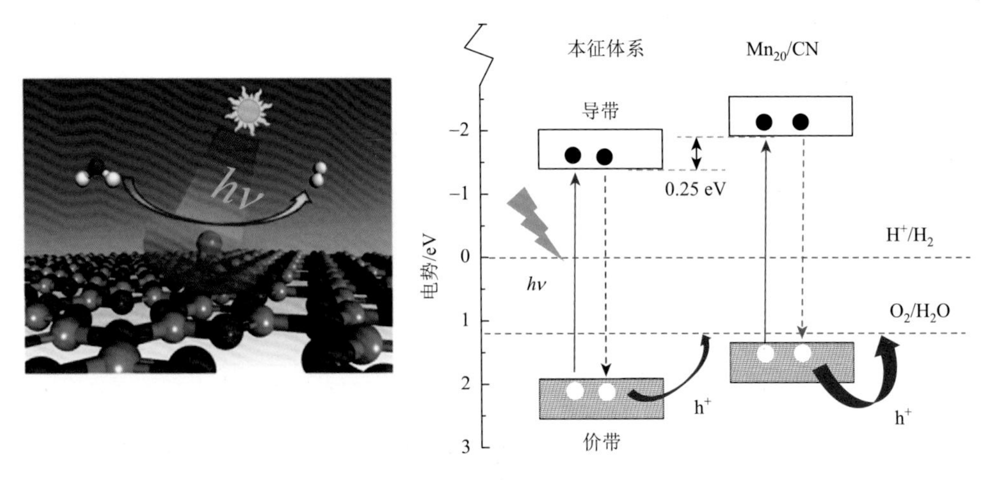

图 2.15　Mn 吸附 g-C_3N_4 的光催化改进示意图，以及原始 g-C_3N_4 和 Mn_{20}/CN 的带隙结构示意图[78]

另外，纯 g-C_3N_4 在 300～450 nm 具有明显的正光电压响应（即 n 型光催化剂）。有趣的是，Ni/g-C_3N_4 的响应强度明显变大，这表明 g-C_3N_4 与 Ni 在界面处接触后载流子很好地分离，从而阻止了复合过程，这与光电流响应一致，表明与纯 g-C_3N_4 相比，Ni 修饰的 g-C_3N_4 具有类似的增强[79]。2016 年发表的另一项相关研究中，Indra 和同事在多孔 g-C_3N_4 上沉积了低成本且资源丰富的 Ni 助催化剂，以增强 H_2 的析出[80]。在光还原过程中，电子从 g-C_3N_4 的导带转移，Ni^{2+}产生了元素 Ni 金属域，这可以通过原位 EPR 分析验证。重要的是，g-C_3N_4 的导带电势（−1.3 V）大于 Ni^{2+}还原为 Ni 的电势（−0.26 V），使 Ni 金属的形成成为可能[81]。因此，混合光催化系统包含 Ni^{2+}和 Ni 物质。与此相符，形成的 Ni 可以作为从 g-C_3N_4 捕获电子的有效助催化剂。

2.3 二硫化物基单原子催化材料

类似于石墨烯、g-C_3N_4 基单原子催化材料，二硫化物基单原子催化材料是指将单个原子负载在二硫化物类材料表面或层间空隙中，进而形成的具有催化活性的纳米材料。正如前面所讲，单原子催化凭借其优越的催化性能、超高的原子利用率及明确的结构信息，被认为是多相催化发展史上的一个关键里程碑。对于过渡金属二硫化物（transition metal dichalcogenide，TMDC）体系，除了单原子以突出形态存在之外，还逐步开发了另外两种单原子取代和单原子空位的基序以及协同单原子基序组装，以此来丰富单原子家族。另外，除了传统的碳材料衬底外，TMDC 体系由于其不同的元素组成、可变的晶体结构、灵活的电子结构等，在单原子催化领域展现出有力的应用前景。

2.3.1　几何结构及电子结构

近年来，TMDC 一直受到广泛的关注，由于其优异的电子、光学、机械、化学和热学性能，研究人员正在着力研究其在光电器件及光电催化中的应用[82]。一些 TMDC 材料呈现出非层状结构，如闪锌矿或纤锌矿，而层状 TMDC 材料通常仅限于ⅣB～ⅥB 和Ⅷ族过渡金属。根据过渡金属原子的配位和氧化态，二维层状 TMDC 可以是半导体（MoS_2、WS_2）、半金属（WTe_2、$TiSe_2$）、金属（NbS_2、VSe_2）和超导体（$NbSe_2$、TaS_2）。TMDC 材料（如 MoS_2、WS_2 和 WSe_2）是由两个硫族元素和一个过渡金属元素形成的夹层结构[83]。根据原子堆叠配置的不同，MX_2 可以形成两种典型的晶体结构：三角棱柱（H 相）和八面体（T 相）[84][图 2.16（a）]。以 MoS_2 为例，在 H-MoS_2 中，每个 Mo 原子与周围的六个 S 原子呈棱柱状配位，

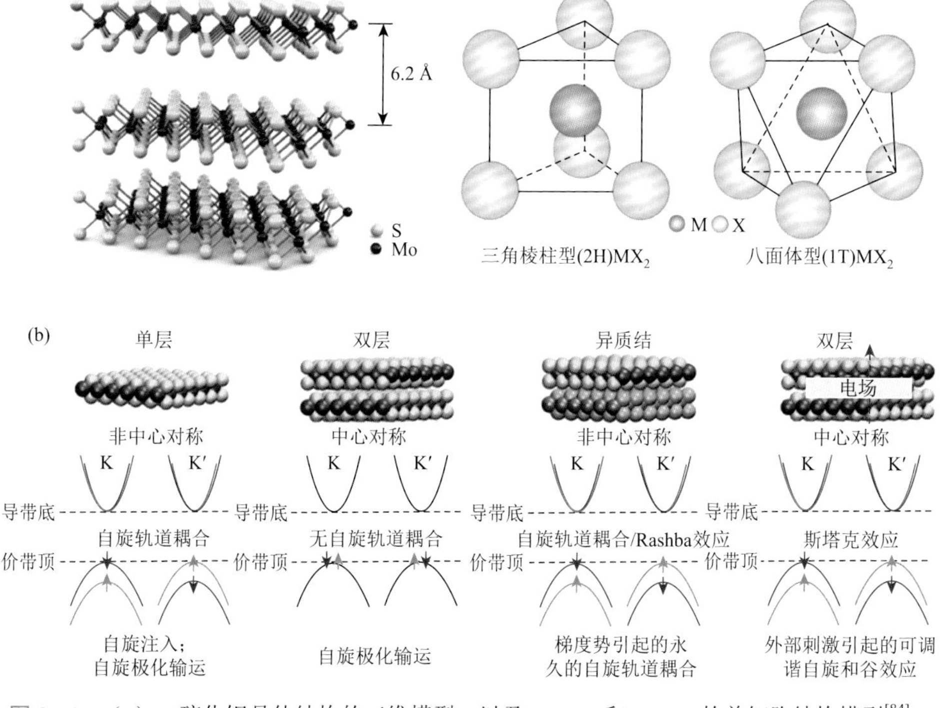

图 2.16　（a）二硫化钼晶体结构的三维模型，以及 H-MX_2 和 T-MX_2 的单细胞结构模型[84]；（b）TMDC 的属性对层数的依赖性[90]

形成热力学稳定的晶体相；而在 T-MoS_2 中，六个 S 原子围绕一个 Mo 原子形成一个扭曲的八面体，呈现出亚稳态相。有趣的是，TMDC 的不同相之间可以通过层内原子的滑移而发生相变，而 H-MoS_2 可以通过嵌入 Li 或 K 进而转化为 T-MoS_2[85, 86]。

由于量子限制、层间耦合和表面效应，单层和少层 TMDC 均可表现出独特的电子特性，这是块状 TMDC 不具备的。例如，块体形式的 2H-TMDC 通常展现出间接带隙的半导体特征，当其层数减至单层时，它们将表现出直接带隙[87]，这导致了体系光致发光强度的增强[88]。更重要的是，在单层 MoS_2 中还观察到了谷极化现象，这种效应对设计谷基电子和光电器件至关重要[89]。众多的研究结果表明，TMDC 中的层数显著影响它们的特性[90]［图 2.16（b）］，Heinz 等用胶带法分离了 MoS_2 薄层（从 1 到 6），发现单层 MoS_2 在 1.84 eV 左右表现出光致发光特性，这与布里渊区 K 点处的最小直接跃迁有关[87]。此外，二阶非线性光学响应也强烈依赖层数，大块 MoS_2 晶体的中心对称性阻止了二阶非线性光学过程，然而对于单层或具有奇数层的少层 MoS_2 薄膜，反转中心的移除将导致强烈的二阶非线性光学响应[91]。与 MoS_2 类似，其他 TMDC 半导体体系（如 WS_2、WSe_2 和 $MoSe_2$）也表现出单分子层的直接带隙和双分子层或多层的间接带隙特征[92]。

通常，二维 TMDC 的固有带隙为 1～2 eV，可以克服石墨烯在电子应用中的关键缺点，即缺乏带隙以及低开/关电流比和电流饱和特性。以剥离的 MoS_2 薄片作为半导体沟道，可以实现开/关比高达 8 个数量级的场效应晶体管（field-effect transistor，FET）[93]。二维 TMDC 独特的可调谐电子结构还可以带来许多其他令人兴奋的机会，包括高灵敏度光电探测器等[94]。近年来，随着单原子催化剂的兴起，通过引入单原子，可以进一步有效地调控 TMDC 基单原子催化材料的局域电子结构，改变催化剂表面的电子状态和活性位点的化学性质，从而实现对催化反应的选择性调控，同时，也可以调节二硫化物衬底的电子态密度分布，增强衬底对光子的吸收能力和光电子传输性能。这种调节可以优化光电催化反应的活性位点分布和电子传输路径，提高催化剂的光电催化性能。

2.3.2 模型种类及合成方法

1. 二硫化物基单原子催化剂模型种类

以 MoS_2 为例，单层 MoS_2 由三个原子层组成，其中 Mo 层夹在两个 S 层之间。MoS_2 基单原子催化材料包括三种类型[95]（图 2.17）：第一种是单一金属原子取代中层中的 Mo 原子；第二种是单金属或非金属原子取代外层中的 S；第三种是单金属原子锚定在 S 层上而不被取代。考虑到后两种通常并存，故将它们放在一起进行总结。

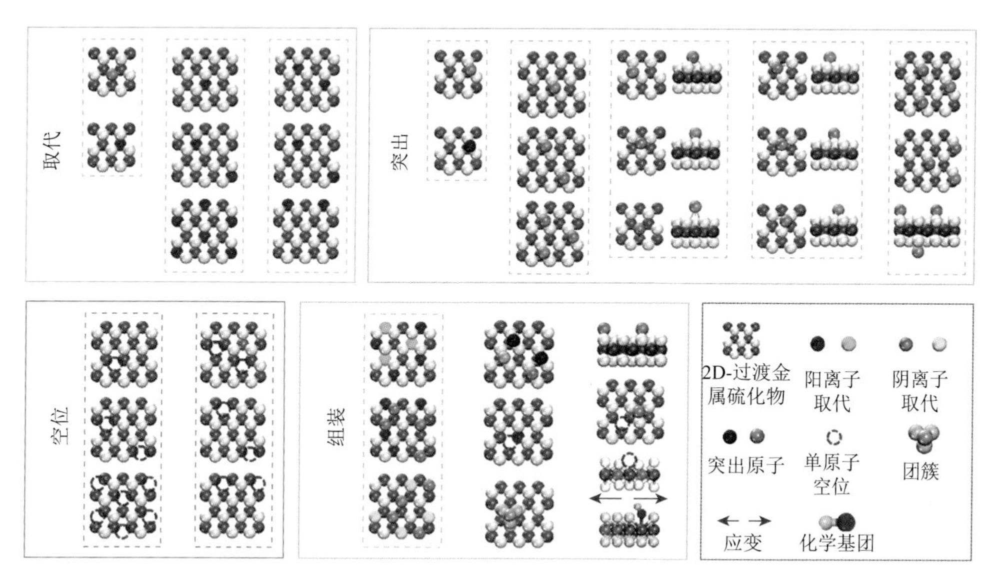

图 2.17　二维 TMDC 中不同状态单原子基序的分类及其相互或与其他修饰的协同组装[95]

2. 二硫化物基单原子催化剂合成方法

对于单一金属原子取代中间层的 Mo 原子，由于六配位 Mo 原子被封闭在 MoS_2 内部，后处理方法实现金属替代似乎很困难，通常采用自下而上的方法，包括采用溶剂热[96-99]或水热合成[100-104]的液相工艺和采用 CVD[105-115]或化学气相输运（chemical vapor transport，CVT）[116-118]技术的固相工艺。溶剂热法或水热合成法可以实现粉末状 MoS_2 基金属单原子催化剂的大规模生产[97]［图 2.18（a）］。Deng 等[96]首先报道了用单一金属原子（Pt、Co 和 Ni）取代 Mo 进行二维 MoS_2 掺杂的溶剂热合成过程，常采用化合物$(NH_4)_6Mo_7O_{24}$、H_2PtCl_6、$Co(NO_3)_2$、$Ni(NO_3)_2$ 和 CS_2 分别作为金属前驱体和 S 源，可以获得金属单原子占据 Mo 位点的少层 MoS_2 体系。CVD 和 CVT 技术是公认的合成 2D-TMDC 薄膜的通用方法[119]，Laskar 等[105]通过 CVD 工艺对 Mo-Nb-Mo 夹层型金属薄膜进行硫化，合成了 Nb 掺杂 MoS_2 薄膜。另外有报道称[120]，用 $Pd(OAc)_2$ 的水溶液在 60℃下浸渍 MoS_2，可以实现 Pd 单原子对 Mo 的取代。它应该遵循如图 2.18（b）所示的氧化还原机制，Pd^{2+}会与 MoS_2 中的 Mo^{3+}反应，导致 Pd^{2+}的还原和 Mo^{3+}的氧化，从而根据电荷守恒定律产生 Mo 空位；然后，占据 Mo 空位的 Pd^0 形成更稳定的 Pd—S 键，而 Mo^{4+} 会被还原回 Mo^{3+}，导致 S^{2-}因电荷平衡而被浸出。

MoS_2 中的面内 S 原子不仅可以被非金属（N、P、O、Se、F 等）和金属单原子取代，而且金属单原子也可以通过强锚定相互作用稳定在 S 原子上。对 MoS_2 进行后处理是将单个原子引入 MoS_2 外表面的主要方法，而原位掺杂合成主要用于制备非金属掺杂的 MoS_2。详细地讲，非金属掺杂 MoS_2 的原位掺杂合成与前文所描

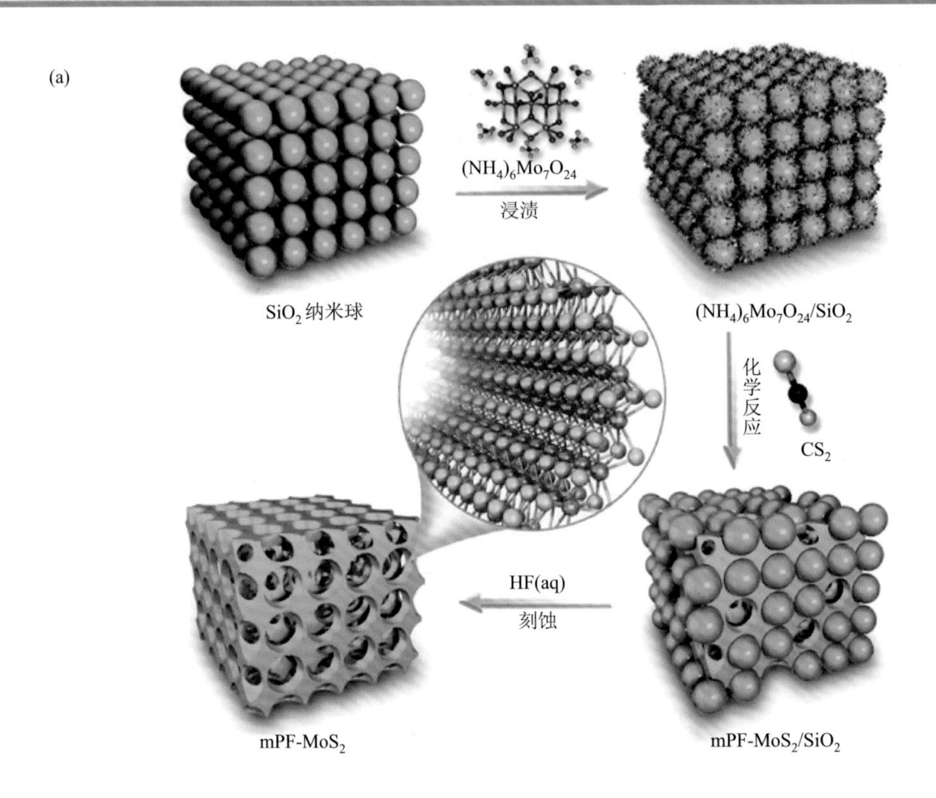

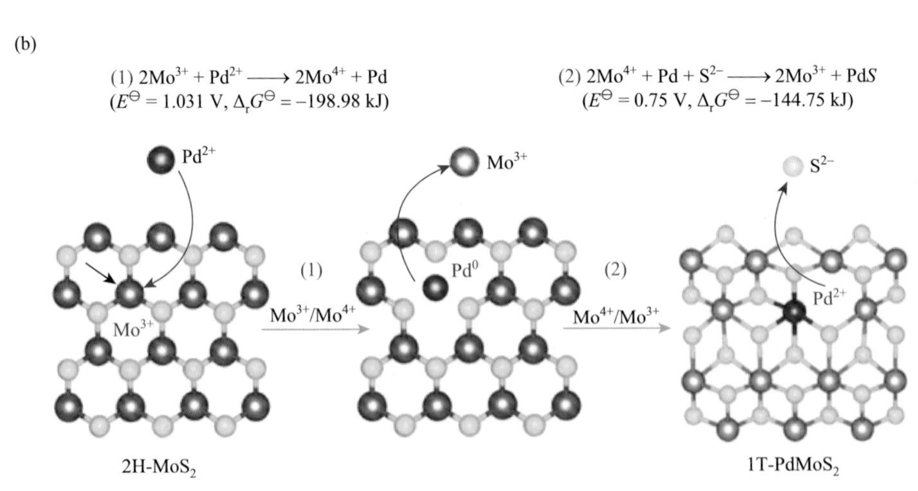

图 2.18 （a）SiO_2 模板上溶剂热合成少层 MoS_2 示意图[97]；（b）利用自发氧化还原反应合成 Pd 掺杂 MoS_2[120]

述的 TM 掺杂 MoS_2 类似，是一种自下而上的方法[121]［图 2.19（a）］，对液相法和固相法均有所涉及，其中水热合成便是一种典型的液相过程，Xie 等[122]用此方法合成了 O 掺杂的 MoS_2 纳米片。值得指出的是，在此过程中仅使用$(NH_4)_6Mo_7O_{24}$

和 $CS(NH_2)_2$ 作为原料，这也从侧面表明 O 掺杂是水热合成制备 MoS_2 中的普遍现象。除此之外，CVD 和热解法也是合成非金属掺杂 MoS_2 的重要固相工艺。

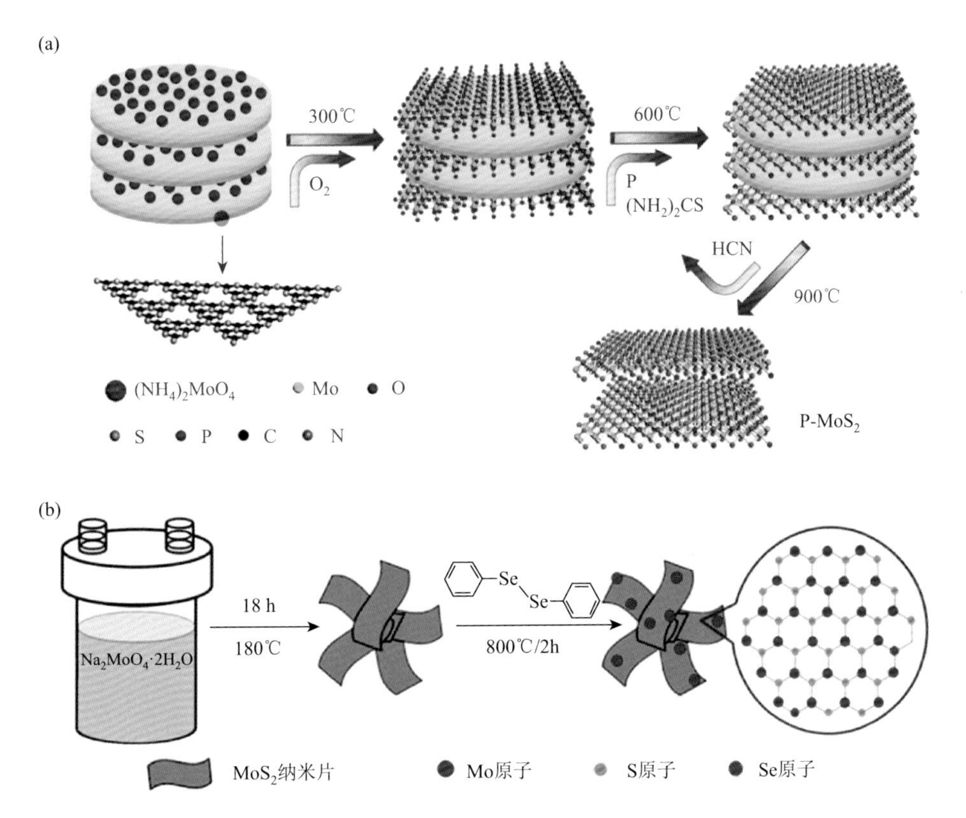

图 2.19　（a）超薄 P-MoS_2 纳米片的直接合成[121]；（b）Se 掺杂 MoS_2 纳米片的后处理工艺[123]

MoS_2 的后处理工艺对于非金属或金属取代 S 原子都是有效的合成方法[123]［图 2.19（b）］。对于非金属，在不同气氛下对 MoS_2 进行等离子体处理是一种通用的掺杂方法。Chen 等[124]报道了在 SF_6、CHF_3、CF_4 或 O_2 等不同气氛下，通过等离子体处理可将 F 和 O 成功掺杂到 MoS_2 上，然后在 O_2、PH_3 和 N_2 中分别合成了更多等离子体诱导的 O 掺杂[125, 126]、P 掺杂[127]和 N 掺杂[128, 129]的 MoS_2 样品。采用金属前驱体对二硫化钼进行后处理，可以通过取代 S 原子或锚定 S 原子的方式获得 MoS_2 负载的金属单原子材料。例如，Tsang 等[130]通过使用 $Co[CS(NH_2)_2]_4^{2+}$ 络合物对单层 MoS_2 进行水热处理，合成了 MoS_2 负载的 Co 单原子催化剂。单层 MoS_2 是使用正丁基锂剥离块状 MoS_2 制备的，由于 MoS_2 的基面上有许多 S 空位，可以尝试与硫脲中的 S 配位补充 MoS_2 表面的部分 S 空位，通过进一步的 X 射线吸收谱证实，Co 原子主要锚定在 MoS_2 的 S 原子上。这种合成方法似乎适用于各种过渡金属，如 Fe、Co、Ni、Ru、Pd 等，开发用于多功能催化应用的 MoS_2 基单原子催化剂的新型合成方法具有巨大的潜力。

2.3.3 光/电催化领域中的应用

人们已经逐渐意识到，单原子基序是高效催化剂的有效组成部分，过去十年见证了单原子工程的快速发展，越来越多的研究人员致力于研究新兴的单原子-低维 TMDC 相互作用，以达到催化活性、选择性和稳定性之间的最佳平衡。TMDC 基单原子催化材料的应用非常广泛，在电催化和光催化范畴中，主要包括小能量分子（O_2、H_2O、CO_2 和 I_3^-）的转化，其涉及的基本反应 ORR、HER、OER、二氧化碳还原反应（CO_2 reduction reaction，CO_2RR）和三碘化物还原反应（triiodide reduction reaction，IRR）等对于新能源和燃料的产生及其高效利用至关重要。

得益于多种价态和灵活的氧化还原能力，大量的金属单原子已成功掺杂到 TMDC 夹层的中间平面中以取代 TM 晶格原子。为了比较不同种类金属单原子之间的 HER 性能调节差异，系统地比较了一系列 TM-MoS_2 单原子催化剂的 H*吉布斯自由能（ΔG_{H^*}）[96]。如图 2.20（a）所示，lg i_0、ΔG_{H^*}和杂原子种类之间的关系以火山曲线的形式呈现。一方面，分布在火山图左侧的金属单原子倾向于向一侧倾斜，仅与近侧的 4 个 S 原子结合，从而使另一侧的另外两个 S 原子不饱和，以致产生新的悬空键，这有利于氢键的加强，导致 ΔG_{H^*}向负侧移动；另一方面，火山图右侧的单个金属原子倾向于与 Mo 晶格原子保持相同的配位数，使周围的 S 原子仍然保持饱和状态，不利于氢的吸附。更进一步来说，上述 ΔG_{H^*}的变化趋势可以从 Bader 电荷和 d 带理论的角度进行深入分析。如图 2.20（b）所示，上述序列单 TM 原子可以在 6.7～7.0 e 范围内灵活地调节 S 原子的 Bader 电荷，而只有在 6.73～6.78 e 的狭窄范围内才能产生最佳的 ΔG_{H^*}。这意味着，当 Bader 电荷太大时，S 的 3p 反键轨道会被太多的电子填满，从而过度削弱氢的吸附，

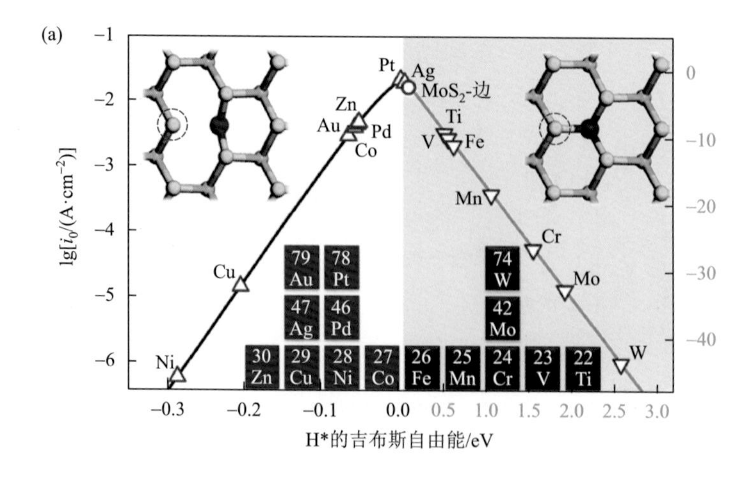

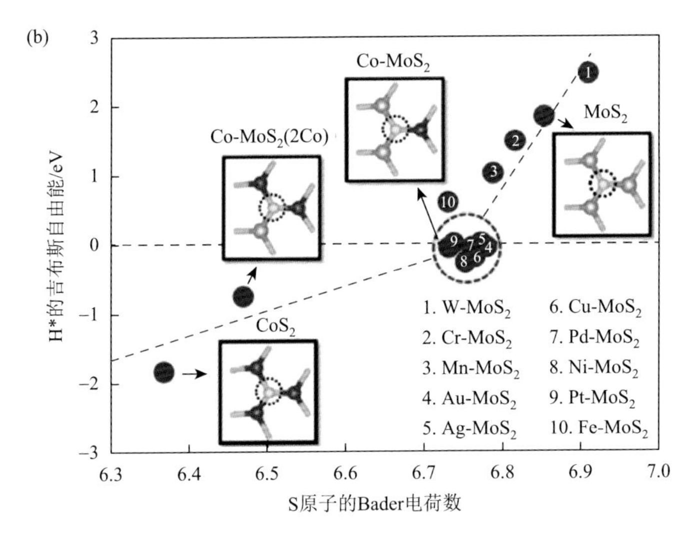

图 2.20　（a）不同 TM 单原子取代修饰 MoS_2 体系中，电流（lg i_0）与 ΔG_{H^*}所呈现的火山曲线；（b）掺杂不同 TM 原子的 MoS_2 中，S 原子上的 Bader 电荷数与 ΔG_{H^*}的关系[96]

而当 Bader 电荷太小时，S 的 3p 反键轨道上的电子很少甚至没有，导致过度增强氢的吸附。

为了系统研究并横向比较单原子取代所产生的氮还原反应（NRR）增强效应，计算和模拟是有效且简便的研究方法（图 2.21）。通过 DFT 计算，Zhao 等系统分析了各种 TM 单原子（Mo、Ru、V、Rh、Fe 等）取代 MoS_2 中 S 原子的 NRR 性能调制效果[131]。如图 2.21（a）所示，与 Sc、Ti、Cr、Mn、Rh 相比，由于负的结合能值，V、Fe、Co、Ni、Mo、Ru 更容易固定 N_2 分子。基于对 NRR 限制电势计算的进一步筛选，发现 Mo 单原子取代可诱导相对于可逆氢电极（RHE）的最低限制电势为–0.53 V［图 2.21（a）］。此外，对于除 Mo 之外的所有上述杂原

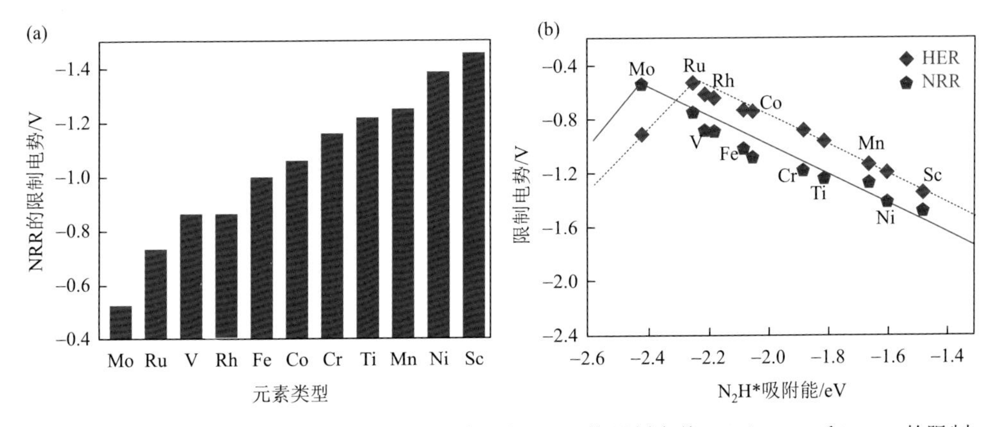

图 2.21　（a）所有考虑的 TM 掺杂 MoS_2 单层上 NRR 的限制电势；（b）HER 和 NRR 的限制电势随 N_2H^*吸附能的变化关系图[131]

子，计算得到的 HER 限制电势始终小于 NRR 限制电势［图 2.21（b）］，这表明只有单个 Mo 原子取代才能在 NRR 过程中有效抑制 HER 的竞争反应。从电子结构讲，由于吸附的 N_2*到 N_2H*的氢化反应是 NRR 的决速步骤，中间体 N_2H*的吸附能与 NRR 限制电势呈现出火山变化趋势，其本质上可归因于这些嵌入杂原子的不同 d 带中心位置和反键态。原则上讲，d 带中心远离费米能级的下移表明反键态的下移，这可能导致取代位点对 N_2H*吸附强度减弱。例如，嵌入 Mo 的 d 带中心比 Ni 低 0.58 eV，从而导致 MoS_2 表面的 N_2H*吸附能增加 0.76 eV。

可以看到，一方面在低维 TMDC 的不同晶格位置上，各种良好的单原子基序层出不穷，它们彼此之间通过相互作用或与化学基团、纳米团簇、应变等其他原子修饰相结合，协同调节催化剂的几何和电子结构，进而实现最终的性能突破；另一方面，用明确的单原子基序修饰这种定义良好的低维 TMDC 结构也提供了一种理想的催化机理揭示平台。但是，面向更新颖的结构构建、更精确的多态考虑、更深入的机理探索以及应用范围的扩展，基于二维 TMDC 的单原子工程仍有很大的发展空间。这种新兴的单原子催化剂系统引发了一系列科学问题，包括其可变的单原子与二维衬底相互作用、各种原子组装体的模糊协同效应以及动态结构与性能的相关性，都需要在未来的研究中进一步澄清。

2.4 缺陷对单原子催化材料电子和光电子性质的影响

缺陷在 SAC 中扮演着重要的角色，不仅诱导了材料电子和光电子性质的变化，还直接改变了材料的电子结构和表面活性位点，进而影响了催化剂的光/电催化性能。近些年，缺陷工程在 SAC 中的应用已经成为提高催化效率和选择性的重要策略。通过引入缺陷，可以显著改变材料的电子和光电子性质，从而在催化、能源存储和转换等领域实现性能的优化。实际上，实现高效催化性能的关键在于通过精确的缺陷工程策略，调控 SAC 中的缺陷结构特征，这主要涉及对 SAC 中的缺陷类型、数量和分布的精确控制等。缺陷类型通常包括空位缺陷、掺杂缺陷、边缘缺陷、位错、晶界以及结构畸变，对各种缺陷的深入理解和调控对于设计高性能 SAC 至关重要。

2.4.1 点缺陷

点缺陷主要包括空位、掺杂原子和自间隙原子等。这些缺陷通过改变材料的局部电子结构，从而影响其电子和光电子性质。点缺陷不仅可以在材料合成的过程中天然存在，也可以通过各种手段有意地引入，空位缺陷可通过移除原子形成，可增加单原子催化剂的表面活性位点，从而提高其催化活性。例如，石墨烯中的空位缺陷能够为石墨烯基 SAC 提供额外的吸附位点，增强其催化性能；而掺杂原子则可通过引入非本征原子（如 N、B、S 等）形成掺杂缺陷，调节单原子催化剂的电子密度和能带结构，从而影响其电子传输和光吸收特性。除此之外，边缘缺陷作为点缺陷的一种特殊表现形式，是在材料表面或晶界附近的点缺陷，对材料的性能、结构和应用也具有深远的影响。剑桥大学李焕新、湖南大学周海晖教授和黄中原副教授等[132]提出了一种利用新型硼酸辅助热解策略制备富边缘缺陷且高负载量的单原子催化剂［图 2.22（a）］。研究发现高温下硼酸衍生的氧化硼可以作为理想的高温碳化介质和阻隔介质，其在催化剂的制备过程中发挥了重要的

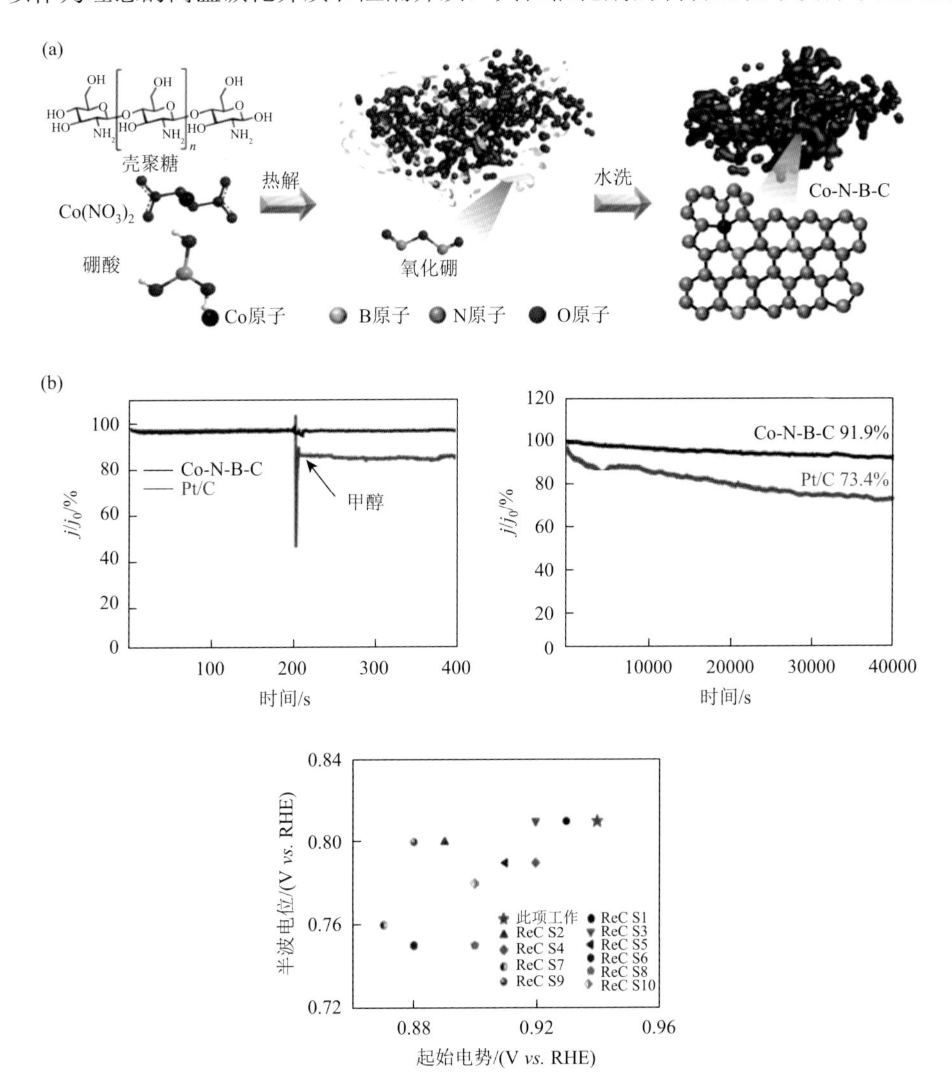

图 2.22　（a）Co-N-B-C 的制备示意图；（b）加入甲醇后的响应，Co-N-B-C 和 Pt/C 催化剂的常规计时电流曲线，以及非贵金属催化剂的 ORR 性能比较[132]

作用，制备得到的 Co-N-B-C 催化剂不仅具有丰富的分级多孔结构、大的比表面积、丰富的边缘缺陷，而且具有高的金属负载量（4.2 wt%）。该催化剂对氧还原反应表现出优异的催化活性和稳定性，并在锌-空气电池中展现出出色的电化学性能［图 2.22（b）］。

点缺陷的存在还可以调整材料的光吸收范围和强度，特别是对于光催化材料，可以显著提高其利用太阳光的能力。其次，点缺陷的存在可以影响激发态电子的寿命，增强或减弱光生载流子的复合过程，从而影响材料的光电转换效率和光催化反应速率。中国矿业大学（北京）孙志明教授、李春全博士与加拿大阿尔伯塔大学刘清侠教授团队合作[133]，通过“溶剂热-氩气热处理氢气还原”的方法制备了一种 Pt 单原子-TiO_2 光催化剂（Pt SA/Def-s-TiO_2）［图 2.23（a）］。该研究探索了一种以具有氧缺陷结构的 TiO_2 纳米片作为衬底，利用较多的氧缺陷位点实

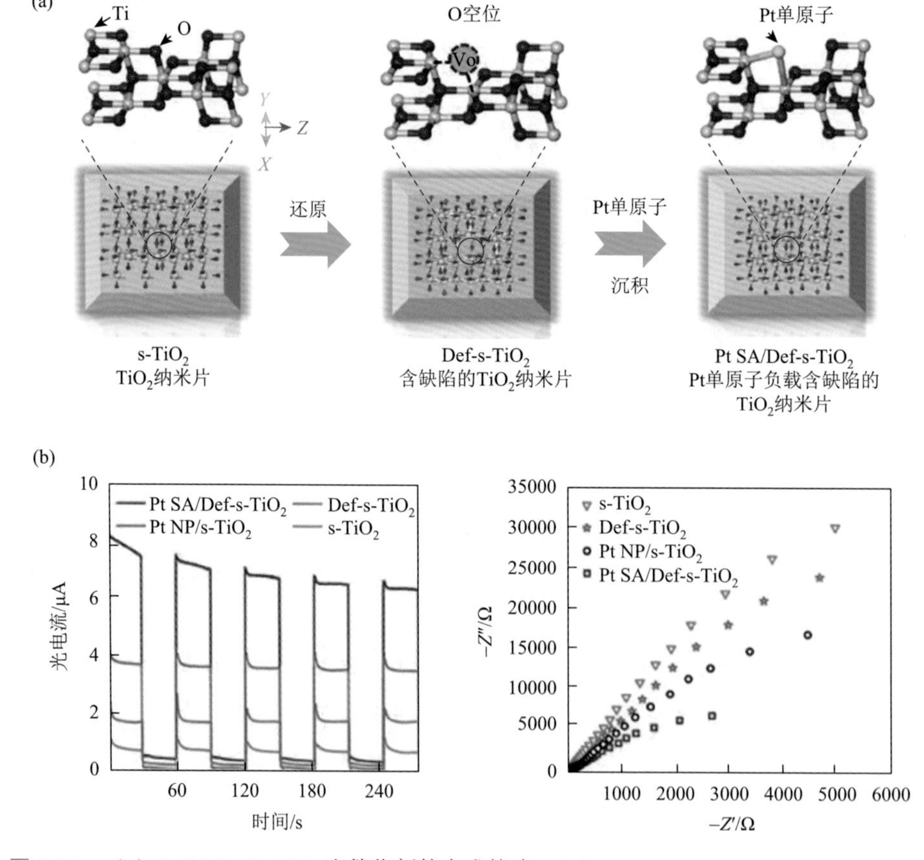

图 2.23 （a）Pt SA/Def-s-TiO_2 光催化剂的合成策略；（b）s-TiO_2、Def-s-TiO_2、Pt NP/s-TiO_2 和 Pt SA/Def-s-TiO_2 光催化剂的光电流（*I-t*）曲线和电化学阻抗谱（electrochemical impedance spectroscopy，EIS）图[133]

现 Pt 单原子在 TiO_2 纳米片上锚定的方法，构建了具有优异光催化产氢性能的单原子 Pt SA/Def-s-TiO_2 光催化剂，从而验证了氧缺陷结构对于 Pt 单原子形成具有非常重要的作用，这为在具有缺陷结构的金属氧化物载体上合理设计高活性和稳定的单原子催化剂提供了借鉴［图 2.23（b）］。

2.4.2　位错与晶界

位错和晶界作为更大尺度的缺陷，对单原子催化剂的电/光催化性能同样有重要影响。位错可以作为电子的俘获中心或者以提供额外活性位点的方式，影响材料的电子性质和催化活性。位错密集区域往往具有更高的局部应力，这可能会导致局部电子结构的重组，进而改变催化反应的活性。晶界则是不同晶体取向的边界，这些区域往往具有高度的结构缺陷和电子态密度，可以作为催化反应的活性位点。晶界的存在不仅影响材料的结构稳定性，还可以改善载流子的迁移性能并促进电荷分离，对于光催化和电催化应用尤为重要。

东北大学齐西伟研究团队[134]利用 P 掺杂策略提高单原子掺杂 Co_3O_4纳米片阵列晶界处的电导率以实现高效水解，研究提出了一种 P 掺杂策略来增强 Co_3O_4 纳米片阵列负载的 Rh 单原子催化剂（Rh SAC-Co_3O_4）的全水解性能，其中 P 掺杂改性显著提高了 Rh SAC-Co_3O_4 的电化学性能［图 2.24（a）］。P 掺杂的 Rh SAC-Co_3O_4 的电导率最高，与室温下的 Rh SAC-Co_3O_4 和 Co_3O_4 相比提高了 2 个数量

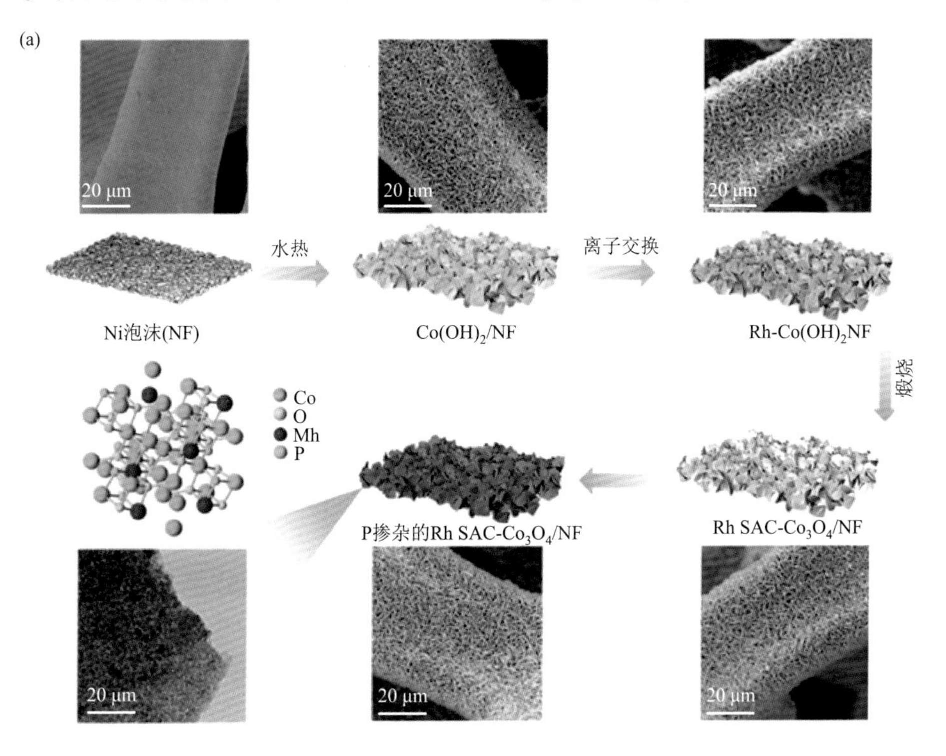

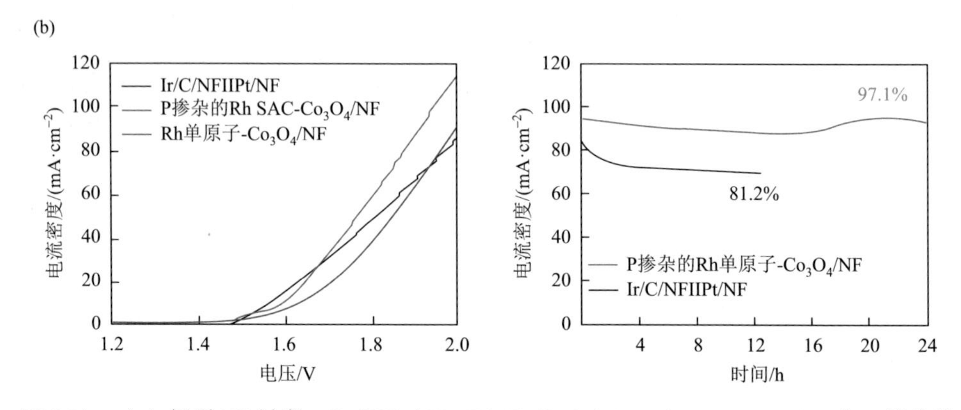

图 2.24 （a）裸露 NF 衬底、$Co(OH)_2$/NF、Rh-$Co(OH)_2$/NF、Rh SAC-Co_3O_4/NF 和 P 掺杂的 Rh SAC-Co_3O_4/NF 的 SEM 图像，以及 P 掺杂的 Rh SAC-Co_3O_4/NF 的原子结构和 TEM 图；（b）整体水裂解极化曲线，以及在恒电势约 300 mV 下 P 掺杂的 Rh SAC-Co_3O_4/NF 体系的时间相关电流密度[134]

级。更有趣的是，经过 P 掺杂后，Rh SAC-Co_3O_4 导电区域由晶粒变为晶界，这改变了 Rh 改性后的电导率，相应的电催化活性也随着电导率的增加而提高。对于 OER，P 掺杂的 Rh SAC-Co_3O_4 在 1 mol·L^{-1} KOH 中，电流密度为 50 mA·cm^{-2} 时，超电势为 268 mV；对于 HER，在 50 mA·cm^{-2} 时超电势为 209 mV。当测试整体水解时，掺杂 P 的 Rh SAC-Co_3O_4/NF 在 1.77 V 下达到 50 mA·cm^{-2}。此工作证明通过引入晶界缺陷提高载体的导电性似乎是提高 SAC 电催化活性的可行性方案［图 2.24（b）］。

总结与展望

本章节系统概述了石墨烯基、g-C_3N_4 基及二硫化物基单原子催化材料的几何结构、电子结构特征，介绍了各自的模型种类、合成方法，并探讨了它们在光/电催化领域的应用潜力。同时，本章节还着重分析了点缺陷、位错与晶界等缺陷对单原子催化材料电子和光电子性质的显著影响，为优化材料性能、推动催化材料创新设计提供了科学依据。

未来的研究将继续聚焦于理解和利用 SAC 中的电子和光电子性质，推进高效、可持续的化学生产过程。预期这些材料将在能源转换、环境治理以及精细化学品合成等关键领域发挥显著作用。以下几个方向值得深入探究：①电子结构与催化性能的关系：深入研究 SAC 的电子结构，尤其是新电子态的形成与催化活性、选择性之间的关系，有助于设计出性能更优的催化剂；②新型低维材料的开发：探索新型低维材料作为催化剂载体，特别是具有独特电子和光电子性质的材料，可能开辟催化科学的新方向；③催化机制的深入理解：借助先进的表征技术和理论计算，深入理解 SAC 在特定化学反应中的催化机制，为精确调节催化剂性能提供理论基础；④可持续化学生产的应用：将 SAC 应用于可持续化学生产过程中，如 CO_2 还原、水分解等，旨在寻找更环保、经济的催化解决方案；⑤多功能催化系统的构建：开发能同时催化多个反应的多功能 SAC，以实现复杂化学品的一步合成，提高化学生产的效率和选择性。通过对这些方向的研究，SAC 的应用前景将更加广阔，为实现高效、清洁的化学生产过程提供强大的科学支持。

参 考 文 献

[1] Wang Y，Mao J，Meng X，et al. Catalysis with two-dimensional materials confining single atoms：Concept，design，and applications. Chemical Reviews，2019，119（3）：1806-1854.

[2] Lin L，Deng B，Sun J，et al. Bridging the gap between reality and ideal in chemical vapor deposition growth of graphene. Chemical Reviews，2018，118（18）：9281-9343.

[3] Castro Neto A H，Guinea F，Peres N M R，et al. The electronic properties of graphene. Reviews of Modern Physics，2009，81（1）：109-162.

[4] Wang H，Maiyalagan T，Wang X. Review on recent progress in nitrogen-doped graphene：Synthesis，characterization，and its potential applications. ACS Catalysis，2012，2（5）：781-794.

[5] Xu H，Ma L，Jin Z. Nitrogen-doped graphene：Synthesis，characterizations and energy applications. Journal of Energy Chemistry，2018，27（1）：146-160.

[6] Wang X，Li X，Zhang L，et al. N-doping of graphene through electrothermal reactions with ammonia. Science，2009，324（5928）：768-771.

[7] Li X，Wang H，Robinson J T，et al. Simultaneous nitrogen doping and reduction of graphene oxide. Journal of the American Chemical Society，2009，131（43）：15939-15944.

[8] Putri L K，Wee J O，Chang W S，et al. Heteroatom doped graphene in photocatalysis：A review. Applied Surface Science，2015，358：2-14.

[9] Chang D，Baek J. Nitrogen-doped graphene for photocatalytic hydrogen generation. Chemistry—An Asian Journal，2016，11（8）：1125-1137.

[10] Duan J，Chen S，Jaroniec M，et al. Heteroatom-doped graphene-based materials for energy-relevant electrocatalytic processes. ACS Catalysis，2015，5（9）：5207-5234.

[11] Wu J，Rodrigues M F，Vajtai R，et al. Tuning the electrochemical reactivity of boron-and nitrogen-substituted graphene. Advanced Materials，2016，28（29）：6239-6246.

[12] Borup R，Meyers J，Pivovar B，et al. Scientific aspects of polymer electrolyte fuel cell durability and degradation. Chemical Reviews，2007，107（10）：3904-3951.

[13] Lefèvre M，Proietti E，Jaouen F，et al. Iron-based catalysts with improved oxygen reduction activity in polymer electrolyte fuel cells. Science，2009，324（5923）：71-74.

[14] Wu G，More K L，Johnston C M，et al. High-performance electrocatalysts for oxygen reduction derived from polyaniline，iron，and cobalt. Science，2011，332（6028）：443-447.

[15] Yan H，Lin Y，Wu H，et al. Bottom-up precise synthesis of stable platinum dimers on graphene. Nature Communications，2017，8：1070.

[16] Wang H，Wang Q，Cheng Y，et al. Doping monolayer graphene with single atom substitutions. Nano Letters，2012，12（1）：141-144.

[17] Zhang L，Jia Y，Gao G，et al. Graphene defects trap atomic Ni species for hydrogen and oxygen evolution reactions. Chem，2018，4（2）：285-297.

[18] Zhuo H，Zhang X，Liang J，et al. Theoretical understandings of graphene-based metal single-atom catalysts：Stability and catalytic performance. Chemical Reviews，2020，120（21）：12315-12341.

[19] Li X，Cai W，An J，et al. Large-area synthesis of high-quality and uniform graphene films on copper foils. Science，2009，324（5932）：1312-1314.

[20] Kim K S，Zhao Y，Jang H，et al. Large-scale pattern growth of graphene films for stretchable transparent electrodes. Nature，2009，457（7230）：706-710.

[21] Qu L，Liu Y，Baek J，et al. Nitrogen-doped graphene as efficient metal-free electrocatalyst for oxygen reduction in fuel cells. ACS Nano，2010，4（3）：1321-1326.

[22] Ito Y，Christodoulou C，Nardi M V，et al. Chemical vapor deposition of N-doped graphene and carbon films：The role of precursors and gas phase. ACS Nano，2014，8（4）：3337-3346.

[23] Li N，Wang Z，Zhao K，et al. Large scale synthesis of N-doped multi-layered graphene sheets by simple arc-discharge method. Carbon，2010，48（1）：255-259.

[24] Zhao L，He R，Rim K T，et al. Visualizing individual nitrogen dopants in monolayer graphene. Science，2011，333（6045）：999-1003.

[25] Deng D，Pan X，Yu L，et al. Toward N-doped graphene via solvothermal synthesis. Chemistry of Materials，2011，23（5）：1188-1193.

[26] Liang H，Brüller S，Dong R，et al. Molecular metal-N_x centres in porous carbon for electrocatalytic hydrogen evolution. Nature Communications，2015，6：7992.

[27] Han Y，Wang Y，Chen W，et al. Hollow N-doped carbon spheres with isolated cobalt single atomic sites：Superior electrocatalysts for oxygen reduction. Journal of the American Chemical Society，2017，139（48）：17269-17272.

[28] Chen W，Pei J，He C，et al. Rational design of single molybdenum atoms anchored on N-doped carbon for effective hydrogen evolution reaction. Angewandte Chemie International Edition，2017，56（50）：16086-16090.

[29] Zhou P，Jiang L，Wang F，et al. High performance of a cobalt-nitrogen complex for the reduction and reductive coupling of nitro compounds into amines and their derivatives. Science Advances，2017，3（2）：e1601945.

[30] Zhang M，Wang Y，Chen W，et al. Metal（hydr）oxides@polymer core-shell strategy to metal single-atom materials. Journal of the American Chemical Society，2017，139（32）：10976-10979.

[31] Liu W，Zhang L，Yan W，et al. Single-atom dispersed Co-N-C catalyst：Structure identification and performance for hydrogenative coupling of nitroarenes. Chemical Science，2016，7（9）：5758-5764.

[32] Liu W，Zhang L，Liu X，et al. Discriminating catalytically active FeN_x species of atomically dispersed Fe-N-C catalyst for selective oxidation of the C—H bond. Journal of the American Chemical Society，2017，139（31）：10790-10798.

[33] Liu W，Chen Y，Qi H，et al. A durable nickel single-atom catalyst for hydrogenation reactions and cellulose valorization under harsh conditions. Angewandte Chemie International Edition，2018，57（24）：7071-7075.

[34] Wu H，Li H，Zhao X，et al. Highly doped and exposed Cu(Ⅰ)-N active sites within graphene towards efficient oxygen reduction for zinc-air batteries. Energy & Environmental Science，2016，9（12）：3736-3745.

[35] Li X，Bi W，Chen M，et al. Exclusive Ni-N_4 sites realize near-unity Co selectivity for electrochemical CO_2 reduction. Journal of the American Chemical Society，2017，139（42）：14889-14892.

[36] Liu D，Wu C，Chen S，et al. *In situ* trapped high-density single metal atoms within graphene：Iron-containing hybrids as representatives for efficient oxygen reduction. Nano Research，2018，11（4）：2217-2228.

[37] Yang H，Hung S，Liu S，et al. Atomically dispersed Ni(Ⅰ) as the active site for electrochemical CO_2 reduction. Nature Energy，2018，3（2）：140-147.

[38] Liang H，Wei W，Wu Z，et al. Mesoporous metal-nitrogen-doped carbon electrocatalysts for highly efficient oxygen reduction reaction. Journal of the American Chemical Society，2013，135（43）：16002-16005.

[39] Fei H，Dong J，Arellano-Jiménez M J，et al. Atomic cobalt on nitrogen-doped graphene for hydrogen generation. Nature Communications，2015，6：8668.

[40] Zhang C，Sha J，Fei H，et al. Single-atomic ruthenium catalytic sites on nitrogen-doped graphene for oxygen reduction reaction in acidic medium. ACS Nano，2017，11（7）：6930-6941.

[41] Zhang C，Yang S，Wu J，et al. Electrochemical CO_2 reduction with atomic iron-dispersed on nitrogen-doped graphene. Advanced Energy Materials，2018，8（19）：1703487.

[42] Ye R，Dong J，Wang L，et al. Manganese deception on graphene and implications in catalysis. Carbon，2018，132：623-631.

[43] Jiang K，Siahrostami S，Zheng T，et al. Isolated Ni single atoms in graphene nanosheets for high-performance CO_2 reduction. Energy & Environmental Science，2018，11（4）：893-903.

[44] Fei H，Dong J，Feng Y，et al. General synthesis and definitive structural identification of MN_4C_4 single-atom catalysts with tunable electrocatalytic activities. Nature Catalysis，2018，1：63-72.

[45] Deng D，Yu L，Pan X，et al. Size effect of graphene on electrocatalytic activation of oxygen. Chemical Communications，2011，47（36）：10016-10018.

[46] Deng D，Chen X，Yu L，et al. A single iron site confined in a graphene matrix for the catalytic oxidation of benzene at room temperature. Science Advances，2015，1（11）：e1500462.

[47] Qiu H，Ito Y，Cong W，et al. Nanoporous graphene with single-atom nickel dopants：An efficient and stable catalyst for electrochemical hydrogen production. Angewandte Chemie International Edition，2015，54（47）：14031-14035.

[48] George S M. Atomic layer deposition：An overview. Chemical Reviews，2010，110（1）：111-131.

[49] Cheng N，Sun X. Single atom catalyst by atomic layer deposition technique. Chinese Journal of Catalysis，2017，38（9）：1508-1514.

[50] Ito Y，Tanabe Y，Qiu H，et al. High-quality three-dimensional nanoporous graphene. Angewandte Chemie International Edition，2014，53（19）：4822-4826.

[51] Huang K，Wei Z，Liu J，et al. Engineering the morphology and microenvironment of a graphene-supported Co-N-C single-atom electrocatalyst for enhanced hydrogen evolution. Small，2022，18（19）：2201139.

[52] Tu H，Zhang H，Song Y，et al. Electronic asymmetry engineering of Fe-N-C electrocatalyst via adjacent carbon vacancy for boosting oxygen reduction reaction. Advanced Science，2023，10（32）：2305194.

[53] Gao C，Chen S，Wang Y，et al. Heterogeneous single-atom catalyst for visible-light-driven high-turnover CO_2 reduction：The role of electron transfer. Advanced Materials，2018，30（13）：1704624.

[54] Teter D M，Hemley R J. Low-compressibility carbon nitrides. Science，1996，271（5245）：53-55.

[55] Zambon A，Mouesca J-M，Gheorghiu C，et al. S-heptazine oligomers：Promising structural models for graphitic carbon nitride. Chemical Science，2016，7（2）：945-950.

[56] Zheng Y，Lin L，Wang B，et al. Graphitic carbon nitride polymers toward sustainable photoredox catalysis. Angewandte Chemie International Edition，2015，54（44）：12868-12884.

[57] Yan S，Li Z，Zou Z. Photodegradation of rhodamine b and methyl orange over boron-doped g-C_3N_4 under visible light irradiation. Langmuir，2010，26（6）：3894-3901.

[58] Zhang Y，Mori T，Ye J，et al. Phosphorus-doped carbon nitride solid：Enhanced electrical conductivity and photocurrent generation. Journal of the American Chemical Society，2010，132（18）：6294-6295.

[59] Liu G，Niu P，Sun C，et al. Unique electronic structure induced high photoreactivity of sulfur-doped graphitic C_3N_4. Journal of the American Chemical Society，2010，132（33）：11642-11648.

[60] Sano T，Tsutsui S，Koike K，et al. Activation of graphitic carbon nitride（g-C_3N_4）by alkaline hydrothermal treatment for photocatalytic NO oxidation in gas phase. Journal of Materials Chemistry A，2013，1（21）：6489.

[61] Liu J，Cheng B，Yu J. A new understanding of the photocatalytic mechanism of the direct Z-scheme g-C_3N_4/TiO_2 heterostructure. Physical Chemistry Chemical Physics，2016，18（45）：31175-31183.

[62] Akhundi A，Zaker Moshfegh A，Habibi-Yangjeh A，et al. Simultaneous dual-functional photocatalysis by g-C_3N_4-based nanostructures. ACS ES&T Engineering，2022，2（4）：564-585.

[63] Chen Z，Mitchell S，Vorobyeva E，et al. Stabilization of single metal atoms on graphitic carbon nitride. Advanced Functional Materials，2017，27（8）：1605785.

[64] Wang X，Chen X，Thomas A，et al. Metal-containing carbon nitride compounds：A new functional organic-metal hybrid material. Advanced Materials，2009，21（16）：1609-1612.

[65] Chen Z，Pronkin S，Fellinger T P，et al. Merging single-atom-dispersed silver and carbon nitride to a joint electronic system via copolymerization with silver tricyanomethanide. ACS Nano，2016，10（3）：3166-3175.

[66] Wang Y，Zhao X，Cao D，et al. Peroxymonosulfate enhanced visible light photocatalytic degradation bisphenol a by single-atom dispersed Ag mesoporous g-C_3N_4 hybrid. Applied Catalysis B：Environmental，2017，211：79-88.

[67] Li Y，Wang Z，Xia T，et al. Implementing metal-to-ligand charge transfer in organic semiconductor for improved visible-near-infrared photocatalysis. Advanced Materials，2016，28（32）：6959-6965.

[68] Liu D，Ding S，Wu C，et al. Synergistic effect of an atomically dual-metal doped catalyst for highly efficient oxygen evolution. Journal of Materials Chemistry A，2018，6（16）：6840-6846.

[69] Ohn S，Kim S Y，Mun S K，et al. Molecularly dispersed nickel-containing species on the carbon nitride network as electrocatalysts for the oxygen evolution reaction. Carbon，2017，124：180-187.

[70] Vorobyeva E，Chen Z，Mitchell S，et al. Tailoring the framework composition of carbon nitride to improve the catalytic efficiency of the stabilised palladium atoms. Journal of Materials Chemistry A，2017，5（31）：16393-16403.

[71] Li X，Bi W，Zhang L，et al. Single-atom Pt as Co-catalyst for enhanced photocatalytic H_2 evolution. Advanced Materials，2016，28（12）：2427-2431.

[72] Liu W，Cao L，Cheng W，et al. Single-site active cobalt-based photocatalyst with a long carrier lifetime for spontaneous overall water splitting. Angewandte Chemie International Edition，2017，56（32）：9312-9317.

[73] Chen Z，Zhang Q，Chen W，et al. Single-site Au^{I} catalyst for silane oxidation with water. Advanced Materials，2018，30（5）：1704720.

[74] Cao Y，Chen S，Luo Q，et al. Atomic-level insight into optimizing the hydrogen evolution pathway over a Co_1-N_4 single-site photocatalyst. Angewandte Chemie International Edition，2017，56（40）：12191-12196.

[75] Huang X，Xia Y，Cao Y，et al. Enhancing both selectivity and coking-resistance of a single-atom Pd_1/C_3N_4 catalyst for acetylene hydrogenation. Nano Research，2017，10（4）：1302-1312.

[76] Liu L，Su H，Tang F，et al. Confined organometallic Au_1N_x single-site as an efficient bifunctional oxygen electrocatalyst. Nano Energy，2018，46：110-116.

[77] Zheng Y，Jiao Y，Zhu Y，et al. Molecule-level g-C_3N_4 coordinated transition metals as a new class of electrocatalysts

for oxygen electrode reactions. Journal of the American Chemical Society，2017，139（9）：3336-3339.

[78] Zhang W，Zhang Z，Kwon S，et al. Photocatalytic improvement of Mn-adsorbed g-C_3N_4. Applied Catalysis B：Environmental，2017，206：271-281.

[79] Bi L，Xu D，Zhang L，et al. Metal Ni-loaded g-C_3N_4 for enhanced photocatalytic H_2 evolution activity：The change in surface band bending. Physical Chemistry Chemical Physics，2015，17（44）：29899-29905.

[80] Indra A，Menezes P W，Kailasam K，et al. Nickel as a co-catalyst for photocatalytic hydrogen evolution on graphitic-carbon nitride（sg-CN）：What is the nature of the active species? Chemical Communications，2016，52：104-107.

[81] Wang C，Cao S. Fu W. A stable dual-functional system of visible-light-driven Ni(Ⅱ) reduction to a nickel nanoparticle catalyst and robust *in situ* hydrogen production. Chemical Communications，2013，49（96）：11251.

[82] Li H，Wu J，Yin Z，et al. Preparation and applications of mechanically exfoliated single-layer and multilayer MoS_2 and WSe_2 nanosheets. Accounts of Chemical Research，2014，47（4）：1067-1075.

[83] Zeng M，Xiao Y，Liu J，et al. Exploring two-dimensional materials toward the next-generation circuits：From monomer design to assembly control. Chemical Reviews，2018，118（13）：6236-6296.

[84] Lv R，Robinson J A，Schaak R E，et al. Transition metal dichalcogenides and beyond：Synthesis，properties，and applications of single-and few-layer nanosheets. Accounts of Chemical Research，2015，48（1）：56-64.

[85] Py M A，Haering R R. Structural destabilization induced by lithium intercalation in MoS_2 and related compounds. Canadian Journal of Physics，1983，61（1）：76-84.

[86] Wang H，Lu Z，Kong D，et al. Electrochemical tuning of MoS_2 nanoparticles on three-dimensional substrate for efficient hydrogen evolution. ACS Nano，2014，8（5）：4940-4947.

[87] Mak K F，Lee C，Hone J，et al. Atomically thin MoS_2：A new direct-gap semiconductor. Physical Review Letters，2010，105（13）：136805.

[88] Gutiérrez H R，Perea-López N，Elías A L，et al. Extraordinary room-temperature photoluminescence in triangular WS_2 monolayers. Nano Letters，2013，13（8）：3447-3454.

[89] Mak K F，He K，Shan J，et al. Control of valley polarization in monolayer MoS_2 by optical helicity. Nature Nanotechnology，2012，7（8）：494-498.

[90] Heine T. Transition metal chalcogenides：Ultrathin inorganic materials with tunable electronic properties. Accounts of Chemical Research，2015，48（1）：65-72.

[91] Yin X，Ye Z，Chenet D A，et al. Edge nonlinear optics on a MoS_2 atomic monolayer. Science，2014，344（6183）：488-490.

[92] Wang Q，Kalantar-Zadeh K，Kis A，et al. Electronics and optoelectronics of two-dimensional transition metal dichalcogenides. Nature Nanotechnology，2012，7（11）：699-712.

[93] Yu L，Lee Y H，Ling X，et al. Graphene/MoS_2 hybrid technology for large-scale two-dimensional electronics. Nano Letters，2014，14（6）：3055-3063.

[94] Lopez-Sanchez O，Lembke D，Kayci M，et al. Ultrasensitive photodetectors based on monolayer MoS_2. Nature Nanotechnology，2013，8（7）：497-501.

[95] Wang X，Zhang Y，Wu J，et al. Single-atom engineering to ignite 2D transition metal dichalcogenide based catalysis：Fundamentals，progress，and beyond. Chemical Reviews，2022，122（1）：1273-1348.

[96] Deng J，Li H，Xiao J，et al. Triggering the electrocatalytic hydrogen evolution activity of the inert two-dimensional MoS_2 surface via single-atom metal doping. Energy & Environmental Science，2015，8（5）：1594-1601.

[97] Deng J，Li H，Wang S，et al. Multiscale structural and electronic control of molybdenum disulfide foam for highly

efficient hydrogen production. Nature Communications，2017，8：14430.

[98] He Q，Wan Y，Jiang H，et al. High-metallic-phase-concentration $Mo_{1-x}W_xS_2$ nanosheets with expanded interlayers as efficient electrocatalysts. Nano Research，2018，11（3）：1687-1698.

[99] Shi Y，Zhou Y，Yang D，et al. Energy level engineering of MoS_2 by transition-metal doping for accelerating hydrogen evolution reaction. Journal of the American Chemical Society，2017，139（43）：15479-15485.

[100] Liu P，Zhu J，Zhang J，et al. Active basal plane catalytic activity and conductivity in Zn doped MoS_2 nanosheets for efficient hydrogen evolution. Electrochimica Acta，2018，260：24-30.

[101] Miao J，Xiao F，Yang H，et al. Hierarchical Ni-Mo-S nanosheets on carbon fiber cloth：A flexible electrode for efficient hydrogen generation in neutral electrolyte. Science Advances，2015，1（7）：e1500259.

[102] Zhang J，Wang T，Liu P，et al. Engineering water dissociation sites in MoS_2 nanosheets for accelerated electrocatalytic hydrogen production. Energy & Environmental Science，2016，9（9）：2789-2793.

[103] Wang J，Sun F，Yang S，et al. Robust ferromagnetism in Mn-doped MoS_2 nanostructures. Applied Physics Letters，2016，109（9）：092401.

[104] Zhang Q，Wang L，Wang J，et al. Semimetallic vanadium molybdenum sulfide for high-performance battery electrodes. Journal of Materials Chemistry A，2018，6（20）：9411-9419.

[105] Laskar M R，Nath D N，Ma L，et al. P-type doping of MoS_2 thin films using Nb. Applied Physics Letters，2014，104（9）：092104.

[106] Hallam T，Monaghan S，Gity F，et al. Rhenium-doped MoS_2 films. Applied Physics Letters，2017，111（20）：203101.

[107] Wang H，Tsai C，Kong D，et al. Transition-metal doped edge sites in vertically aligned MoS_2 catalysts for enhanced hydrogen evolution. Nano Research，2015，8（2）：566-575.

[108] Abbasi P，Asadi M，Liu C，et al. Tailoring the edge structure of molybdenum disulfide toward electrocatalytic reduction of carbon dioxide. ACS Nano，2017，11（1）：453-460.

[109] Sun X，Dai J，Guo Y，et al. Semimetallic molybdenum disulfide ultrathin nanosheets as an efficient electrocatalyst for hydrogen evolution. Nanoscale，2014，6（14）：8359-8367.

[110] Zhang K，Feng S，Wang J，et al. Manganese doping of monolayer MoS_2：The substrate is critical. Nano Letters，2015，15（10）：6586-6591.

[111] Zhang K，Bersch B M，Joshi J，et al. Tuning the electronic and photonic properties of monolayer MoS_2 via *in situ* rhenium substitutional doping. Advanced Functional Materials，2018，28（16）：1706950.

[112] Xu E，Liu H M，Park K，et al. P-type transition-metal doping of large-area MoS_2 thin films grown by chemical vapor deposition. Nanoscale，2017，9（10）：3576-3584.

[113] Zhou J，Lin J，Huang X，et al. A library of atomically thin metal chalcogenides. Nature，2018，556（7701）：355 359.

[114] Lewis D J，Tedstone A A，Zhong X，et al. Thin films of molybdenum disulfide doped with chromium by aerosol-assisted chemical vapor deposition（AACVD）. Chemistry of Materials，2015，27（4）：1367-1374.

[115] Al-Dulaimi N，Lewis D J，Zhong X，et al. Chemical vapour deposition of rhenium disulfide and rhenium-doped molybdenum disulfide thin films using single-source precursors. Journal of Materials Chemistry C，2016，4（12）：2312-2318.

[116] Suh J，Park T E，Lin D，et al. Doping against the native propensity of MoS_2：Degenerate hole doping by cation substitution. Nano Letters，2014，14（12）：6976-6982.

[117] Tongay S，Narang D S，Kang J，et al. Two-dimensional semiconductor alloys：Monolayer $Mo_{1-x}W_xSe_2$. Applied

Physics Letters，2014，104（1）：012101.

[118] Li Y，Liu Q，Cui Q，et al. Effects of rhenium dopants on photocarrier dynamics and optical properties of monolayer，few-layer，and bulk MoS_2. Nanoscale，2017，9（48）：19360-19366.

[119] Shi Y，Li H，Li L. Recent advances in controlled synthesis of two-dimensional transition metal dichalcogenides via vapour deposition techniques. Chemical Society Reviews，2015，44（9）：2744-2756.

[120] Luo Z，Ouyang Y，Zhang H，et al. Chemically activating MoS_2 via spontaneous atomic palladium interfacial doping towards efficient hydrogen evolution. Nature Communications，2018，9：2120.

[121] Huang H，Feng X，Du C，et al. High-quality phosphorus-doped MoS_2 ultrathin nanosheets with amenable ORR catalytic activity. Chemical Communications，2015，51（37）：7903-7906.

[122] Xie J，Zhang J，Li S，et al. Controllable disorder engineering in oxygen-incorporated MoS_2 ultrathin nanosheets for efficient hydrogen evolution. Journal of the American Chemical Society，2013，135（47）：17881-17888.

[123] Ren X，Ma Q，Fan H，et al. A Se-doped MoS_2 nanosheet for improved hydrogen evolution reaction. Chemical Communications，2015，51（88）：15997-16000.

[124] Chen M，Nam H，Wi S，et al. Stable few-layer MoS_2 rectifying diodes formed by plasma-assisted doping. Applied Physics Letters，2013，103（14）：142110.

[125] Nan H，Wang Z，Wang W，et al. Strong photoluminescence enhancement of MoS_2 through defect engineering and oxygen bonding. ACS Nano，2014，8（6）：5738-5745.

[126] Kang N，Paudel H P，Leuenberger M N，et al. Photoluminescence quenching in single-layer MoS_2 via oxygen plasma treatment. The Journal of Physical Chemistry C，2014，118（36）：21258-21263.

[127] Nipane A，Karmakar D，Kaushik N，et al. Few-layer MoS_2 p-type devices enabled by selective doping using low energy phosphorus implantation. ACS Nano，2016，10（2）：2128-2137.

[128] Azcatl A，Qin X，Prakash A，et al. Covalent nitrogen doping and compressive strain in MoS_2 by remote N_2 plasma exposure. Nano Letters，2016，1 6（9）：5437-5443.

[129] Su T，Lin Y. Effects of nitrogen plasma treatment on the electrical property and band structure of few-layer MoS_2. Applied Physics Letters，2016，108（3）：033103.

[130] Liu G，Robertson A W，Li M J，et al. MoS_2 monolayer catalyst doped with isolated Co atoms for the hydrodeoxygenation reaction. Nature Chemistry，2017，9（8）：810-816.

[131] Zhao J，Zhao J，Cai Q. Single transition metal atom embedded into a MoS_2 nanosheet as a promising catalyst for electrochemical ammonia synthesis. Physical Chemistry Chemical Physics，2018，20（14）：9248-9255.

[132] Xu C，Wu J，Chen L，et al. Boric acid-assisted pyrolysis for high-loading single-atom catalysts to boost oxygen reduction reaction in Zn-air batteries. Energy & Environmental Materials，2023：e12569.

[133] Hu X，Song J，Luo J，et al. Single-atomic Pt sites anchored on defective TiO_2 nanosheets as a superior photocatalyst for hydrogen evolution. Journal of Energy Chemistry，2021，62：1-10.

[134] Gu Y，Wang X，Bao A，et al. Enhancing electrical conductivity of single-atom doped Co_3O_4 nanosheet arrays at grain boundary by phosphor doping strategy for efficient water splitting. Nano Research，2022，15（10）：9511-9519.

第3章

单原子催化材料的制备方法

单原子催化材料因其原子利用率高、选择性好和活性优异等优势，是节能减排和发展清洁能源的重要载体，对于实现“碳达峰、碳中和”目标具有重要支撑意义，但是单原子催化材料在生产生活中的大规模应用仍受到催化剂合成问题的阻碍[1-6]。

首先，单原子在载体表面具有高活化能，极易在合成阶段互相聚集形成纳米团簇和颗粒，而尝试增加活性位点数目则会导致金属表面的自由能进一步上升，从而难以提升单原子催化剂中的金属负载量[7-9]。其次，为了提升单原子催化剂的催化性能，需要精细调控催化剂的电子结构，包括键长、氧化态、配位数和配位阴离子等，然而这些电子结构的精准调控依然存在挑战[10-15]。再者，由于不同金属中心的物理化学性质和电子结构各异，与载体材料的作用方式也截然不同，无法简单地将某一单原子催化剂的合成指导原则应用于其他单原子催化剂材料；同时，将不同元素金属位点融入同一单原子催化剂系统，并拓展其复杂多金属相空间仍是知识上的空白[16, 17]。最后，化学合成作为单原子催化剂使用的关键环节，如何在减少能耗、最小化废弃物生成、实现绿色合成的同时，避免使用有毒有害原料及副产物，也是实现其大规模商业化必须考虑的问题，这不仅关乎生产效益，也是降低碳排放的重要途径之一[18]。

本章着重探讨 SAC 的合成，概述了当前主流的合成方法，其中包括电化学合成法、化学气相沉积法、原子层沉积法、水热合成和溶剂热合成法、热解法、球磨法、浸渍法和光化学合成法等，并对新兴的化学合成技术进行了简要介绍，旨在为单原子催化剂的普适、高效、清洁制备及其大规模商业应用提供思路。

3.1 电化学合成法

电化学是化学中的一类重要分支，是研究电极材料与溶液形成界面上所发生的电子转移变化的科学[19]。电化学沉积（electrodeposition）是电化学中的一种技术手段，该技术利用电能将金属或合金从化合物水溶液、废水溶液或熔盐中还原沉积出来。电化学沉积在工业催化领域有着极为广泛的应用，如采用电镀工艺对机械器件进行表面处理增加耐腐蚀性，废水中电沉积回收金属等。与此同时，在单原子合成中电化学沉积技术也有良好的应用，相较于一些受到高温环境限制的合成方法，电化学沉积以其能够直接利用电能和无需加热等特点，被认为是一种快速、温和、可扩展且易于控制的合成手段[20-23]。

Shi 等系统地研究了电化学沉积用于制备单原子催化剂的方法[24]。如图 3.1 所示，传统电沉积方法会容易生成覆盖度不均匀的多层块体结构，这在一定程度上限制了其应用潜力。然而，当采用表面限制技术的欠电势沉积（underpotential deposition，UPD）时，可以在高于热力学数值的电势下形成单层沉积膜，均匀覆盖于衬底上[25, 26]。对此，Shi 等认为由均一元素组成的衬底界面功函数分布均匀时，可以形成单层沉积膜；而当衬底材料的功函数分布不均匀时，沉积结构将由单层沉积膜转化为单原子位点。TMDC 具有孤立且不均匀分布的硫属元素（S、Se、Te）位点，这些元素具有不同的路易斯碱性、孤对电子数和电负性[27]，可以与金属单原子发生潜在的相互作用，从而稳定单金属原子。

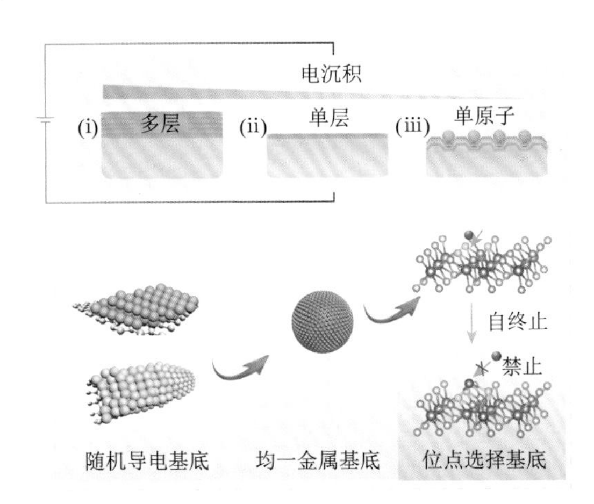

图 3.1 电化学沉积法制备单原子催化剂的方法学开发[24]

根据该机理，Shi 等合成了 Pt-SAs/MoS_2。首先将 5 μL ce-MoS_2 悬浮液滴在玻碳上制成工作电极。在含有 2 mmol·L^{-1} $CuSO_4$ 的 0.1 mmol·L^{-1} H_2SO_4 的 Ar 饱和溶液中，通过控制电势为 0.10 V *vs.* Ag/AgCl，将 Cu 原子欠电势沉积在 ce-MoS_2 纳米片上，此时只发生 UPD 过程，产物为 Cu-SAs/MoS_2。将产物用水洗涤后，立即转移到含有 5 mmol·L^{-1} K_2PtCl_4 的 0.05 mmol·L^{-1} H_2SO_4 的 Ar 饱和溶液中。在开路电势下，电极在该溶液中放置 20 min 以上，以确保 Pt(Ⅱ)完全置换 Cu，形成原子级分散的 Pt 修饰的 ce-MoS_2 催化剂（命名为 Pt-SAs/MoS_2）。除此之外，他们还

制备了 Pd、Rh、Sn、Bi、Pb、Ag、Cd 和 Hg 等元素的单原子催化剂，制备方法与 Pt-SAs/MoS_2 类似，不同之处在于使用了不同的 ce-TMDC（ce-WS_2 和 ce-$MoSe_2$）作为载体，同时金属前驱体[K_2PdCl_4、$RhCl_3$、SnO、$Bi(NO_3)_3$ 和 $Pb(NO_3)_2$]也有变化。Shi 等深入探究了电化学沉积制备单原子催化剂的机理，证明了该方法具有普适性。

Yin 等同样采用电化学沉积的手段，一步法合成了 Ir-$NiCo_2O_4$ 单原子催化剂[28]。首先，以六水合硝酸镍[$Ni(NO_3)_2 \cdot 6H_2O$，0.1 $mol \cdot L^{-1}$，20 mL]、六水合硝酸钴[$Co(NO_3)_2 \cdot 6H_2O$，0.1 $mol \cdot L^{-1}$，40 mL]和氯铱酸（$H_2IrCl_6 \cdot 6H_2O$，28 $g \cdot L^{-1}$，50 μL）的混合液为电化学沉积反应溶液。使用固态 Ag/AgCl 电极作为参比电极，Pt 网作为辅助电极，碳布作为工作电极，组成三电极体系进行电化学沉积反应，工作电极在−1.0 V 恒电势下沉积 15 min 得到 Ir-NiCo 层状双氢氧化物（layered double hydroxide，LDH）。然后将碳布用水和乙醇冲洗 3 次以上，在 50℃下真空干燥 4 h。最后，在空气中不同温度下退火，LDH 可以转化为相应的氧化物纳米片层，而 Ir 则会以单原子的方式负载在氧化物衬底上。Yin 等通过表征分析证明，Ir 单原子锚定在该催化剂的 Ni 和 Co 位点上，并在附近产生了大量的氧缺陷。Ir 原子和氧缺陷的耦合作用可以提高电子转移和交换速率，极大提升了该催化剂 OER 活性。更重要的是，表面 Ir 原子位点可以掺杂取代较低配位的 Ni 和 Co 位点，这不仅在能量上有利于初始水分子的吸附和进一步的裂解活化，而且通过有效的电子转移增强了 Co 位点的价态稳定性。这种 Ir 和 Co 位点之间的协同和互激活作用，对于缓解传统 $NiCo_2O_4$ 催化体系中四面体 Co 位点的过度氧化和价态不稳定起到了关键作用。Yin 等采取的策略为制备具有不饱和金属表面的二维金属纳米材料提供了方法，可以有效增强材料的本征活性和选择性，并具有普适于各种能量转换反应中的潜力。

除电化学沉积法以外，电偶置换反应（galvanic replacement reaction，GRR）也是常用的电化学合成方法之一。它利用金属或金属氧化物作为牺牲模板，在另一种具有较高还原电势的金属离子的作用下发生氧化反应。这种方法在制备金属纳米颗粒和单原子催化剂等材料方面具有广泛的应用[29, 30]。

Wang 等以 Ni@MoO_2 催化剂为载体，通过电偶置换反应，将单原子 Ir 负载在 Ni@MoO_2 衬底上[31]。Wang 等同样采用三电极体系，将铱盐（如 H_2IrCl_6）的水溶液在氩气保护下缓慢滴加到 Ni@MoO_2 母体催化剂悬浮液中，在电场的作用下制备了负载型单原子合金催化剂。由于电极置换反应过程是从外表面开始的，沉积的 Ir 极有可能驻留在 Ni 表面。根据 Ir 和 Ni 初始比例的不同，Wang 等合成出了含有不同 Ir 负载量的 Ir 单原子催化剂。该合成方法的优势是可以优先保证催化位点优先负载于表面上。

除了直接合成，电化学合成法还可以对已经合成的单原子催化剂进行改性和结构优化。Yin 等首先合成了 $FeNiSe_2$ 前驱体[32]，然后将前驱体浸泡在含有 100 μmol·L^{-1} $IrCl_4·xH_2O$ 的 1 mol·L^{-1} KOH 溶液中 30 min。浸泡后，用去离子水和乙醇彻底冲洗样品，并在 80℃的真空烘箱中干燥过夜，以获得 Ir_1@$FeNiSe_2$。为了进一步提升催化剂的性能，Yin 等以 Ir_1@$FeNiSe_2$ 为工作电极，Pt 为对电极，Hg/HgO 为参比电极，在−0.1～0.6 V *vs.* Hg/HgO 的电势范围内进行连续循环伏安（cyclic voltammetry，CV）测试，当 CV 曲线稳定后，得到了电化学修饰的 Ir_1@NiOOH 单原子催化剂（图 3.2）。在循环伏安测试过程中，发生了 Fe 浸出、Se-O 交换位置和自限制相变一系列反应，这些反应对单原子催化剂的衬底材料进行了修饰改性，极大地提升了反应效率，实现了低过电势下的全分解水催化功能。

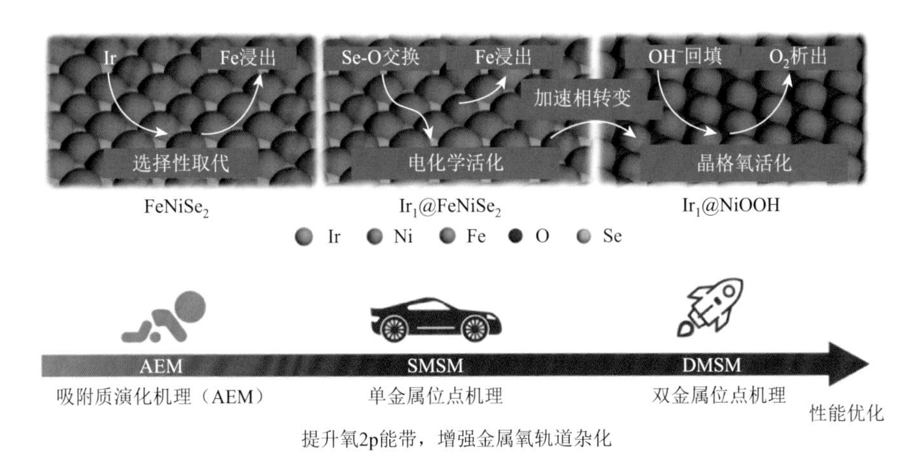

图 3.2　Ir_1@NiOOH 的选择性取代和电化学活化[32]

电化学合成法是一种绿色、简单、快速和廉价的单原子催化材料制备方法，有大规模制备商用单原子催化剂的潜力。需要注意的是，电化学合成法可调控因素较多，包括沉积电势、沉积时间与电解液种类等，需要对这些影响因素进行深入的探究，为合成性质优异的单原子催化剂打下基础。

3.2　化学气相沉积法

CVD 是将气态前驱体随载气的流动沉积在载体表面，然后通过表面原子之间的交互作用将表面原子锚定，实现原子级别的精确沉积控制的化学工艺，可以用来制备高分散性的单原子催化剂[33-35]。

Liu 等采用化学气相沉积法制备了 CVD/Fe-N-C-*kat* 单原子催化剂，用于催化氧气还原反应[36]。首先，将 4.23 g 二水合乙酸锌，*x* g 九水合硝酸铁和 12 g 柠檬酸钠在 60℃下溶解于 180 mL 去离子水中，然后加入 4 g NaOH 充分混合 1.5 h，经过仔细地洗涤和离心后将材料收集起来，此时收集的材料为纳米片结构的 Fe 负载于 ZnO 模板上。随后，将 0.15 g Fe-ZnO 和 0.75 g 2-甲基咪唑分别置于管式炉中出气口方向和进气口方向的高温瓷舟中，并在氩气气流下同时加热到 280℃和 350℃。在该温度下保持 30 min 后，以 30℃·min^{-1} 的升温速率将温度升高到 1000℃，并保持 1 h，最终便得到 CVD/Fe-N-C-*kat* 单原子催化剂（图 3.3）。通过调节反应物的使用量可以进一步增加合成样品的质量，将 Fe-ZnO 粉末和 2-甲基咪唑的质量分别增加到 1 g 和 2.5 g，同时将 CVD 生长温度改变为 220℃和 350℃，即可实现对 500 mg CVD/Fe-N-C-*kat* 催化剂的放大合成。使用化学气相沉积法制备单原子催化剂过程中，温度的控制十分重要，Liu 等通过合适的温度调节，防止了金属团簇形成，进而提升了氧气还原反应的催化活性。

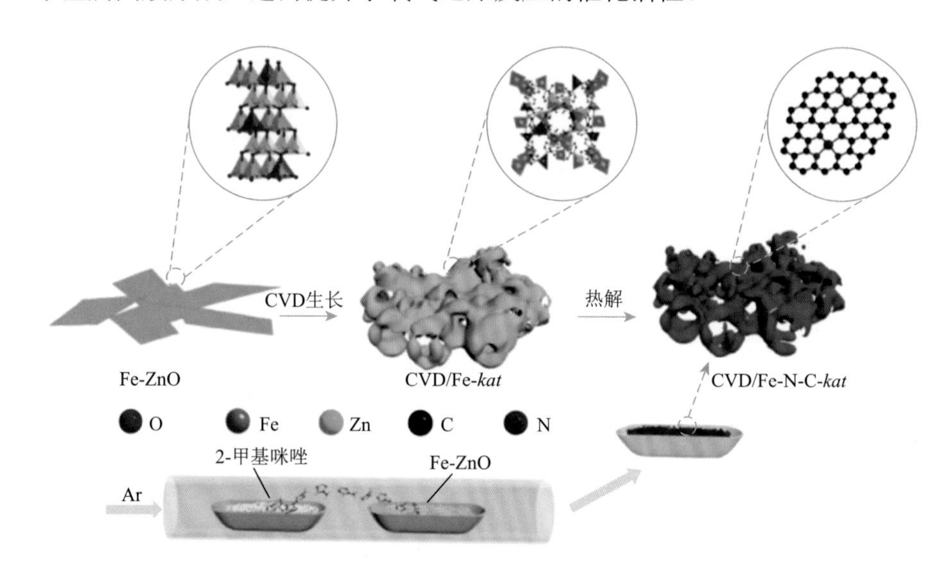

图 3.3 CVD 一步法合成原子级分散的 Fe-N-C-*kat* 单原子催化剂过程示意图[36]

Tian 等采用 CVD 法制备了 Fe 负载在 NC（N 掺杂 C）上的 Fe-SA/NC 单原子催化材料用于催化氧气还原反应[37]，合成方法如图 3.4 所示。将二茂铁与 ZIF-8（ZIF 代表沸石咪唑盐框架）分别放在瓷舟的上下游。在氩气气氛下加热至 950℃，并保持 3 h，可得到 Fe-SA/NC 单原子催化材料。

化学气相沉积作为传统薄膜工艺，有着广泛的应用范围和较为成熟的合成理论，因此在单原子催化剂提出后不久便被应用于单原子催化剂的制备。化学气相沉积法虽然可以保证单原子催化剂具有良好的分散性，但是仍受到合成工艺复杂、能耗相对较高等缺点的限制，难以实现大规模商业化生产。

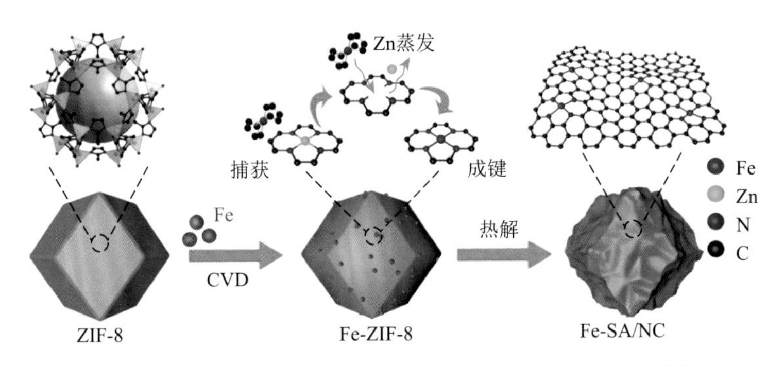

图 3.4　ZIF-8 前驱体通过 CVD 合成 Fe-SA/NC 示意图[37]

3.3　原子层沉积法

ALD 是一种将气相前驱体交替脉冲通入反应室，并在沉淀衬底表面发生气固相化学吸附反应形成薄膜的一种技术，它可以将物质以单原子膜的形式逐层包覆在衬底表面。通过调控，该过程可以精准地控制单原子和纳米团簇的沉积。常见的二维材料如石墨烯、碳化氮和二硫化钼是原子层沉积的良好载体，可以非常精确地控制原子的分散度[38-40]。

Yan 等根据前人采用原子层沉积制备出单原子和金属团簇混合负载材料的经验，通过优化反应路径，制备了 Pd 负载在石墨烯上（Pd_1/石墨烯）的单原子催化剂[41]。在制备过程中，Yan 等首先将石墨烯纳米片和硝酸钠依次加入浓硫酸中，在室温下搅拌 22 h。随后将混合物冷却至 0℃加入高锰酸钾，并将混合物依次在室温和 35℃下搅拌 2 h 和 3 h。搅拌完毕后，将混合物加热至 98℃，同时加入 30 mL H_2O，保持 30 min。保温结束后冷却至 40℃，加入 90 mL 水和 7.5 mL 过氧化氢（H_2O_2，30%）制备氧化石墨烯。制备得到的氧化石墨烯随后经过沉淀过滤并使用 HCl（5 wt%）和去离子水清洗至 pH 为中性，干燥过夜后进行研磨，得到氧化石墨烯粉末。最后在氦气流速为 50 $mL \cdot min^{-1}$ 的条件下，对氧化石墨烯粉末进行热脱氧处理，得到石墨烯载体。用于原子层沉积的装置由黏流反应器组成，其出口通向真空泵，可以阻止空气进入系统；进气口连接阀门系统，控制吹扫气和前驱体的输送。Pd 的原子层沉积采用六氟乙酰丙酮钯（Ⅱ）[$Pd(hfac)_2$]和福尔马林在黏流反应器内以 150℃进行，以超高纯 N_2（99.999%）为载气，流速为 200 $mL \cdot min^{-1}$。$Pd(hfac)_2$ 前驱体在容器中被加热到 65℃以获得足够的蒸气压，腔室加热到 150℃，歧管保持在 110℃以避免前驱体冷凝。$Pd(hfac)_2$ 暴露、N_2 吹扫、福尔马林暴露和 N_2 吹扫的时间分别为 120 s、120 s、60 s 和 120 s，即可得到 Pd_1/石墨烯单原子催化剂（图 3.5）。

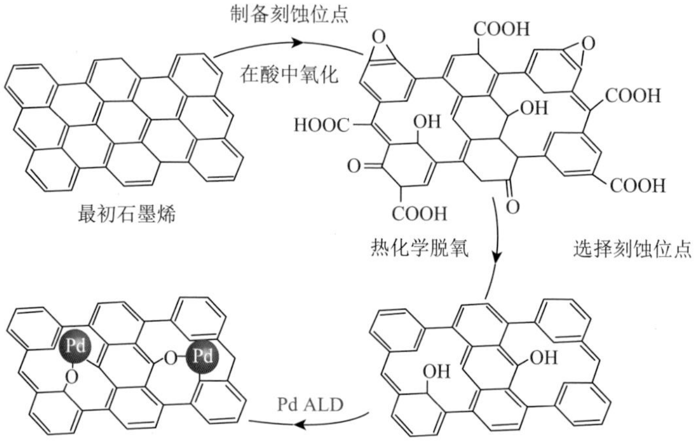

图 3.5 ALD 方法前驱体处理与合成单原子 Pd_1/石墨烯催化剂的示意图[42]

Stambula 等同样采用原子层沉积的方式在石墨烯衬底上进行了单原子 Pt 的负载[42]。与 Yan 等不同的是，Stambula 等以三甲基（甲基环戊二烯基）铂（$MeCpPtMe_3$）和 O_2 为前驱体，N_2 为吹扫气，在氮掺杂石墨烯上沉积 Pt 单原子。同时，他们采用的原子层沉积气体循环包括 1 s 的 $MeCpPtMe_3$ 脉冲，随后 20 s 的 N_2 吹扫，最后 5 s 的 O_2 脉冲，共进行了 150 个循环。他们证明，原子层沉积和 N 掺杂可以有效地降低单原子 Pt 的团聚作用，并且 Pt 主要生长在石墨烯的边缘位置。这种单原子催化剂可以有效地提升反应速率，为大规模生产 PEMFC 提供了解决思路。

值得一提的是，与化学气相沉积法相似，原子层沉积法虽然可以合成高分散性、均匀的单原子催化剂，但是复杂的合成过程限制了其大规模的生产应用。后续的研究需要在工艺流程的精简上进行改善，以促进原子层沉积合成方法的广泛应用。

3.4 水热合成和溶剂热合成法

水热/溶剂热合成法指在密闭体系如高压釜中，以水/有机物和非水溶媒为溶剂，在一定温度和压力下，原料混合物进行反应的一种合成方法。在液相或超临界条件下，反应物分散在溶剂中变得活泼，反应自发发生并缓慢产生产物，可以有效地控制产物的形成，对产物进行调控。溶剂热合成是水热合成的发展，可以处理对水敏感的反应体系。采用水热和溶剂热合成法可以有效地控制物相的形成以及颗粒的大小和形态。因为水热和溶剂热产物的分散性优异，水热和溶剂热产物可以作为单原子催化剂良好的载体[43-46]。

Li 等采用水热法制备了 Fe 单原子催化剂[47]。他们在去离子水（50 mL）中依

次加入 $FeCl_3 \cdot 6H_2O$（1.05 g）、1, 4-富马酸（0.278 g）和 1, 2-苯并异噻唑啉-3-酮（0.196 g），使用磁力搅拌器将溶液在 70℃下搅拌 30 min 后，转移到聚四氟乙烯内衬的钢制高压釜（100 mL）中。将反应釜放入烘箱中并在 110℃下反应 6 h 即可成功制备 Fe 单原子催化剂。此后，通过离心得到样品产物，用乙醇多次洗涤，最后在 60℃下干燥 24 h，得到 N、S 共掺杂的 MIL（materials of institute Lavoisier framework，又称为拉瓦希尔骨架）-88-Fe。将制备的 N、S 共掺杂的 MIL-88-Fe 前驱体在真空中热解得到 FeSA-NS/C。采用该方法制备得到的单原子催化剂可以有效地催化 ORR 产生过氧化氢，过氧化氢累积浓度可以达到 5.8 wt%，可直接用于医用消毒剂。

Di 等为了深入地理解单原子光催化二氧化碳还原，采用溶剂热合成的方法制备了超薄的 $Co\text{-}Bi_3O_4Br$ 单原子催化剂[48]。首先，将 0.5 mmol $Bi(NO_3)_3 \cdot 5H_2O$、0.0054 g 四水合乙酸钴和 0.2 g 聚乙烯吡咯烷酮（polyvinyl pyrrolidone，PVP）分散于 15 mL 0.1 $mol \cdot L^{-1}$ 甘露醇溶液中，得到溶液 A；将 0.5 mmol NaBr 溶解于 3 mL 0.1 $mol \cdot L^{-1}$ 甘露醇溶液中，得到溶液 B。将溶液 A 和溶液 B 混合搅拌 30 min 后，用 NaOH 溶液（2 $mol \cdot L^{-1}$）调节 pH 至 11.5。然后将悬浮液密封在 25 mL 内衬聚四氟乙烯的不锈钢高压釜中，并在 160℃烘箱中加热 24 h。冷却后，收集产物，用去离子水和乙醇洗涤数次并干燥。通过调整溶液 A 和溶液 B 中 Co 的含量，可以得到一系列含 Co 量不同的 $Co\text{-}Bi_3O_4Br$ 单原子催化剂材料，采用该方法合成的单原子催化剂衬底一般为纳米尺寸材料。研究发现，在 Bi_3O_4Br 中掺入 Co 可以稳定 COOH*中间体，并调节限速步骤为 CO*脱附降低 CO_2 活化能垒，提升单原子的催化效率。

水热合成和溶剂热合成法是制备纳米材料的重要方法之一，产物良好的分散性和均匀性为单原子催化剂的合成和催化机理的探究提供了良好的基础。但是水热合成和溶剂热合成需要在密闭高温的体系中进行，对设备要求较高且有爆炸危险，一般难以大规模商业化合成。

3.5　热解法

热解法是一种利用化学前驱体在适当温度下进行加热处理，从而得到预期固体化合物的方法。多种前驱体如有机小分子、聚合物、共价有机骨架和金属有机骨架的热解是制备单原子催化剂最常用的手段之一。热解法制备单原子催化剂的一大难点在于在烧结的情况下很难将许多单原子稳定地负载在载体上，因此对热解温度的控制是热解法的关键[49-51]。

Han 等采用溶解-碳化法热解有机小分子制备了单金属催化剂，合成过程的示意图如图 3.6 所示[52]。将 144 mg 葡萄糖（$C_6H_{12}O_6$）溶解在 40 mL 乙醇中，同时，将金属硝酸盐前驱体和 690 mg 盐酸羟胺（NH_3OHCl）超声溶解于 40 mL 去离子水中。随后，将乙醇溶液与水溶液混合，将混合物放入干燥箱中，在 70℃下干燥 12 h。最后，将干燥后的样品放入坩埚中，在氩气气氛下以 5℃·min^{-1} 的升温速率从室温加热到 600℃并保持 4 h 进行碳化。他们采用该方法合成了种类众多、结构各异的单原子催化剂。值得注意的是，$AgNO_3$ 前驱体可以与 Cl^-反应形成 AgCl 沉淀，所以 NH_3OHCl 可以被相同摩尔浓度的三聚氰胺取代，用于合成 Ag 单原子催化剂。该合成方法普适性和扩展性强，可以用来合成多金属的单原子催化剂。多金属单原子催化剂的合成过程与单金属催化剂相同，只是加入了多种金属盐前驱体，而不是单一金属盐前驱体，并严格控制每种金属前驱体的质量。采用该方法，Han 等合成并建立了含有 37 种不同元素的大型单原子催化剂材料库，极大地丰富了多金属单原子催化剂数据库。

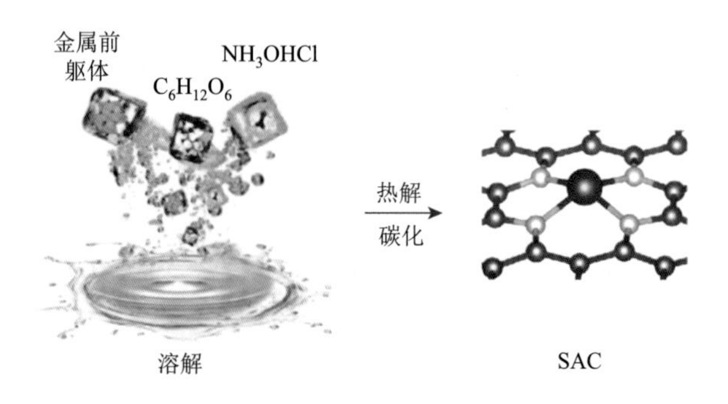

图 3.6　高普适性的溶解-碳化法热解制备单金属 SAC 的合成示意图[53]

Ji 等采用聚吡咯作为前驱体，用热解法制备了含有稀土单原子 Y 的单原子催化剂用于催化 ORR[53]。首先，将不同含量的（0.01 mol·L^{-1}、0.02 mol·L^{-1}、0.03 mol·L^{-1}、0.04 mol·L^{-1}）的六水氯化钇（0.303 g）加入 50 mL 乙醇中搅拌 0.5 h，然后将聚吡咯分散在上述溶液中进行 1 h 的超声处理和 24 h 的剧烈搅拌，使钇阳离子完全吸附在聚合物材料上。该混合前驱体经过过滤，在真空环境于 60℃下过夜干燥后得到固体前驱体。将前驱体完全磨碎后放入管式炉中，在 900℃下通入氮气灼烧 0.5 h 并在相同灼烧温度条件下，在氨气气氛中进行二次热处理。自然冷却后，将样品充分研磨，用 150 mL 0.5 mol·L^{-1} H_2SO_4 在 60℃下酸洗 4 h，去除不稳定的 Y 团簇，最后洗涤、干燥过夜，即可得到 Y 元素的单原子催化剂。

Xu 等采用金属有机骨架（metal organic framework，MOF）作为前驱体，以 ZIF-67 和 ZIF-8 为碳前驱体制备了 Zn 和 Co 的单原子催化剂[54]。合成过程如图 3.7 所示，$Co(NO_3)_2·6H_2O$ 和 $Zn(NO_3)_2·6H_2O$ 的混合物以不同的摩尔比溶解在 40 mL 乙醇和 40 mL 甲醇的混合溶剂中，其中 Zn^{2+}和 Co^{2+}的总摩尔量为 6 mmol，化学

计量数分别用 x 和 y 表示。然后在磁力搅拌下加入 2-甲基咪唑（1.97 g）和 1-甲基咪唑（0.49 g）于 40 mL 甲醇和 40 mL 乙醇的混合溶液，并在室温下静置 48 h，形成的沉淀物经离心收集、甲醇洗涤后，放入 60℃烘箱干燥并命名为 BMOF-Zn_xCo_y。将合成的 BMOF-Zn_xCo_y 颗粒转移到流动炉中，在氢氮混合气体（5% H_2 + 95% N_2）中加热至 300℃保温 1.5 h，再继续加热至 800℃并保温 2 h，可以得到最终的单原子催化剂。研究发现，随着 x/y 不断变化，制备所得的材料也不相同，只有在高 x/y 时，才可以生成单原子催化剂，对此他们推测这是铁和钴与 ZIF 载体的配位数不同引起的。该工作深入探究了前驱体投料比对产物的影响作用，为后续的相关工作提供了很好的借鉴。

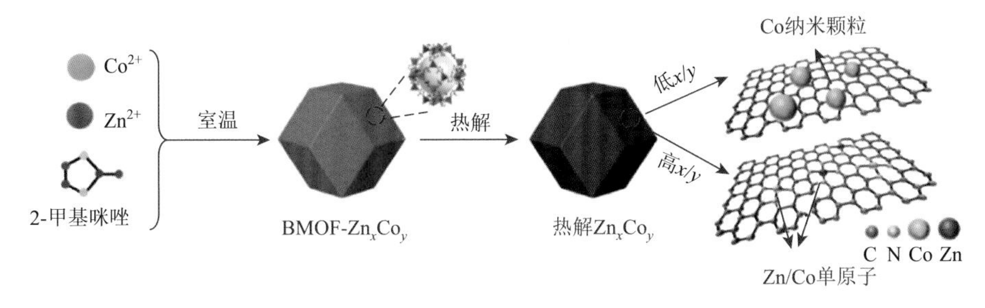

图 3.7　热解 MOF 制备单原子催化剂示意图，通过调控前驱体比例调节产物结构[55]

Zhao 等为了降低传统热解法所需的温度，采用熔融盐辅助热解法制备 CoN_4/BN-C 纳米管材料用于加速 ORR[55]。单原子催化剂的制备过程如图 3.8 所示。首先，将葡萄糖、硼酸（H_3BO_3）、碳酸胍（$C_2H_{10}N_6{\cdot}H_2CO_3$）、氯化钴（$CoCl_2$）与氯化钠（NaCl）在砂浆中研磨均匀使前驱体充分混合，随后，将混合物在氩气气氛下以 750℃灼烧，得到 B、N、Co/C 纳米管包覆的 NaCl 复合材料。在灼烧过程中，$C_2H_{10}N_6{\cdot}H_2CO_3$ 和 H_3BO_3 分别作为氮源和硼源，为催化剂提供原料。选择 $C_2H_{10}N_6{\cdot}H_2CO_3$ 作为氮源，是因为胍基可以与 Co^{2+}通过配位键相互作用，从而使 N 配位的单原子 Co 位点在碳纳米管上得到有效隔离和均匀分布。值得注意的是，NaCl 晶体在 800℃左右开始熔化，因此它们可以作为模板支持和分散前驱体，煅

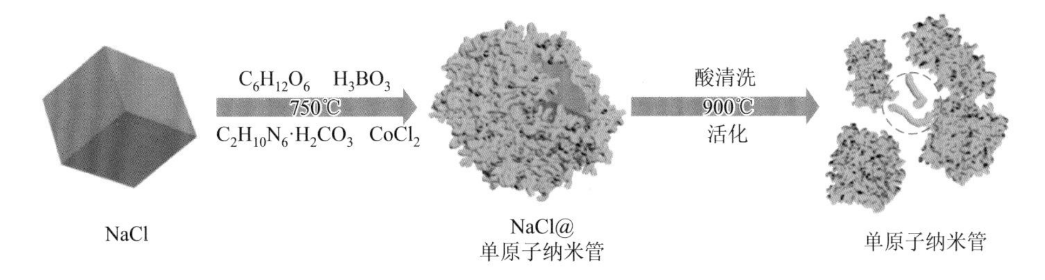

图 3.8　熔融盐辅助热解合成过程示意图[56]

烧后产物可以较好地沉积在 NaCl 表面。最后，经过酸蚀和洗涤后，松散结合的 Co 纳米颗粒和 NaCl 纳米晶体被去除，得到 CoN_4/BN-C 纳米管。考虑到该制备方法的低成本以及催化剂出色的 ORR 性能，Zhao 等认为其开发的 CoN_4/BN-C 纳米管作为 Pt 基催化剂的替代品，在金属-空气电池中具有巨大的应用潜力。同时，熔融盐辅助热解法大幅降低了反应温度，可以降低制备成本。

Wen 等采用微波加热法[56]，热解 MOF 前驱体制备 Ni 基单原子催化剂用于电催化二氧化碳还原反应，合成方法如图 3.9 所示。首先，通过溶剂热反应制备了 Ni 掺杂的 Ni-ZIF-8 前驱体。随后，将 Ni-ZIF-8 与 $ZnCl_2$、KCl 使用玛瑙研钵研磨混合后放入微波炉管中，在无惰性气体保护的条件下使用 800 W 微波照射 3 min。最后，将产物用 1 $mol·L^{-1}$ HCl 洗涤两次后烘干，得到 Ni_1-N-C 产物。他们用该方法也制备了 Fe、Co 的单原子催化剂，证明该方法具有普适性。研究发现，Ni-ZIF-8 单独暴露在微波辐射下并没有热效应，需要添加 $ZnCl_2$ 后才能吸收微波产生热效应。同时，由于 $ZnCl_2$ 的熔点较低（283℃），可以形成熔融的 $ZnCl_2$ 包覆 Ni-ZIF-8，防止 Ni-ZIF-8 被空气氧化。但是只采用 $ZnCl_2$ 时碳化温度不足，会导致反应物的反应不完全和产物的结晶性差等问题。为了改善上述问题，本书作者添加了 KCl 作为促进剂与 $ZnCl_2$ 混合。通过二元相图可知，加入 KCl 后 KCl-$ZnCl_2$ 混合物的熔点可以进一步降低，致使熔融盐快速形成。熔融盐的快速形成有利于通过离子传导机制进一步加快热量传导速度，同时熔融盐对微波的吸收能力也更强。微波加热作为一种替代加热方式在近些年有着广泛的应用。与传统加热技术依赖从设备到样品的热传导过程不同，微波可以直接被样品吸收，并通过偶极子旋转和离子传导机制转化为热量。鉴于不同的加热原理，微波可以在短时间内快速加热到较高温度，缩短反应时间，有效地降低反应过程中的能耗并抑制单原子的迁移和团聚[57-59]。

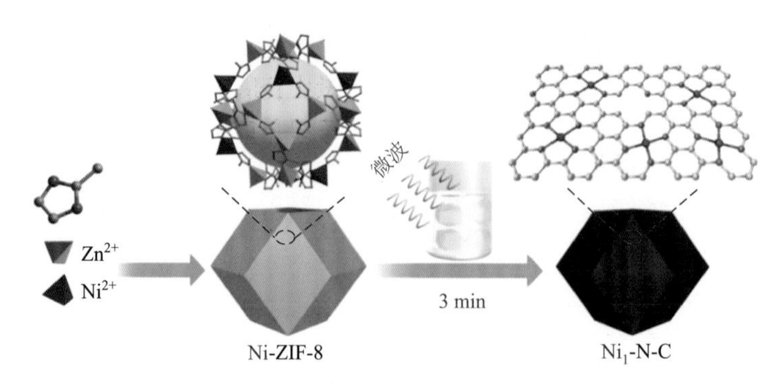

图 3.9 微波加热法合成过程示意图[57]

热解法是单原子催化剂合成最常用的方法，虽然高温热解会增加能耗，但是其步骤简单、反应迅速、普适性强且对反应环境和仪器要求较低（如密封性、耐腐蚀性等)，可以极为简单地扩大生产规模并进行商用。需要指出的是，传统热解法所需的高温可能会导致单原子的团聚，需要不断改进，引入新的合成方法如熔融盐辅助法和微波加热法可以降低反应温度或缩短反应时间，制备分散性良好的单原子催化剂。

3.6 球磨法

球磨法是借助球磨机、球磨罐和磨球，利用撞击、挤压和摩擦等方式实现物料粉碎和材料合成的一种研磨方式与机械力化学合成方法。在不需要溶剂和其他添加剂的情况下，依靠强大的作用力破坏载体分子之间的化学键，同时在载体上形成缺陷。形成的缺陷结构可以利用其独特的配位作用捕获金属原子，产生稳定的单原子催化剂。球磨法简单、环保且高效，有望成为实现公斤级制备单原子催化剂的手段[60-63]。

Cui 等采用球磨法进行了一系列 N 配位单原子催化剂的制备，包括锰、铁、钴、镍和铜，并测试了其在燃料敏化太阳能电池电极中的催化活性[64]。MN_4/GN（graphene nanosheet，GN，石墨烯纳米片）样品的制备方式如下：首先将 2.0 g 鳞片石墨和 60 g 不锈钢球（直径 1～1.3 cm）放入装有高纯 Ar（99.999%）手套箱中的不锈钢球磨罐中，以 450 $r \cdot min^{-1}$ 的转速球磨 20 h，产物标记为 GN；然后将 0.6 g CoPc、1.4 g GN 和 60 g 不锈钢球，按照与合成 GN 相同的程序进行球磨，最终得到目标产物（标记为 CoN_4/GN）。采用与制备 CoN_4/GN 相同的制备方法，Cui 等制备出了一系列不同金属掺杂的 MN_4/GN 样品，其中包括 MnN_4/GN、FeN_4/GN、CuN_4/GN 和 NiN_4/GN，并结合实验和理论计算，分析出 CoN_4/GN 具有优异的稳定性和对三碘化物还原的本征活性。

Lyu 等同样采用球磨法将前驱体混合均匀，制备出了处于单分散状态的铁 SAC，并探究了其上的氧空缺在催化过程中的影响[65]。首先，他们将 1.25 g 柠檬酸钾、5 mg 三氯化铁和 0.75 g 三聚氰胺在 400 $r \cdot min^{-1}$ 下球磨混合，并进行两次循环（每球磨 50 min，停顿 10 min，记作为 1 个循环）制得前驱体。将前驱体分别放在 Ar 或 5% H_2/Ar 气氛下，以 3℃$\cdot min^{-1}$ 的升温速率加热到 800℃，并分别在 350℃和 800℃下保温 2 h。随后将得到的黑色产物浸泡在 3 $mol \cdot L^{-1}$ H_2SO_4 中，然后超声处理 1 h 用去离子水（deionized water）洗涤至少五次后干燥，干燥的产物在 Ar 或 5% H_2/Ar 气氛下以 5℃$\cdot min^{-1}$ 的升温速率升温至 800℃并保持 2 h，最终分别得到 Fe NC 和 Fe NC-VN（VN 代表 N 缺陷）样品。NC 的合成采用相同的方法，只是其中不添加三氯化铁前驱体。根据先前的研究和报道，柠檬酸钾在惰性气氛下的高温碳化和活化过程可以导致多孔碳骨架的形成；而在 H_2/Ar 气氛下，氮物种与还原性 H_2 气体在高温下反应，可以在 Fe-N-C 骨架中留下氮空位。FTIR

显示，与 N—H 弯曲和伸缩振动以及 C=O/C=N 伸缩振动相关的峰的强度减弱，表明 Fe NC-VN 晶格中 N 的丢失。Lyu 等随后通过实验和理论计算阐明了 Fe-NC 与 Fe-NC-VN 催化活性和结构稳定性增强的原因，并验证了不同活性位点之间的协同效应。

球磨法作为单原子催化剂合成方法，具有能耗低、设备简易、可大规模生产的优点。同时，球磨法可以向单原子催化剂中引入大量的缺陷，对催化剂进行改性。因此，需要研究人员对缺陷在催化过程中的作用有更深层次的认知，才能有效利用球磨法制备出高性能的单原子催化剂。

3.7 浸渍法

浸渍法是一种常用的化学合成方法，通常用于将溶液中的物质转移到固体表面或内部。该方法的步骤包括将固体样品浸入含有溶质的溶液中，使载体吸收其中的物质，然后通过干燥或加热等方式将其固化在固体表面或内部。在单原子催化剂合成中，浸渍法的优点包括简单易操作、适用范围广泛、可控性强等。合理设计溶液成分、浸渍条件和固化方法，可以实现对单原子或纳米材料的精确合成和调控，有助于满足不同领域的需求。因此，浸渍法在单原子催化剂合成中具有重要的应用前景[66-68]。

Zhang 等采用浸渍法成功地将金属原子负载在金属氧化物衬底上[69]。首先，将 $Ni(NO_3)_2·6H_2O$（2.5 mmol、725.0 mg）溶于去离子水（10 mL）和三甘醇（20 mL）组成的混合溶液中，然后与尿素（5.0 mmol、300.0 mg）、氢氧化四丁铵（25%水溶液，0.8 mmol、0.8 mL）和 $NaHCO_3$（1.5 mmol、126.0 mg）的水溶液（10 mL）进行混合。在室温下剧烈搅拌 15 min 后，将混合物转移到 50 mL 内衬聚四氟乙烯的不锈钢高压反应釜中，在 120℃下加热 12 h。通过离心收集绿色产物氢氧化镍纳米板[$Ni(OH)_x$NB]材料，用于进一步浸渍制备单原子催化剂。Zhang 等使用超声振荡将合成的 $Ni(OH)_x$NB（100.0 mg）分散在 20 mL 乙醇中，在室温搅拌下，将 H_2PtCl_6 溶液（6.3 mg 溶于 5 mL 乙醇中）滴加到 $Ni(OH)_x$NB 分散液中。连续搅拌过夜后，将悬浮液离心回收并真空干燥，然后在 100℃的 5% H_2/N_2 混合气体中还原 2 h，得到 $Pt_1/Ni(OH)_x$ 催化剂，用于进一步的表征和催化测试。在该催化剂中，单原子 Pt 的负载量为 2.3 wt%，这是因为通过水热合成法制备得到的 $Ni(OH)_x$ 上有大量的镍阳离子缺陷，可以有效地锚定单原子 Pt，并加速 Pt 与衬底之间的电子转移过程。研究发现，$Pt_1/Ni(OH)_x$ 单原子催化剂在炔烃和烯烃的双硼化反应中均有着良好的活性与选择性。

Ge 等采用浸渍法将金属 Ru 负载在 Pd 金属衬底上[70]。首先，将 $Pd(acac)_2$（0.32 mmol、10.0 mg）、PVP（32 mg）溶于 2 mL DMF 和 4 mL 去离子水的混合

溶液中，在 1 atm CO 气氛下磁力搅拌并从室温加热到 100℃，保持 2 h。然后用移液枪将 $RuCl_3 \cdot xH_2O$ 溶液（0.24 mmol、62 $mg \cdot mL^{-1}$、800 μL）注入混合液中，在 100℃下继续搅拌 30 min 后冷却至室温，通过离心分离最终的深蓝色产物，并使用去离子水-丙酮混合物洗涤，去除多余的 PVP 分子。为了研究其生长过程，将 $RuCl_3 \cdot xH_2O$ 溶液加入到样品后分别在 100℃下处理 1 min、2 min、5 min、10 min 和 20 min，通过时间依赖的方法表征研究了原子分散的 Ru 在 Pd 纳米带上的形成机理。表征表明了在 Pd/Ru 纳米带的演变过程中，首先生产了超薄 Pd 纳米片，该纳米片与使用 CO 作为表面限域剂合成的超薄 Pd 纳米片类似，但是并不完全平整，边缘（宽度为 3 nm）比中心更厚。随后加入 $RuCl_3 \cdot xH_2O$ 水溶液后，在 1 min 内形貌发生明显变化，出现了一些具有弯曲和扭结的不规则形状的纳米结构。扭曲纳米结构的 STEM 图像表明，Pd/Ru 纳米带是由超薄 Pd 纳米片破碎形成的。Ge 等采用高角度环形暗场扫描透射显微镜确定了 Ru 和 Pd 的数量和分布，证明了 Pd 的表面不是原子级平整的，因此孤立的 Ru 原子可能位于超薄 Pd 纳米带的台阶或边缘。通过该方法制备的在超薄 Pd 纳米带上原子级分散的 Ru 原子，由于其高比表面积和原子级分散的 Ru 与衬底 Pd 之间的协同效应，有望在催化方面表现出巨大的应用前景。

Chang Hyuck Choi 等通过简单的浸渍法在碳衬底上负载了 Pt 单原子[71]。首先，采用化学气相沉积法制备了硫掺杂的沸石模板碳（S 掺杂 ZTC），将 5 g NaX 分子筛放置在石英活塞流反应器中，在氩气气氛下以 2 $K \cdot min^{-1}$ 的升温速率加热到 823 K，到达目标温度后，将乙炔/硫化氢（体积比 1.4/1.4，氦气气氛下）混合气体以 280 $mL \cdot min^{-1}$ 的流速通入反应器中并反应 24 h。随后，将样品分别在 5% 硫化氢与氩气的混合气体和纯氩气中灼烧 3 h，通过控制不同气体灼烧时间控制硫的含量并产生碳衬底，冷却至室温后，将所得样品用硫化氢和氢氟酸混合水溶液刻蚀去除沸石模板。之后，将 0.3 g ZTC 分散在含有 0.04 g 的 $H_2PtCl_6 \cdot 5.5H_2O$ 去离子水中（Pt 含量为 5 wt%），在 80℃下蒸干干燥，然后在氢气气氛下 523 K 灼烧 3 h，得到 Pt 单原子催化剂。他们采用浸渍法在 S 掺杂 ZTC 上合成了高负载量 Pt 原子的单原子催化剂，用于电催化氧气还原反应制备过氧化氢，并比较了不同硫含量载体对催化性能的影响。Chang Hyuck Choi 等发现 S 官能团可以在合成不同金属的单原子催化剂的同时提高导电性，这为研究各种催化剂在电化学反应中独特的催化行为提供广泛的材料。

浸渍法与其他合成方法相比，偏向于作为后处理合成手段，即在已经制备好的催化剂衬底上进行浸渍处理，引入单原子形成单原子催化剂。因此，相较于其他合成方法，浸渍法制备得到的单原子催化剂形貌、元素、配位环境的种类均会更多，性能可调控性更强。在使用浸渍法时，所选衬底结构是最终催化剂结构的重要影响因素。在确定的衬底上负载不同类型单原子进行性能研究时，浸渍法是最简单有效的合成方法。同时，浸渍法的合成条件和过程简单方便，有利于大规模制备单原子催化剂。

3.8 光化学合成法

光化学合成法是一种由吸收光子引发化学反应的合成方法。光化学合成采用光（如可见光、紫外光）而非热触发反应，通常在低于100℃甚至在常温下便可进行，这有利于避免高温团聚，进而提升单原子的负载量[72, 73]。

Liu 等采用室温光化学合成方法，在超薄 TiO_2 纳米片上制备了高稳定性、原子级分散的 Pd 单原子催化剂 Pd_1/TiO_2[74]（图 3.10）。首先，在室温下将 $TiCl_4$ 和乙二醇混合，在此过程中，二者不断发生反应直至没有 HCl 气体生成，然后加入水并转移至不锈钢高压反应釜中。在密封的容器内加热至150℃并保温4 h，离心收集后洗涤干燥得到超薄 TiO_2 纳米片作为衬底。随后将 TiO_2 纳米片与 H_2PdCl_4 混合，并在无光的条件下搅拌8 h后，在功率密度为1.94 $mW·cm^{-2}$ 的紫外灯下进行照射。最后收集产物，用去离子水洗涤后在真空烘箱中干燥，即可得到产物。研究证实，此制备方案避免了高温灼烧的过程，可以有效地避免单原子团聚，提高单原子催化剂的负载量，提升反应效率。

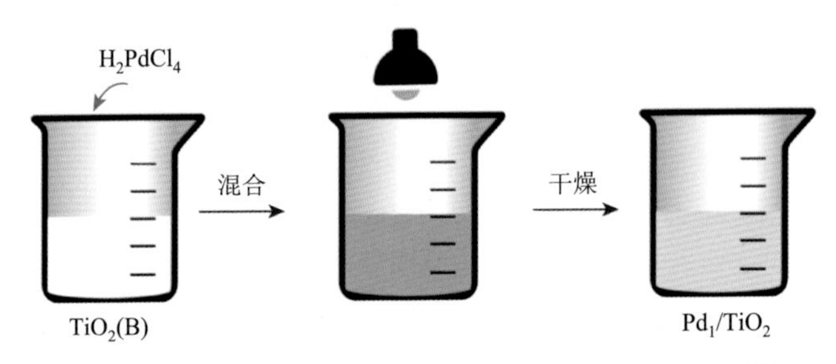

图 3.10 光化学合成 Pd_1/TiO_2 示意图，光源为紫外光[74]

Liu 等采用光化学合成法合成了 Pt 负载在 CN 上的单原子催化剂 Pt-MCT-3，合成过程如图 3.11 所示[75]。首先，将三聚氰胺、三聚氰酸溶于水后，向溶液中逐滴加入三硫氰尿酸形成沉淀，离心收集后灼烧得到 MCT-3。随后，在氯铂酸溶液中加入 MCT-3，并通入氩气以去除氧气。最后，在35℃下光照30 min，得到 Pt-MCT-3 催化剂。

光化学合成方法可以直接利用光能进行单原子催化剂的合成，但是现在常用的光能多是紫外光或是特定波段范围的可见光。对此，后续研究可以尝试对合成方法不断优化和探索，增加单原子催化剂光化学合成中光源的鲁棒性，以期实现类似自然界光合作用的光化学合成单原子催化剂过程，最大限度地提升能量利用率。

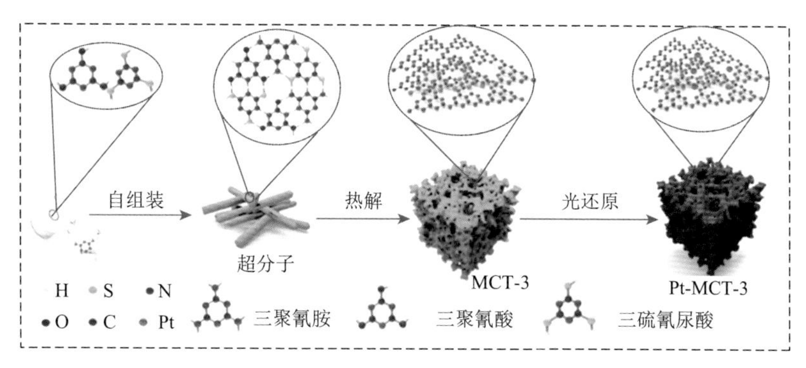

图 3.11　光化学合成 Pt-MCT-3 过程示意图[75]

总结与展望

在本章中，详细地介绍了电化学合成法、原子层沉积法、化学气相沉积法、水热合成和溶剂热合成法、热解法、浸渍法、球磨法和光化学合成法等方法的合成原理和具体合成步骤，并通过实例加以说明。通过每种合成方法制备得到的单原子催化剂有不同的结构特点。例如，电化学沉积合成的单原子催化剂衬底一般为纳米片形貌；水热和溶剂热合成的催化剂衬底结构更加均匀，分散度好；球磨法制备的材料通常有更多的空位缺陷等。因此，在选择合成技术时，必须根据所需催化剂的特定用途进行权衡。

与传统块体催化剂相比，单原子催化剂的合成更具挑战性。由于单原子位点具有高活化能，在合成过程中容易团聚形成纳米团簇或颗粒，从而限制单原子催化剂的负载量。对此，科研人员采取限域的方法，精细控制衬底的结构，使单原子在不同位置进行负载的能量有明显差异，有效地防止了单原子的团聚并提高负载量。同时，对于一步法合成技术如水热合成和溶剂热合成法，需要更加精准地调控投料比例、加热温度和时间等关键参数。

精确地控制单原子催化剂的配位环境和电子结构对于提升其催化活性至关重要。为此，研究人员进行了大量的尝试，包括调节前驱体的种类和投料比进而改变催化剂的空间配位方式和配位数，以及通过金属原子在溶液中的配位原子种类优化金属的配位环境。此外，实现成体系的单原子催化剂的制备对于深入理解单原子催化剂的制备、实现单原子催化剂的精准调控至关重要，这需要对不同合成方法的合成机理和调控方式有深入的认知。例如，Shi 等系统地研究了电化学沉积中衬底表面功函数对原子沉积的影响，并成功制备了系列单原子催化剂[24]。

为了推动单原子催化剂的大规模应用，绿色且低成本的制备方法至关重要，在催化剂制备过程中对环境产生严重污染而再去治理是得不偿失的。因此，需要对合成条件和步骤进行精细优化，并对仪器设备和设计路线提出相应要求。这不仅仅是一个简单的化学反应过程，更是一个集材料科学、化学工程、环保科技等多个领域于一体的综合性项目。设计路线时需要考虑原料的来源、反应的可持续性、产品的性能以及整个过程的成本效益等多个方面。

随着单原子催化剂应用的不断发展，对其性能要求也在不断地增加。这包括精确控制单原子催化剂的电子环境，提升单原子催化剂的稳定性和活性，降低催化剂的制备成本和能源消耗等，这也从根本上对单原子催化剂的合成提出了新的要求。对此，需要探索廉价、创新和简单的合成技术，如最近在研究中的微波辅助合成和光辅助合成技术[56]，以及能够实现大批量制备生产的球磨法和电化学合成法。同时，需要探索新的金属前驱体以及不同的金属配体，通过配体的拓扑作用最终优化单原子催化剂的性能。最后，利用人工智能和密度泛函理论相结合[47-49]，可以有效地降低试错成本，总结发现合成规律，并推动单原子催化剂合成领域的快速发展。

参 考 文 献

[1] Chu S，Majumdar A. Opportunities and challenges for a sustainable energy future. Nature，2012，488（7411）：294-303.

[2] Dresselhaus M S，Thomas I. Alternative energy technologies. Nature，2001，414（6861）：332-337.

[3] Turner J A. Sustainable hydrogen production. Science，2004，305（5686）：972-974.

[4] Hannagan R T，Giannakakis G，Flytzani-Stephanopoulos M，et al. Single-atom alloy catalysis. Chemical Reviews，2020，120（21）：2044-12088.

[5] Réocreux R，Stamatakis M. One decade of computational studies on single-atom alloys：Is in silico design within reach? Accounts of Chemical Research，2021，55（1）：87-97.

[6] Zhang T，Walsh A G，Yu J，et al. Single-atom alloy catalysts：Structural analysis，electronic properties and catalytic activities. Chemical Society Reviews，2021，50（1）：569-588.

[7] Huang Y，Xiong J，Zou Z，et al. Emerging strategies for the synthesis of correlated single atom catalysts. Advanced Materials，2024：2312182.

[8] Ju W，Bagger A，Wang X，et al. Unraveling mechanistic reaction pathways of the electrochemical CO_2 reduction on Fe-N-C single-site catalysts. ACS Energy Letters，2019，4（7）：1663-1671.

[9] Jin Z，Li P，Meng Y，et al. Understanding the inter-site distance effect in single-atom catalysts for oxygen electroreduction. Nature Catalysis，2021，4（7）：615-622.

[10] Hou Y，Liang Y，Shi P，et al. Atomically dispersed Ni species on N-doped carbon nanotubes for electroreduction of CO_2 with nearly 100% CO selectivity. Applied Catalysis B：Environmental，2020，271：118929.

[11] Ren W，Tan X，Yang W，et al. Isolated diatomic Ni-Fe metal-nitrogen sites for synergistic electroreduction of CO_2. Angewandte Chemie International Edition，2019，58（21）：6972-6976.

[12] Yao Y. Controllable Synthesis and Atomic Scale Regulation of Noble Metal Catalysts. Berlin：Springer，2022：55-92.

[13] Lu Z，Yang M，Ma D，et al. CO oxidation on Mn-N_4 porphyrin-like carbon nanotube：A DFT-D study. Applied Surface Science，2017，426：1232-1240.

[14] Ali S，Liu T，Lian Z，et al. The tunable effect of nitrogen and boron dopants on a single walled carbon nanotube support on the catalytic properties of a single gold atom catalyst：A first principles study of CO oxidation. Journal of Materials Chemistry A，2017，5（32）：16653-16662.

[15] Deng C，He R，Shen W，et al. A single-atom catalyst of cobalt supported on a defective two-dimensional boron nitride material as a promising electrocatalyst for the oxygen reduction reaction：A DFT study. Physical Chemistry Chemical Physics，2019，21（13）：6900-6907.

[16] Deng C，He R，Shen W，et al. Theoretical analysis of oxygen reduction reaction activity on single metal（Ni，Pd，Pt，Cu，Ag，Au）atom supported on defective two-dimensional boron nitride materials. Physical Chemistry Chemical Physics，2019，21（34）：18589-18594.

[17] Yang H，Hung S F，Liu S，et al. Atomically dispersed Ni(Ⅰ) as the active site for electrochemical CO_2 reduction. Nature Energy，2018，3（2）：140-147.

[18] Huston M，de Bella M，di Bella M，et al. Green synthesis of nanomaterials. Nanomaterials，2021，11（8）：2130.

[19] Bagotsky V S. Fundamentals of electrochemistry. Hoboken：John Wiley & Sons，2005.

[20] Liu Y，Gokcen D，Bertocci U，et al. Self-terminating growth of platinum films by electrochemical deposition. Science，2012，338（6112）：1327-1330.

[21] Zheng J，Zhao Q，Tang T，et al. Reversible epitaxial electrodeposition of metals in battery anodes. Science，2019，366（6465）：645-648.

[22] Fan L，Liu P，Yan X，et al. Atomically isolated nickel species anchored on graphitized carbon for efficient hydrogen evolution electrocatalysis. Nature Communications，2016，7：10667.

[23] Zhang L，Jia Y，Liu H，et al. Charge polarization from atomic metals on adjacent graphitic layers for enhancing the hydrogen evolution reaction. Angewandte Chemie International Edition，2019，131（28）：9504-9508.

[24] Shi Y，Huang W，Li J，et al. Site-specific electrodeposition enables self-terminating growth of atomically dispersed metal catalysts. Nature Communications，2020，11：4558.

[25] Sasaki K，Naohara H，Choi Y，et al. Highly stable Pt monolayer on PdAu nanoparticle electrocatalysts for the oxygen reduction reaction. Nature Communications，2012，3：1115.

[26] Zhang J，Sasaki K，Sutter E，et al. Stabilization of platinum oxygen-reduction electrocatalysts using gold clusters. Science，2007，315（5809）：220-222.

[27] Sun Y，Wang Y，Chen J，et al. Interface-mediated noble metal deposition on transition metal dichalcogenide nanostructures. Nature Chemistry，2020，12（3）：284-293.

[28] Yin J，Jin J，Lu M，et al. Iridium single atoms coupling with oxygen vacancies boosts oxygen evolution reaction in acid media. Journal of the American Chemical Society，2020，142（43）：18378-18386.

[29] Kong X，Wu H，Lu K，et al. Galvanic replacement reaction：Enabling the creation of active catalytic structures. ACS Applied Materials & Interfaces，2023，15（35）：41205-41223.

[30] Gan T，Shang W，Handschuh W S，et al. Liquid metal nanoreactor enables living galvanic replacement reaction. Chemistry of Materials，2024，36（6）：3042-3053.

[31] Wang B，Li J，Li D，et al. Single atom iridium decorated nickel alloys supported on segregated MoO_2 for alkaline water electrolysis. Advanced Materials，2024，36（11）：2305437.

[32] Yin Z，Huang Y，Song K，et al. Ir single atoms boost metal-oxygen covalency on selenide-derived niooh for direct intramolecular oxygen coupling. Journal of the American Chemical Society，2024，146（10）：6846-6855.

[33] Kempster A. The principles and applications of chemical vapour deposition. Transactions of the Institute of Metal Finishing，1992，70（2）：68-75.

[34] Katsenis A D，Puškarić A，Štrukil V，et al. *In situ* X-ray diffraction monitoring of a mechanochemical reaction reveals a unique topology metal-organic framework. Nature Communications，2015，6：6662.

[35] Han A，Zhou X，Wang X，et al. One-step synthesis of single-site vanadium substitution in 1T-WS_2 monolayers for enhanced hydrogen evolution catalysis. Nature Communications，2021，12：709.

[36] Liu S，Wang M，Yang X，et al. Chemical vapor deposition for atomically dispersed and nitrogen coordinated single metal site catalysts. Angewandte Chemie International Edition，2020，59（48）：21698-21705.

[37] Tian J，Zhu Y，Yao X，et al. Chemical vapor deposition towards atomically dispersed iron catalysts for efficient oxygen reduction. Journal of Materials Chemistry A，2023，11（10）：5288-5295.

[38] Suntola T. Atomic layer epitaxy. Materials Science Reports，1989，4（5）：261-312.

[39] Sun S，Zhang G，Gauquelin N，et al. Single-atom catalysis using Pt/graphene achieved through atomic layer deposition. Scientific Reports，2013，3：1775.

[40] Zhang L，Banis M N，Sun X. Single-atom catalysts by the atomic layer deposition technique. National Science Review，2018，5（5）：628-630.

[41] Yan H，Cheng H，Yi H，et al. Single-atom Pd_1/graphene catalyst achieved by atomic layer deposition：Remarkable performance in selective hydrogenation of 1, 3-butadiene. Journal of the American Chemical Society，2015，137（33）：10484-10487.

[42] Stambula S，Gauquelin N，Bugnet M，et al. Chemical structure of nitrogen-doped graphene with single platinum atoms and atomic clusters as a platform for the PEMFC electrode. The Journal of Physical Chemistry C，2014，118（8）：3890-3900.

[43] 冯守华. 水热与溶剂热合成化学. 吉林师范大学学报（自然科学版），2008，3：7-11.

[44] Speck F D，Kim J H，Bae G，et al. Single-atom catalysts：A perspective toward application in electrochemical energy conversion. JACS Au，2021，1（8）：1086-1100.

[45] Gu H，Liu X，Liu X，et al. Adjacent single-atom irons boosting molecular oxygen activation on MnO_2. Nature Communications，2021，12：5422.

[46] Kohlmann H. Looking into the black box of solid-state synthesis. European Journal of Inorganic Chemistry，2019，2019（39-40）：4174-4180.

[47] Li Y，Chen J，Ji Y，et al. Single-atom iron catalyst with biomimetic active center to accelerate proton spillover for medical-level electrosynthesis of H_2O_2 disinfectant. Angewandte Chemie International Edition，2023，62（34）：e202306491.

[48] Di J，Chen C，Yang S，et al. Isolated single atom cobalt in Bi_3O_4Br atomic layers to trigger efficient CO_2 photoreduction. Nature Communications，2019，10：2840.

[49] Wang H，Liao J，Zhong J，et al. Evolution of Ni coordination configuration during one-pot pyrolysis synthesis of Ni-g-C_3N_4 single atom catalyst. Carbon，2023，214：118348.

[50] Wang Z，Zeng Y，Deng J，et al. Preparation and application of single-atom cobalt catalysts in organic synthesis and environmental remediation. Small Methods，2023：2301363.

[51] Wang Q，Ina T，Chen W，et al. Evolution of Zn(Ⅱ) single atom catalyst sites during the pyrolysis-induced transformation of ZIF-8 to N-doped carbons. Science Bulletin，2020，65（20）：1743-1751.

[52] Han L，Cheng H，Liu W，et al. A single-atom library for guided monometallic and concentration-complex multimetallic designs. Nature Materials，2022，21（6）：681-688.

[53] Ji B，Gou J，Zheng Y，et al. Coordination chemistry of large-sized yttrium single-atom catalysts for oxygen reduction reaction. Advanced Materials，2023，35（24）：2300381.

[54] Xu W，Zeng R，Rebarchik M，et al. Atomically dispersed Zn/Co-N-C as ORR electrocatalysts for alkaline fuel cells. Journal of the American Chemical Society，2024，146（4）：2593-2603.

[55] Zhao R，Chen J，Chen Z，et al. Atomically dispersed CoN_4/B，NC nanotubes boost oxygen reduction in rechargeable Zn-air batteries. ACS Applied Energy Materials，2020，3（5）：4539-4548.

[56] Wen M，Sun N，Jiao L，et al. Microwave-assisted rapid synthesis of MOF-based single-atom Ni catalyst for CO_2 electroreduction at ampere-level current. Angewandte Chemie International Edition，2024，136（10）：e202318338.

[57] Głowniak S，Szczęśniak B，Choma J，et al. Advances in microwave synthesis of nanoporous materials. Advanced Materials，2021，33（48）：2103477.

[58] Qiao H，Saray M T，Wang X，et al. Scalable synthesis of high entropy alloy nanoparticles by microwave heating. ACS Nano，2021，15（9）：14928-14937.

[59] Jia C，Li S，Zhao Y，et al. Nitrogen vacancy induced coordinative reconstruction of single-atom Ni catalyst for efficient electrochemical CO_2 reduction. Advanced Functional Materials，2021，31（51）：2107072.

[60] Hu Y，Li B，Yu C，et al. Mechanochemical preparation of single atom catalysts for versatile catalytic applications：A perspective review. Materials Today，2023，63：288-312.

[61] Han G，Li F，Rykov A I，et al. Abrading bulk metal into single atoms. Nature Nanotechnology，2022，17（4）：403-407.

[62] Tan X，Li H，Zhang W，et al. Square-pyramidal Fe-N_4 with defect-modulated O-coordination：Two-tier electronic structure fine-tuning for enhanced oxygen reduction. Chem Catalysis，2022，2（4）：816-835.

[63] Du P，Huang K，Fan X，et al. Wet-milling synthesis of immobilized Pt/Ir nanoclusters as promising heterogeneous catalysts. Nano Research，2022，15：3065-3072.

[64] Cui X，Xiao J，Wu Y，et al. A graphene composite material with single cobalt active sites：A highly efficient counter electrode for dye-sensitized solar cells. Angewandte Chemie International Edition，2016，55（23）：6708-6712.

[65] Lyu L，Hu X，Lee S，et al. Oxygen reduction kinetics of Fe-N-C single atom catalysts boosted by pyridinic N vacancy for temperature-adaptive Zn-air batteries. Journal of the American Chemical Society，2024，146（7）：4803-4813.

[66] Zhang Z，Chen Y，Zhou L，et al. The simplest construction of single-site catalysts by the synergism of micropore trapping and nitrogen anchoring. Nature Communications，2019，10：1657.

[67] Jiang S，Ma Y，Jian G，et al. Electrocatalysts：Facile construction of Pt-Co/CN_x nanotube electrocatalysts and their application to the oxygen reduction reaction. Advanced Materials，2009，21（48）.

[68] Wang N，Sun Q，Zhang T，et al. Impregnating subnanometer metallic nanocatalysts into self-pillared zeolite nanosheets. Journal of the American Chemical Society，2021，143（18）：6905-6914.

[69] Zhang J，Wu X，Cheong W-C，et al. Cation vacancy stabilization of single-atomic-site $Pt_1/Ni(OH)_x$ catalyst for diboration of alkynes and alkenes. Nature Communications，2018，9：1002.

[70] Ge J，He D，Chen W，et al. Atomically dispersed Ru on ultrathin Pd nanoribbons. Journal of the American Chemical Society，2016，138（42）：13850-13853.

[71] Choi C H，Kim M，Kwon H C，et al. Tuning selectivity of electrochemical reactions by atomically dispersed platinum catalyst. Nature Communications，2016，7：10922.

[72] Karkas M D，Porco Jr J A，Stephenson C R. Photochemical approaches to complex chemotypes：Applications in natural product synthesis. Chemical Reviews，2016，116（17）：9683-9747.

[73] Kim Y H，Heo J S，Kim T H，et al. Flexible metal-oxide devices made by room-temperature photochemical

activation of sol-gel films. Nature，2012，489：128-132.

[74] Liu P X，Zhao Y，Qin R X，et al. Photochemical route for synthesizing atomically dispersed palladium catalysts. Science，2016，52（6287）：797.

[75] Liu D，Zhang C，Shi J，et al. Defect engineering simultaneously regulating exciton dissociation in carbon nitride and local electron density in Pt single atoms toward highly efficient photocatalytic hydrogen production. Small，2024：2310289.

第4章 单原子催化材料的表征

SAC兼具均相催化剂和异相催化剂的优点，对节能减排有着重要意义[1-6]。但是目前单原子催化剂的催化性能仍需进一步提升，这需要对催化剂的构效关系有清楚的认知。建立催化剂的构效关系，首先要掌握催化剂的结构表征方法[7]。

表征是指通过物理或化学的方法对物质进行化学性质的分析、测试和鉴定，以阐明物质的特性。这种分析通常涉及物质的结构、组成和性质等方面的研究，旨在确定物质的特征及其在应用（如催化）过程中的行为。化学表征的意义在于，它提供了关于物质基本性质和相互作用方式的重要信息，这些信息对于预测物质的性能具有重要意义。根据Sabatier原理，当活性位点对反应中间体的吸附能适中时，催化剂会有最优的催化性能[8-10]，而催化剂对中间体的吸附能力是受催化剂的电子结构（如d带中心位置、e_g轨道占据数、电子自旋结构[11-15]）和形貌结构等因素影响的。只有通过各种表征手段才能得到催化剂准确的结构和性质特征，推断催化性能的关键影响因素，并以此为基础设计性质优异的催化剂。

相较于传统催化剂，单原子催化剂的活性位点表征有所差异[16,17]。传统块状催化剂的催化活性位点为聚集的晶体结构和非晶体结构，通过X射线衍射仪与拉曼光谱仪等手段可以表征活性中心的排布方式和其与周围原子的成键方式[18,19]。但对于活性中心为单个原子形式存在的单原子催化剂，单原子的局部环境会影响其在催化过程中的活性并决定其最终展现出的性能。这些局部环境包括单原子种类、负载量、配位元素、配位键长、空间构型等一系列因素。此外，单原子的活性位点更加分散，这对表征要求也更严格，需要原子级分辨率的技术确定其尺寸和活性中心[20,21]。单原子催化剂的表征可以通过多方面进行，如微观形貌表征、电子结构表征等，本节将阐述多种常见的单原子催化剂材料表征方法。

4.1 原子尺度微观形貌表征

4.1.1 透射电子显微镜

TEM是分析材料微观形貌和元素分布的一种表征技术。其作用原理是将经过加速和聚集的电子束投射到样品上，电子与样品交互作用产生大量信号，通过分析从样品局部区域发射的各种信号，获得样品形貌、物相成分，并推导出电子结构信息。根据瑞利判据，显微镜的分辨率由下式决定：

$$d = 0.61\lambda/(n \sin \alpha) \quad (4\text{-}1)$$

式中，d为分辨极限；λ为入射光波长；$n \sin \alpha$为显微镜结构决定的透镜数值孔径。因此，通过减小入射光的波长可以有效缩小显微镜的分辨极限，提升显微镜的分辨率。电子的波长随着电压与电子速度的增加而减小，调节透射电镜的电压可以有效地调节分辨率。在TEM的使用观测过程中，随着电压增加，图像由低分辨率的形貌图像逐渐转变为高分辨率的晶格条纹图像[22, 23]。

HAADF-STEM是TEM的一种成像模式，也是单原子催化剂最为简单直观的表征方式。HAADF-STEM使用线圈精确控制电子束斑在样品上逐点扫描，其信号接收器能够过滤掉大部分布拉格散射和未发生散射的电子主要接收高角度散射的透射电子，可以得到原子级分辨率的元素分布图像。HAADF-STEM的图像衬度主要与原子序数有关，原子序数越大在图像上越明亮[24]。

TEM是基础科学研究中观察微观世界最简单有效、易于接受的表征方法，也在单原子催化剂表征中有着至关重要的作用，是表征的基本手段之一。在低电压下，TEM可以观察到衬底的形貌和覆盖度，随着电压升高可以通过观察和计算晶格条纹衍射形式判断衬底的物相和单原子引入衬底后的物相转变。同时，通过HAADF-STEM观察衬底的差别可以直接观测到金属元素是否以单原子的形式负载在衬底上[25-38]。

Yin等使用扫描电子显微镜和TEM对电化学沉积法制备的单原子Ir负载的Ir-$NiCo_2O_4$超薄多孔纳米片和未进行单原子负载的$NiCo_2O_4$超薄多孔纳米片进行了形貌和物相的表征[39]。首先，从图4.1中可以看到，负载在碳布上的$NiCo_2O_4$有着均匀的纳米层结构，且在纳米层上有着明显的孔结构，通过高分辨透射电子显微镜（high resolution transmission electron microscope，HRTEM）可以观测到其晶格间距为0.245 nm，对应$NiCo_2O_4$物相的（311）晶面。傅里叶变换图像也可以观测到相应的（311）和（220）晶面的衍射点。通过同样的测试可以观测到Ir-$NiCo_2O_4$也具有负载在碳布上的均匀纳米层状形貌，且有明显的孔结构；但是其相较于未进行单原子负载的$NiCo_2O_4$更薄，表面存在着大量的褶皱。Yin等认为这可能是 Ir-O 物种的表面修饰导致的。他们通过电感耦合等离子体测量出 Ir 的含量很少，只有 0.41%，并未对 $NiCo_2O_4$ 的晶体结构有明显的影响；在 HRTEM 图像中可以观测到晶格条纹间距没有明显的变化，也与 X 射线衍射图谱中没有明显的峰偏移相符。为了对金属 Ir 在衬底上的分布进行更深入的了解，对 Ir-$NiCo_2O_4$ 进行了像差校正的 HAADF-STEM 分析。如图 4.1 所示，$NiCo_2O_4$ 在图中为沿[111]取向的晶胞。在 $NiCo_2O_4$ 衬底上出现了大量分散未团聚的高亮度的斑点，这是 Ir 与 Ni 和 Co 的原子序数存在明显差异导致的衬度区别，证明了获得的材料中 Ir 是以单原子的形式均匀分布在衬底上的。同时，元素分布图也证明了 Ir 在衬底上为均匀分布，而非在某个区域团聚。

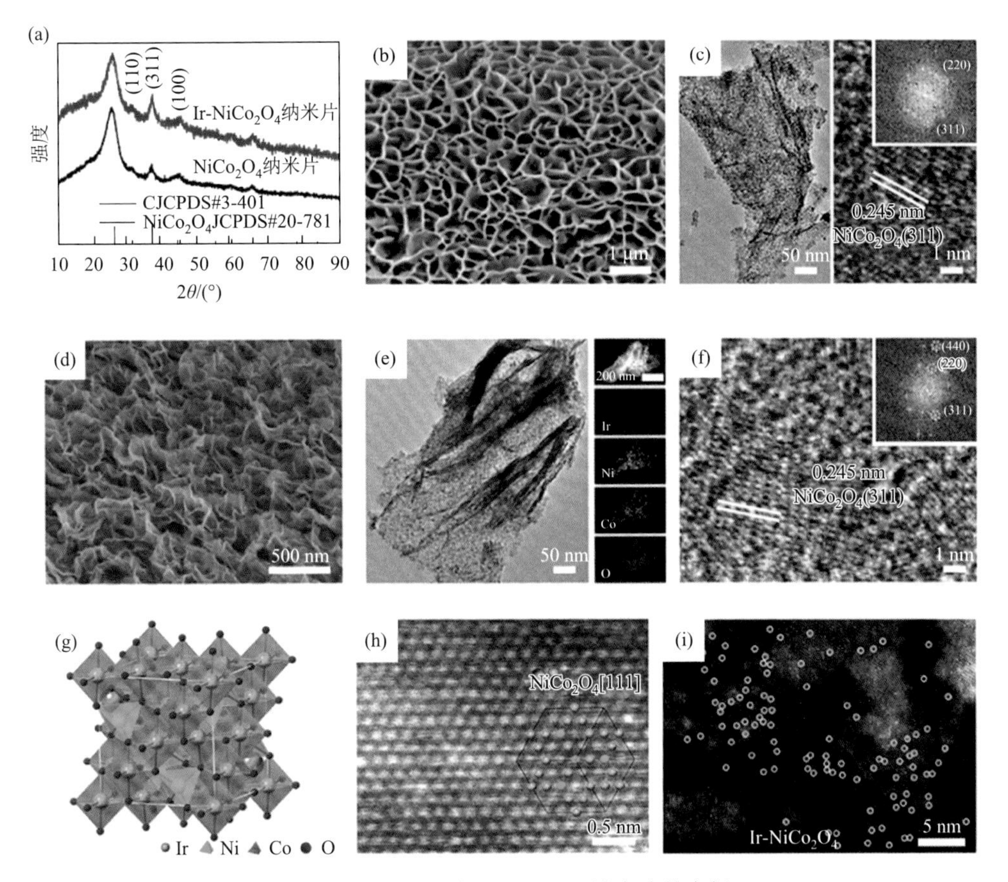

图 4.1　$NiCo_2O_4$ 和 Ir-$NiCo_2O_4$ 纳米片的表征

（a）$NiCo_2O_4$ 和 Ir-$NiCo_2O_4$ 纳米片的 X 射线衍射图谱；（b、c）$NiCo_2O_4$ 的扫描电子显微镜、TEM 和 HRTEM 图像，（c）中的插图为 $NiCo_2O_4$ 纳米片相应的快速傅里叶变换图像；（d～f）Ir-$NiCo_2O_4$ 纳米片的扫描电子显微镜、TEM 和 HRTEM 图像，（f）中的插图为 Ir-$NiCo_2O_4$ 的相应快速傅里叶变换图像；（g）Ir-$NiCo_2O_4$ 的晶体结构示意图；（h、i）Ir-$NiCo_2O_4$ 的 HAADF-STEM 图像[39]

金属原子负载在氮化碳材料（M-NC）上作为二维金属单原子催化剂有着优异的电催化性能，是近些年研究的热点内容之一，其在电子显微镜下的表征有着相同的特点[40-42]。Lyu 等通过球磨法制备了 FeNC-V_N 材料作为 ORR 催化剂[43]。如图 4.2 所示，TEM 表征发现材料为薄层多孔材料，元素分布图证明铁在衬底上分布均匀，而像差校正进一步证明铁原子在衬底上没有明显的团聚，而是单个分散存在的。与块体衬底不同，M-NC 形式的二维单原子催化剂在 TEM 的高分辨模式下并不会显示晶格条纹，这是由衬底决定的。

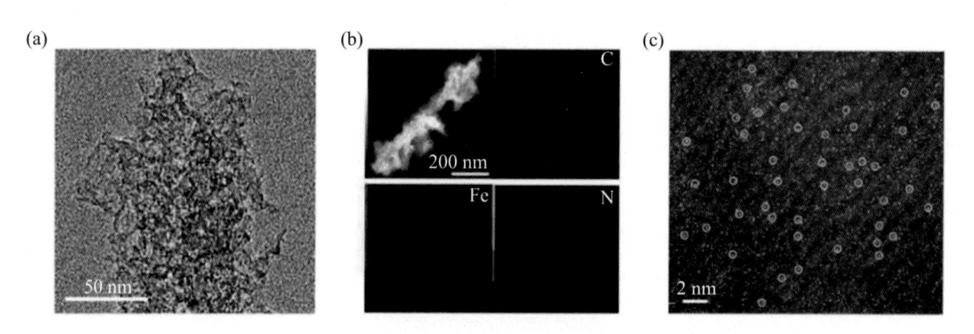

图 4.2　FeNC-V_N 的（a）HRTEM 图像；（b）扫描透射电子显微镜图像和元素分布图像；（c）FeNC-V_N 的 HAADF-STEM 图像

亮斑代表分散在碳骨架上的 Fe 原子，部分被圆圈突出[43]

Jin 等制备了 Ir 配位 P 原子负载在 C 衬底上的 Ir_1/PC 单原子催化剂，用于催化加氢反应[44]。如图 4.3 所示，通过控制 Ir 的投料比，制备了不同 Ir 负载量的单

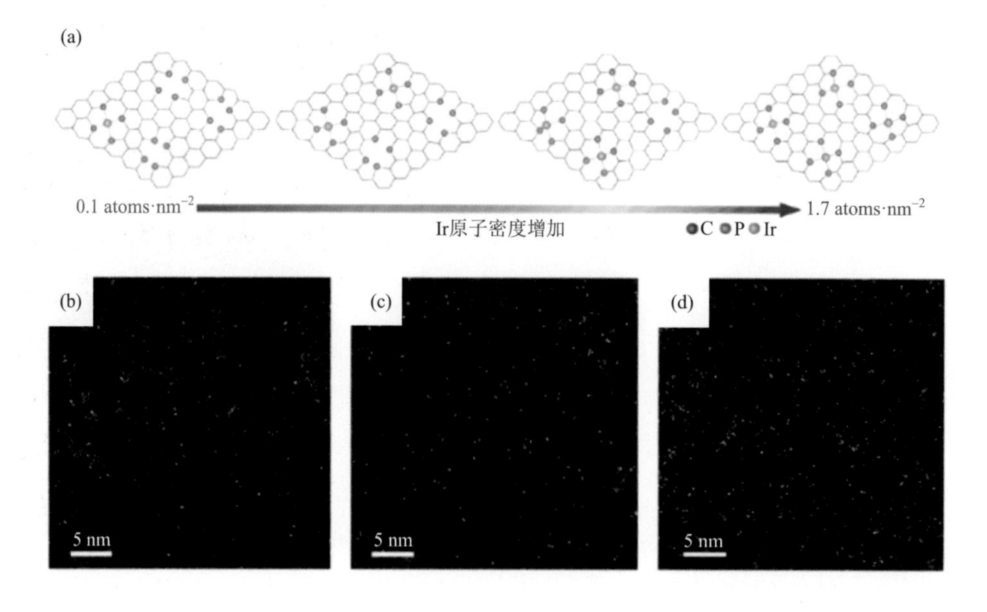

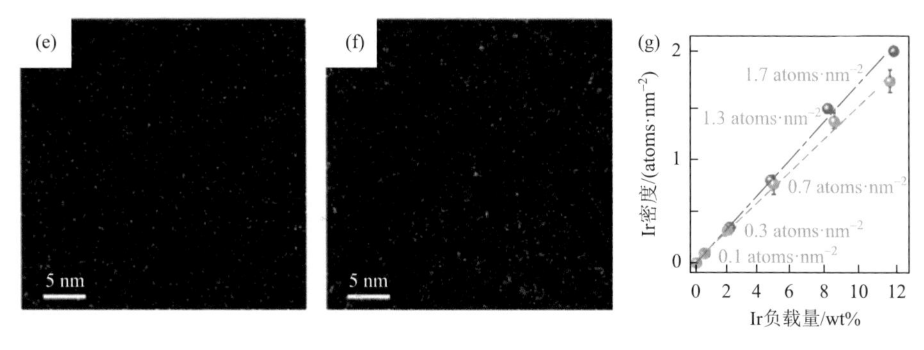

图 4.3　（a）不同密度 Ir 单原子催化剂的图解；（b～f）不同 Ir 负载量的 HAADF-STEM 图；（g）从 HAADF-STEM 统计得到的 Ir 原子面密度与 Ir 负载量的对应关系[44]

原子催化剂，并使用 HAADF-STEM 计算了不同负载量的 Ir_1/PC 在单位面积上 Ir 原子的负载数目。计算获得的结果与电感耦合等离子体-原子发射光谱测试数据相符，有力地证明了 Ir 原子负载量随投料比变化和 Ir 的单原子存在形式。

TEM 有着极长的发展和使用历史，在科研工作中发挥着重要的作用。在进行单原子表征时，TEM 和 HRTEM 主要被用于观察衬底的形貌和晶格条纹，HAADF-STEM 则被用于观察单原子的分布。HAADF-STEM 能对单原子催化剂中单原子位点的分布情况进行明确的表征，但是对单原子的电子结构如配位元素、配位数及空间配位结构的认知较差，对此还需要结合其他手段进行分析。目前的 TEM 在单原子催化剂表征中的作用仍需加强，需要将新兴的透射电子显微镜技术如扫描电化学显微镜（scanning electrochemical microscope，SECM）和四维（4D）-扫描透射电子显微镜（4D-STEM）投入单原子催化剂的表征中，同时积极探索现有功能的其他潜在应用方式，以便加深对单原子催化剂结构的认知。

4.1.2　扫描隧道显微镜

扫描隧道显微镜（scanning tunneling microscope，STM）技术也是表征微观形貌的一种常用手段。其工作原理基于量子力学中的隧穿效应：将尖端靠近样品表面，使尖端和样品之间形成微米级间距后加上微小的电压，电子就会从尖端隧穿到样品表面，通过测量隧穿电流的大小确定尖端和样品之间的距离，从而实现对样品表面原子结构的成像[45]。

STM 有恒电流模式和恒高度模式两种工作方式，在恒电流模式下控制样品与针尖的距离不变，通过电子反馈系统驱动针尖随样品的高低变化做升降运动，适用于观察表面起伏较大的样品。在恒高度模式下，控制针尖在样品表面的某一小平面扫描，随着样品表面高低起伏，隧穿电流不断变化，可得到样品表面的形貌图。恒高度模式不能用于观察表面起伏大于 1 nm 的材料，只适用于观察表面起伏小的材料。STM 具有结构简单、分辨率高、工作范围广等优点。值得一提的是，

Gerd Binning 等于 1983 年发明该表面测试分析仪器，并于 1986 年获得诺贝尔物理奖。

STM 能够提供原子级分辨率的表面拓扑结构信息，同时可以通过隧穿效应直接测量材料的电子性质如电子能级结构、密度等，是单原子催化剂表征的重要手段之一[46, 47]。Matthew D. Marcinkowski 等制备了 Pt 负载在 Cu 上的 Pt/Cu 单原子合金催化剂促进 C—H 活化用于抗积碳，并采用 STM 对催化剂的表面进行了表征[48]。在合金中，Pt 原子直接合金化到台阶和台阶边缘附近的区域，并随机地分布在整个表面。根据 STM 表征认为，可以通过控制合金化过程的温度保证 Pt 原子主要保留在表面层中且呈单分散状态。

Zhou 等采用 STM 对氧化铜表面负载 Au 单原子的结构进行了表征，并采用原位技术对反应过程进行了追踪[49]。通过在室温下将铜（110）表面暴露在氧气中后在真空中退火至 500 K，制备单层的氧化铜薄膜。如图 4.4 所示，Au 单原子均匀地分散在氧化铜表面上。在未负载 Au 单原子时，氧化铜的表面结构是原子级平整的，暴露晶面为（110），晶胞大小为 0.36 nm×0.51 nm，是铜（110）晶胞的 1×2（x×y）倍。图中凸起原子对应于表面铜阳离子。原位扫描隧道显微镜在 1×10^{-9} torr 的 CO 氛围下对扫描隧道显微镜图像进行连续采集，其中图 4.4（a）展现了原始的 Au 单原子。在图 4.4（b）、（c）中发现产生了暗点，且数量随着在 CO 中的暴露时间不断增加。CO 具有较高的表面迁移率，在室温下无法成像，在低温下可以被识别，因此选择在低温下进行实验。CO 可以被观测到为小链状吸附在 Au 原子上。随着吸附时间的增加，大量暗点特征被观测发现，暗点出现在离 Au 原子最近的地方。随着镜头不断靠近，发现暗点特征刚好在单个 Au 原子最近

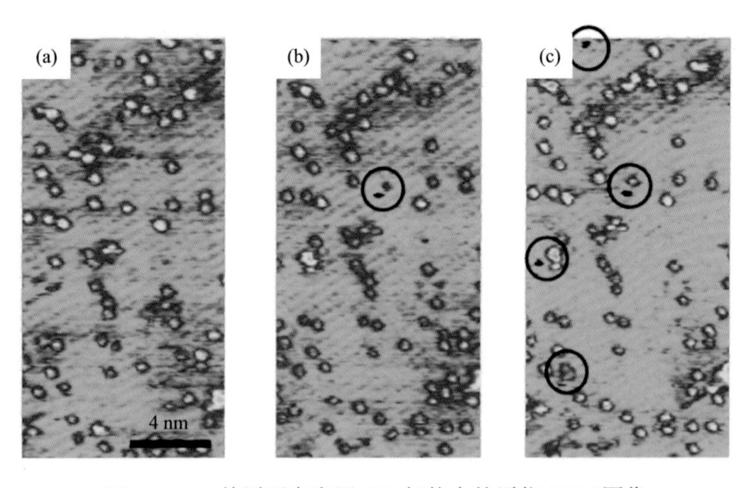

图 4.4 Au 单原子在室温 CO 气体中的原位 STM 图像

CO 压力：1×10^{-9} torr，$U=-0.6$ V，$I=50$ pA；（a）氧化铜单层上的单原子；样品在一氧化碳中分别处理（b）17 min 和（c）35 min[49]

的氧阴离子的位置，因此暗点的产生归因于 CO 与相邻晶格氧阴离子反应产生的氧空位。采用上述表征方式，Zhou 等探究了 CO 在反应过程中与催化剂的作用方式。

STM 是一种强有力的表征工具，可以直接地表征单原子在催化剂中的位置，用于判断原子的分布状态。但是目前单原子催化剂表征中，对 STM 的使用相对较少，且极少能发挥 STM 表征电子性质的能力，这可能是大部分单原子催化剂表面不平整导致的。因此，积极探索 STM 现有功能的潜在应用、开发符合单原子催化剂表征的新功能、充分利用 STM 纳米级分辨的优势，对于单原子催化剂表征十分重要。

4.1.3　原子力显微镜

AFM 是一种表面形貌探测的表征手段[50]，同样由 Gerd Binning 于 1986 年提出。AFM 的工作原理与 STM 不同，AFM 检测显微镜针尖和样品间的力，而非隧穿效应引起的电流，这使 AFM 克服了 STM 的不足，可以用于导体、半导体和绝缘体的形貌探测。AFM 通过待检测样品表面和微型力敏感元件之间极微弱的原子间相互作用力研究物质的表面结构和性质。其表征过程为：将对微弱力极其敏感的微悬臂一端固定，另一端的微小针尖接近样品，这时它将与其发生相互作用，作用力使微悬臂发生形变或运动状态发生变化，扫描样品时，利用传感器检测这些变化，就可获得作用力分布信息，从而纳米级分辨获得表面形貌结构信息及表面粗糙度信息。AFM 纳米级的分辨率使其在单原子催化剂的表征中有着重要的作用。

Zhao 等制备了不同 Ce 负载密度的 CeNC-x（$x = 30$、40 和 50，代表铈的投料比）单原子催化剂，并采用 AFM 对其结构进行了探究[51]。如图 4.5 所示，AFM 的平面和立体图证实了 CeNC-40 的形貌为有不同大小孔洞的超薄粗糙纳米片（平均厚度只有 3 nm）。同时，通过 AFM 表征不同合成配体制备的 CeNC-x 发现，采

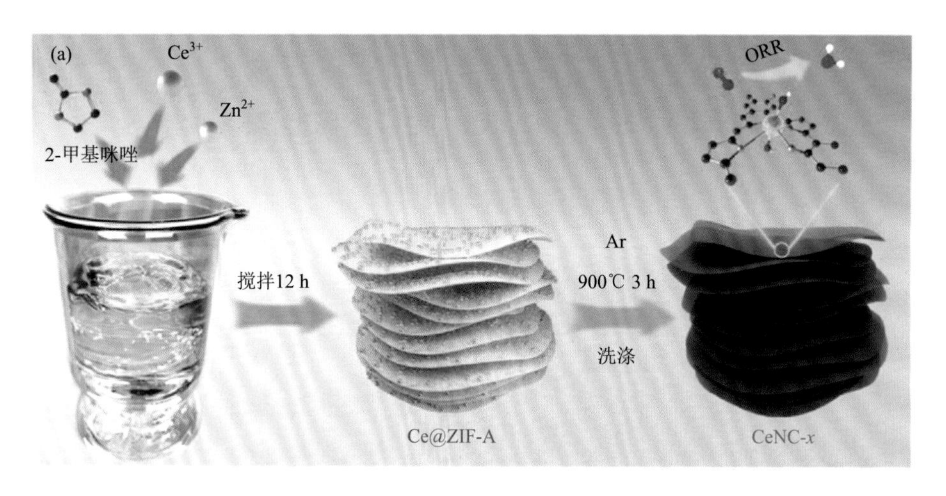

图 4.5 （a）CeNC-*x* 的合成示意图；（b）扫描电子显微镜图像；（c）TEM 图像；（d）HAADF-STEM 图像；（e）元素分布图；（f、g）CeNC-40 的 AFM 形貌图[51]

用羧酸根与 2-甲基咪唑作为配体，其在水溶液中的强配位作用极大减小了纳米片的厚度，避免了活性位点 Ce 单原子嵌入结构内部，因此提高了 Ce 单原子的利用率。

Ge 等制备了 Ru 单分散在 Pd 纳米带上的单原子催化剂，并采用 AFM 对合成过程进行了探究[52]。通过 AFM 和 HAADF-STEM 表征发现，Pd 的表面并不是原子级平整的，纳米带的台阶和边缘处略厚于纳米带的中心位置。结合其他表征手段综合分析和推理，Ge 等认为单原子 Ru 在台阶和边缘处的分布数量更多，而非均匀分布。

AFM 常用于表面形貌和粗糙度、高度和厚度的测试，对现有单原子催化剂的检测也常局限于此。考虑到 AFM 高达 0.15 nm 的横向分辨率和 0.05 nm 纵向分辨率，这些卓越性能在单原子催化剂表征上的利用显然是不充分的，换言之，AFM 的优势没有得到全面发挥。因此，后续研究需要深入了解 AFM 的特点，发挥其优势，利用 AFM 表征获得单原子催化剂更充分的结构信息。

4.2 原子尺度电子结构表征

4.2.1 X 射线吸收谱

X 射线吸收谱（X-ray absorption spectroscopy，XAS）以 X 射线能量作为变

量，测定材料的 X 射线吸收系数。当入射 X 射线能量低于待测样品轨道中的电子结合能时，电子不能被激发到最低未占据态或真空态，与入射 X 射线之间的作用强度很低，会在吸收光谱中体现为平坦区域。当 X 射线能量在 1～200 keV 时，可以使待测样品电子达到激发态，待测样品会对 X 射线有明显的吸收，X 射线强度会发生衰减。待测样品对 X 射线吸收的能量取决于其电子结构，因此通过对 XAS 的分析，可以得到待测样品中元素的种类、价态和化学环境相关的信息，进而用于分析待测样品的电子结构。其中，X 射线的吸收和散射都会引起 X 射线强度的衰减，但吸收强度远大于散射强度，因此可以不考虑散射作用对 XAS 的影响[53]。

基于同步辐射光源的 XAS 有大约 0.01 Å 超高分辨率，是精细结构研究的重要手段。在此基础上，发展了 XAFS，通过研究震荡结构获得待测体系电子和几何局域结构的信息。XAFS 的数据分析包括两个部分：①进行 EXAFS 分析，获得金属位点配位元素的种类、原子间距和配位数信息；②进行 X 射线吸收近边结构（X-ray absorption near edge structure，XANES）分析，获得元素种类、价态、未占据电子态和电荷转移的信息，同时 XANES 可以做原位时间分辨测试表征，实时监测催化过程中的催化剂电子结构的变化。EXAFS 与 XANES 的区别在于，EXAFS 的能量范围位于吸收边后 50～1000 eV，谱线特点为持续缓慢的弱震荡曲线，XANES 的能量范围为吸收边前到吸收边后 50 eV，谱线特点为剧烈震荡曲线，表明其信号清晰且易于测量。其中，XANES 采集时间较短，对化学信息如价态、未占据电子轨道和电荷转移更敏感，有指纹效应，对于化学元素分辨更加简单。XAS 自伦琴发现 X 射线和光电效应被证明发展至今，已经是表征手段中最重要、最精细的技术之一[54]。

XAS 可以提供单原子金属的配位信息，并已成为表征单原子催化剂的最有效工具之一。通过光谱数据分析可确定单原子金属的配位信息，包括键长和与之配位的原子数[55-64]。Li 等通过使用不同的锌盐阴离子，设计并制备了具有可调节局部配位环境的 Zn 单原子修饰的碳化氮材料[65]，根据使用阴离子的不同分别标记为 CN/Zn-SO_4 和 CN/Zn-OAc。CN/Zn-SO_4 和 CN/Zn-OAc 有相近的吸收光谱，代表有相似的价态和配位环境，这与高分辨的 Zn 2p 的 X 射线光电子能谱相吻合。两者的吸收光谱与 ZnO 的吸收光谱较近，说明锌的价态更接近 +2 价。Li 等比较了制备样品和对比样的 EXAFS 的傅里叶变换曲线。其中，CN/Zn-SO_4 和 CN/Zn-OAc 主要出峰位置均在 1.52 Å，这与 Zn—N、Zn—O 的配位距离相近，且没有观测到金属 Zn—Zn 键的出现，表明不存在金属锌团聚的现象。小波转换的 EXAFS 能够同时识别吸收信号的 k 边和 R 空间依赖性，从而区分稍轻和稍重的背散射原子信号。CN/Zn-SO_4 和 CN/Zn-OAc 的小波变化分析的强度最大值分别为 3.95 Å 和 4.08 Å，均和 ZnPc 的 3.81 Å 更接近。但是 CN/Zn-OAc 有向 Zn—O 键长方向的偏移，可能有 Zn—O 键的出峰，这与 XAS 中 Zn—O 键的出峰相呼应。Li 等进一步通过定量拟合分析了第一配位壳层的构型信息，拟合结果表明 CN/Zn-SO_4 曲线更接近和四个 N 原子配位，而 CN/Zn-OAc 的第一壳层信息表明锌原子趋向于和 2.7 个 N 原子以及 1 个 O 原子配位，这与材料中的原子质量占比信息也是吻合的。可以看出，XAS 可以深入地分析催化剂的电子结构信息，表征单原子位点的配位结构。

Han 等通过采用 XAFS 对热解法制备的基于碳氮氧衬底的不同过渡金属单原子催化剂进行了表征[66]，并对数据进行了详细的分析。首先，通过与标样物质对比的方法，获得了单原子催化剂中过渡金属的价态。其次，采用傅里叶变换的 EXAFS 对数据进行拟合分析，获得了单原子催化剂中单原子位点的配位结构（碳、氮和氧的原子数相近，处于第一壳层之外时难以区分，因此只区分了第一壳层的配位元素）。随后，采用 EXAFS 识别了单原子催化剂中单原子与其第一壳层邻位之间的键长、配位数和配位元素（图 4.6）。最后，根据所得数据综合分析，得出

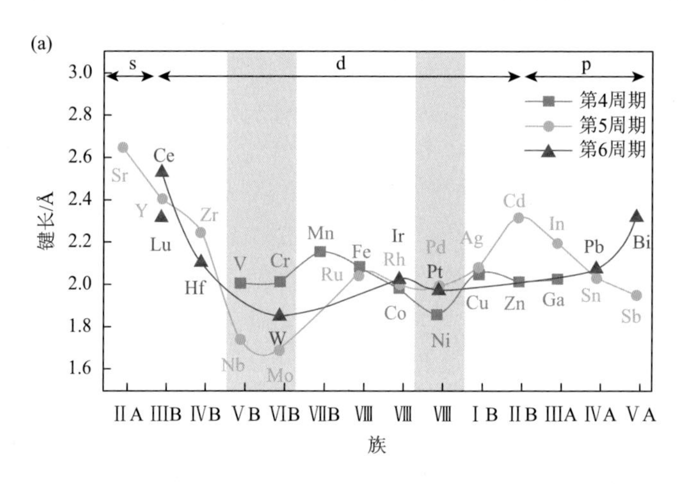

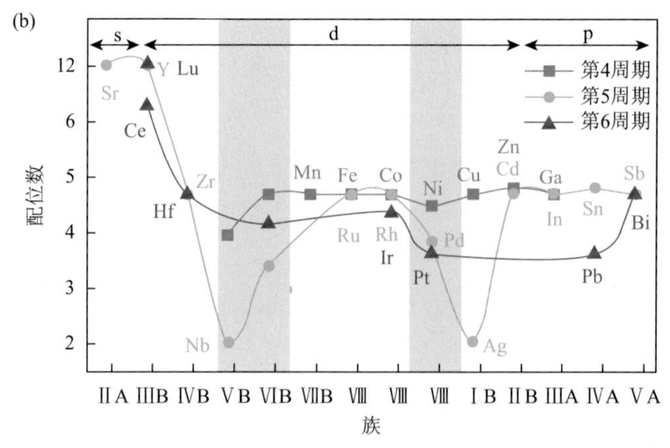

图 4.6 根据 EXAFS 解析出不同单原子催化剂材料的（a）键长与（b）配位数[66]

低负载量单原子催化剂的键长、配位数和原始负载量具有相似的变化趋势，以及键长与氧化态呈负相关、与配位数呈正相关等结论，并建立了单原子催化剂的材料库用于指导后续的单原子催化剂合成工作。

对于非二维的单原子催化剂，XAS 同样有着良好的表征效果。Liu 等制备了 Ni 负载在二氧化铜上的单原子催化剂 Ni_1Cu SAAO（single atom alloy oxide，单原子合金氧化物），并对其电子结构进行了表征[67]。通过 XANES 分析，发现 Ni_1Cu SAAO 的出峰位置更接近 NiO，表明 Ni 的氧化态为 + 2 价。此外，对 Ni_1Cu SAAO 与参比样品的 XANES 的一阶导数最大值进行了比较，发现 Ni_1Cu SAAO 与 NiO 的最大值均在 8341.0 eV 处，而 Ni 箔的一阶导数最大值出现在 8333.0 eV 处，进一步证明了 Ni 的价态。随后，对这些样品傅里叶变换的 XANES 进行分析，发现 Ni 箔中 Ni-Ni 的配位键长约为 2.2 Å，而 Ni_1Cu SAAO 中出峰位置在 1.5 Å 附近，证明了材料中没有出现 Ni 单原子团聚，阐明了 Ni 物种在整个体系中的单原子性质。

XAS 是单原子催化剂最重要、最全面和不可或缺的表征手段。XAS 可以推导单原子催化剂的绝大部分信息，包括原子存在形式、价态、配位元素和键长等。深入剖析拟合 XAS 数据是学习和研究单原子催化剂必需的环节，这对全面理解催化剂的性质和反应机制至关重要。

4.2.2 X 射线光电子能谱

XPS 的原理为当一束特定能量的 X 射线辐照样品时，样品表面发生光电效应，就会产生与被测元素内层电子能级有关的具有特殊能量的光电子。对这些光电子能量的能量分布进行分析，便得到光电子能谱[68]。XPS 的基本方程为

$$E_k = h\nu - E_B - \Phi \tag{4-2}$$

式中，E_k 为光电子能量；$h\nu$ 为激发光能量；E_B 为固体中电子结合能；Φ 为逸出功。1954 年，科学家首次准确测定光电子能量，不久又观测到了由于元素化学态不同造成的特征峰移动（化学位移），这为 XPS 定量分析电子结构提供了基础。XPS 可以给出光电子能谱主线、多重分裂线、能量损失线、价电子线、伴峰、化学位移和俄歇参数等基本信息，可用于分析样品表面元素及其价态，也可以定量分析元素的含量，是表面分析手段中最有效、应用最广泛的技术之一。1981 年 K. M. Siegbahn 教授由于在 XPS 仪器的研发中做出了特殊的贡献，获得了诺贝尔物理学奖。

XPS 可以用于分析单原子催化剂中元素的价态和活性单原子的配位环境，对缺陷位点的配位环境表征尤为敏感，是单原子催化剂结构分析中强有力的手段之一[69-78]。Ge 等在超薄 Pd 纳米带上负载了 Ru 单原子[52]，通过同步辐射光源测量在 400 eV、500 cV、600 eV 和 1486.6 eV 下的 XPS。如图 4.7 所示，位于 340.8 eV

和 335.5 eV 的峰可分别归属于零价金属 Pd 的 Pd $3d_{3/2}$ 和 Pd $3d_{5/2}$。Ru 的 $3d_{3/2}$ 信号与 C 1s 信号在 285.0 eV 附近重叠，通过光谱分解可以得到 Ru 的组分信息，Ru 在 280.1 eV 处的峰可归属为零价金属 Ru 的 Ru $3d_{5/2}$。Ge 等通过相应光子能量下的束流通量和光电离截面对峰面积进行了标定。同时，计算了 Pd/Ru 纳米带中 Ru 和 Pd 的原子比例。当光能从 400.0 eV 增加到 1486.8 eV 时，Ru 的原子分数从 0.25 降低到 0.12，证明了 Ru 位于 Pd/Ru 纳米带的表面。

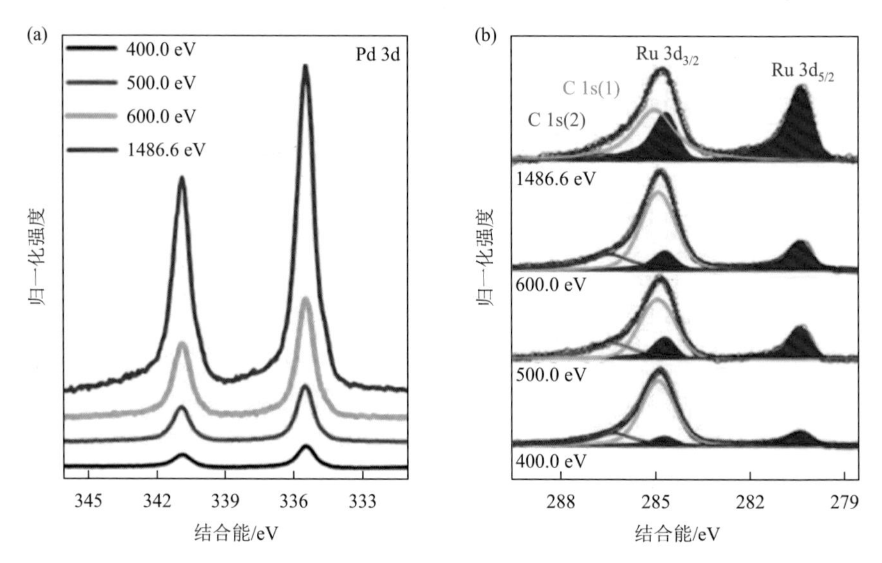

图 4.7 （a）不同光子能量的 Pd/Ru 纳米带的 Pd 3d 和（b）Ru 3d 同步辐射光电子能谱图[52]

Nguyen 等制备了高分散 Pt SAC 修饰的 Co_3O_4 用于还原氮氧化物[79]，并利用原位 XPS 研究了样品在不同温度下催化还原 NO 过程中活性位点 Pt 原子的状态变化。其中，Co $2p_{3/2}$ 和 $2p_{1/2}$ 在 780.5 eV 和 796.0 eV 处出峰，这与文献中报道的出峰位置相同。随着温度变化到 250℃，样品并没有出现 786.4 eV 和 803.0 eV 位置的 CoO 峰，表明衬底材料一直没有发生变化。而在 Pd 3d 谱图中，在 100℃的出峰位置为 337.6 eV，与 PdO_x 的出峰位置相近，随着温度升高至 200℃，出峰位置偏移到 336.8 eV，而温度继续升高至 250℃，XPS 的出峰位置保持不变。Nguyen 等认为，这表明 Pd 仍处于单原子状态。此外，Pt/Co_3O_4 和 Pt/SiO_2 对照组之间的不同结果显著地表明了它们具有不同的 Pt 配位环境，这清楚地证实了在高达 300℃的 H_2 还原 NO 过程中，单独分散的 Pt 原子处于阳离子状态。

需要指出的是，XPS 虽然常可以用于分析电子结构，但相较于 XAS 得到的信息对较少，数据精度较差。XPS 通常作为辅助分析手段，用来佐证 XAS 表征单原子催化剂的结果。

4.3 其他表征方式

4.3.1 电子能量损失谱

电子能量损失谱（electron energy loss spectrum，EELS）是基于原子中处于不同能级的电子激发过程所需能量不同的原理设计的表征手段[80-82]。当入射电子与处于某一能级的电子发生碰撞时，该电子会被激发到导带或其他未被填满的能级，而入射电子则损失相应的能量，这种情况称为非弹性散射。入射电子穿透样品时，与样品发生非弹性相互作用，电子损失一部分能量，对出射的电子损失能量进行统计计算，便得到了 EELS。EELS 可以分为零损失峰、低能损失区和高能损失区。其中，零损失峰包括未经散射或完全弹性散射的出射电子，低能损失区主要包括激发等离子振荡和激发晶体内电子的带间跃迁的出射电子，高能损失区主要来自激发原子内壳层电子的出射电子的贡献。EELS 可以对材料进行成分分析，提供化学键态的信息，同时提供电子结构的信息。

EELS 具有很高的空间分辨率，在单原子催化剂的表征中有着重要的作用。从电子能量损失谱的广延能损精细结构（extended energy loss fine structure，EXELFS）可得出径向分布函数，从而得出配位原子数及配位距离。同时，由于单原子与衬底有明显的电子结构差别，EELS 与催化剂和衬底进行非作用后出射电子能量分布区间会有明显的差异，这对于研究单原子催化剂的结构有着天然的优势。

David M. Koshy 等通过热解法制备了衬底为氮化碳的金属单原子催化剂[83]，其 EELS 分析如图 4.8 所示。在表征过程中，首先通过扫描透射电子显微镜寻找并定位到单原子金属的位置，然后在该位置和附近分别进行 EELS 数据的测试和收集。如图 4.8 所示，在金属镍原子位置进行测量时，可以在 400 eV、850 eV

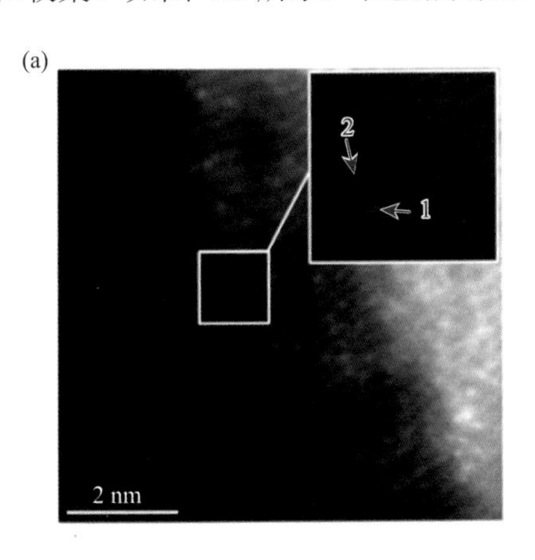

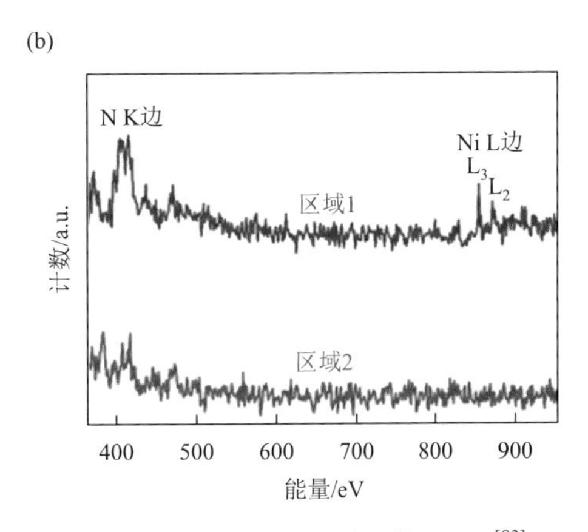

图 4.8　（a）NiPACN-3.5 的 HAADF-STEM 图像；（b）区域 1 和区域 2 的 EELS[83]

和 866 eV 附近观测到有明显的峰，分别对应氮元素的 K 边和镍元素的 L_2 边和 L_3 边。与之相对应，在没有镍原子的位置，观测到镍 K 边信号消失，氮元素的 K 边强度也有明显的降低。Wang 等通过改变 $Co-N_4-C$ 单原子催化材料第二壳层外的化学环境调控 ORR 的 $4e^-$和 $2e^-$路径[84]。利用球差校正的 HAADF-STEM 和 EELS 表征发现，钴单原子在衬底上呈现出高度的分散性，表现为孤立的亮点。其中，N 主要掺杂在 $Co-N_4-C$ 中钴位点周围的 C 平面上。

相较于其他表征手段，EELS 可以同时从形貌结构和电子结构方面对单原子催化位点进行表征。目前 EELS 在单原子催化剂表征中的应用并不充分，后续研究可以进一步探索使用 EELS 对数据进行处理和分析的具体方法，同时也可以发掘 EELS 的其他应用潜力，如对多金属单原子催化材料中不同原子的分布进行精准定位。

4.3.2 傅里叶变换红外光谱

FTIR 是利用红外光观察化学键或官能团振动的表征手段[85]。当红外光照射有机分子时，分子中的化学键或官能团会发生强制振动吸收。不同的化学键或官能团具有不同的吸收频率，处于红外光谱中不同的位置。傅里叶变换红外光谱被用来观察化学键和官能团的振动和旋转，通过透射谱图得到分子的基本结构。

原位傅里叶变换红外光谱是一种探究单原子催化剂结构的强有力工具，它利用分子探针和催化剂表面之间的相互作用产生催化剂表面振动频率和强度的变化，区分单原子和金属纳米颗粒，确定单原子位点的含量，验证活性中心的结构和构型，并监测吸附剂分子和催化剂表面之间的相互作用。Zeinalipour-Yazdi 等的工作发现，当金属与 CO 化学吸附结合时，FTIR 可提供金属原子 5d 电子状态的信息，从而确定金属位点是否以金属单原子、团簇或纳米颗粒的形式存在于载体上[86]。红外信号产生于反应物与催化剂表面的相互作用，它不仅揭示了键合信息，还提供了催化剂几何结构信息。通过对吸附在催化剂上的探针分子的振动频率和红外信号强度进行分析，可以得到金属单原子的电子和配位信息，包括它们的分散状态和氧化状态。通过探针分子红外光谱确定了 CO 在 Pd 催化剂上可能的三种配位模式：空心模式（同时键合 3 个或 4 个 Pd 原子，1800～1900 cm^{-1}）、桥连模式（同时与两个 Pd 原子成键，1900～2000 cm^{-1}）和顶端模式（键合在单个 Pd 原子的顶位，2000～2100 cm^{-1}）。值得注意的是，顶端模式是反应物和单原子催化剂之间最常报道的配位类型。

Qiao 等利用 XAS 的出峰位置确定 $Pt^{\delta+}/FeO_x$ 样品的 $Pt^{\delta+}$物种[87]，并确定了 CO 在 Pt 原子上的桥式吸附模式和线性吸附模式两种红外光谱出峰位置。如图 4.9 所示，对于样品 B，CO 吸附在 2030 cm^{-1} 处有明显的峰，在 1860 cm^{-1} 和 1950 cm^{-1} 处有两个弱带。其中，2030 cm^{-1} 处的主要谱带可归因于 CO 在 Pt^0 位点上的线性吸附，而 1860 cm^{-1} 和 1950 cm^{-1} 处的谱带由 CO 在两个 Pt 原子上的桥式吸附以及 CO 在 Pt 团簇和载体之间的界面吸附产生。与 HAADF-STEM 和 EXAFS 表征结果一致，FTIR 证明了在样品 B 中 Pt 以 Pt 团簇和单个 Pt 原子的形式同时存在。为了进一步验证该观点，Qiao 等将 CO 吸附后的样品 B 暴露在空气中。结果显示，随着氧分压的增加，在 2030 cm^{-1} 处的吸附峰明显减弱，在 2070 cm^{-1} 处出现新的吸附峰。这表明 Pt^0 被氧气逐步氧化，并因此转化为线性吸附峰出现在 2070 cm^{-1} 处。对于样品 A，CO 吸附在 2080 cm^{-1} 处有一个低强度宽峰，被归因于 CO 吸附在 $Pt^{\delta+}$ 上，即在样品 A 中 Pt 以单原子的形式存在。与样品 B 不同的是，随着 CO 压力的增加，样品 A 上吸附的 CO 的能带位置几乎不变，这表明由于单个 Pt 原子之间的距离，吸附在 $Pt^{\delta+}$ 上的 CO 分子之间缺乏相互作用。此外，CO 在单个 $Pt^{\delta+}$ 上的吸附是相当弱和部分可逆的，表现为峰强度的显著降低。同样地，将样品 A 暴露于氧气气氛下，峰强度并没有变化，这表明 $Pt^{\delta+}$ 不会再被氧化，有良好的稳定性。

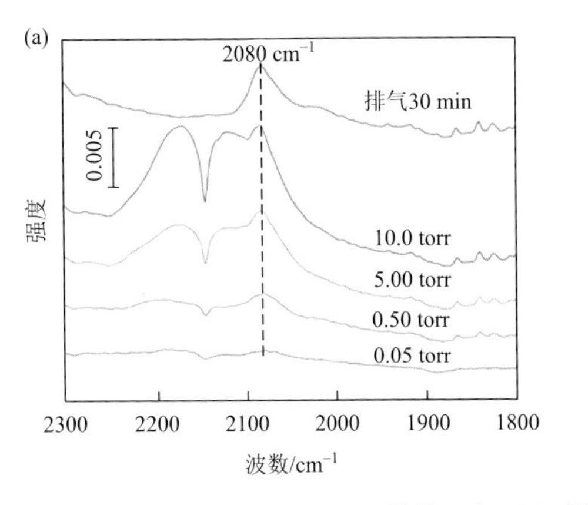

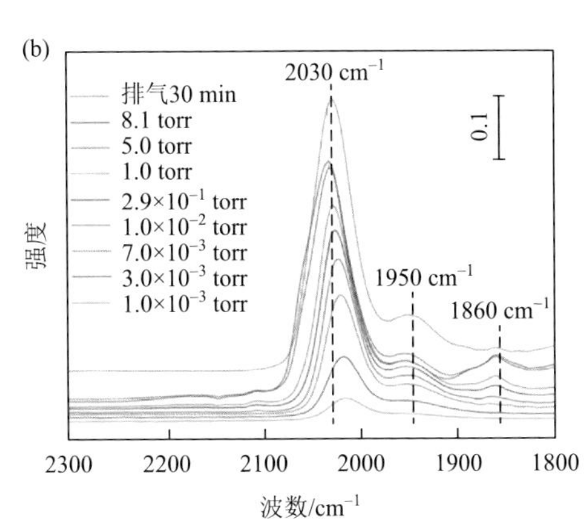

图 4.9　（a）样品 A 与（b）样品 B 在 CO 氛围下的 FTIR[87]

值得一提的是，通过检测反应过程中吸附在催化剂表面的分子的振动频率，探针分子红外光谱还可以原位检测反应中间体与催化剂的键合信息，这为原位分析单原子催化剂的催化过程提供了可能。

4.3.3　电感耦合等离子体-原子发射光谱

电感耦合等离子体-原子发射光谱（inductively coupled plasma-atomic emission spectroscopy，ICP-AES），也被称为电感耦合等离子体-发射光谱（inductively coupled plasma-optical emission spectrometry，ICP-OES），它是将电感耦合等离子体和原子发射光谱结合在一起的表征技术，是一种用于定性和定量地分析材料中元素有无和含量的技术，在各个领域如催化、能源、农业、环保、冶金等均有广泛的应用[88]。在 ICP-AES 的使用过程中，首先在电感线圈上施加强大功率的高频射频信号，在线圈内形成高温等离子体，并通过气体的推动，将分析样品由蠕动泵送入雾化器形成气溶胶，再由载气引入高温等离子体进行蒸发、原子化、激发、电离并进行辐射。每种元素有独特的发射光谱，通过对原子发射光谱的分析，可以参照标准溶液计算出样品中待测元素的含量。ICP-AES 可以同时测试多种元素，测试范围宽且灵敏度和准确度高。同样，电感耦合等离子体-质谱法（inductively coupled plasma-mass spectrometry，ICP-MS）也是检测元素含量的一种测试方法。与 ICP-AES 相比，ICP-MS 的检测方法由原子发射的特征谱线改变为选择不同质荷比的离子检测某种离子的强度，进而分析计算某种元素的强度。ICP-MS 有更低的检测限和更理想的检测效果，但是也有更昂贵的费用要求。

Jin 等调研了单原子催化剂中相邻位点之间的距离与催化剂催化 ORR 活性之间的关系[89]，其中催化剂中相邻位点之间的距离便是催化剂单原子负载量的体现。如图 4.10（a）所示，所有的线性扫描伏安曲线都显示了动力学控制还原过程，并且具有显著的差异，其中负载量较高的催化剂有更大的电流密度。图 4.10（b）显示了在对数坐标下的电压-电流密度曲线，在 1.0～0.8 V，各组曲线的电势与电

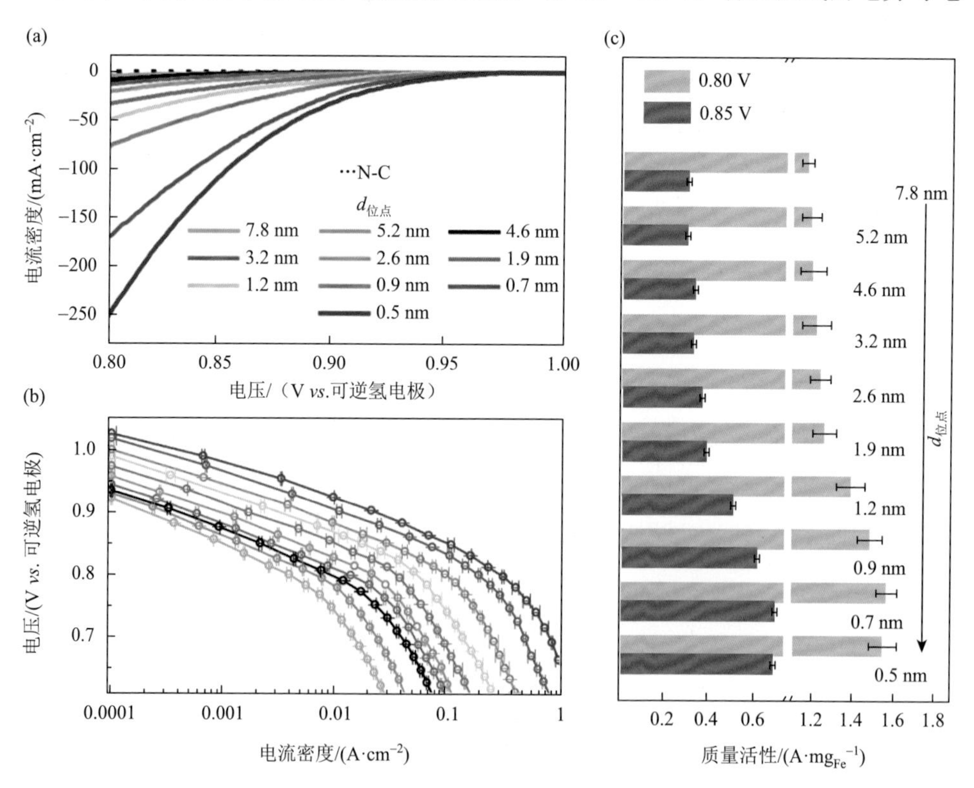

图 4.10 （a）不同 $d_{位点}$的 Fe-N-C 单原子催化剂的线性扫描伏安曲线；（b）所有 Fe-N-C 的电压与对数电流密度图；（c）样品中 Fe 总重量对 0.85 V 和 0.8 V 下的质量电流密度归一化[89]

流对数均呈线性关系，表明氧的质量传递足以获得 Fe 位点产生的纯 ORR 动力学电流。图 4.10（c）给出了在 0.85 V 和 0.80 V 下质量活性（mass activity，MA）随单原子间距（$d_{位点}$）变化的直方图。对于低负载量的 Fe-N-C 催化剂，MA 之间存在细微差距，直到 $d_{位点}$达到约 1.2 nm。具体来说，当 $d_{位点}$为 0.5 nm 和 0.7 nm 时，样品的 MA 为 0.7 $A \cdot mg_{Fe}^{-1}$ 和 1.5 $A \cdot mg_{Fe}^{-1}$（在 0.85 V 和 0.80 V 时），而当 $d_{位点}$为 1.2 nm 时，MA 显著降低。这一结果表明 $d_{位点}$对本征活性位点的影响是显著的，即负载量可以影响单原子催化剂的本征活性。

Huang 等将高负载量的单原子催化剂称为相关单原子催化剂（correlated single atom catalyst）[90]，对其催化活性进行了大量的调研，并以综述的形式进行了总结和描述。对于单原子催化剂而言，负载量是单原子的重要参数之一，深刻地影响着单原子催化剂的稳定性和催化活性，因此使用 ICP-AES 检测单原子催化剂的负载量是极其重要且不可缺少的手段。

4.3.4　第一性原理计算分析电子结构

第一性原理计算（first principle calculation）指的是某些硬性规定或者由此推演得出的结论[91]。在采用第一性原理计算分析电子结构时，依据量子力学的基本原理，通过薛定谔方程求解体系的电子运动，计算材料中电子结构和原子之间的相互作用，得到系统的物理化学性质。目前第一性原理计算在物理、化学和材料学等多个领域有着广泛的应用。第一性原理作为广泛的框架，包括多种计算方法，其中 DFT 是最常用的计算方法之一，它采用绝热近似、周期性势场近似和单电子近似，降低了计算量，为深入研究材料的电子结构提供了基础。通过理论计算分析，可以得到空间中原子电荷的分布、在单原子组合前后电子密度的变化、态密度（density of state，DOS）和投影态密度（projected density of state，PDOS）等信息，用于详细分析材料的物理化学性质。

随着理论计算不断发展完善和计算机算力的快速增加，通过第一性原理深入剖析电子结构已经是常见的表征和分析手段，而单原子催化剂相对异质结等材料而言结构简单，计算方便，常使用第一性原理对其进行分析。通过第一性原理计算可以获得单原子催化剂的多种物理化学性质和结构信息[92-120]。

Ren 等通过第一性原理探究了多孔石墨炔基单原子催化剂的电子结构及其催化二氧化碳还原的性能[121]。石墨炔作为一种新型二维材料，以其独特的结构和优异的电子构型而受到广泛关注。石墨炔中碳碳三键的 sp 杂化使 π/π^*能够垂直指向金属中心，从而潜在地与金属原子中心形成强相互作用，最大程度抑制它们的聚集。实验上已经成功将一些过渡金属原子如铁、铬锚定在石墨炔上，但对于多孔石墨炔的研究则较少。在该工作中，Ren 等通过 DFT 计算模拟石墨炔和多孔石墨炔作为衬底负载催化剂活性位点的稳定性，通过对不同金属材料和不同金属负载位置体系结合能的计算，对单原子催化剂的稳定性进行了系统的研究。同时，通过分子动力学在 400 K 下对材料进行热力学模拟，发现能量没有出现巨大的波动，进一步验证了材料的稳定性，从而对石墨炔衬底单原子催化剂的构型进行了推测和分析（图 4.11）。

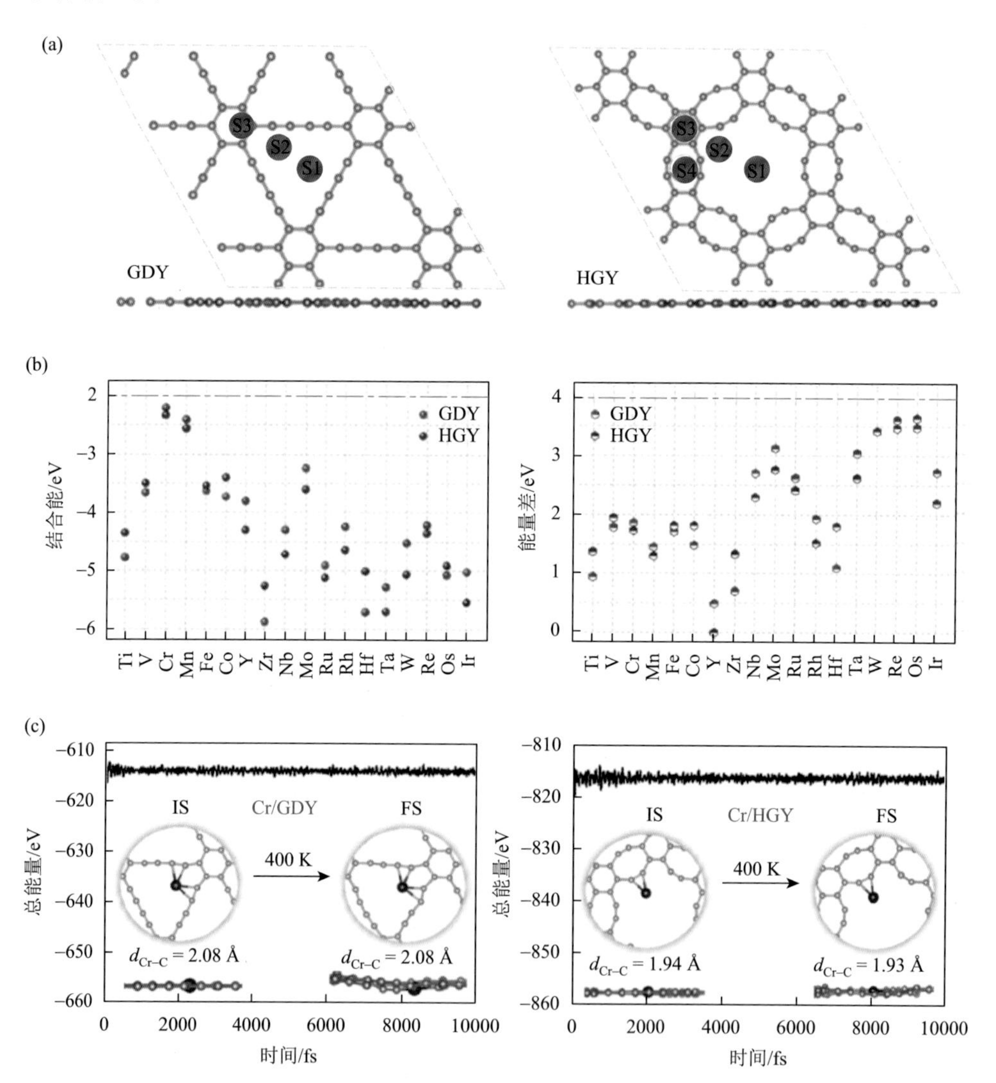

图 4.11 （a）石墨炔（GDY）和多孔石墨炔（HGY）的结构示意图；（b）不同金属单原子锚定的石墨炔和多孔石墨炔的结合能与能量差；（c）在 400 K 下单原子催化剂的分子动力学模拟能量变化曲线

IS 表示中间态，FS 表示最终态[121]

Zhu 等通过 DFT 计算的方式，研究了 Pt 单原子负载在 Ru/RuO_2 异质结界面上材料的电子结构[122]。如图 4.12 所示，通过计算分析可知，由于电负性的不同，Pt-Ru/RuO_2 的电荷密度差沿化学键方向显示出显著的电荷再分布现象，电子倾向于从周围的 Ru 原子转移到中心的 Pt 原子上，证明了孤立的 Pt 原子与衬底材料 Ru/RuO_2 存在有效的电子互相作用。同时，在 Ru/RuO_2 异质结构上也发现了明显的 Ru 到 RuO_2 的电子转移，表明 Ru 可以调控 RuO_2 的电子结构。此外，Pt 单原子诱导的优化电子结构可以通过 PDOS 证实。与 Ru/RuO_2 相比，Pt-Ru/RuO_2 在费米能级（E_f）附近显示出更高的占位，这表明 Pt 5d 的轨道贡献导致了电子转移的加速和导电性的提高。由 PDOS 可以计算出两种材料相应的 d 带中心，Pt-Ru/RuO_2 和 Ru/RuO_2 的 d 带中心位置（ε_d）分别为−1.341 eV 和−1.285 eV，这表明单原子 Pt 可以降低反应中间体的吸附能。同时，通过对活性位点的吸附和水的解离能的计算，证明了异质结衬底材料 Ru/RuO_2 和金属单原子 Pt 在催化中各自所起的作用不同，该计算为深入了解电子结构和催化机理做出了贡献。

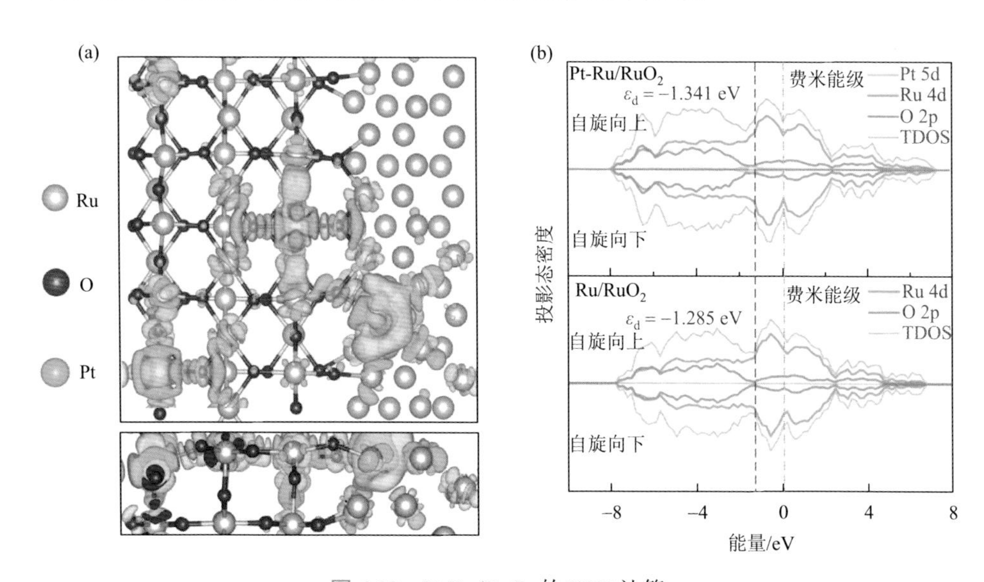

图 4.12　Pt-Ru/RuO_2 的 DFT 计算

（a）Pt-Ru/RuO_2 异质结构模型上电荷密度差的俯视图和侧视图，蓝色和黄色区域分别代表电子积累区和电子耗尽区；（b）Pt-Ru/RuO_2 和 Ru/RuO_2 模型的 PDOS 谱及其对应的 d 带中心，TDOS 代表总态密度[122]

Ji 等采用 DFT 计算分析手段对稀土金属 Y 的 ORR 催化性能进行了研究[123]。与过渡金属催化剂通过 d 轨道吸附活性物种相比，Y 原子在形成配位结构后会失去所有外层轨道电子，导致对氧参与的反应不活泼。对此，设计了大环配位的 YN_4 结构，并在 Y 上吸附了轴向配体 X（X = F，OH，S，Cl，Of，Sf，Np，Op，Cb）。研究表明，轴向配体 X 会导致 Y 原子弛豫偏离衬底平面，增加单原子催化剂的稳定性。同时，不同的轴向配体 X 与单原子之间的键长也不相同，这是 Y 与不同配体作用力差别的体现。Ji 等通过配制轴向配体 X 进行 Y—X 和 Y—O 的电子竞争动态调节稀土对反应中间物种的吸附能，并建立了结合力和过电势之间的活性关系，筛选出 Cl 作为轴向配体是优化催化活性的最佳配体。

DFT 计算除可以研究单原子催化剂稳定性、电子结构和建立活性描述符之外，还可以通过模拟外加电场等手段，原位地表征单原子催化剂在催化过程中的电子结构和稳定性。Liu 等通过向单原子催化剂模型中加减电子的方式[124]，模拟了催化剂被施加氧化电压和还原电压时单原子和衬底电子结构的变化情况。如图 4.13 所示，向体系增加电子时，电子会在金属位点上富集，而体系减少电子时，衬底材料和金属原子会同时减少电子。同时，Liu 等对施加电压后金属位点与氧气和二氧化碳之间的吸附能进行了计算，探究了不同金属在电压作用下吸附能变化的机理。

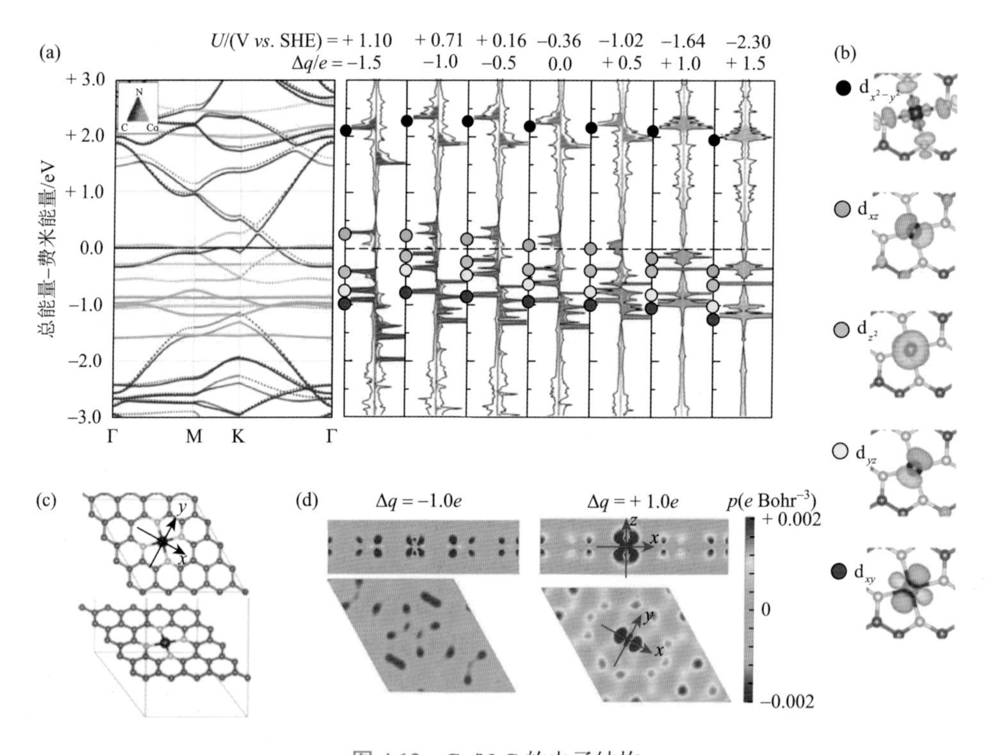

图 4.13 Co/N-C 的电子结构

（a）Γ-M-K-Γ 对称点的能带结构和相应的中心 Co 原子在 Co/N-C SAC 中的 PDOS；（b）自旋向下的 d_{xy}，d_{yz}，d_{z^2}，d_{xz} 和 $d_{x^2-y^2}$ 轨道的波函数以及它们在 Γ 点的能级；（c）Co/N-C SAC 的优化几何构型；（d）掺杂电荷为 + 1.0*e* 和 −1.0*e* 时界面净电荷密度的二维图，红色标记的区域表示电子密度的增加，蓝色标记的区域表示电子密度的减少[124]

Giovanni Di Liberto 等采用第一性原理[125]，预测了不同衬底的单原子催化剂在不同电压和不同 pH 下的普尔贝图（图 4.14），为催化剂的稳定性表征提供了理论指导。其中，普尔贝图的计算基于简单的热力学循环过程，通过计算不同 pH 和电压下不同物相成分所具有的能量，选择能量最低最稳定的相组成普尔贝图。由图 4.14 可知，在 pH = 0、E = 0 V 时，Fe 单原子催化剂有望稳定在其清洁状态。在施加还原电势时，Fe 会吸附 H，而在施加氧化电势时，Fe 会先吸附 OH，随着氧化电势不断增加转变为吸附 O。当氧化电势大于 1.5 V 时，Fe 单原子催化剂中的 Fe 会以离子形式溶出，失去稳定性。普尔贝图用简单直观的方式提供了单原子催化剂稳定性的判别方法。

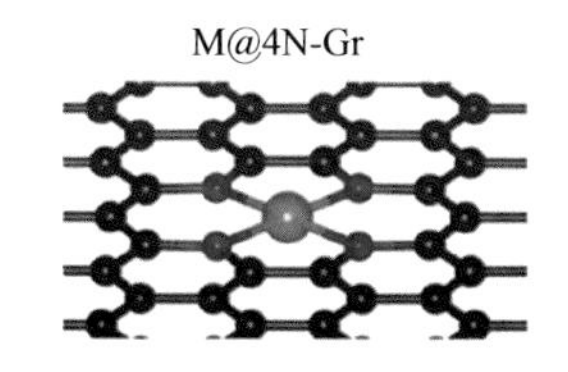

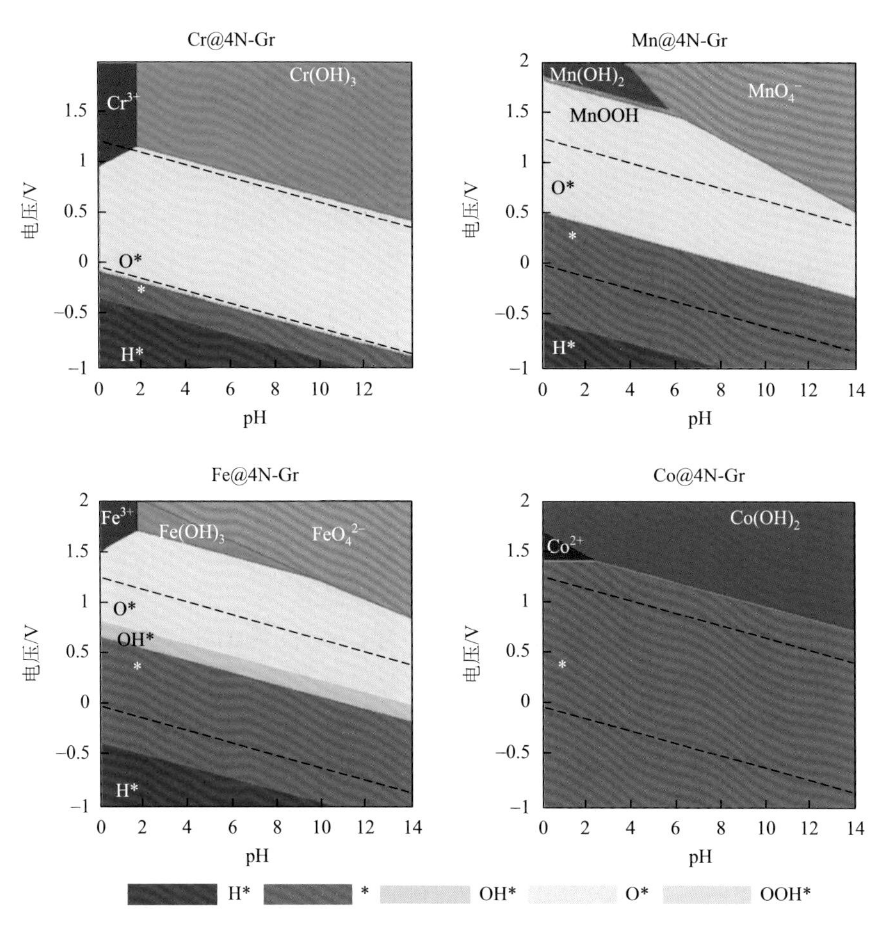

图 4.14 Cr@4N-Gr、Mn@4N-Gr、Fe@4N-Gr 和 Co@4N-Gr 的普尔贝图[125]

随着计算科学的不断发展，通过第一性原理计算深入探究单原子催化剂的电子结构已经十分普遍，并有越来越广泛的应用。通过第一性原理计算，可以了解单原子催化剂的电子结构、稳定性、催化性能等一系列重要性质，为探究催化剂构效关系打下基础。然而，想要进一步通过第一性原理计算来深入认识催化剂，需要在后续的工作中加强对计算数据的理解，并开发新的计算方法，获得更加精确的数据[126-147]。

总结与展望

在本章中，详细地介绍了透射电子显微镜、扫描隧道显微镜、原子力显微镜、X 射线吸收谱、X 射线光电子能谱、电子能量损失谱、傅里叶变换红外光谱和电感耦合等离子体-原子发射光谱、第一性原理计算这些表征技术的工作原理和对单原子催化剂的分析方法，并举例说明分析结果，随后将这些技术对于研究单原子催化剂的优势和重要性进行了总结。大多数情况下，需要将这些技术结合起来才能得到可靠的结论，避免认知上的误差。

与传统块体催化剂相比，单原子催化剂活性位点的表征更加困难，由于单原子催化剂的含量相对较低，且单原子催化剂性能高度依赖配位原子种类、数目和空间构型，需要对单原子、载体和结构缺陷进行同时表征，这不得不依赖原子级分辨率的表征手段来认识单原子的电子结构信息和空间占位信息。与统计所有单原子催化剂平均信息不同，单原子的精细表征对于彻底理解结构性能关系十分重要，而这对表征的要求更高，需要开发新的先进的表征技术。

此外，在催化过程中，原位表征技术可以认识活性位点在吸附过程中中间体的变化和催化剂结构演变的过程、认识催化剂活性位点、检测复杂基元反应，是构建催化剂结构和催化性能桥梁的重要表征方法和手段，对于制备高活性、高稳定性和高选择性的催化剂至关重要。因此，大力发展各种单原子催化剂催化过程的原位检测手段也是后续分析化学发展的重要目标之一。

最后，由于单原子催化剂的制备和表征需要付出大量时间成本和高昂的经济成本，通过试错实验选择潜在的活性位点与衬底是不可行的。理论计算和机器学习的快速发展为理解单原子催化剂在催化过程中的构效关系提供了新的方法和思路[148-152]。理论计算可以有效地推导催化剂的电子结构，而机器学习可以通过数据的收集进行数据集的学习计算，推导出单原子催化剂可能的电子结构和不同催化反应中的催化性质，极大地降低科研人员的工作量和实验、表征成本。机器学习作为有力的数学工具，必然会在后续的科学研究中大放异彩。

参 考 文 献

[1] Chu S，Majumdar A. Opportunities and challenges for a sustainable energy future. Nature，2012，488：294-303.

[2] Turner J A. Sustainable hydrogen production. Science，2004，305（5686）：972-974.

[3] Zhang T，Walsh A G，Yu J，et al. Single-atom alloy catalysts：Structural analysis，electronic properties and catalytic activities. Chemical Society Review，2021，50（1）：569-588.

[4] Hannagan R T，Giannakakis G，Flytzani-Stephanopoulos M，et al. Single-atom alloy catalysis. Chemical Review，2020，120（21）：12044-12088.

[5] Li Z，Meng F C，Yang X C，et al. The role of Mo single atoms and clusters in enhancing Pt catalyst for benzene hydrogenation：Distinguishing between benzene spillover and electronic effect. ACS Catalysis，2024，14（7）：5016-5026.

[6] Liu H，Jiang L Z，Sun Y Y，et al. Asymmetric N, P-coordinated single-atomic Fe sites with Fe_2P nanoclusters/nanoparticles on porous carbon nanosheets for highly efficient oxygen electroreduction. Advanced Energy Materials，2023，13（32）：202301223.

[7] Hu S L，Li W X. Sabatier principle of metal-support interaction for design of ultrastable metal nanocatalysts. Science，2021，374（6573）：1360-1365.

[8] Nørskov J K，Bligaard T，Rossmeisl J，et al. Towards the computational design of solid catalysts. Nature Chemistry，2009，1：37-46.

[9] Greeley J. Theoretical heterogeneous catalysis：Scaling relationships and computational catalyst design. Annual Review of Chemical Biomolecular Engineering，2016，7：605-635.

[10] Seh Z W，Kibsgaard J，Dickens C F，et al. Combining theory and experiment in electrocatalysis：Insights into materials design. Science，2017，355（6321）：eaad4998.

[11] Abild-Pedersen F，Greeley J P，Studt F，et al. Scaling properties of adsorption energies for hydrogen-containing molecules on transition-metal surfaces. Physical Review Letters，2007，99（1）：016105.

[12] Sun Y，Ren X，Sun S，et al. Engineering high-spin state cobalt cations in spinel zinc cobalt oxide for spin channel propagation and active site enhancement in water oxidation. Angewandte Chemie International Edition，2021，133（26）：14657-14665.

[13] Tian B，Shin H，Liu S，et al. Double-exchange-induced *in situ* conductivity in nickel-based oxyhydroxides：An effective descriptor for electrocatalytic oxygen evolution. Angewandte Chemie International Edition，2021，60（30）：16448-16456.

[14] Wu T，Xu Z J. Oxygen evolution in spin-sensitive pathways. Current Opinion in Electrochemistry，2021，30：100804.

[15] Ren X，Wu T，Sun Y，et al. Spin-polarized oxygen evolution reaction under magnetic field. Nature Communications，2021，12：2608.

[16] Ran J，Wang T，Zhang J，et al. Modulation of electronics of oxide perovskites by sulfur doping for electrocatalysis in rechargeable Zn-air batteries. Chemistry of Materials，2020，32（8）：3439-3446.

[17] Qin L，Cui Y Q，Deng T L，et al. Highly stable and active Cu_1/CeO_2 single-atom catalyst for CO oxidation：A DFT study. ChemPhysChem，2018，19（24）：3346-3349.

[18] Song Y，Kim H，Jang J H，et al. Pt_3Ni alloy nanoparticle electro-catalysts with unique core-shell structure on oxygen-deficient layered perovskite for solid oxide cells. Advanced Energy Materials，2023，13（42）：2302384.

[19] Qiu B，Wang C，Zhang N，et al. CeO_2 induced interfacial Co^{2+} octahedral sites and oxygen vacancies for water

oxidation. ACS Catalysis，2019，9（7）：6484-6490.

[20] Jia C，Zhao Y，Song S，et al. Highly ordered hierarchical porous single-atom Fe catalyst with promoted mass transfer for efficient electroreduction of CO_2. Advanced Energy Materials，2023，13（37）：2302007.

[21] Yang C，Tong J，Li H，et al. Interfacial spontaneous reduction strategy to synthesize low-valent Pt single-atom catalyst for boosting hydrosilylation. ACS Catalysis，2024，14（4）：2341-2349.

[22] Williams D B，Carter C B. Transmission Electron Microscope：A Textbook for Materials Science. Hoboken：Springer，1996.

[23] Zhang X F，Zhang Z. Progress in Transmission Electron Microscopy 2：Applications in Materials Science. Berlin：Springer Science & Business Media，2001.

[24] Keyse R J，Garratt-Reed A J，Goodhew P J，et al. Introduction to Scanning Transmission Electron Microscopy. Oxford：BIOS Scientific Publishers Limited，1998.

[25] Clark N，Kelly D J，Zhou M，et al. Tracking single adatoms in liquid in a transmission electron microscope. Nature，2022，609：942-947.

[26] Wang B，Li J N，Li D Z，et al. Single atom iridium decorated nickel alloys supported on segregated MoO_2 for alkaline water electrolysis. Advanced Materials，2024，36（11）：2305437.

[27] Zhao H，Yu R，Ma S，et al. The role of Cu_1-O_3 species in single-atom Cu/ZrO_2 catalyst for CO_2 hydrogenation. Nature Catalysis，2022，5（9）：818-831.

[28] Yuan K，Lützenkirchen-Hecht D，Li L，et al. Boosting oxygen reduction of single iron active sites via geometric and electronic engineering：Nitrogen and phosphorus dual coordination. Journal of the American Chemical Society，2020，142（5）：2404-2412.

[29] Xie M，Tang S，Li Z，et al. Intermetallic single-atom alloy In-Pd bimetallene for neutral electrosynthesis of ammonia from nitrate. Journal of the American Chemical Society，2023，145（25）：13957-13967.

[30] Li P，Liao L，Fang Z，et al. A multifunctional copper single-atom electrocatalyst aerogel for smart sensing and producing ammonia from nitrate. Proceedings of the National Academy of Sciences of the United States of America，2023，120（26）：e2305489120.

[31] Chen F Y，Wu Z Y，Gupta S，et al. Efficient conversion of low-concentration nitrate sources into ammonia on a Ru-dispersed Cu nanowire electrocatalyst. Nature Nanotechnology，2022，17（7）：759-767.

[32] Yang J，Qi H，Li A，et al. Potential-driven restructuring of Cu single atoms to nanoparticles for boosting the electrochemical reduction of nitrate to ammonia. Journal of the American Chemical Society，2022，144（27）：12062-12071.

[33] Li P，Jin Z，Qian Y，et al. Supramolecular confinement of single Cu atoms in hydrogel frameworks for oxygen reduction electrocatalysis with high atom utilization. Materials Today，2020，35：78-86.

[34] Wang Y，Zhang W，Wen W，et al. Atomically dispersed unsaturated Cu-N_3 sites on high-curvature hierarchically porous carbon nanotube for synergetic enhanced nitrate electroreduction to ammonia. Advanced Functional Materials，2023，33（46）：2302651.

[35] Qin L，Sun F，Gong Z，et al. Electrochemical NO_3^- reduction catalyzed by atomically precise $Ag_{30}Pd_4$ bimetallic nanocluster：Synergistic catalysis or tandem catalysis? ACS Nano，2023，17（13）：12747-12758.

[36] Wang Y，Shi R，Shang L，et al. High-efficiency oxygen reduction to hydrogen peroxide catalyzed by nickel single-atom catalysts with tetradentate N_2O_2 coordination in a three-phase flow cell. Angewandte Chemie International Edition，2020，59（31）：13057-13062.

[37] Li X，Rong H，Zhang J，et al. Modulating the local coordination environment of single-atom catalysts for enhanced

catalytic performance. Nano Research，2020，13：1842-1855.

[38] Tang C，Chen L，Li H，et al. Tailoring acidic oxygen reduction selectivity on single-atom catalysts via modification of first and second coordination spheres. Journal of the American Chemical Society，2021，143（20），7819-7827.

[39] Yin J，Jin J，Lu M，et al. Iridium single atoms coupling with oxygen vacancies boosts oxygen evolution reaction in acid media. Journal of the American Chemical Society，2020，142（43）：18379-18386.

[40] Edward F H，Wang G F，Piotr Z. Acid stability and demetalation of PGM-free ORR electrocatalyst structures from density functional theory：A model for “single atom catalyst” dissolution. ACS Catalysis，2020，10（24）：14527-14539.

[41] Jia H J，Duan C R，Kevlishvili I，et al. Computational discovery of Co doped single-atom catalysts for methane-to-methanol conversion. ACS Catalysis，2024，14（5）：2992-3005.

[42] Li L J，Wang J H，Zhang Q H，et al. Carbon materials containing single-atom Co-N_4 sites enable near infrared photooxidation. ACS Catalysis，2024，14（5），3041-3048.

[43] Lyu L L，Hu X，Lee S，et al. Oxygen reduction kinetics of Fe-N-C single atom catalysts boosted by pyridinic N vacancy for temperature-adaptive Zn-air batteries. Journal of the American Chemical Society，2024，146（7）：4803-4813.

[44] Jin H Q，Zhao R Q，Cui P X，et al. Sabatier phenomenon in hydrogenation reactions induced by single-atom density. Journal of the American Chemical Society，2024，145（22），12023-12032.

[45] Bi L Y，Liang K K，Czap G，et al. Recent progress in probing atomic and molecular quantum coherence with scanning tunneling microscopy. Progress in Surface Science，2022，98（1）：100696.

[46] Lucci F R，Marcinkowski M D，Lawton T J，et al. H_2 activation and spillover on catalytically relevant Pt-Cu single atom alloys. The Journal of Physical Chemistry，2015，119（43）：24351-24357.

[47] Lucci F R，Liu J，Marcinkowski M D，et al. Selective hydrogenation of 1, 3-butadiene on platinum-copper alloys at the single-atom limit. Nature Communications，2015，6：8550.

[48] Marcinkowski M，Darby M，Liu J，et al. Pt/Cu single-atom alloys as coke-resistant catalysts for efficient C—H activation. Nature Chemistry，2018，10（3）：325-332.

[49] Zhou X，Shen Q，Yuan K D，et al. Unraveling charge state of supported Au single-atoms during CO oxidation. Journal of the American Chemical Society，2018，140（2）：554-557.

[50] Liu Z L，Gao A L，Xie S X，et al. Characteristics analysis for nanosoldering with atomic force microscope. Nano，2018，13（4）：1850040.

[51] Zhao Y J，Wang H，Li J，et al. Regulating the spin-state of rare-earth Ce single atom catalyst for boosted oxygen reduction in neutral medium. Advanced Functional Materials，2023，33（47）：2305268.

[52] Ge J J，He D S，Chen W X，et al. Atomically dispersed Ru on ultrathin Pd nanoribbons. Journal of the American Chemical Society，2016，138（42）：13850-13853.

[53] Zimmermann P，Peredkov S，Abdala P M，et al. Modern X-ray spectroscopy：XAS and XES in the laboratory. Coordination Chemistry Reviews，2020，423（15）：213466.

[54] Bai L C，Hsu C S，Duncan T L，et al. Double-atom catalysts as a molecular platform for heterogeneous oxygen evolution electrocatalysis. Nature Energy，2021，6（11）：1054-1066.

[55] Luo Z C，Li L，Vy T N，et al. Catalytic hydrogenolysis by atomically dispersed iron sites embedded in chemically and redox non-innocent N-doped carbon. Journal of the American Chemical Society，2024，146（12）：8618-8629.

[56] Zhu C，Fu S，Shi Q，et al. Single-atom electrocatalysts. Angewandte Chemie International Edition，2017，56（45）：13944-13960.

[57] Sultan S，Tiwari J N，Singh A N，et al. Single atoms and clusters based nanomaterials for hydrogen evolution，oxygen evolution reactions，and full water splitting. Advanced Energy Materials，2019，9（22）：1900624.

[58] Bai L，Hsu C S，Alexander D T L，et al. A cobalt-iron double-atom catalyst for the oxygen evolution reaction. Journal of the American Chemical Society，2019，141（36）：14190-14199.

[59] Chung H T，Cullen D A，Higgins D，et al. Direct atomic-level insight into the active sites of a high-performance PGM-free ORR catalyst. Science，2017，357（6350）：479-484.

[60] Wu X，Wang Q，Yang S，et al. Sublayer-enhanced atomic sites of single atom catalysts through *in situ* atomization of metal oxide nanoparticles. Energy & Environmental Science，2022，15（3）：1183-1191.

[61] Liang X，Li Z，Xiao H，et al. Two types of single-atom FeN_4 and FeN_5 electrocatalytic active centers on N-doped carbon driving high performance of the SA-Fe-NC oxygen reduction reaction catalyst. Chemistry of Materials，2021，33（14）：5542-5554.

[62] Kumar A，Sun K，Duan X，et al. Construction of dual-atom Fe via face-to-face assembly of molecular phthalocyanine for superior oxygen reduction reaction. Chemistry of Materials，2022，34（12）：5598-5606.

[63] Zhao Q，Wang Y，Lai W H，et al. Approaching a high-rate and sustainable production of hydrogen peroxide：Oxygen reduction on Co-N-C single-atom electrocatalysts in simulated seawater. Energy & Environmental Science，2021，14（10）：5444-5456.

[64] Wu Y，Chen C，Yan X，et al. Boosting CO_2 electroreduction over a cadmium single-atom catalyst by tuning of the axial coordination structure. Angewandte Chemie International Edition，2021，60（38）：20803-20810.

[65] Li Y X，Guo Y，Fan G L，et al. Single Zn atoms with acetate-anion-enabled asymmetric coordination for efficient H_2O_2 photosynthesis. Angewandte Chemie International Edition，2024，63（8）：e202317572.

[66] Han L，Cheng H，Liu W，et al. A single-atom library for guided monometallic and concentration-complex multimetallic designs. Nature Materials，2022，21：681-688.

[67] Liu K，Xie M H，Wang P F，et al. Thermally enhanced relay electrocatalysis of nitrate-to-ammonia reduction over single-atom-alloy oxides. Journal of the American Chemical Society，2024，146（11）：7779-7790.

[68] 文美兰. X射线光电子能谱的应用介绍. 化工时刊，2006，8：54-56.

[69] Xue Z，Yang J R，Ma L N，et al. Efficient benzylic C—H bond activation over single-atom yttrium supported on TiO_2 via facilitated molecular oxygen and surface lattice oxygen activation. ACS Catalysis，2024，14（1）：249-261.

[70] Xu H，Zhang K，Yan B，et al. Facile synthesis of Pd-decorated Pt/Ru networks with highly improved activity for methanol electrooxidation in alkaline media. New Journal of Chemistry，2017，41（8）：3048-3054.

[71] Cao X，Mirjalili A，Wheeler J，et al. Investigation of the preparation methodologies of Pd-Cu single atom alloy catalysts for selective hydrogenation of acetylene. Frontiers of Chemical Science and Engineering，2015，9，442-449.

[72] Zhang L，Wang A，Miller J T，et al. Efficient and durable Au alloyed Pd single-atom catalyst for the ullmann reaction of aryl chlorides in water. ACS Catalysis，2014，4（5）：1546-1553.

[73] Jiao L，Wan G，Zhang R，et al. From Metal-organic frameworks to single-atom Fe implanted N doped porous carbons：Efficient oxygen reduction in both alkaline and acidic media. Angewandte Chemie International Edition，2018，130（28）：8661-8665.

[74] Wang X，Chen W，Zhang L，et al. Uncoordinated amine groups of metal-organic frameworks to anchor single Ru sites as chemo selective catalysts toward the hydrogenation of quinoline. Journal of the American Chemical Society，2017，139（28）：9419-9422.

[75] Zhao Y，Zhou H，Chen W，et al. Two-step carbothermal welding to access atomically dispersed Pd_1 on three dimensional zirconia nanonet for direct indole synthesis. Journal of the American Chemical Society，2019，141（27）：10590-10594.

[76] Yin P，Yao T，Wu Y，et al. Single cobalt atoms with precise N-coordination as superior oxygen reduction reaction catalysts. Angewandte Chemie International Edition，2016，55（36）：10800-10805.

[77] Wang J，Huang Z，Liu W，et al. Design of N-coordinated dual-metal sites：A stable and active Pt-free catalyst for acidic oxygen reduction reaction. Journal of the American Chemical Society. 2017，139（48）：17281-17284.

[78] Gu J，Hsu C S，Bai L，et al. Atomically dispersed Fe^{3+} sites catalyze efficient CO_2 electroreduction to CO. Science，2019，364（6445）：1091-1094.

[79] Nguyen L，Zhang S，Wang L，et al. Reduction of nitric oxide with hydrogen on catalysts of singly dispersed bimetallic sites Pt_1Co_m and Pd_1Co_n. ACS Catalysis，2016，6（2）：840-850.

[80] Egerton R. Electron energy-loss spectroscopy. Physical World，1997，10（4）：47.

[81] Krivanek O L，Dellby N，Lovejoy T C，et al. Advances in atomic-resolution and molecular-detection EELS. Microscopy and Microanalysis，2017，23（S1）：1028-1029.

[82] Lovejoy T C，Corbin G J，Dellby N，et al. Progress in ultra-high energy resolution EELS. Microscopy and Microanalysis，2019，25（S2）：628-629.

[83] David M K，Alan T L，David A C，et al. Direct characterization of atomically dispersed catalysts：Nitrogen-coordinated Ni sites in carbon-based materials for CO_2 electroreduction. Advanced Energy Materials，2020，10（39）：2001836.

[84] Wang W，HuY C，Li P，et al. Realizing the $4e^-/2e^-$ pathway transition of O_2 reduction on $Co-N_4-C$ catalysts by regulating the chemical structures beyond the second coordination shells. ACS Catalysis，2024，14（8）：5961-5971.

[85] Yan H，Zhao M，Feng X，et al. PO_4^{3-} coordinated robust single-atom platinum catalyst for selective polyol oxidation. Angewandte Chemie International Edition，2022，61（21）：e202116059.

[86] Constantinos D Z，Zeinalipour-Yazdi，David J W，et al. CO adsorption over Pd nanoparticles：A general framework for IR simulations on nanoparticles. Surface Science，2016，646：210-220.

[87] Qiao B，Wang A，Yang X，et al. Single-atom catalysis of CO oxidation using Pt_1/FeO_x. Nature Chemistry，2011，3（8）：634-641.

[88] Zheng G J. New advances in inductively coupled plasma atomic emission spectrometric instruments and methods. Metallography，Microstructure，and Analysis，2014，34（11）：1-10.

[89] Jin Z Y，Li P P，Meng Y，et al. Understanding the inter-site distance effect in single-atom catalysts for oxygen electroreduction. Nature Catalysis，2021，4（7）：615-622.

[90] Huang Y C，Xiong J J，Zou Z G，et al. Emerging strategies for the synthesis of correlated single atom catalysts. Advanced Materials，2024，2312182.

[91] Hohenberg P，Kohn W. Inhomogeneous electron gas. Physical Review，1964，136（3B）：B864.

[92] Kown W，Sham L J. Self-consistent equations including exchange and correlation effects. Physical Review，1965，140（4A）：A1133.

[93] Valencia H，Gil A，Frapper G. Trends in the hydrogen activation and storage by adsorbed 3d transition metal atoms onto graphene and nanotube surfaces：A DFT study and molecular orbital analysis. Journal of Physical Chemistry C，2010，119（10）：5506-5522.

[94] Hu L，Hu X，Wu X，et al. Density functional calculation of transition metal adatom adsorption on graphene. Physica B：Condensed Matter，2010，405：3337-3341.

[95] Esrafili M D，Nematollahi P，Abdollahpour H. A comparative DFT study on the CO Oxidation reaction over Al and Ge-embedded graphene as efficient metal-free catalysts. Applied Surface Science，2016，378：418-425.

[96] Zhang P，Chen X F，Lian J S，et al. Structural selectivity of CO oxidation on Fe/N/C catalysts. Journal of Physical Chemistry C，2012，116（33）：17572-17579.

[97] Shen J C，Luo C H，Qiao S S，et al. Single-atom Co-ultrafine RuO_x clusters Co decorated TiO_2 nanosheets promote photocatalytic hydrogen evolution：Modulating charge migration，H^+ adsorption，and H_2 desorption of active sites. Advanced Functional Materials，2023，34（1）：2309056.

[98] Santos E J G，Ayuela A，Sá D. First-principles study of substitutional metal impurities in graphene：Structural，electronic and magnetic properties. New Journal of Physis，2010，12：053012.

[99] Cui X，Li H，Wang Y，et al. Room-temperature methane conversion by graphene-confined single iron atoms. Chem，2018，4（8）：1902-1910.

[100] Feng Y，Zhou L，Wan Q，et al. Selective hydrogenation of 1, 3-butadiene catalyzed by a single Pd atom anchored on graphene：The omportance of dynamics. Chemical Science，2018，9（27）：5890-5896.

[101] Zhuo H，Yu X，Yu Q，et al. Selective hydrogenation of acetylene on graphene-supported non noble metal single-atom catalysts. Science China Materials，2020，63，1741-1749.

[102] Huang F，Deng Y，Chen Y，et al. Anchoring Cu_1 species over nanodiamond-graphene for semi-hydrogenation of acetylene. Nature Communications，2019，10：4431.

[103] Sirijaraensre J，Limtrakul J. Theoretical investigation on reaction pathways for ethylene epoxidationon Ti-decorated graphene. Structral Chemistry，2018，29：159-170.

[104] Wannakao S，Nongnual T，Khongpracha P，et al. Reaction mechanisms for CO catalytic oxidation by N_2O on Fe-embedded graphene. The Journal of Physical Chemistry C，2012，116：16992-16998.

[105] Tang Y，Chen W，Zhou J，et al. Mechanistic insight into the selective catalytic oxidation for NO and CO on Co-doping graphene sheet：A theoretical study. Fuel，2019，253：1531-1544.

[106] Song E H，Yan J M，et al. External electric field catalyzed N_2O decomposition on Mn-embedded graphene. The Journal of Physical Chemistry C，2012，116：20342-20348.

[107] Yang M Y，Wang L，Li M，et al. Structural stability and O_2 dissociation on nitrogen-doped graphene with transition metal atoms embedded：A first-principles study. AIP Advances，2015，5：067136.

[108] Omidvar A. Dissociation of O_2 molecule on Fe/N_x clusters embedded in C_{60} fullerene，carbon nanotube and graphene. Synthetic Metals，2017，234：38-46.

[109] Guo X，Liu S，Huang S. Single Ru atom supported on defective graphene for water splitting：DFT and microkinetic investigation. International Journal of Hydrogen Energy，2018，43：4880-4892.

[110] Liu S，Huang S. The role of interface charge transfer on Pt based catalysts for water splitting. International Journal of Hydrogen Energy，2018，43：15225-15233.

[111] Masa J，Xia W，Muhler M，et al. On the role of metals in nitrogen-doped carbon electrocatalysts for oxygen reduction. Angewandte Chemie International Edition，2015，54（35）：10102-10120.

[112] Zhong L，Li S. Unconventional oxygen reduction reaction mechanism and scaling relation on single-atom catalysts. ACS Catalysis，2020，10（7）：4313-4318.

[113] Yan M，Dai Z，Chen S，et al. Single-iron supported on defective graphene as efficient catalysts for oxygen reduction reaction. The Journal of Physical Chemistry C，2020，124：13283-13290.

[114] Sun Y，Silvioli L，Sahraie N R，et al. Activity-selectivity trends in the electrochemical production of hydrogen peroxide over single-site metal-nitrogen-carbon catalysts. Journal of the American Chemical Society，2019，

141（31）：12372-12381.

[115] Jung E，Shin H，Lee B H，et al. Atomic-level tuning of Co-N-C catalyst for high-performance electrochemical H_2O_2 production. Nature Materials，2020，19（4）：436-442.

[116] Gao J，Yang H B，Huang X，et al. Enabling direct H_2O_2 production in acidic media through rational design of transition metal single atom catalyst. Chem，2020，6：658-674.

[117] Jiang S，Ma Y，Jian G，et al. Electrocatalysts：Facile construction of Pt-Co/CN_x nanotube electrocatalysts and their application to the oxygen reduction reaction. Advanced Materials，2009，21（48）：4953.

[118] Gao J，Yang H B，Huang X，et al. Enabling direct H_2O_2 production in acidic media through rational design of transition metal single atom catalyst. Chem，2020，6：658-674.

[119] Lu Z S，Xu G L，He C Z，et al. Novel catalytic activity for oxygen reduction reaction on MnN_4 embedded graphene：A dispersion-corrected density functional theory study. Carbon，2015，84：500-508.

[120] Zhang W，Xiao，Y. Mechanism of electrocatalytically active precious metal（Ni，Pd，Pt，and Ru）complexes in the graphene basal plane for ORR applications in novel fuel cells. Energy Fuels，2020，34（2）：2425-2434.

[121] Ren M M，Guo X Y，Zhang S L，et al. Design of graphdiyne and holey graphyne-based single atom catalysts for CO_2 reduction with interpretable machine learning. Advanced Functional Materials，2023，33（48）：202213543.

[122] Zhu Y M，Klingenhof M，Gao C L，et al. Facilitating alkaline hydrogen evolution reaction on the hetero-interfaced Ru/RuO_2 through Pt single atoms doping. Nature Communications，2024，15：1447.

[123] Ji B F，Guo J L，Zheng Y P，et al. Coordination chemistry of large-sized yttrium single-atom catalysts for oxygen reduction reaction. Advanced Materials，2023，35（24）：202300381.

[124] Liu J C，Luo F，Li J. Electrochemical potential-driven shift of frontier orbitals in M-N-C single-atom catalysts leading to inverted adsorption energies. Journal of the American Chemical Society，2023，154（46）：25264-25273.

[125] Giovanni D L，Livia G，Gianfranco P. Predicting the stability of single-atom catalysts in electrochemical reactions. ACS Catalysis，2024，14（1）：45-55.

[126] Bai L，Duan Z，Wen X，et al. Atomically dispersed manganese-based catalysts for efficient catalysis of oxygen reduction reaction. Applied Catalysis B，2019，257：117930.

[127] Li Y，Chen J，Ji Y，et al. Single-atom iron catalyst with biomimetic active center to accelerate proton spillover for medical-level electrosynthesis of H_2O_2 disinfectant. Angewandte Chemie International Edition，2023，62（34）：e202306491.

[128] Zhang C H，Sha J W，Fei H L，et al. Single-atomic ruthenium catalytic sites on nitrogen-doped graphene for oxygen reduction reaction in acidic medium. ACS Nano，2017，11（7）：6930-6941.

[129] Xiao M，Gao L，Wang Y，et al. Engineering energy level of metal center：Ru single-atom site for efficient and durable oxygen reduction catalysis. Journal of the American Chemical Society，2019，141（50）：19800-19806.

[130] Zhang P，Hou X L，Mi J L，et al. Oxygen reduction reaction on MS_4 embedded graphene：A density functional theory study. Chemical Physics Letters，2015，641：112-116.

[131] Wang Y，Tang Y J，Zhou K. Self-adjusting activity induced by intrinsic reaction intermediate in Fe-N-C single-atom catalysts. Journal of the American Chemical Society，2019，141（36）：14115-14119.

[132] Han Y，Li Q K，Ye K，et al. Impact of active site density on oxygen reduction reactions using monodispersed Fe-N-C single-atom catalysts. ACS Applied Materials Interfaces，2020，12（13）：15271-15278.

[133] Varela A S，Ju W，Bagger A，et al. Electrochemical reduction of CO_2 on metal-nitrogen doped carbon catalysts. ACS Catalysis，2019，9（8）：7270-7284.

[134] Zhou G，Zhao S，Wang T，et al. Theoretical calculation guided design of single-atom catalysts toward fast kinetic

and long-life Li-S batteries. Nano Letters，2020，20（2）：1252-1261.

[135] Borrome M，Gronert S. Gas-phase dehydrogenation of alkanes：C—H activation by a graphene-supported nickel single atom catalyst model. Angewandte Chemie International Edition，2019，58（42）：14906-14910.

[136] Yan H，Zhao X，Guo N，et al. Atomic engineering of high density isolated Co atoms on graphene with proximal-atom controlled reaction selectivity. Nature Communications，2018，9：3197.

[137] Du Z，Chen X，Hu W，et al. Cobalt in nitrogen-doped graphene as single-atom catalyst for high-sulfur content lithium sulfur batteries. Journal of the American Chemical Society，2019，141（9）：3977-3985.

[138] Li Q K，Li X F，Zhang G，et al. Cooperative spin transition of monodispersed FeN_3 sites within graphene induced by CO adsorption. Journal of the American Chemical Society，2018，140（45）：15149-15152.

[139] Liu D，Zhang C，Shi J，et al. Defect engineering simultaneously regulating exciton dissociation in carbon nitride and local electron density in Pt single atoms toward highly efficient photocatalytic hydrogen production. Small，2024：2310289.

[140] Bakandritsos A，Kadam R G，Kumar P，et al. Mixed-valence single-atom catalyst derived from functionalized graphene. Advanced Materials，2019，31（17）：1900323.

[141] Liu J C，Ma X L，Li Y，et al. Heterogeneous Fe_3 single-cluster catalyst for ammonia synthesis via an associative mechanism. Nature Communications，2018，9：1610.

[142] Lin S，Xu H，Wang Y，et al. Directly predicting limiting potentials from easily obtainable physical properties of graphene-supported single-atom electrocatalysts by machine learning. Journal of Materials Chemistry A，2020，8：5663-5670.

[143] Hossain M D，Huang Y，Yu T H，et al. Reaction mechanism and kinetics for CO_2 reduction on nickel single atom catalysts from quantum mechanics. Nature Communications，2020，11：2256.

[144] Wang N，Sun Q，Zhang T，et al. Impregnating subnanometer metallic nanocatalysts into self-pillared zeolite nanosheets. Journal of the American Chemical Society，2021，143（18）：6905-6914.

[145] Ju W，Bagger A，Wang X，et al. Unraveling mechanistic reaction pathways of the electrochemical CO_2 reduction on Fe-N-C single-site catalysts. ACS Energy Letters，2019，4（7）：1663-1671.

[146] Shen H J，Gracia-Espino E，Ma J Y，et al. Atomically FeN_2 moieties dispersed on mesoporous carbon：A new atomic catalyst for efficient oxygen reduction catalysis. Nano Energy，2017，35：9-16.

[147] Liu，F，Zhu G，Yang D，et al. Systematic exploration of N，C configurational effects on the ORR performance of Fe-N doped graphene catalysts based on DFT calculations. RSC Advances，2019，9：22656-22667.

[148] Zhu G，Liu，F，Wang Y，et al. Systematic exploration of N，C coordination effects on the ORR performance of Mn-N_x doped graphene catalysts based on DFT calculations. Physical Chemistry Chemical Physics，2019，21：12826-12836.

[149] Song P，Wang Y，Pan J，er al. Structure activity relationship in high-performance iron-based electrocatalysts for oxygen reduction reaction. Journal of Power Sources，2015，300：279-284.

[150] Wang S J，Lu M H，Xia X W，et al. A universal and scalable transformation of bulk metals into single-atom catalysts in ionic liquids. Proceedings of the National Academy of Sciences of the United States of America，2024，121（10）：e2319136121.

[151] Hio T N，Philippe S. Tuning the hydrogenation selectivity of an unsaturated aldehyde via single-atom alloy catalysts. Journal of the American Chemical Society，2024，146（4）：2556-2567.

[152] Liu J C，Wang Y G，Li J. Toward rational design of oxide-supported single-atom catalysts：Atomic dispersion of gold on ceria. Journal of the American Chemical Society，2017，139（17）：6190-6199.

第5章

单原子催化材料的热催化应用

热催化是指在较高温度条件下，通过催化剂加速化学反应的过程，即催化剂通过提供一个能量较低的反应途径降低反应的活化能，从而加快整个过程的反应速率。作为化学工业中最基础且关键的过程之一，热催化涉及从能源转换到环境保护、从基础化学品制备到细化工产品合成的广泛应用领域[1-13]。迄今为止，传统的非均相催化剂（金属、金属氧化物、沸石等）在热催化领域一直占据主导地位。然而，传统非均相催化剂也暴露出一些明显的缺点，如活性不理想、产物分布复杂或稳定性差等，促使科学家不得不寻找新的热催化材料。另外，传统催化剂结构较为复杂，通常也不利于活性位点的识别和反应机理的研究。近年来，SAC因其在热催化领域内展现的巨大潜力而成为研究热点，尤其在热催化氧化和加氢两大典型的工业反应过程中展现出显著的优势[2-6, 14-26]。其中，氧化反应是指将某种物质与氧气（或其他氧化剂）反应进而氧化有机或无机物质的过程，通常需要较高的温度促进反应的进行，在热催化氧化反应中，催化剂起降低反应活化能的作用，使原本需要更高温度才能进行的氧化反应可在较低温度下进行，在工业上具有广泛的应用，特别是在化工、环保和能源领域；而加氢反应是指在催化剂的作用下，不饱和有机化合物与氢气反应使其饱和的过程，其在石油炼制、食品加工（如食用油的硬化）和有机合成等应用中非常关键。例如，在芳香族化合物的加氢过程中，苯可以被加氢转化为环己烷。

对于热催化氧化反应，C—H 键的活化是最具挑战性的氧化反应之一，尤其是甲烷的氧化。甲烷是一种丰富的自然资源，是天然气的主要成分，具有高的能量密度，将其有效转化为更有价值的化学品和燃料，如甲醇、合成气或其他化工原料，可以极大地提升资源的利用效率和经济价值，因此也称为催化界的圣杯反应。同样，热催化加氢反应作为化学合成中极为重要的一类反应，在炔烃、共轭烯烃和硝基芳烃的选择性加氢以及 CO_2 和生物质相关分子的转化过程中扮演着关键角色，不仅为可持续化学品的生产提供了更多机会，对环境保护和能源转换也具有深远影响。与许多传统催化剂相比，SAC 的独特性主要体现在所有活性位点均由单个金属原子构成，这种结构明确的单原子特征不仅使催化剂的催化活性、选择性和稳定性得到极大优化，而且由于高度均一的活性位点和可调控的电子结构，尤其是费米能级附近的独特电子态，使其在活化 C—H 键的氧化反应方面表现出卓越的优势；而在加氢反应中，具有均匀活性位点的 SAC 也可以有效调节产物分布，并进一步调整和优化热催化活性和稳定性。

总的来看，SAC 在热催化反应中的应用前景广阔，对于优化现有化学过程和开发新的转化路径具有重要意义，有望在热催化科学领域实现更多的突破。SAC 的高效催化活性和卓越选择性，使其在精确控制反应机理和提高产物质量方面展现出无与伦比的优势，成为解决复杂化学反应的关键工具。同时，随着材料科学和催化化学的进一步发展，SAC 有望在全球能源和化学品生产中发挥更大的作用。接下来，将从热催化氧化反应和热催化加氢反应这两大类重要的热催化反应着手，详细介绍 SAC 在热催化方面的应用。

5.1 热催化氧化反应

热催化氧化反应是使用催化剂在较高温度下促进氧气（或空气）与底物的反应，它实现了复杂底物的高效转化和能源的有效利用，已被广泛应用于化学工业和环境治理中。热催化氧化反应不仅在化学工业中起核心作用，也是环境科学和能源技术领域中的一项关键技术，在能源转换、污染物控制和绿色化学等领域具有重要意义，是现代化学工业和环境治理中不可或缺的一环[27-32]。在热催化氧化过程中，氧分子首先在催化剂表面被激活并形成活性氧种，然后这些活性氧种与底物发生相互作用，进而导致底物分子的氧化。其中，催化剂的表面性质，如其电子特性和几何结构等，会影响氧种的形成和反应的选择性。因此，催化剂的选择至关重要，优秀的催化剂不仅需要具备高的活性以降低氧化反应的活化能，还应具有良好的选择性和稳定性，以确保在高温和可能的腐蚀性环境下持续运行。实际上，热催化氧化反应强烈依赖高效催化剂，在这个过程中，催化剂不仅需要提高催化反应的速率，还要能够提升产物的选择性。接下来将具体介绍一些典型的热催化氧化反应，包括甲烷氧化、苯氧化和乙苯氧化过程。

5.1.1 甲烷氧化

甲烷氧化是将甲烷（CH_4）转化为更有价值的化学品［如甲醇（CH_3OH）、合成气（CO 和 H_2 的混合物）、甲醛（HCHO）和其他化合物］的过程。由于甲烷是地球上最丰富的碳氢化合物之一，这种转化过程对于能源利用、化工原料的生产以及减少温室气体排放具有重要意义[33-45]。甲烷氧化反应可以分为部分氧化反应、完全氧化反应和选择性氧化反应三种主要类型：

（1）部分氧化反应（partial oxidation reaction，POR）主要生成合成气，反应方程式为 $CH_4 + 1/2O_2 \longrightarrow CO + 2H_2$，是一种高温反应，通常在 800℃以上进行，合成气是制造甲醇、合成燃料和其他化学品的重要原料。

（2）完全氧化反应将甲烷转化为 CO_2 和水，反应方程式为 $CH_4 + 2O_2 \longrightarrow CO_2 + 2H_2O$，这种反应主要应用于能源生产领域，如作为燃气轮机和热电联产系统中的反应，尽管能够高效释放能量，但在化工原料生产和温室气体减排方面的价值较低。

（3）选择性氧化反应是将甲烷转化为甲醇、甲醛或其他含氧化合物的过程，如 $2CH_4 + O_2 \longrightarrow 2CH_3OH$ 或 $CH_4 + O_2 \longrightarrow HCHO + H_2O$，此类反应在较低温度下进行，需要精确控制反应条件和催化剂选择，以提高目标产物的产率和选择性。由于选择性氧化反应能够将甲烷这种低价值的原料转化为高价值的化学品，其在化工原料生产方面具有特别的价值。

甲醇作为一种重要的绿色燃料和平台化学品，可借助 O_2 或 H_2O 等氧化剂在近室温下对甲烷进行氧化而制得，一般的反应途径主要包括 C—H 键活化/断裂、甲基—O 原子偶联和甲醇的脱附。在此过程中，甲烷 C—H 键活化/断裂通常被视为最重要的速率控制步骤，涉及两种普遍接受的机制：第一种机制涉及 O_2 或 H_2O 的活化，涉及含 O 的活性中间体，如自由基（即·OH 和·OOH）或金属（M）键合位点（如 M—O 或 M═O 中心），它们将进一步攻击甲烷中的 H，以此破坏 C—H 键[46, 47]；第二种机制则涉及暴露出的金属位点与甲烷的直接相互作用，形成 $M—CH_3$ 中间体[47]。SAC 具有分散金属位点的不饱和性和明确的配位环境等特点，因此能够与甲烷和氧化剂进行可调的相互作用[48]。最近文献表明，SAC 扩展了甲烷活化过程中活性金属的类型，无论是贵金属还是非贵过渡金属[49]，SAC 中的金属位通常能与 O_2 或 H_2O 相互作用生成活性 O 中间体，并用于甲烷的活化。值得注意的是，孤立的贵金属原子位点（如 Rh 和 Au），也可能通过第二种机制直接与甲烷相互作用，促进 C—H 活化。

在热催化氧化制甲醇过程中，通常需要添加 H_2 和 CO 等共还原剂用来原位生成高活性的含 O 中间体或调节甲烷活化的活性位点[50, 51]。对于 SAC，单原子与基质（即多孔载体和/或纳米颗粒）之间的强相互作用可能促成活性含 O 中间体生成和甲烷碳氢活化的紧密串联过程。如图 5.1 所示，在 120℃下，具有 PdO 纳米颗粒/Cu 单原子的沸石基催化剂与 CH_4、H_2 和 O_2 反应时的氧化物产率高达 1178 mmol g_{Pd}^{-1} h^{-1}。其原因是 PdO 促进了 H_2O_2 的原位生成，而单原子 Cu 则加速了·OH 的生成和甲烷的活化[52]。此外，在 150℃下，Cu 促进的 Rh_1/TiO_2 催化剂对甲烷、O_2 和 CO 的甲醇选择性接近 100%，在该反应体系中，CO 与水反应生成了 H_2/H_2O_2[53]。在该体系中，Rh 单原子被发现可以加速 C—H 键的激活，并利用原位生成的 H_2O_2 选择性氧化甲烷；而铜阳离子的作用则是保持 Rh_1 的低价态，使其始终具备高活性。另外，如图 5.2 所示，相关文献报道也发现 Pd 单原子锚定的磷钼酸盐（phosphomolybdate，PMA）在 H_2 处理后可促进室温下的甲烷氧化，实现近 100%的甲醇选择性[54]。值得注意的是，原子分布的 Pd 并不是甲烷活化的活性位点，而是一种辅助成分，即 Pd 使 H_2 易于活化，并利用 H 外溢还原 PMA，

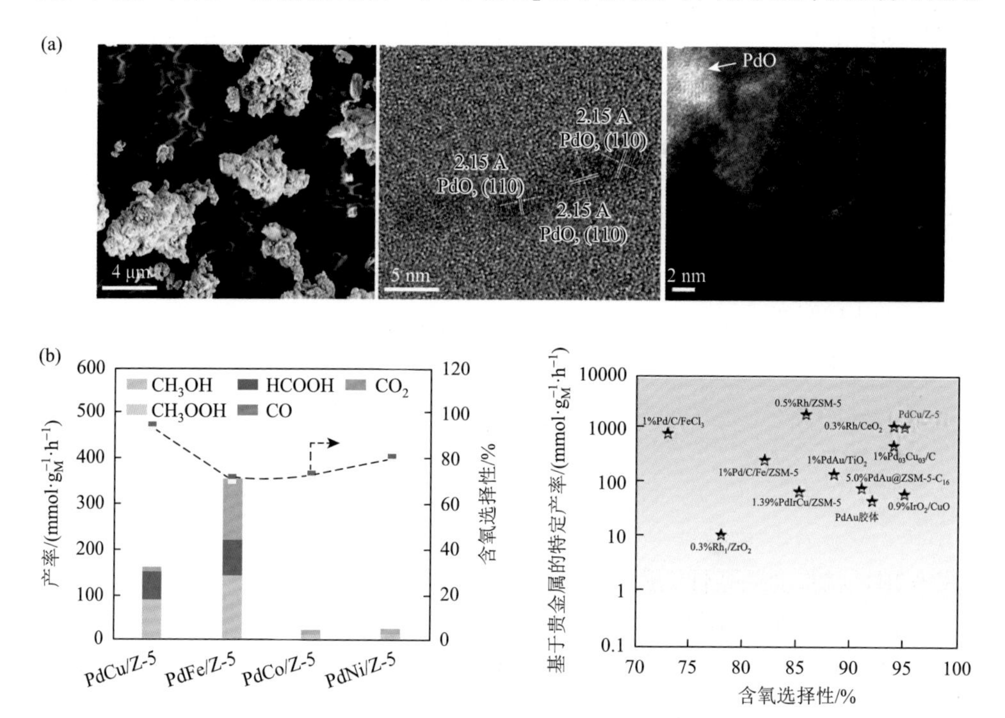

图 5.1 （a）PdCu/沸石体系的扫描电镜、高分辨率透射电子显微镜和像差校正高角度环形暗场扫描透射电子显微镜图像；（b）在 120℃下，Z-5 负载的 PdCu 双金属催化剂选择性氧化 CH_4 的产物产率和含氧选择性，以及不同催化剂对 CH_4 直接转化的基于贵金属的特定产率和含氧选择性的比较[52]

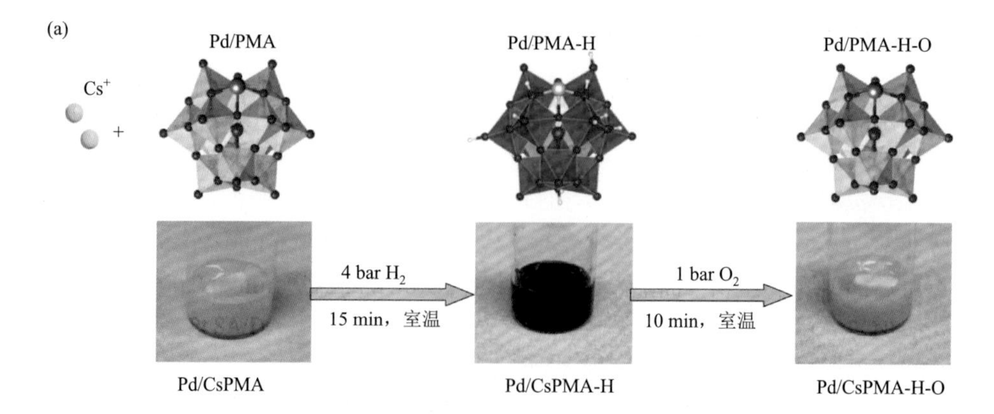

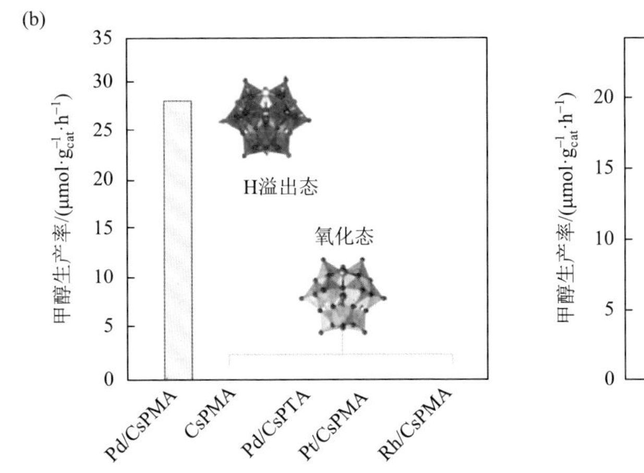

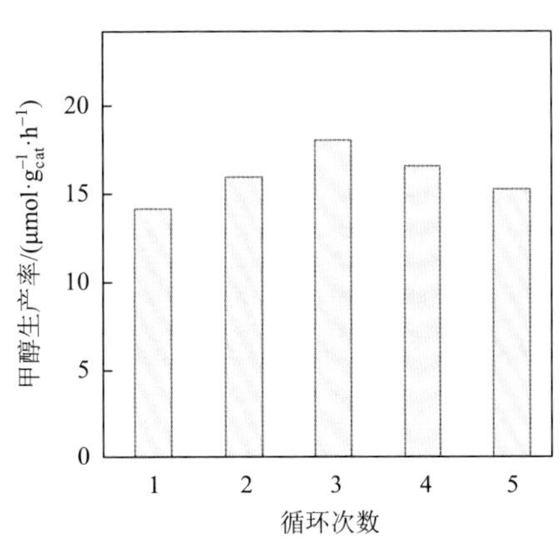

图 5.2 （a）Pd/CsPMA 在室温下的可逆还原/氧化过程；（b）不同 PMA 基催化剂的甲醇产率（其负载催化剂上贵金属的载重量约为 0.25 wt%），以及 Pd/CsPMA 用于甲烷 O_2 和 H_2 氧化的循环试验[54]

PMA 表示磷酸钼酸盐

还原后的 PMA 将直接活化 O_2 和甲烷选择性生产甲醇[54, 55]。相关研究成果也代表了催化剂设计的发展方向，在一个完整的催化过程中，多种组分可以充分发挥不同的作用。在不同的活性物质中，单原子位点提供了与甲烷和（共）氧化分子的特殊相互作用，在很大程度上有助于甲烷的活化。

此外，由于甲烷是一种强效温室气体，天然气发动机尾气排放物处理同样是一个重要的研究领域，甲烷燃烧催化剂的开发具有重要意义。目前的甲烷燃烧催化剂仍然以 Pd 基催化剂为主。然而，Pd 基催化剂仍面临水中毒和长期稳定性等挑战。当 Pd 基催化剂用于甲烷燃烧时，金属 Pd 纳米颗粒会转化为 PdO，导致催化活性降低。一种众所周知的提高 Pd 基催化剂稳定性和反应性的方法是添加 Pt，即使在氧化条件下，Pt 的引入也能通过形成双金属 Pt-Pd 使 Pd 相稳定在金属状态，从而增强对水分子吸附的抵抗力。然而，双金属 Pt-Pd 催化剂不像 PdO 催化剂那样耐烧结，会导致大合金 Pt-Pd 颗粒（＞20 nm）的形成和催化反应性下降。因此，仍迫切需要开发抗 H_2O 中毒和催化剂烧结的活性 Pd 相的策略。如图 5.3 所示，厦门大学熊海峰团队发现[56]，当 Pt 沉积在原子捕获的 1Pt@CeO_2（1Pd/2Pt@CeO_2）上时，可形成二维的 Pt 筏和 CeO_2（111）表面，该优选晶面取向导致了更高的表面 Pt 信号。由于 Pt 与载体之间的相互作用较弱，二维 Pt 筏在 CO 氧化中表现出更高的反应性，而相互作用最强的催化剂 3Pt@CeO_2 对 CO 氧化的反应性最低。在此基础上，使用类似的原子捕获方法，制备了一种 1Pd/2Pt@CeO_2 催化剂，该催化剂在测试时表现出比传统含有相同数量 Pd 金属原子的 1Pd/CeO_2、2Pt@CeO_2 和(1Pd + 2Pt)/CeO_2 催化剂更好的甲烷氧化反应性。同时，进一步的甲烷氧化结果表明，与传统的 1Pd/CeO_2和(1Pd + 2Pt)/CeO_2催化剂相比，1Pd/2Pt@CeO_2催化剂在甲烷氧化中具有更高的耐水性，随后通过 DFT 计算模型对实验结果进行了合理优化。优化模型显示，与普通 PdO 相比，水蒸气与 PdO_x筏之间的相互作用存在差异。该项工作表明，通过将 Pt 离子锚定在催化剂载体上，可以调整沉积相的形态，特别是在甲烷氧化过程中形成的 PdO_x二维筏可以极大地提高反应速率和耐水性。通过捕获单个原子修饰载体可以为催化剂设计提供一个重要的补充，并用于控制多相催化剂中金属和金属氧化物簇的成核和生长。

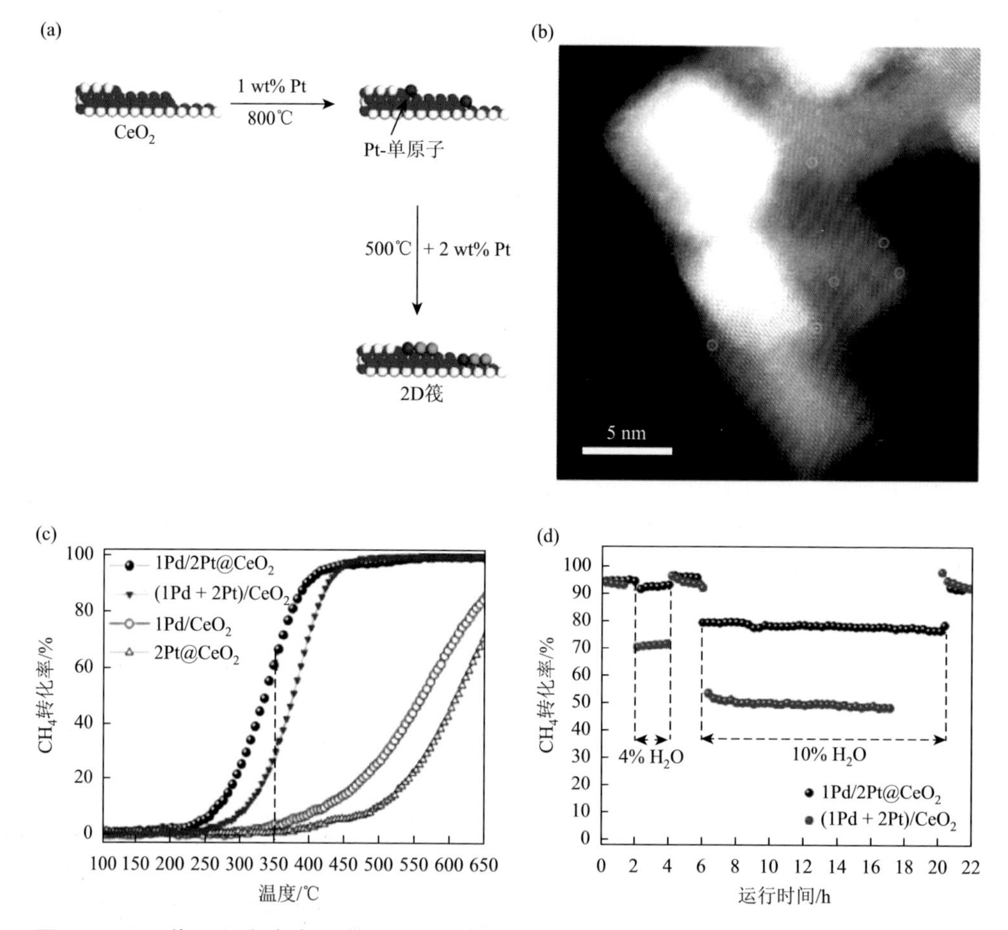

图 5.3 (a) 将 Pt 沉积在含 Pt 的 CeO_2上制备的 CeO_2负载 Pt 催化剂的形态；(b) 通过原子捕获制备的 1 wt%Pt@CeO_2的像差校正扫描透射电子显微镜图像；(c) 1Pd/2Pt@CeO_2、(1Pd + 2Pt)/CeO_2、1Pd/CeO_2和 2Pt@CeO_2催化剂在干燥条件下氧化 CH_4的起燃曲线；(d) 在 1Pd/2Pt@CeO_2、(1Pd+ 2Pt)/CeO_2催化剂上，在不同蒸气浓度下，500℃下 CH_4转化率随时间变化的测量曲线[56]

另外，随着页岩气革命的爆发，如何高效转化甲烷等低碳烃逐渐成为化工领域广泛讨论的话题。然而，由于甲烷中碳氢键键能极高，活化甲烷并将其转化为乙酸等高附加值化工产品一直是工业和学术界的难题。活化甲烷通常需要高温高压的反应条件，这极大降低了工业生产乙酸的经济性。与此同时，长期不间断的高温高压反应也不利于化工厂的安全运营。在学术领域，科研人员常利用单原子催化剂活化甲烷。可是，负载量低的单原子催化剂一直存在总转化率低、反应易烧结等缺陷。因此，开发高效可控的甲烷转化催化剂一直是天然气化工的研究热点。美国波士顿学院王敦伟教授团队和美国加利福尼亚大学河滨分校江德恩教授团队联合报道了一种合成高负载 Rh 基单原子催化剂的方法[57]（图 5.4）。该方法利用 MOF 材料中的卟啉官能基团稳定 Rh 单原子。高的活性中心负载使催化剂活性达到 23.62 $mol \cdot g_{cat}^{-1} \cdot h^{-1}$，创立了单原子催化活性的里程碑。更有趣的是，该研究还进一步表明，此方法合成的 Rh 单原子催化剂对光照极其敏感。在光照条件下，催化生成乙酸的反应选择性达 66.4%。相比之下，暗场反应条件更利于甲醇

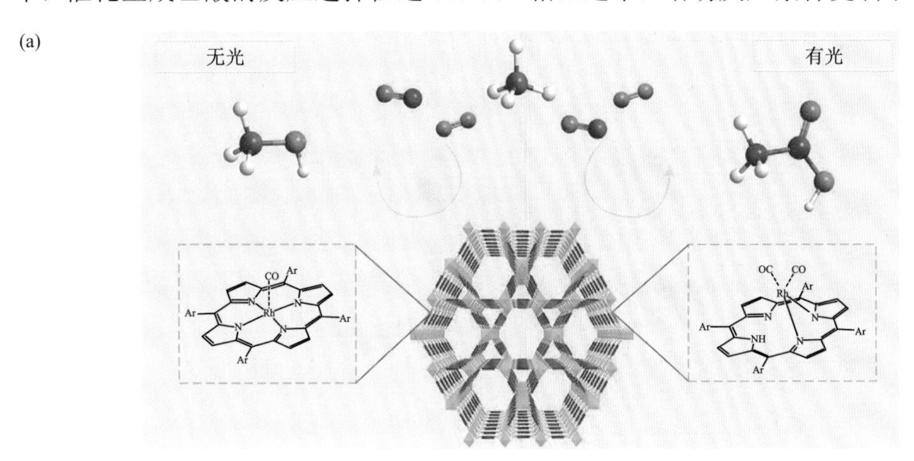

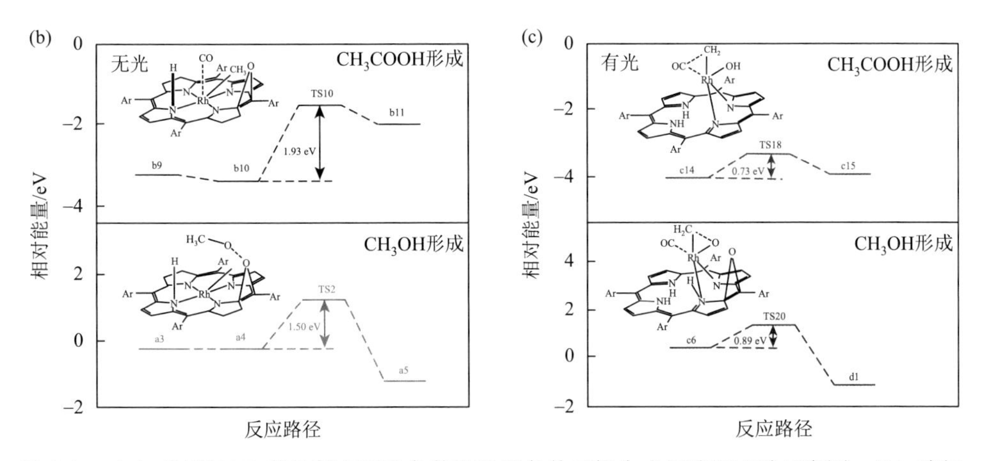

图 5.4　（a）单原子 Rh 催化剂在无光条件和光照条件可控生成甲醇和乙酸示意图；（b）暗场下生成乙酸和甲醇基元反应相对能量；（c）光照下生成乙酸和甲醇基元反应相对能量[57]；图中 a，b，c，d 为整个催化过程中的反应步骤；TS 表示过渡态

的产生（选择性 65%）。为了进一步验证光照条件的作用，研究人员通过周期性光照开闭切换实验，发现周期性切换开闭实验引起的光照产生乙酸、暗场产生甲醇的现象是可逆并且可重复的。与此同时，研究者改变光照强度，并对甲醇和乙酸的生成进行比较，发现乙酸的产生速率随光照强度的增加而上升，而甲醇的产生速率则随之降低。该项工作在树立了高负载 Rh 单原子催化甲烷选择性氧化活性里程碑的同时，确立了一个可以有效利用 MOF 结构中的卟啉基团稳定单原子 Rh 的方法。在反应机理层面，该工作发现光照能改变反应选择性，无光条件有利于甲醇的生成，而光照条件有利于乙醇的产生。该工作对单原子催化剂促使甲烷高效转化研究具有重要推动作用。

近年来，将甲烷直接转化为燃料和高附加值化学品引起了人们越来越浓厚的研究兴趣，然而由于甲烷的化学惰性，实现这一过程仍然是一个巨大的挑战。最近，南开大学胡同亮教授和西安交通大学苏亚琼教授等设计了 12 种单原子合金催化剂[58]，应用于甲烷的活化。他们利用 DFT 计算和微观动力学模拟筛选出对甲烷 C—H 键解离具有优异催化活性的单原子合金，并在此基础上进一步研究了甲烷选择性氧化制甲醇的机理（图 5.5）。研究结果表明，惰性金属 Ag、Au 和 Cu 衬底中掺杂 Ir 单原子具有更高的甲烷解离活性，这主要源于甲烷 C—H 键与 Ir 原子投影 d 轨道之间的相互作用。同时，在引入分子氧之后，他们通过 DFT 计算确定了三条甲烷选择性氧化制甲醇途径的完整反应网络，并用微观动力学模拟揭示了实际反应条件下每种单原子合金表面上反应物种覆盖度的变化，以此提出了甲烷选择性氧化制甲醇的三种反应机理。另外，表面覆盖度分析表明，在所有的温度范围内，Ir_1/Ag 表面都有利于氧化反应，而 Ir_1/Au 和 Ir_1/Cu 只在有限的温度区

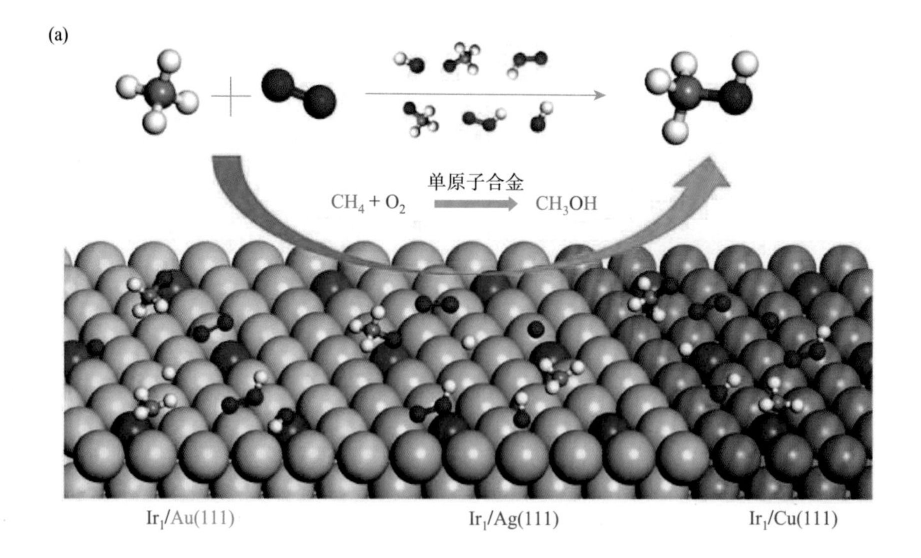

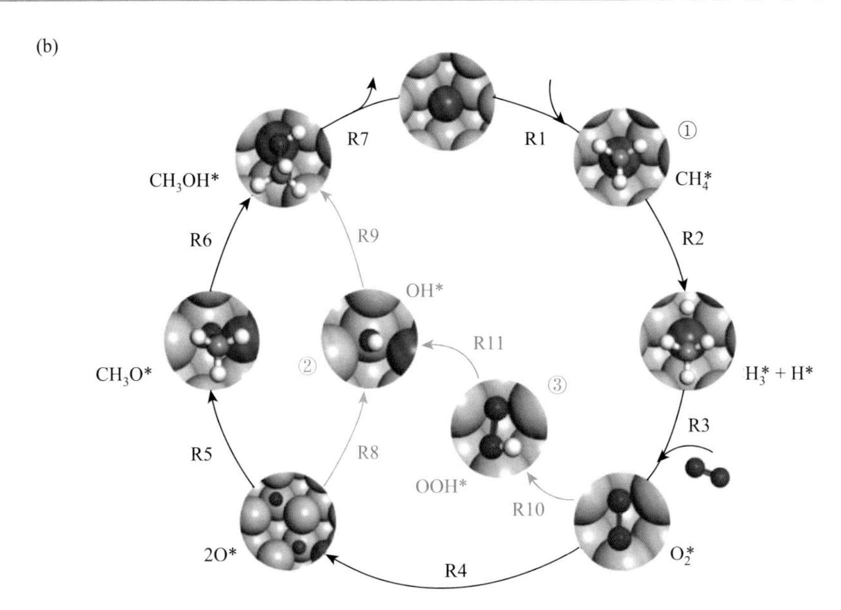

图 5.5　（a）惰性金属 Ag、Au 和 Cu 衬底掺杂 Ir 单原子体系中 CH_4 氧化为 CH_3OH 的示意图；（b）伴有附着物的单原子合金表面上，CH_4 氧化为 CH_3OH 的不同反应途径[58]

间内才可促进氧化过程，表明 Ir_1/Ag 单原子合金是甲烷选择性氧化制甲醇反应中非常有效的单原子合金催化剂。

总之，甲烷氧化领域的单原子热催化技术展现了令人瞩目的前景。这种催化剂不仅具有高效、高选择性和高催化稳定性等优势，而且能够有效地抑制副反应，提高反应的效率，为环境友好型工业生产提供了更多的可能性。

5.1.2　苯氧化

苯氧化反应在热催化领域中是一项重要的化学转换过程，可以在催化剂的作用下，使苯与氧气（或空气）反应生成一系列化学品[59-69]。此类反应通常在高温条件（通常需要在 200～500℃）下进行，且依赖有效的催化剂，如 Cu 基和 V 基催化剂，并通过精确控制氧气的供应量促进苯与氧的反应。这类反应不仅对于基础有机化工原料的生产至关重要，而且在合成精细化工产品和中间体方面也具有广泛应用，可以生产包括苯酚、苯醌、苯二酚等在内的多种产品。值得指出的是，苯的氧化反应不仅可以提高化学品的生产效率和产量，还有助于降低环境中的苯浓度，降低其对环境和人体健康的不良影响。

如图 5.6 所示，Deng 等首次将石墨烯基 FeN_4 单原子催化剂应用于 C—H 键的活化[29]。在室温下，限域铁单原子在催化苯氧化成苯酚的过程中表现出很高的性能，转化率为 23.4%，产率为 18.7%，甚至在 0℃下也能有效地催化反应进行。同时，从 XANES［图 5.6（a）］中可以看出，经过 H_2O_2 处理后，Fe K 边的前边峰增强并变宽，表明 Fe═O 键的形成。该键引起了 Fe 3d 轨道和 O 2p 轨道的杂化，从而破坏了 FeN_4 平面结构的 D_{4h} 对称性。此外，DFT 计算进一步证明 O═Fe═O 中的活性氧原子能与苯分子有效反应生成苯酚。研究证明 O═Fe═O 是激活 C—H 键的有效活性位点，可以促进 C—O 键的形成，其能垒仅为 0.59 eV［图 5.6（b）］。此工作研究表明，二维石墨烯结构可以调节单个受限 Fe 原子的电子态，从而产生高效的配位不饱和 Fe 位点，使其更好地用于苯氧化为苯酚催化过程。

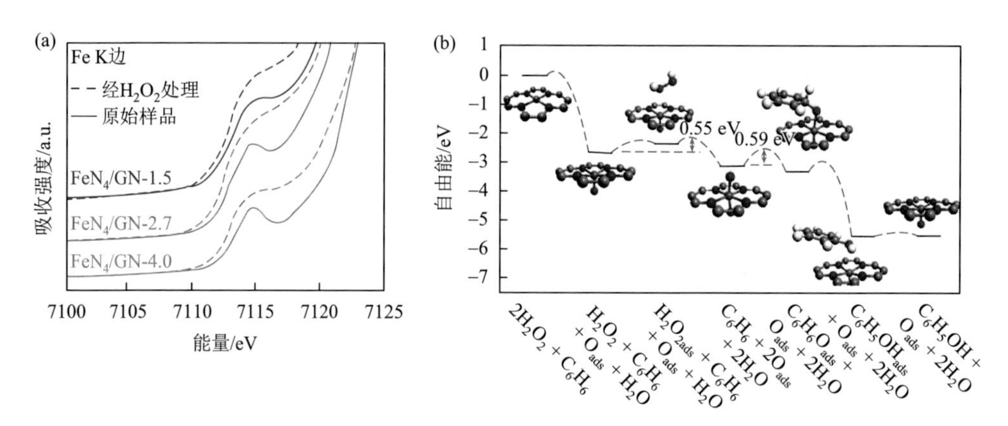

图 5.6 （a）经 H_2O_2 处理前后石墨烯基 FeN_4 催化剂的 K 边 XANES；（b）苯在石墨烯基 FeN_4 催化剂上氧化成苯酚的自由能[29]

Zhang 等比较了 Fe 纳米颗粒和单原子 Fe 限域石墨烯基体（FeN_4）中氧化苯的催化性能[27]（图 5.7），在室温下，FeN_4 中心表现出比 Fe 纳米颗粒-CN 更高的催化活性（45% *vs.* 5%）。DFT 计算表明，Fe═O 物种在 FeN_4 结构上比在 Fe 纳米颗粒-CN 上更容易形成，这是激活 C—H 键的有效活性位点。除了 FeN_4 结构外，Zhang 等还报道了中自旋 FeN_5 结构比 FeN_6 具有更高的氧化 C—H 键的活性[28]（图 5.8）。这不仅表现在良好的室温选择性（氧化乙苯制苯乙酮）上，还体现在更广泛的底物范围（芳香族、杂环和脂肪族烷烃）上。一个直接的证据是其对相应产物的选择性可达到 99%。

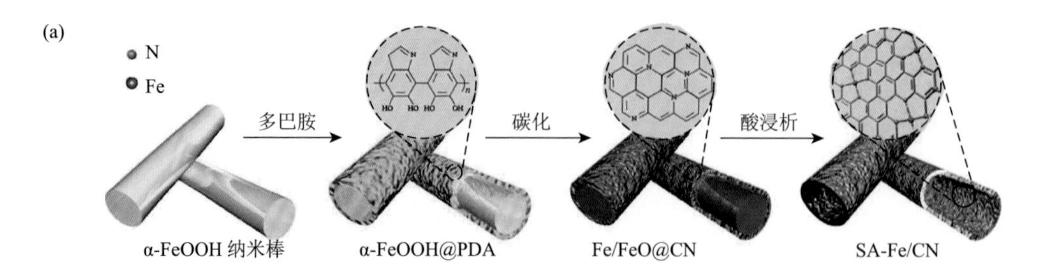

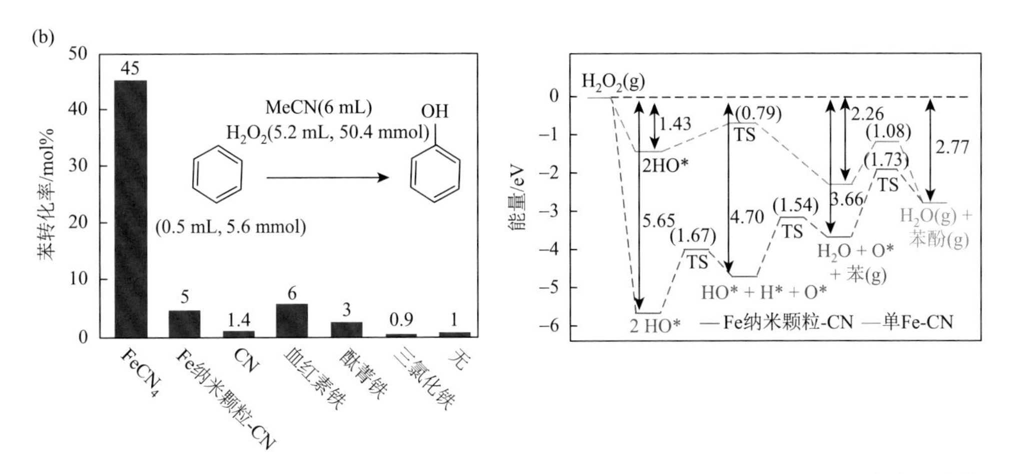

图 5.7　（a）SA-Fe/CN 的合成示意图；（b）$FeCN_4$、Fe 纳米颗粒-CN、CN、血红素铁、酞菁铁和三氯化铁分别催化苯转化过程，以及 $FeCN_4$ 和 Fe 纳米颗粒-CN 上 H_2O_2 活化和苯氧化的反应机理[27]

PDA 表示聚多巴胺；CN 表示氮掺杂碳

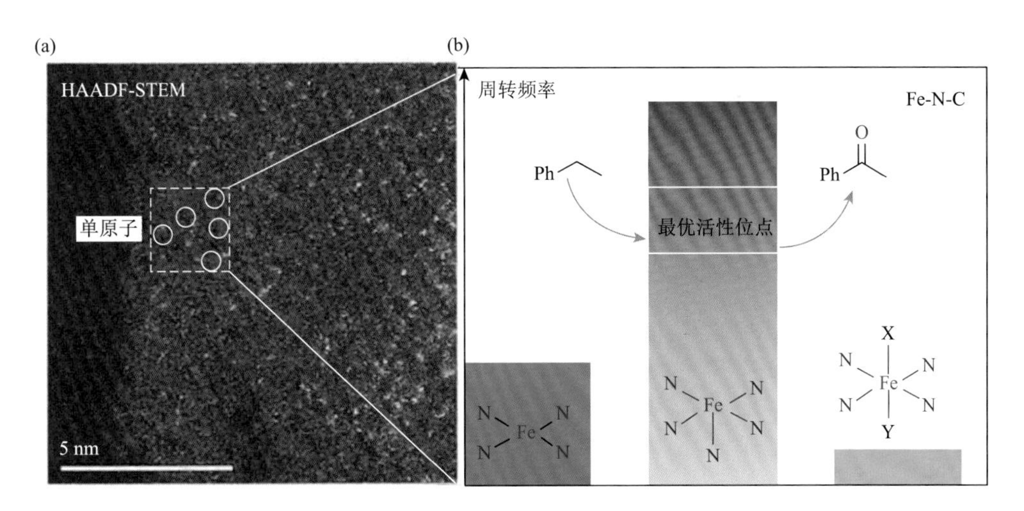

图 5.8　（a）Fe-N-C 催化剂像差校正的 HAADF-STEM 图像；（b）FeN_5 结构具有最优的活性位点示意图[28]

此外，大连理工大学赵忠奎、太原理工大学章日光及中国科学院大连化学物理研究所刘岳峰等通过水溶液介导预组装-热解法制备了一种结构独特的配位结构为 Cu_1-N_1O_2 的单原子催化剂（Cu-N_1O_2SA/CN）[70]（图 5.9）。这种催化剂能够高效率地将苯选择性氧化为苯酚，反应的 H_2O_2 消耗比例较低，H_2O_2/苯为 2∶1，实现了高达 83.7%的转化率和 98.1%的苯酚选择性。DFT 计算结果显示，Cu_1-N_1O_2 催化位点的 O 原子具有更高的亲电性，导致单原子 Cu-N_1O_2SA/CN 催化剂的电荷转移活性更高，Cu 3d 轨道的未占据比例更加显著，因此 Cu_1-N_1O_2SA/CN 催化剂将苯选择性氧化为苯酚的反应能垒更低，反应能量变化也更加平坦。此研究工作为调节单原子催化剂的电子结构提供了一种简单但是高效的方法，构建了工业反应选择性氧化制备苯酚的高催化活性、高选择性的非贵金属催化剂，在较低的 H_2O_2 添加量条件下实现了选择性制备苯酚。

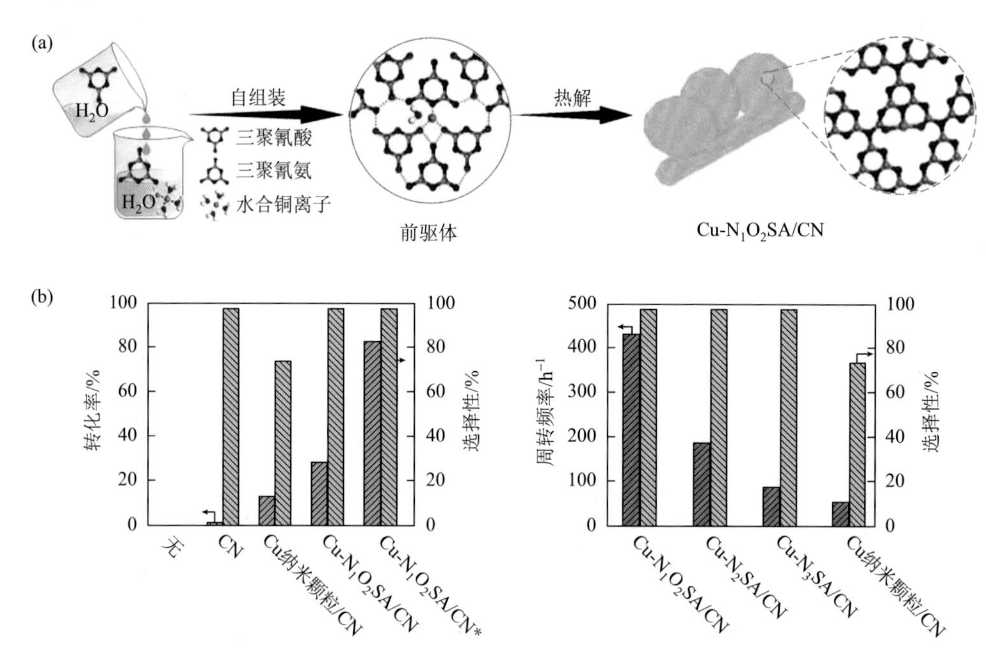

图 5.9 （a）Cu-N_1O_2SA/CN 制备示意图；（b）以 2∶1 的 H_2O_2/苯摩尔比选择性氧化苯制苯酚，包括 SOBP 在不同催化剂上的催化性能和苯 TOF 在不同催化剂上的比较[70]

Cu-N_1O_2SA/CN*为 50 mg 催化剂反应 72 h 的数据；SOBP 为苯选择性氧化制苯酚

整体上看，苯氧化反应在热催化领域中展现了广阔的应用前景。作为重要的有机合成反应之一，基于单原子催化的热催化技术也为苯氧化反应提供了新的思路。这些新型催化剂的应用，不仅可以提高反应效率，减少副产物的生成，还能够降低反应温度和催化剂的用量，从而在工业生产中具有巨大的潜力和可持续性。

5.1.3 乙苯氧化

乙苯氧化反应是指乙苯在催化剂的作用下与氧气（或空气）反应，转化为更高价值化学品的化学过程。它不仅是重要的工业化学过程，也是石化工业中的关键步骤，特别是在制造塑料、合成纤维和树脂等材料方面具有重要价值[71-90]。通过这一反应，可以将乙苯这种相对低价的烃类化合物转化为更具经济价值和广泛应用的化学品，如苯乙烯（$C_6H_5CH_2CH_3 + 1/2O_2 \longrightarrow C_6H_5CH{=}CH_2 + H_2O$）、对苯二甲酸[$C_6H_4CH_2CH_3 + O_2 \longrightarrow C_6H_4(CO_2H)_2 + 2H_2O$]等。当然，除了以上最常见的乙苯氧化工业途径，通过氧化乙苯的路径直接合成苯乙酮及其衍生物，在合成药物、农药化学品、香料等一系列精细化学品领域也具有重要的意义。例如，在最近的一项研究中，中山大学纪红兵、何晓辉团队采用球磨法合成了 Ce_1/NC 单原子催化剂[91]（图 5.10）。他们通过球差电子显微镜等表征确定了 Ce 以原子级分散的形式分布在氮碳载体表面，其在温和条件下催化乙苯选择性氧化生成苯乙酮的反应中表现出优异的性能，可实现 91%的转化率和 99%的选择性。此工作为单原子催化剂用于乙苯氧化合成苯乙酮的绿色催化氧化体系提供了一个成功的案例。

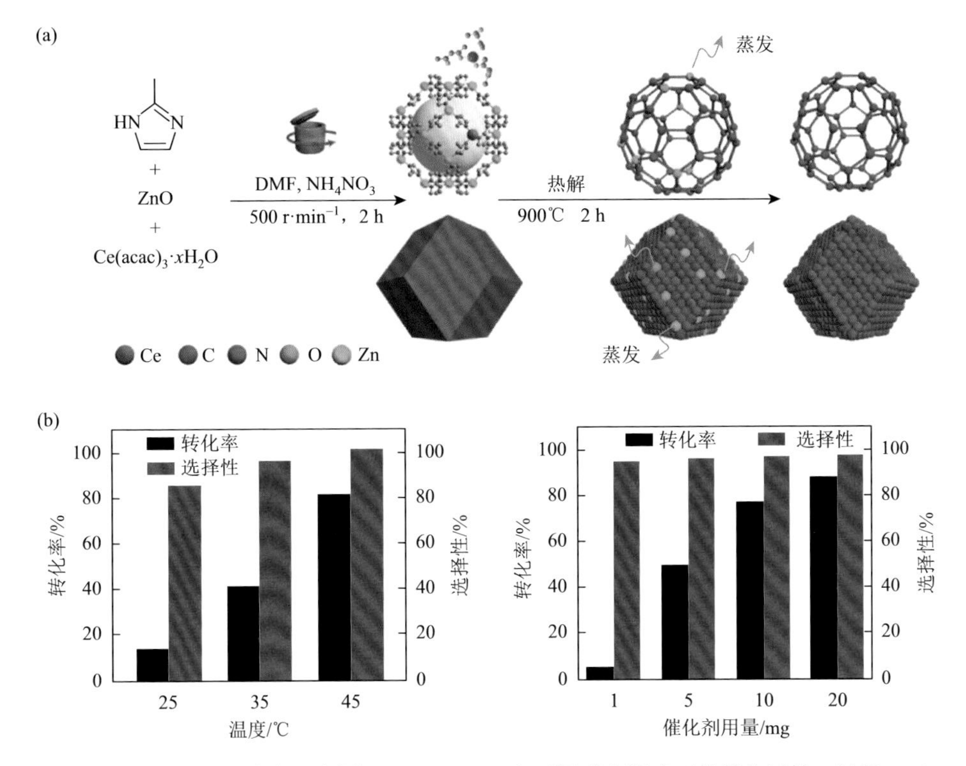

图 5.10　（a）Ce_1/NC 合成示意图；（b）Ce_1/NC 在不同反应温度下的催化活性，以及 Ce_1/NC 在不同催化剂用量下的催化活性[91]

$Ce(acac)_3$ 表示乙酰丙酮铈水合物；DMF 表示二甲基甲酰胺

此外，使用空气中的氧气作为唯一氧化剂氧化碳氢化合物以生产高附加值化合物（酮或醇）是一种既环保又经济的有效策略。对此，清华大学王定胜教授成功合成了以 23.58 wt%负载在氮化碳（CN）上的高金属负载量的 Co 单原子催化剂（Co SAC），它对空气中的乙苯氧化表现出优异的催化性能[92]。此外，在相同条件下，Co SAC 显示出比其他报道的非贵金属催化剂高得多的周转频率

（19.6 h^{-1}）。相比之下，所获得的纳米级或均相 Co 催化剂则对该反应呈惰性。Co SAC 在此反应中还表现出高选择性（97%）和稳定性（五次运行后不变）。通过 DFT 计算表明，Co SAC 在第一步反应中显示出低能垒和高耐水性，显示出对反应的强大催化性能。另外，中国科学院大连化学物理研究所杨小峰、王爱琴团队和中国科学院上海应用物理研究所姜政团队使用谷氨酸作为Co(Ⅱ)的N, O-二齿配体和 N 掺杂碳的来源，将 Co—O 部分引入 Co-N-C SAC，在 900℃的 N_2 中进行热解后转变为 CoN_3O_1 结构，从而构建了 CoN_3O_1 结构的 SAC[93]（图 5.11），其中 Co—O 部分作为活性位点参与 C—H 键活化，而独特的 CoN_3O_1 结构可以提供 Co—O 来应对还原聚集的优异稳定性。研究证实，该独特的 CoN_3O_1 结构在 550℃下的乙苯脱氢反应中表现出极高的活性和稳定性，达到了 4.7 $mmol_{EB}\cdot g_{cat}^{-1}\cdot h^{-1}$ 和 192.9 $mmol_{EB}\cdot g_{metal}^{-1}\cdot h^{-1}$ 的稳定转化率。对于烷烃脱氢，CoN_3O_1-SAC 的初始活性衰减，可归因于 N 掺杂碳表面上的积碳和酮羰基的损失；而 30 h 后催化剂 CoN_3O_1 结构保存完好，恰恰证明了 CoN_3O_1 结构在高温下的还原气氛中的稳定性。这项工作为合理设计可在高温和还原性气体中运行的高活性和高稳定的 SAC 提供了一条途径。此外，该项研究中提出的催化剂设计策略也可以扩展到其他 M-N-C SAC，极大地拓展了 SAC 在苛刻反应条件下的应用范畴。

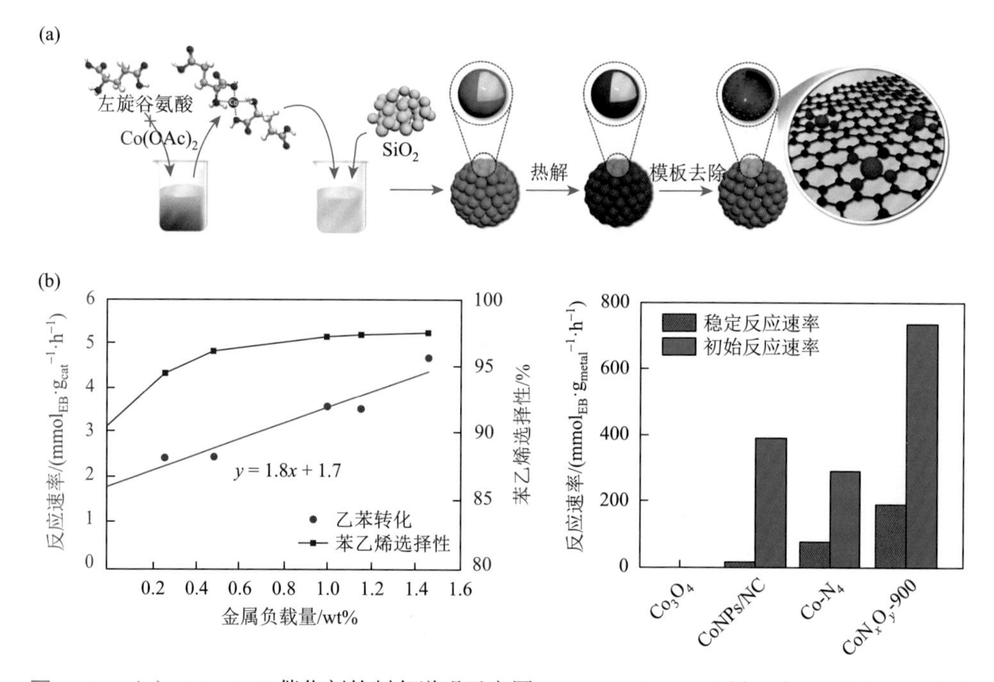

图 5.11　（a）CoN_xO_y-T 催化剂的制备说明示意图；（b）CoN_xO_y-900 样品中 Co 负载量与稳定反应速率的关系，以及 CoN_xO_y-900 催化剂与参比样品的稳定反应速率比较[93]

最近，福州大学郭智勇教授课题组构建了一种新型共价有机骨架材料 1D-COF（FZU-66），然后用 Co(Ⅱ)进行修饰，合成的单原子催化剂在乙苯的 C—H 键氧化中表现出优异的非均相催化性能[94]（图 5.12）。在室温水溶液中，反应 16 h 的转化率接近 100%，而且选择性在 99%左右。令人印象深刻的是，设计的单分散 Co(Ⅱ)-配位 1D-COF（FZU-66-Co）经过至少五次连续循环实验后，在保持高结晶度的同时保持了良好的催化活性。这项工作将促进多孔聚合物在催化氧化 C—H 键中的应用，并使其成为激活芳烃 C—H 键的有效平台。

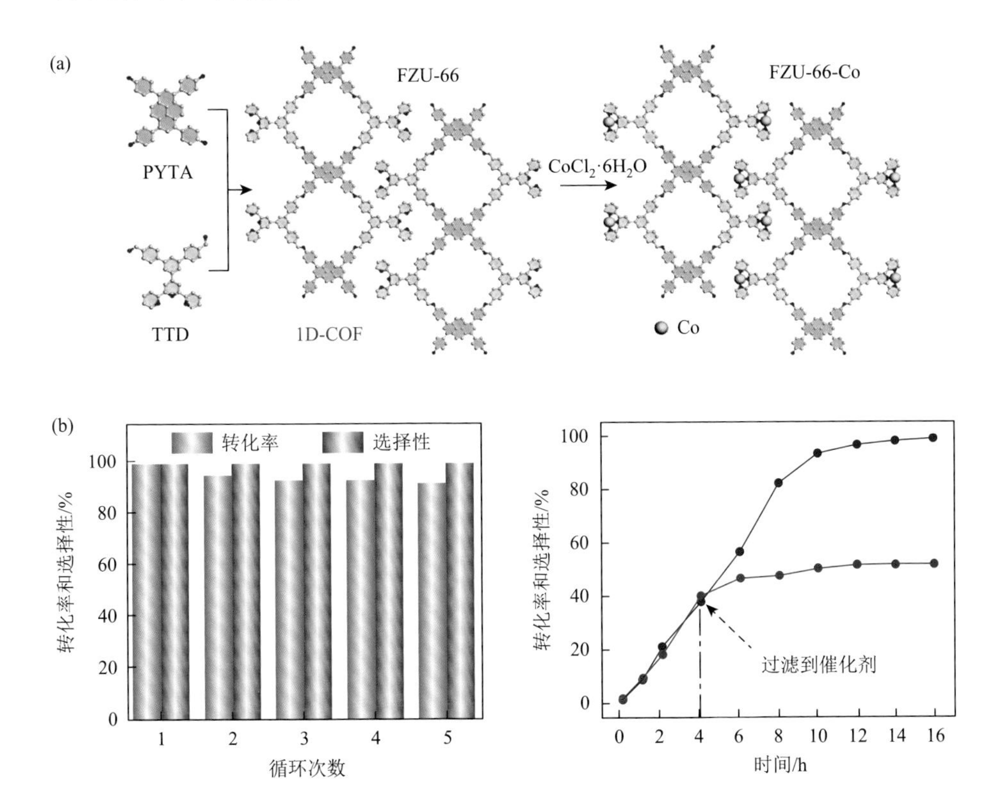

图 5.12 （a）FZU-66 和 FZU-66-Co 的合成方案示意图；（b）FZU-66-Co 在乙苯选择氧化反应中的循环试验和浸出试验结果[94]

PYTA 表示 1, 3, 6, 8-四（4-氨基苯基）芘；TTD 表示 5′-([2, 2′：6′, 2″-三联吡啶]-4′-基)-[1, 1′：3′, 1″-三联苯]-4, 4″-二茂铁二甲醛；FZU-66-Co 表示二价 Co 功能化的一维共价有机骨架

由此可见，乙苯氧化在单原子热催化领域展现出巨大的应用潜力，有望为工业生产苯乙酮、苯甲醛等重要化学品提供更加高效、环保的催化解决方案，推动相关领域的技术创新和发展。

5.2 热催化加氢反应

除了前面介绍的各种热催化氧化反应，热催化加氢反应也是热催化领域中一类不可或缺的化学反应过程。在热催化加氢反应中，催化剂能够降低氢分子解离成氢原子的活化能，使氢原子有效地与底物完成反应。该过程通常需要在一定的温度和压力条件下进行，以确保氢气能够与底物充分接触并发生反应。选择性催化加氢是学术界和工业界生产各种化学品（如聚合物、农用化学品、香料和药物化合物）的基本反应[95-101]。从经济和环境的角度看，提高不饱和化合物选择性加氢的关键仍然是制备高效催化剂。一般来说，与均相催化剂相比，多相催化剂易于从产物中分离和回收，因而更常用于该反应。近年来，具有均匀原子分散活性位点和独特化学性质的 SAC（如 Pt、Pd 和 Au 单原子催化剂）正在作为新一代催化剂被研究。基于以往的研究，与纳米团簇或纳米颗粒相比，SAC 可以提供更低的 H_2 吸附能并促进 H_2 的活化，从而在选择性加氢反应中表现出优异的催化活性和选择性。下面将从纤维素加氢、炔烃选择性加氢以及其他加氢反应方面，具体介绍 SAC 在热催化加氢反应领域的应用。

5.2.1 纤维素加氢

纤维素加氢反应是一种将纤维素转化为高附加值化学品和燃料的重要热催化过程，即在催化剂存在下，利用氢气在较高温度条件下与纤维素发生反应，生成如糖醇（如山梨醇）、多元醇或其他液体燃料的过程。在此过程中，纤维素首先被水解成单糖，然后单糖在催化剂的帮助下被加氢还原成相应的糖醇。这种转化为生物基化学品提供了一种可持续的制备路径。一方面，纤维素的加氢反应是生物质能源转化过程中的一个重要步骤，有助于实现生物质资源的高值化利用；另一方面，纤维素作为地球上最丰富的有机高分子和可再生资源之一，其加氢反应对于替代化石资源也具有重要的经济和环境价值[102-120]。例如，石墨烯基单原子催化材料在加氢反应中便表现出优异的性能。Liu 等发现[121]，Ni-N-C 催化剂对纤维素转化为乙二醇/羟丙酮具有很高的活性，该催化剂在恶劣反应条件（245℃，60 bar 的 H_2 氛围）下具有较高的耐久性，并且各种生物质不饱和基团（C═O、C≡C、C═N 和 NO_2）可以在这种强大的催化剂上加氢形成相应的产物，生产率接近 100%［图 5.13（a)］。

最近，针对纤维素“一锅法”转化制备山梨醇目标产物产率低的问题，中国石油大学（北京）重质油加工国家重点实验室的杨英等采用原位 Stöber 模板策略，在热解和酸处理前将 8-羟基喹啉修饰壳聚糖（HQ-CTS，第二大类生物质）包覆在硅球上，构建了磺酸基中空介孔碳球（HMCS-SO_3H）[122]［图 5.13（b)］。在此

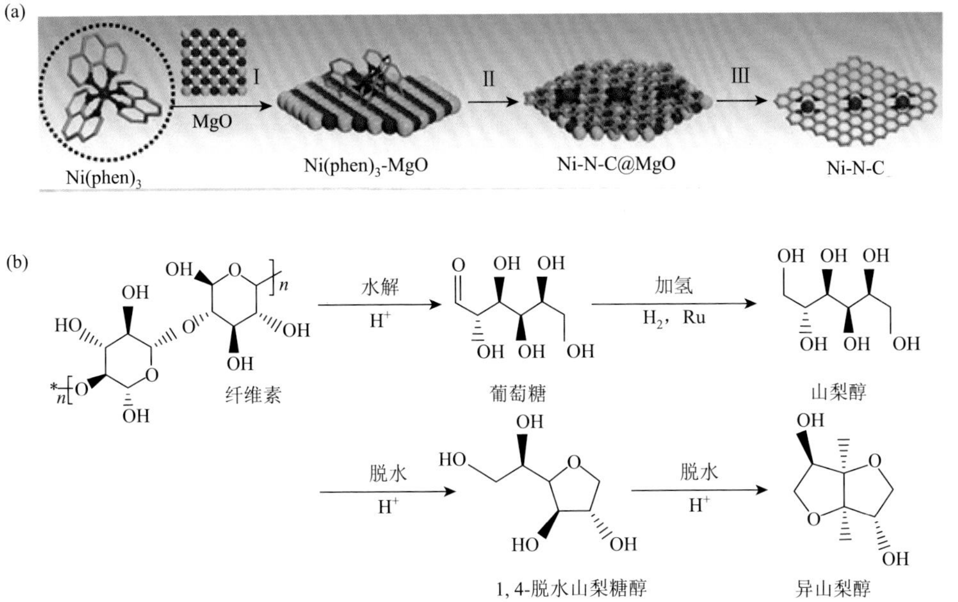

图 5.13　（a）Ni-N-C 催化剂的制备说明示意图；（b）纤维素催化转化为异山梨醇的反应途径[122]

phen 表示邻二氮杂菲[121]

过程中，N 配位和酸抑制了 Ru^{3+}的水解，阻止了聚集氢氧化物的形成，保证了负载致密的 Ru 单原子催化剂被成功制备。在 Stöber 过程中，可以通过改变 HQ-CTS 的添加时间，实现锚定的 Ru 单原子和 SO_3H 含量的调整。正如所预期的，Ru 单原子对葡萄糖加氢制山梨醇具有高活性和选择性，并且它们与密集的 SO_3H 基团的协同作用增强，促进了纤维素在苛刻条件下经过“一锅法”反应制备高收率异山梨醇。该研究为合理设计纤维素“一锅法”制备异山梨醇的高性能金属-酸双功能催化剂提供了新的思路。

可以看到，单原子热催化加氢技术在纤维素加氢领域具有巨大潜力。这种技术能提供高活性的催化中心，使纤维素转化为糠醛、乙醇等生物燃料和化工产品反应更为高效。此外，SAC 的良好选择性和稳定性也有助于降低副产物生成和催化剂的失活，便于推动生物质资源的可持续利用。

5.2.2　炔烃选择性加氢

炔烃选择性加氢反应在热催化过程中占据了重要地位，尤其是在石油化工和精细化学品生产中。此类反应在催化剂的作用下，利用氢气将炔烃转化为烯烃或饱和烃，这对于改善烃类原料的品质、合成高附加值化学品及深度加工石油产品具有关键意义。炔烃选择性加氢反应的挑战在于如何精确控制反应，以便优先加氢炔键，而不是过度加氢影响烯键，从而成功得到所需的烯烃产物[110-126]。与众多热催化加氢反应相同，选择合适的催化剂依然是炔烃选择性加氢反应成功的关键[127-139]。当下，常用的炔烃选择性加氢反应催化剂包括 Pd、Pt 和 Ni 等贵金属，它们能够提供高效的活性位点，使氢气能够特定地作用于炔键；同时，这些催化剂通常配合一定的抑制剂或载体，如碳或氧化铝，可以进一步提高加氢选择性，防止烯键的不必要加氢。在工业应用中，炔烃选择性加氢反应不仅可以用于提纯烯烃，如在乙烯生产过程中去除乙炔杂质，还可以在制备特定聚合物前体时调整单体的结构。此外，这一反应还涉及环境因素的考量，包括催化剂的可回收性和反应过程的绿色化。优化这些反应条件和催化系统对于满足工业生产的高效性和经济性至关重要。具有 N 配位腔的 g-C_3N_4 被证实可以用来限域单金属原子进行加氢反应。Pérez-Ramírez 及其同事首次合成了 g-C_3N_4 基 Pd 单原子催化剂[140]［图 5.14（a）］，用于炔烃和硝基芳烃的加氢催化。研究证实该 Pd 单原子催化剂超越了传统纳米颗粒基催化剂（包括 Lindlar 催化剂）对 1-己炔加氢成 1-己烯的活性，表现出优异的选择性（90%）和稳定性［图 5.14（b）］。电子显微镜分析表明，Pd 原子在 g-C_3N_4 上的分散率为 100%，而在常规氧化物载体（如 Al_2O_3）上则会迅速团聚。g-C_3N_4 中 N 原子的作用使 Pd 原子具有静电稳定性，从而形成 Pd 单原子。DFT 计算进一步表明［图 5.14（c）］，乙炔和 1-己炔在 g-C_3N_4 上的吸附能在几 meV 以内，这是导致 g-C_3N_4 加氢性能较高的原因。此外，g-C_3N_4 载体可以模拟酶促环境，如卟啉中的酶促环境，可作为间隔物促使活性位点均匀化，同时也作为配体，既抑制了潜在毒物（CO）的吸附，又促进了 H_2 的活化。

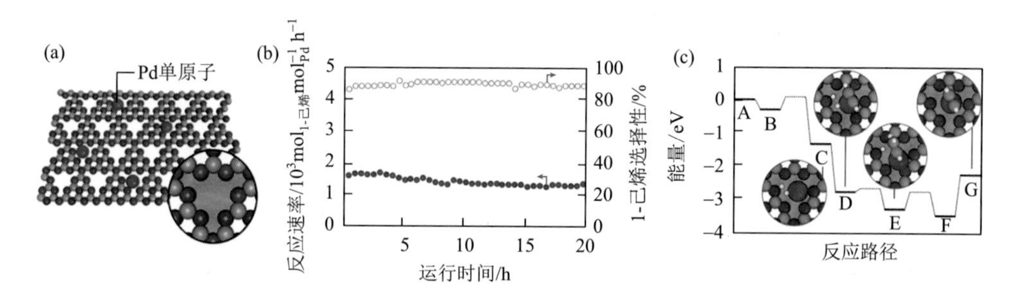

图 5.14 （a）g-C_3N_4 基 Pd 单原子催化剂的结构图；（b）Pd 单原子催化剂上 1-己炔加氢制 1-己烯的稳定性试验；（c）乙炔在单个 Pd 原子上加氢的能量分布[140]

之后，陆续出现了更多关于 g-C_3N_4 基 Pd 单原子催化剂用于炔烃选择性加氢的报道（图 5.15）。基于 Pd 的催化剂虽然具有较高的加氢活性，但催化过程中生成的大量焦炭所引起的选择性差和催化剂寿命短等问题成为普遍关注的焦点。Lu 和同事通过使用 ALD 法成功地在 g-C_3N_4 上合成了原子级分散的 Pd 原子，并通过 HAADF-STEM 进一步证实了 Pd 主要以孤立 Pd 原子的形式存在，并未形成 Pd 纳米粒子（Pd-NP）。在过量乙烯中乙炔选择性加氢过程中，Pd/g-C_3N_4-NP 催化剂比

常规的 Pd/SiO_2 和 Pd/Al_2O_3 催化剂具有更高的乙烯选择性。原位 X 射线光电子能谱（*In-situ* XPS）显示，从 Pd-NP 到 g-C_3N_4 的大量电荷转移可能在催化性能增强中起重要作用。更令人印象深刻的是，单原子的 Pd_1/g-C_3N_4 催化剂表现出更高的乙烯选择性和更高的耐焦化性。此工作表明，Pd_1/g-C_3N_4 催化剂是提高乙炔加氢反应选择性和抗结焦性的良好候选催化剂[141]。另有研究进一步发现，焦化通常发生在相邻的多个吸附位点上，通过乙炔或乙烯的聚合形成绿油（或焦炭）[142]，这对 Pd-NP 来说比单原子更容易。

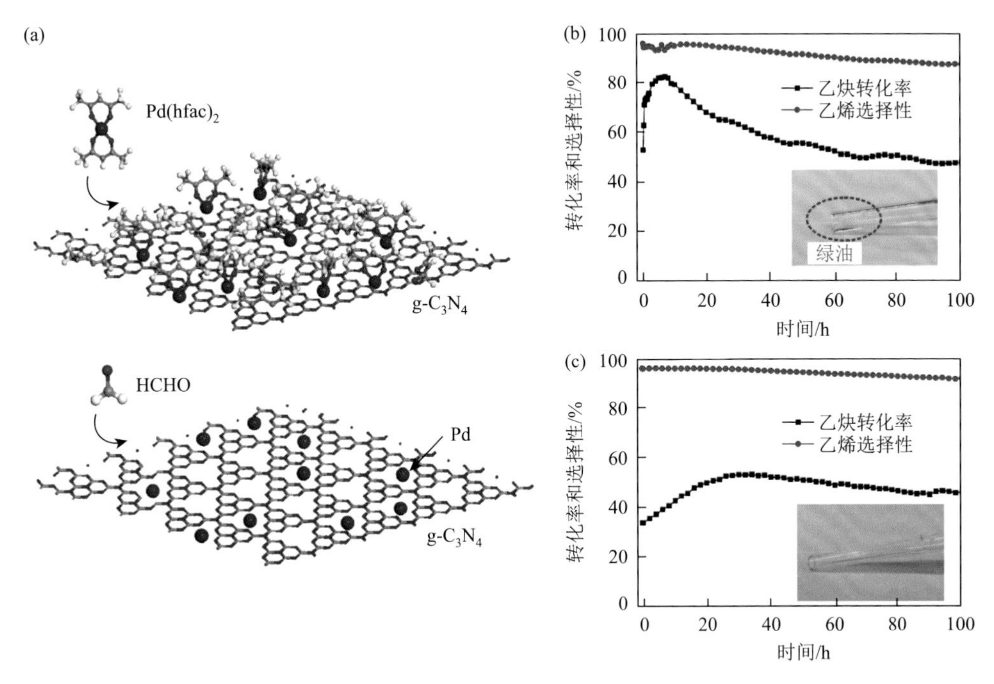

图 5.15 （a）Pd 原子沉积在原始 g-C_3N_4 上合成单原子 Pd_1/g-C_3N_4 催化剂示意图；（b）Pd/g-C_3N_4-NP（WI）和（c）Pd_1/g-C_3N_4 在过量乙烯中乙炔选择性加氢的耐久性试验[141]

hfac 表示六氟乙酰丙酮

此外，Pérez-Ramírez 等在块体和介孔 g-C_3N_4 的合成过程中引入了富碳杂环（巴比妥酸或 2, 4, 6-三氨基嘧啶）来进一步研究 g-C_3N_4 中掺杂碳对 Pd 与 g-C_3N_4 相互作用的影响[143]。Pd 原子被证实通过微波辐照辅助沉积被有效引入，这是单原子分散的高效途径。详细的表征证实了晶格 C/N 的可控变化，并揭示了晶体尺寸、表面积、缺陷数量、载体的基本性质和热稳定性之间的复杂相互作用。后续研究表明，在介孔形式的化学计量载体和碳掺杂载体上都可以获得具有相似表面密度的 Pd 原子分散体，但在 Pd^{2+}与 Pd^{4+}比例方面观察到明显的差异。通过非金属掺杂调整 g-C_3N_4 基体的原子组成，可调节受限 Pd 单原子的电子结构，并影响它们对 2-甲基-3-丁烯-2-醇选择性加氢的催化活性。催化剂中 Pd^{2+} 与 Pd^{4+} 的比例越高，催化效率越高。此工作表明二维材料与受限金属单原子之间存在较强的电子相互作用，同时具有独特几何和电子结构的二维材料可以以不同寻常的方式调节单金属原子的催化行为，这对理解金属-载体相互作用以优化 SAC 的催化效率具有重要意义。

正如前文所讲，炔烃半加氢制烯烃反应一直是工业生产中的关键反应，开发低温下具有高活性和高选择性的炔烃半氢化催化剂非常重要。基于此，浙江工业大学的王建国等提出了一种利用单原子 Ni 修饰的 Al_2O_3 载体 Pd 优化炔烃半氢化选择性的调制策略[144]（图 5.16）。通过简单的浸渍法，在单原子 Ni 修饰的 γ-Al_2O_3 上负载极少量（约 0.5 wt%）的 Pd，使 Pd 纳米颗粒呈球形分布在载体上。研究发现，通过调控催化剂中 Ni 的含量，可以很好地调节催化剂的几何结构和电子结

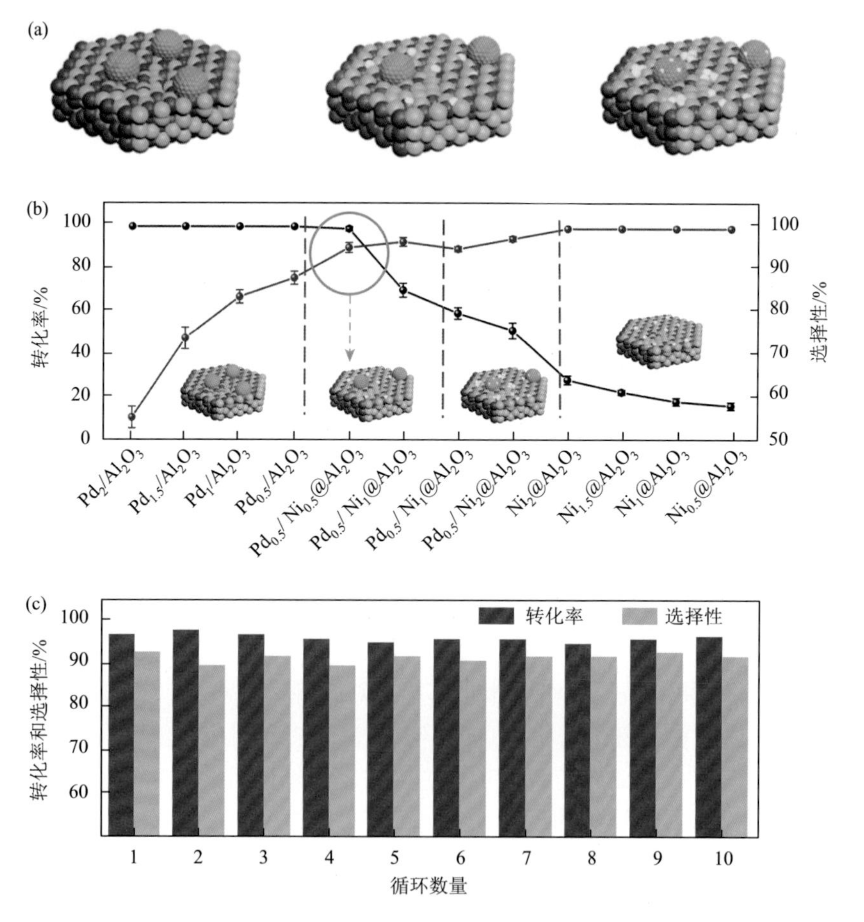

图 5.16 （a）$Pd_{0.5}$/γ-Al_2O_3、$Pd_{0.5}/Ni_{0.5}$@γ-Al_2O_3 和 $Pd_{0.5}/Ni_2$@γ-Al_2O_3 的结构图；（b）不同负载催化剂模型的转化率和选择性比较；（c）$Pd_{0.5}/Ni_{0.5}$@γ-Al_2O_3 的稳定性循环试验[144]

构。实验证明优化后的催化剂 $Pd_{0.5}/Ni_{0.5}@\gamma\text{-}Al_2O_3$ 对苯乙炔半加氢反应的转化率为 98%，选择性为 94%，催化转化温度可低至 25℃，同时具有良好的稳定性，在 10 次应用后活性仍保持不变。此外，清华大学李亚栋院士、王定胜副教授联合中国科学技术大学付强特任研究员等课题组在多金属氧酸盐基金属有机骨架（polyoxometalate-based metal-organic framework，POMOF）中成功构建出单原子 Pd 催化剂[145]。其独特的内部环境可以使 POMOF 能够从乙炔/乙烯气体混合物中分离乙炔，并将其限域在单原子 Pd 附近。在半加氢反应完成后，生成的乙烯会优先从孔中排出，实现 92.6%的高选择性。DFT 模拟计算表明，吸附的乙炔/乙烯分子可以与 $SiW_{12}O_{40}^{4-}$ 中的氧原子形成氢键网络，并产生动态限域区，优先释放生成的乙烯。此外，在 Pd 位点处，乙烯的过度加氢比乙炔的半加氢具有更高的反应势垒。这种将 POMOF 和单原子 Pd 优势结合的思路为半加氢选择性调控提供了一条有效途径。

总之，单原子热催化加氢技术的出现为炔烃选择性加氢带来了新的发展机遇。相较于传统的催化剂，SAC 具有更高的活性和更良好的选择性，不仅可以提高炔烃类化合物的加氢转化效率，还可以降低能源消耗和废物排放，具有重要的环境和经济效益。

5.2.3 其他加氢反应

在热催化加氢反应的领域内，除了已提及的纤维素加氢及炔烃选择性加氢外，还包括一系列其他重要的加氢过程，这些过程对化工、能源和环保行业也至关重要，包括芳香烃加氢反应[146-155]、CO_2 加氢反应[156-165]、烯烃加氢反应[153-161]以及炔烃硅氢化反应[175-185]等。芳香烃加氢反应涉及将芳香环如苯、甲苯等转化为相应的环烷烃，如环己烷。这一反应在合成高品质的燃料和润滑油中尤为重要，因为完全饱和的环烷烃在这些应用中显示出更优的稳定性和较少的环境污染特性。芳香烃加氢也用于生产化工原料，这些原料是许多工业聚合物和化学品的基础，如尼龙和其他塑料。CO_2 加氢反应也称为逆水煤气变换反应，是将 CO_2 转化为一氧化碳和水的过程。这一反应不仅有助于减少温室气体的排放，还可以将 CO_2 转化为有用的化学品和燃料，如甲醇和其他液体烃。在全球寻求可持续能源解决方案的背景下，CO_2 加氢反应对于碳循环和清洁能源技术具有重要的战略意义。烯烃加氢反应则涉及将烯烃（如乙烯和丙烯）转化为相应的饱和烃（如乙烷和丙烷）。这一过程在制造高质量塑料和其他化学品的生产中至关重要，因为饱和烃通常具有更高的化学稳定性和安全性。此外，烯烃加氢反应还可以用于调整石化产品的组成，优化其性能和市场价值。炔烃硅氢化反应是一个特殊的加氢过程，其中炔烃（如乙炔）不是被普通的氢气加氢，而是与硅氢化合物反应，生成含硅的有机化合物。这类反应在制造硅橡胶、密封剂和其他硅基材料中具有基础作用。硅氢化不仅提供了一种合成硅有机化合物的有效途径，还有助于开发新型材料和技术。接下来，将通过相应的例子来深入理解以上加氢反应过程。

首先，对于芳香烃加氢反应，Tsang 和同事发现，MoS_2 的层数对 4-甲酚（4-MP）加氢脱氧到甲苯的催化活性有显著影响[186]［图 5.17（a）］。当 Co 单原子锚定在 MoS_2 基面上时，可以进一步提高其催化性能，并且 Co 的周转频率在单层 MoS_2 上比在少层 MoS_2 上多两倍的现象表明平面内 S 空位对加氢脱氧起重要作用。同时，在温和的反应条件下（180℃，3 MPa），MoS_2 基 Co 单原子材料体系仍然可以催化反应，并表现出优异的转化率和 98%的选择性［图 5.17（b）］。

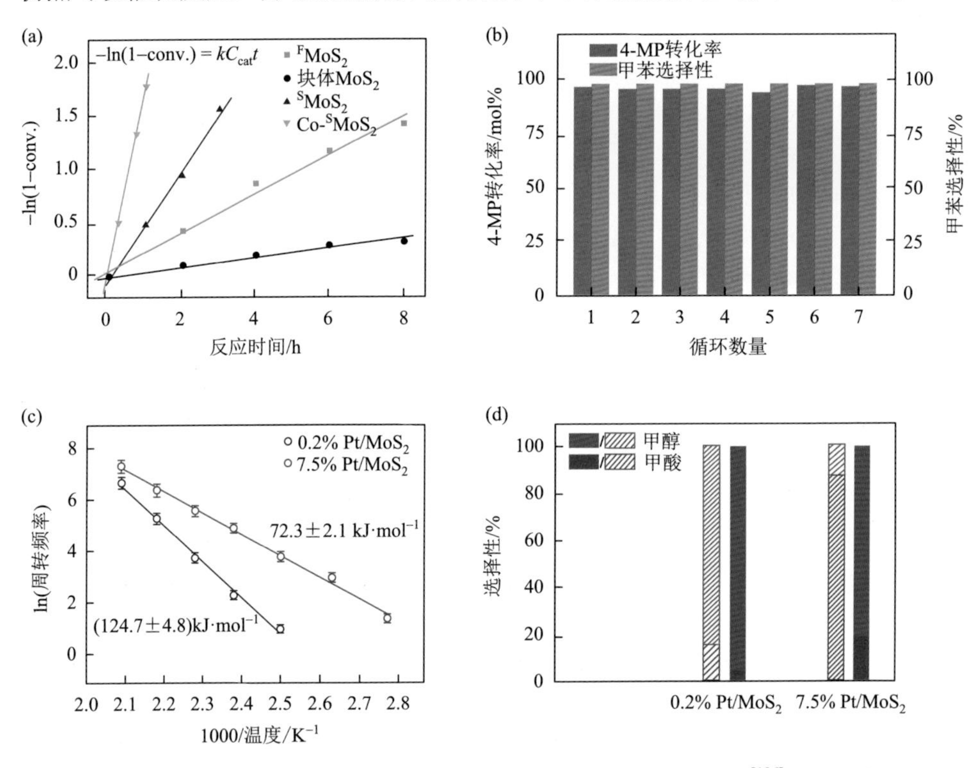

图 5.17 （a）不同 MoS_2 催化剂上 4-甲酚加氢脱氧到甲苯的动力学数据[186]；（b）单层 MoS_2 基 Co 单原子的稳定性试验[186]；（c）0.2% Pt/MoS_2 和 7.5% Pt/MoS_2 催化剂用于 CO_2 加氢[191]；（d）0.2% Pt/MoS_2 和 7.5% Pt/MoS_2 在不同 CO_2/H_2 下的产物分布[191]

conv.表示转化率

环己醇是一种用途广泛的化学品，主要由化石原料氧化生产。木质素衍生物的选择性加氢脱氧在生产这些化学品方面有很大的潜力，但要获得高产率是一个挑战。华东师范大学、中国科学院化学研究所开展合作研究，将片状 CeO_2 负载的 Ru 单原子（Ru/CeO_2-S）用于芳烃的转化[187]。研究发现，CeO_2 负载的 Ru 单原子催化剂在不改变 C—O(H)键的情况下，实现了苯环的氢化，催化了醚键 C—

O(R)的断裂，且可以获得 99.9%的环己醇收率。这是首次报道的金属单原子催化芳环加氢反应。另外，通过控制实验和 DFT 计算对反应机理进行了研究，在催化剂中形成了 Ru-O-Ce 中心，一个 Ru 原子与大约四个 O 原子配位，这些催化中心可以有效地实现加氢和脱氧反应，从而生成所需的环己醇。该工作开创了单原子催化剂催化芳烃转化的先河，为环己醇的合成提供了一条新的途径。

如上所述，将 CO_2 转化为燃料和工业原料已经引起了人们相当大的兴趣，也被认为是将温室气体转化为可再生能源（如 CO、CH_4、CH_3OH、C^{2+}产品等）的一种有前途的策略[12, 188-192]。CO_2 加氢反应的一个典型例子，便是 MoS_2 基 Pt 单原子材料对 CO_2 的加氢反应[191]。研究发现，Pt 的负载量对催化活性和选择性有明显的影响。在动力学实验的基础上，7.5% Pt/MoS_2 的活化能为 72.3 kJ·mol^{-1}，远低于 0.2% Pt/MoS_2 的 124.7 kJ·mol^{-1}［图 5.17（c）］。换句话说，相对于在低负荷下形成的孤立 Pt 单体，在高负荷下形成的相邻 Pt 单体更有利于 CO_2 加氢。此外，通过将 CO_2 与 H_2 的比例从 1∶3 增加到 3∶1，0.2% Pt/MoS_2 的主要产物仍然是 CH_3OH，而 7.5% Pt/MoS_2 的主要产物变为 HCOOH［图 5.17（d）］。DFT 计算进一步表明，分离的 Pt 单体有利于 CO_2 转化为 CH_3OH 而不形成 HCOOH，而相邻 Pt 单体捕获的 CO_2 则会逐步氢化为 HCOOH 和 CH_3OH。

烯烃加氢反应是一种广泛应用于化工和石油工业的热催化过程，通过这一过程，烯烃（含有碳碳双键的不饱和化合物）可在催化剂的作用下与氢气反应，转化为相应的烷烃（饱和化合物）。烯烃加氢反应不仅在提高燃料品质、制备精细化学品和合成高分子材料等方面具有重要作用，还是实现化学品绿色生产的关键步骤之一。例如，单原子 Rh 催化剂相对于烯烃氢甲酰化中的均相催化剂具有优异的活性，但在区域选择性控制方面成功的案例非常有限。基于此，Chen 等开发了一种以纳米金刚石为载体的磷配位 Rh_1 单原子催化剂[193]［图 5.18（a）］。受益于这种独特的结构，该催化剂在芳基乙烯的氢甲酰化反应中表现出优异的活性和区域选择性，具有广泛的底物通用性，即具有高转化率（＞99%）和高区域选择性（＞90%），这与同源对应物相当。^{31}P NMR 和 XAS 阐明了 Rh_1 与表面磷物种之间的配位相互作用。Rh 单原子通过 Rh—P 键牢固地锚定在纳米金刚石上，即使在六次运行后也保证了苯乙烯加氢的良好稳定性。最后，利用该催化剂，Chen 等高效合成了布洛芬和芬地林两种药物分子［图 5.18（b）］，且产率较高，证明了单原子催化剂在药物合成中的新前景。另外，西班牙瓦伦西亚理工大学 Avelino Corma 教授等合成了一种由孤立的单原子和无序团簇组成的非均相 Ru 催化剂[194]（图 5.19）。该催化剂在 1-己烯氢甲酰化反应中具有良好的活性和显著的区域选择性。根据 XPS 和 XANES 的研究，氮原子可以稳定 Ru(Ⅱ)-N 位点，对提高催化剂的稳定性和活性至关重要。此外，不同原子级 Ru 物种存在尺寸依赖的特性，通过将观察到的反应速率与粒径分布进行相关性分析，采用像差校正的 HAADF-STEM 进行成像，最终将单原子位点识别为最活跃的位点。该催化剂是一种很有前景的非均相 Ru 催化剂，为后续设计改性的 Ru 非均相催化剂提供了很好的借鉴。

(a)

纳米金刚石（ND）的石墨烯表面　PNP钳形配体 —第一步 凝结剂→ PNP-ND —第二步 1. [Rh]络合 2. H_2 120℃ 2 h→ Rh_1/PNP-ND

(b) 通过Rh_1/PNP-ND催化氢甲酰化合成布洛芬的克级反应

8 mmol 1.28 g —Rh_1/PNP-ND 一氧化碳/氢气（3.0 MPa）→ 92% 产量 b/l = 12∶1 —$NaClO_2$, KH_2PO_4 *t*-BuOH, H_2O→ 93%产量 布洛芬

通过Rh_1/PNP-ND催化串联氢甲酰化/氨化一步合成芬地林

3 mmol —Rh_1/PNP-ND 一氧化碳/氢气（3.0 MPa）→ 93%产量 —Rh_1/PNP-ND 1-苯基乙胺（1.1当量） 乙醇，120℃，24 h H_2(4.4 MPa)→ 94%产量 芬地林

图 5.18　（a）Rh_1/PNP-ND 合成示意图；（b）通过 Rh_1/PNP-ND 催化氢甲酰化合成布洛芬和催化串联氢甲酰化/氨化合成芬地林的路线[193]

Rh_1-PNP-ND 表示金属配位法制备纳米金刚石载磷配位的 Rh_1 催化剂

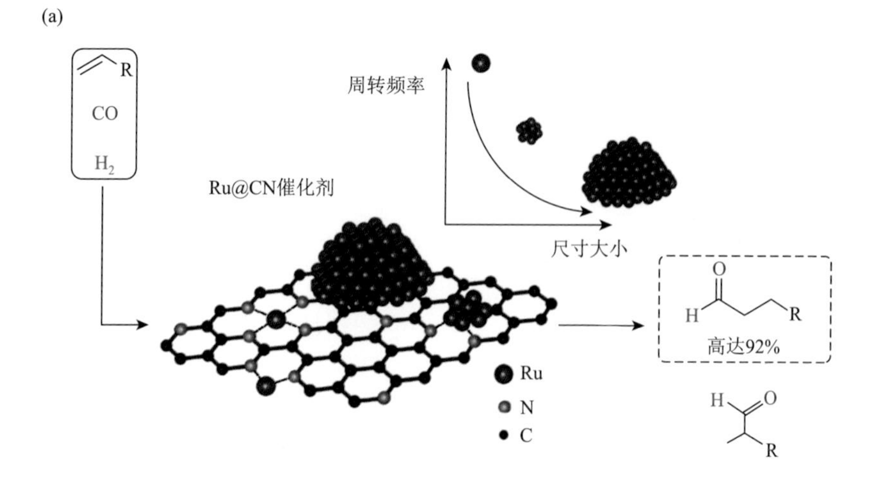

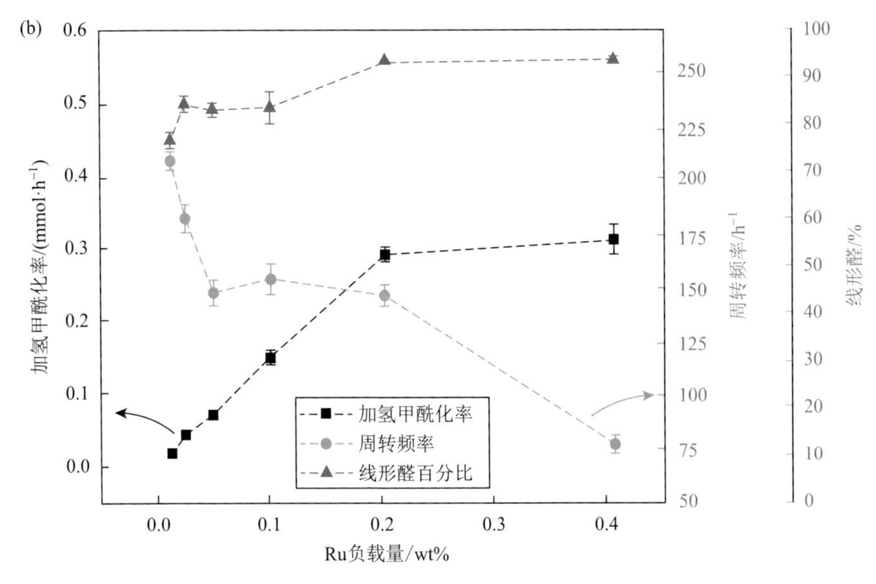

图 5.19　（a）Ru 单位点多相催化剂用于 α-烯烃氢甲酰化的活性和区域选择性示意图；（b）不同 Ru@NC 负载催化剂加氢甲酰化速率的催化数据图、周转频率，以及线形醛的百分比[194]

硅氢化反应是利用硅烷试剂对不饱和键进行氢官能团化，非常有利于 C—Si 键的构筑。事实上，硅氢化反应已达到工业规模应用，特别是铂催化剂在烯烃硅氢化反应中的应用。Speier 催化剂（H_2PtCl_6）和 Karstedt 催化剂（Pt^0 配合物）在反应中显示出很高的活性，并已成为工业硅氢化反应的基准。近年来，开发了许多高效的单原子金属烯烃硅氢化催化剂，有望为烯烃硅氢化催化剂的升级换代提供支撑。然而，炔烃硅氢化反应比烯烃硅氢化反应更为复杂，其研究仍停留在实验室的基础阶段。目前，炔烃硅氢化反应均相催化剂的发展非常丰富，而非均相催化剂的实例则很少，而单原子催化剂在炔烃硅氢化反应中的应用还没有报道。乙烯基硅化合物是合成化学和材料科学的中间体，炔烃硅氢化反应是生产乙烯基硅化合物的原子经济性途径。炔烃硅氢化反应主要产生三个异构体，α-、β-(Z)和β-(E)构型，因此区域选择性和立体选择性的控制是主要问题。纳米颗粒的活性位点难以确定，不利于了解催化机理。单原子催化剂则因其最大的原子利用率、均匀的活性位点和可回收性，在炔烃硅氢化反应中具有重要的研究价值。它有望同时达到高活性、高选择性和高稳定性。

针对以上研究现状，如图 5.20 所示，安徽师范大学的陈郑课题组以 g-C_3N_4纳米片为载体制备了原子分散的 Au 催化剂，其独特的三嗪结构单元形成的碳空穴为单个金属原子提供了理想的锚定位点[195]。通过球差校正电子显微镜和 EXAFS 表征分析，Au-N_3 位点中的 Au 为 + 1 氧化态。在苯乙炔和三乙基硅烷的反马氏氢硅化加成反应中，制备出的单原子 Au 催化剂在活性、选择性和稳定性方面表现出非凡的性能。在 60℃下，反应 12 h，苯乙炔接近完全转化，β-(E)产物的选择性为 94%，其余为 6%的 α-同分异构体，未检测到其他类型的产物。与 Au 纳米粒子、$HAuCl_4$、乙酸金等相比，单原子 Au 对炔烃的硅氢化反应催化活性和稳定性都大大提升。此外，该催化剂对不同类型的炔烃均表现出优异的催化性能。研究发现，Au 在氮化碳骨架上以 + 1 价物种的形式稳定存在，并未流失，可以有效地实现 Si—H 键的活化及氧化加成，形成硅基-Au^{III}-氢化物中间体，并通过迁移插入生成两种相应的乙烯基硅烷。总之，原子级 Au^{I}-N_3 位点能够有效地实现 Si—H 键的氧化加成和硅基金属化的基元步骤，生成 β-(E)构型的产物。在相同的反应温度下，Au_1/g-C_3N_4 的转化率比 AuNPs/g-C_3N_4 高约 4 倍。该催化剂不仅可进行五次循环反应，在放大实验及无溶剂条件下也具有优异的性能。单原子催化剂具有

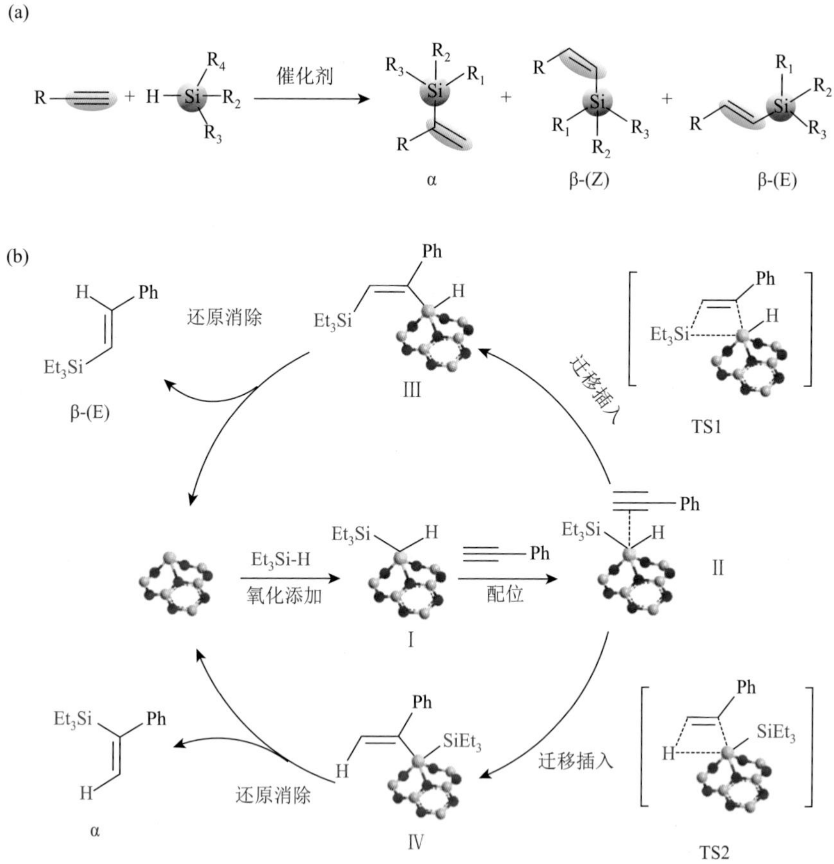

图 5.20　（a）炔烃的硅氢化反应，以及得到的三种可能的异构体化合物；（b）苯乙炔与 Et_3Si 氢硅化反应生成 β-(E)-乙烯基硅烷或 α-乙烯基硅烷的反应机理[195]

Et_3Si 为三乙基硅烷基

非均相催化剂的本质和均相催化剂的局部特征，有望实现均相催化异相化，解决有机反应及工业催化中的挑战性问题。

综上，单原子热催化加氢技术在各种加氢反应领域都展现出了广泛的应用前景。无论是对有机化合物的加氢转化，还是对碳氢化合物的加氢裂解，SAC都具有独特的优势，有望成为未来研究和工业应用的重要方向，为绿色化工和可持续发展作出贡献。

总结与展望

本章深入探讨了SAC在热催化领域的应用，特别是在氧化反应和加氢反应中的重要作用。这些材料因其独特的电子结构和高活性单原子位点，在热催化氧化反应和加氢反应中展现出卓越的性能。尤其在甲烷氧化、苯氧化、乙苯氧化等反应中，SAC不仅能够提高反应的选择性和活性，而且还能够在相对温和的条件下实现高效的化学转换。通过精确设计和优化SAC的电子结构和配位环境，研究人员已经成功开发出多种高效的催化剂，为实现绿色、高效的化学品生产提供了新的途径。

尽管SAC在热催化应用方面已取得显著进展，但未来研究仍需聚焦于以下几个关键方向以实现更广泛的应用：①深入探索SAC的电子结构、配位环境与催化性能之间的关系，进一步提高催化剂的活性、选择性和稳定性；②开发包含多种功能性单原子位点的复合催化材料，以实现对复杂反应网络的精准调控；③针对工业应用中的长期稳定性和耐久性问题，开发新型SAC，确保其在连续反应和苛刻条件下的性能不衰减；④面对实验室研究向工业化应用的转变，研究SAC在大规模生产和实际工业条件下的应用潜力；⑤利用SAC的独特性能，探索其在新型化学转换、能源转化和环境治理中的应用潜力，如CO_2转化和氮气固定等。通过实现对上述研究方向的探索，SAC有望在热催化领域实现更多突破，推动相关产业向更高效、更环境友好的方向发展。

参考文献

[1] Jin H，Song W，Cao C. An overview of metal density effects in single-atom catalysts for thermal catalysis. ACS Catalysis，2023，13（22）：15126-15142.

[2] Jin H，Zhao R，Cui P，et al. Sabatier phenomenon in hydrogenation reactions induced by single-atom density. Journal of the American Chemical Society，2023，145（22）：12023-12032.

[3] Chu C，Huang D，Gupta S，et al. Neighboring Pd single atoms surpass isolated single atoms for selective hydrodehalogenation catalysis. Nature Communications，2021，12：5179.

[4] Hai X，Xi S，Mitchell S，et al. Scalable two-step annealing method for preparing ultra-high-density single-atom catalyst libraries. Nature Nanotechnology，2022，17（2）：174-181.

[5] Song J，Chen Z，Cai X，et al. Promoting dinuclear-type catalysis in Cu_1-C_3N_4 single-atom catalysts. Advanced Materials，2022，34（33）：2204638.

[6] Wang B，Cheng C，Jin M，et al. A site distance effect induced by reactant molecule matchup in single-atom catalysts for fenton-like reactions. Angewandte Chemie International Edition，2022，61（33）：e202207268.

[7] Xiong Y，Sun W，Xin P，et al. Gram-scale synthesis of high-loading single-atomic-site Fe catalysts for effective epoxidation of styrene. Advanced Materials，2020，32（34）：2000896.

[8] Jin H，Cui P，Cao C，et al. Understanding the density-dependent activity of Cu single-atom catalyst in the benzene hydroxylation reaction. ACS Catalysis，2023，13（2）：1316-1325.

[9] Cheng C，Ren W，Miao F，et al. Generation of Fe^{IV}═O and its contribution to fenton-like reactions on a single-atom iron-N-C catalyst. Angewandte Chemie International Edition，2023，62（10）：e202218510.

[10] Gu J，Jian M，Huang L，et al. Synergizing metal-support interactions and spatial confinement boosts dynamics of atomic nickel for hydrogenations. Nature Nanotechnology，2021，16（10）：1141-1149.

[11] Kim Y，Collinge G，Lee M，et al. Surface density dependent catalytic activity of single palladium atoms supported on ceria. Angewandte Chemie International Edition，2021，60（42）：22769-22775.

[12] Zheng J，Lebedev K，Wu S，et al. High loading of transition metal single atoms on chalcogenide catalysts. Journal of the American Chemical Society，2021，143（21）：7979-7990.

[13] Rao Y，Wu Y，Dai X，et al. A tale of two sites：Neighboring atomically dispersed Pt sites cooperatively remove trace H_2 in CO-rich stream. Small，2022，18（51）：2204611.

[14] Liu L，Corma A. Metal catalysts for heterogeneous catalysis：From single atoms to nanoclusters and nanoparticles. Chemical Reviews，2018，118（10）：4981-5079.

[15] Jin Z，Li P，Meng Y，et al. Understanding the inter-site distance effect in single-atom catalysts for oxygen electroreduction. Nature Catalysis，2021，4（7）：615-622.

[16] Yao D，Tang C，Zhi X，et al. Inter-metal interaction with a threshold effect in NiCu dual-atom catalysts for CO_2 electroreduction. Advanced Materials，2023，35（11）：2209386.

[17] Yang Y，Zhu X，Wang L，et al. Breaking scaling relationships in alkynol semi-hydrogenation by manipulating interstitial atoms in Pd with d-electron gain. Nature Communications，2022，13（1）：2754.

[18] Peng M，Dong C，Gao R，et al. Fully exposed cluster catalyst（FECC）：Toward rich surface sites and full stom utilization efficiency. ACS Central Science，2021，7（2）：262-273.

[19] Shan J，Ye C，Jiang Y，et al. Metal-metal interactions in correlated single-atom catalysts. Science Advances，2022，8（17）：eabo0762.

[20] Lang R，Du X，Huang Y，et al. Single-atom catalysts based on the metal-oxide interaction. Chemical Reviews，2020，120（21）：11986-12043.

[21] Gan T，Wang D. Atomically dispersed materials：Ideal catalysts in atomic era. Nano Research，2024，17（1）：18-38.

[22] Giulimondi V，Mitchell S，Pérez-Ramírez J. Challenges and opportunities in engineering the electronic structure of single-atom catalysts. ACS Catalysis，2023，13（5）：2981-2997.

[23] Yang X F，Wang A，Qiao B，et al. Single-atom catalysts：A new frontier in heterogeneous catalysis. Accounts of Chemical Research，2013，46（8）：1740-1748.

[24] Liang X，Fu N，Yao S，et al. The progress and outlook of metal single-atom-site catalysis. Journal of the American Chemical Society，2022，144（40）：18155-18174.

[25] Zhao L，Wang S Q，Liang S，et al. Coordination anchoring synthesis of high-density single-metal-atom sites for

electrocatalysis. Coordination Chemistry Reviews，2022，466：214603.

[26] Zhang L，Zhou M，Wang A，et al. Selective hydrogenation over supported metal catalysts：From nanoparticles to single atoms. Chemical Reviews，2020，120（2）：683-733.

[27] Zhang M，Wang Y G，Chen W，et al. Metal（hydr）oxides@polymer core-shell strategy to metal single-atom materials. Journal of the American Chemical Society，2017，139（32）：10976-10979.

[28] Liu W，Zhang L，Liu X，et al. Discriminating catalytically active FeN_x species of atomically dispersed Fe-N-C catalyst for selective oxidation of the C—H bond. Journal of the American Chemical Society，2017，139（31）：10790-10798.

[29] Deng D，Chen X，Yu L，et al. A single iron site confined in a graphene matrix for the catalytic oxidation of benzene at room temperature. Science Advances，2015，1（11）：e1500462.

[30] Cui X，Xiao J，Wu Y，et al. A graphene composite material with single cobalt active sites：A highly efficient counter electrode for dye-sensitized solar cells. Angewandte Chemie International Edition，2016，55（23）：6708-6712.

[31] Gao Y，Hu G，Zhong J，et al. Nitrogen-doped sp^2-hybridized carbon as a superior catalyst for selective oxidation. Angewandte Chemie International Edition，2013，52（7）：2109-2113.

[32] Li W，Gao Y，Chen W，et al. Catalytic epoxidation reaction over N-containing sp^2 carbon catalysts. ACS Catalysis，2014，4（5）：1261-1266.

[33] Spivey J J，Hutchings G. Catalytic aromatization of methane. Chemical Society Reviews，2014，43（3）：792-803.

[34] Tang P，Zhu Q，Wu Z，et al. Methane activation：The past and future. Energy & Environmental Science，2014，7（8）：2580-2591.

[35] Karakaya C，Kee R J. Progress in the direct catalytic conversion of methane to fuels and chemicals. Progress in Energy and Combustion Science，2016，55：60-97.

[36] Zhu C，Hou S，Hu X，et al. Electrochemical conversion of methane to ethylene in a solid oxide electrolyzer. Nature Communications，2019，10：1173.

[37] Yu X，Zholobenko V L，Moldovan S，et al. Stoichiometric methane conversion to ethane using photochemical looping at ambient temperature. Nature Energy，2020，5（7）：511-519.

[38] Wu S，Tan X，Lei J，et al. Ga-doped and Pt-loaded porous TiO_2-SiO_2 for photocatalytic nonoxidative coupling of methane. Journal of the American Chemical Society，2019，141（16）：6592-6600.

[39] Li L，Cai Y，Li G，et al. Synergistic effect on the photoactivation of the methane C—H bond over Ga^{3+}-modified ETS-10. Angewandte Chemie International Edition，2012，51（19）：4702-4706.

[40] Xiong H，Datye A K，Wang Y. Thermally stable single-atom heterogeneous catalysts. Advanced Materials，2021，33（50）：2004319.

[41] Xie P，Pu T，Nie A，et al. Nanoceria-supported single-atom platinum catalysts for direct methane conversion. ACS Catalysis，2018，8（5）：4044-4048.

[42] Liu Y，Liu J，Li T，et al. Unravelling the enigma of nonoxidative conversion of methane on iron single-atom catalysts. Angewandte Chemie International Edition，2020，59（42）：18586-18590.

[43] Guo X，Fang G，Li G，et al. Direct，nonoxidative conversion of methane to ethylene，aromatics，and hydrogen. Science，2014，344（6184）：616-619.

[44] Morejudo S H，Zanón R，Escolástico S，et al. Direct conversion of methane to aromatics in a catalytic Co-ionic membrane reactor. Science，2016，353（6299）：563-566.

[45] Gao J，Zheng Y，Jehng J M，et al. Identification of molybdenum oxide nanostructures on zeolites for natural gas

conversion. Science，2015，348（6235）：686-690.

[46] Dummer N F，Willock D J，He Q，et al. Methane oxidation to methanol. Chemical Reviews，2023，123（9）：6359-6411.

[47] Meng X，Cui X，Rajan N P，et al. Direct methane conversion under mild condition by thermo-，electro-，or photocatalysis. Chem，2019，5（9）：2296-2325.

[48] Liu H，Kang L，Wang H，et al. Ru single-atom catalyst anchored on sulfated zirconia for direct methane conversion to methanol. Chinese Journal of Catalysis，2023，46：64-71.

[49] Kaiser S K，Chen Z，Faust Akl D，et al. Single-atom catalysts across the periodic table. Chemical Reviews，2020，120（21）：11703-11809.

[50] Shan J，Li M，Allard L F，et al. Mild oxidation of methane to methanol or acetic acid on supported isolated rhodium catalysts. Nature，2017，551：605-608.

[51] Jin Z，Wang L，Zuidema E，et al. Hydrophobic zeolite modification for in situ peroxide formation in methane oxidation to methanol. Science，2020，367（6474）：193-197.

[52] Wu B，Lin T，Huang M，et al. Tandem catalysis for selective oxidation of methane to oxygenates using oxygen over PdCu/zeolite. Angewandte Chemie International Edition，2022，61（24）：e202204116.

[53] Gu F，Qin X，Li M，et al. Selective catalytic oxidation of methane to methanol in aqueous medium over copper cations promoted by atomically dispersed rhodium on TiO_2. Angewandte Chemie International Edition，2022，61（18）：e202201540.

[54] Wang S，Fung V，Hülsey M J，et al. H_2-reduced phosphomolybdate promotes room-temperature aerobic oxidation of methane to methanol. Nature Catalysis，2023，6（10）：895-905.

[55] Hülsey M J，Fung V，Hou X，et al. Hydrogen spillover and its relation to hydrogenation：Observations on structurally defined single-atom sites. Angewandte Chemie International Edition，2022，61（40）：e202208237.

[56] Xiong H，Kunwar D，García-Vargas C，et al. Engineering catalyst supports to stabilize PdO_x two-dimensional rafts for water- tolerant methane oxidation. Nature Catalysis，2021，4：830-839.

[57] Li H，Xiong C，Fei M，et al. Selective formation of acetic acid and methanol by direct methane oxidation using rhodium single-atom catalysts. Journal of the American Chemical Society，2023，145（20）：11415-11419.

[58] Zhou L，Su Y Q，Hu T L. Theoretical insights into the selective oxidation of methane to methanol on single-atom alloy catalysts. Science China Materials，2023，66（8）：3189-3199.

[59] Deng H，Kang S，Ma J，et al. Silver incorporated into cryptomelane-type manganese oxide boosts the catalytic oxidation of benzene. Applied Catalysis B：Environmental，2018，239：214-222.

[60] Ding S，Zhu C，Hojo H，et al. Enhanced catalytic performance of spinel-type Cu-Mn oxides for benzene oxidation under microwave irradiation. Journal of Hazardous Materials，2022，424：127523.

[61] Zhao L，Yang Y，Liu J，et al. Mechanistic insights into benzene oxidation over $CuMn_2O_4$ catalyst. Journal of Hazardous Materials，2022，431：128640.

[62] Chen J，Chen Z，Zhang X，et al. Antimony oxide hydrate（$Sb_2O_5 \cdot 3H_2O$）as a simple and high efficient photocatalyst for oxidation of benzene. Applied Catalysis B：Environmental，2017，210：379-385.

[63] Ding S，Zhu C，Hojo H，et al. Insights into the effect of cobalt substitution into copper-manganese oxides on enhanced benzene oxidation activity. Applied Catalysis B：Environmental，2023，323：122099.

[64] Liu Y，Gao W，Zhan J，et al. One-pot synthesis of Ag-$H_3PW_{12}O_{40}$-$LiCoO_2$ composites for thermal oxidation of airborne benzene. Chemical Engineering Journal，2019，375：121956.

[65] Gonfa M T，Shen S，Chen L，et al. Research progress on the heterogeneous photocatalytic selective oxidation of

benzene to phenol. Chinese Journal of Catalysis，2023，49：16-41.

[66] Jiang W，Low J，Mao K，et al. Pd-modified ZnO-Au enabling alkoxy intermediates formation and dehydrogenation for photocatalytic conversion of methane to ethylene. Journal of the American Chemical Society，2021，143（1）：269-278.

[67] Che W，Li P，Han G，et al. Out-of-plane single-copper-site catalysts for room-temperature benzene oxidation. Angewandte Chemie International Edition，2024，63（20）：e202403017.

[68] Shimoyama Y，Ishizuka T，Kotani H，et al. Catalytic oxidative cracking of benzene rings in water. ACS Catalysis，2019，9（1）：671-678.

[69] Sarma B B，Carmieli R，Collauto A，et al. Electron transfer oxidation of benzene and aerobic oxidation to phenol. ACS Catalysis，2016，6（10）：6403-6407.

[70] Zhang T，Sun Z，Li S，et al. Regulating electron configuration of single Cu sites via unsaturated N, O-coordination for selective oxidation of benzene. Nature Communications，2022，13（1）：6996.

[71] Han R，Diao J，Kumar S，et al. Boron nitride for enhanced oxidative dehydrogenation of ethylbenzene. Journal of Energy Chemistry，2021，57：477-484.

[72] Kim S J，Han G F，Jung S M，et al. Oxidative dehydrogenation of ethylbenzene into styrene by Fe-graphitic catalysts. ACS Nano，2019，13（5）：5893-5899.

[73] Guo F，Yang P，Pan Z，et al. Carbon-doped BN nanosheets for the oxidative dehydrogenation of ethylbenzene. Angewandte Chemie International Edition，2017，56（28）：8231-8235.

[74] Luo Z，Wan Q，Yu Z，et al. Photo-fluorination of nanodiamonds catalyzing oxidative dehydrogenation reaction of ethylbenzene. Nature Communications，2021，12：6542.

[75] Su Y，Liu H，Wang H，et al. Insights into ethylbenzene oxidation catalyzed by transition-metal oxides：Crucial role of hydroperoxide transformation. Chemical Engineering Journal，2024，479：147594.

[76] Zhang G，Wang D，Feng P，et al. Synthesis of zeolite beta containing ultra-small CoO particles for ethylbenzene oxidation. Chinese Journal of Catalysis，2017，38（7）：1207-1215.

[77] Peng A，Kung M C，Brydon R R O，et al. Noncontact catalysis：Initiation of selective ethylbenzene oxidation by Au cluster-facilitated cyclooctene epoxidation. Science Advances，2020，6（5）：eaax6637.

[78] Sheng J，Li W C，Lu W D，et al. Preparation of oxygen reactivity-tuned FeO_x/BN catalyst for selectively oxidative dehydrogenation of ethylbenzene to styrene. Applied Catalysis B：Environmental，2022，305：121070.

[79] Liu M，Xiao Z，Dai J，et al. Manganese-containing hollow TS-1：Description of the catalytic sites and surface properties for solvent-free oxidation of ethylbenzene. Chemical Engineering Journal，2017，313：1382-1395.

[80] Zhang C，Luo J，Xie B，et al. Green and continuous aerobic oxidation of ethylbenzene over homogeneous and heterogeneous NHPI in a micro-packed bed reactor. Chemical Engineering Journal，2023，468：143674.

[81] Li J，Zhao S，Yang S-Z，et al. Atomically dispersed cobalt on graphitic carbon nitride as a robust catalyst for selective oxidation of ethylbenzene by peroxymonosulfate. Journal of Materials Chemistry A，2021，9（5）：3029-3035.

[82] Zhang X，Dai X，Xie Z，et al. Borocarbonitride catalyzed ethylbenzene oxidative dehydrogenation：Activity enhancement via encapsulation of Mn clusters inside the Tube. Small，2024：2401532.

[83] Dai X，Cao T，Lu X，et al. Tailored Pd/C bifunctional catalysts for styrene production under an ethylbenzene oxidative dehydrogenation assisted direct dehydrogenation scheme. Applied Catalysis B：Environmental，2023，324：122205.

[84] Dhada I，Sharma M，Nagar P K. Quantification and human health risk assessment of by-products of photo catalytic

oxidation of ethylbenzene, xylene and toluene in indoor air of analytical laboratories. Journal of Hazardous Materials, 2016, 316: 1-10.

[85] Pasupulety N, Daous M A, Al-Zahrani A A, et al. Alumina-boron catalysts for oxidative dehydrogenation of ethylbenzene to styrene: Influence of alumina-boron composition and method of preparation on catalysts properties. Chinese Journal of Catalysis, 2019, 40 (11): 1758-1765.

[86] Gutmann B, Elsner P, Roberge D, et al. Homogeneous liquid-phase oxidation of ethylbenzene to acetophenone in continuous flow mode. ACS Catalysis, 2013, 3 (12): 2669-2676.

[87] Bautista F M, Campelo J M, Luna D, et al. Screening of amorphous metal-phosphate catalysts for the oxidative dehydrogenation of ethylbenzene to styrene. Applied Catalysis B: Environmental, 2007, 70 (1-4): 611-620.

[88] Braga T P, Pinheiro A N, Leite E R, et al. Cu, Fe, or Ni doped molybdenum oxide supported on Al_2O_3 for the oxidative dehydrogenation of ethylbenzene. Chinese Journal of Catalysis, 2015, 36 (5): 712-720.

[89] Vannucci A K, Chen Z, Concepcion J J, et al. Nonaqueous electrocatalytic oxidation of the alkylaromatic ethylbenzene by a surface bound Ru^{V}(O) catalyst. ACS Catalysis, 2012, 2 (5): 716-719.

[90] Fu L, Lu Y, Liu Z, et al. Influence of the metal sites of M-N-C (M = Co, Fe, Mn) catalysts derived from metalloporphyrins in ethylbenzene oxidation. Chinese Journal of Catalysis, 2016, 37 (3): 398-404.

[91] Zhang X, Zhong Y, Chen H, et al. Synthesis of nitrogen-doped carbon supported cerium single atom catalyst by ball milling for selective oxidation of ethylbenzene. Chemical Research in Chinese Universities, 2022, 38: 1258-1262.

[92] Xiong Y, Sun W, Han Y, et al. Cobalt single atom site catalysts with ultrahigh metal loading for enhanced aerobic oxidation of ethylbenzene. Nano Research, 2021, 14: 2418-2423.

[93] Shi J, Wei Y, Zhou D, et al. Introducing Co-O moiety to Co-N-C single-atom catalyst for ethylbenzene dehydrogenation. ACS Catalysis, 2022, 12 (13): 7760-7772.

[94] Lin K, Wang J, Qiao S, et al. Novel cobalt(Ⅱ)-decorated 1D covalent organic framework for selective oxidation of ethylbenzene. ACS Sustainable Chemistry & Engineering, 2024, 12 (17): 6719-6727.

[95] Jagadeesh R V, Surkus A E, Junge H, et al. Nanoscale Fe_2O_3-based catalysts for selective hydrogenation of nitroarenes to anilines. Science, 2013, 342 (6162): 1073-1076.

[96] Westerhaus F A, Jagadeesh R V, Wienhöfer G, et al. Heterogenized cobalt oxide catalysts for nitroarene reduction by pyrolysis of molecularly defined complexes. Nature Chemistry, 2013, 5 (6): 537-543.

[97] Jin H, Li P, Cui P, et al. Unprecedentedly high activity and selectivity for hydrogenation of nitroarenes with single atomic Co_1-N_3P_1 sites. Nature Communications, 2022, 13: 723.

[98] Zhang G, Tang F, Wang X, et al. Atomically dispersed Co-S-N active sites anchored on hierarchically porous carbon for efficient catalytic hydrogenation of nitro compounds. ACS Catalysis, 2022, 12 (10): 5786-5794.

[99] Guan Q, Zhu C, Lin Y, et al. Bimetallic monolayer catalyst breaks the activity-selectivity trade-off on metal particle size for efficient chemoselective hydrogenations. Nature Catalysis, 2021, 4 (10): 840-849.

[100] Wei H, Liu X, Wang A, et al. FeO_x-supported platinum single-atom and pseudo-single-atom catalysts for chemoselective hydrogenation of functionalized nitroarenes. Nature Communications, 2014, 5: 5634.

[101] Zhou P, Jiang L, Wang F, et al. High performance of a cobalt-nitrogen complex for the reduction and reductive coupling of nitro compounds into amines and their derivatives. Science Advances, 2017, 3 (2): e1601945.

[102] Yang P, Kobayashi H, Fukuoka A. Recent developments in the catalytic conversion of cellulose into valuable chemicals. Chinese Journal of Catalysis, 2011, 32 (5): 716-722.

[103] Fukuoka A, Dhepe P L. Catalytic conversion of cellulose into sugar alcohols. Angewandte Chemie, 2006,

118（31）：5285-5287.

[104] Karanwal N，Kurniawan R G，Park J，et al. One-pot，cascade conversion of cellulose to γ-valerolactone over a multifunctional Ru-Cu/zeolite-Y catalyst in supercritical methanol. Applied Catalysis B：Environmental，2022，314：121466.

[105] Sun Y，Zhuang J，Lin L，et al. Clean conversion of cellulose into fermentable glucose. Biotechnology Advances，2009，27（5）：625-632.

[106] Lynd L R，Beckham G T，Guss A M，et al. Toward low-cost biological and hybrid biological/catalytic conversion of cellulosic biomass to fuels. Energy & Environmental Science，2022，15（3）：938-990.

[107] Shi X，Xing X，Ruan M，et al. Efficient conversion of cellulose into 5-hydroxymethylfurfural by inexpensive SO_4^{2-}/HfO_2 catalyst in a green water-tetrahydrofuran monophasic system. Chemical Engineering Journal，2023，472：145001.

[108] Pichon A. A promising pyrolysis. Nature Chemistry，2012，4（2）：68-69.

[109] Sekar R，Shin H D，di Christina T J. Direct conversion of cellulose and hemicellulose to fermentable sugars by a microbially-driven fenton reaction. Bioresource Technology，2016，218：1133-1139.

[110] Ribeiro L S，Delgado J J，Órfão J J M，et al. Carbon supported Ru-Ni bimetallic catalysts for the enhanced one-pot conversion of cellulose to sorbitol. Applied Catalysis B：Environmental，2017，217：265-274.

[111] Rey-Raap N，Ribeiro L S，Órfão J J D M，et al. Catalytic conversion of cellulose to sorbitol over Ru supported on biomass-derived carbon-based materials. Applied Catalysis B：Environmental，2019，256：117826.

[112] Prasertsung I，Chutinate P，Watthanaphanit A，et al. Conversion of cellulose into reducing sugar by solution plasma process（SPP）. Carbohydrate Polymers，2017，172：230-236.

[113] Zhang Z，Sadakane M，Hiyoshi N，et al. Acidic ultrafine tungsten oxide molecular wires for cellulosic biomass conversion. Angewandte Chemie International Edition，2016，55（35）：10234-10238.

[114] Liu Y，Zhang W，Liu H. Unraveling the active states of WO_3-based catalysts in the selective conversion of cellulose to glycols. Chinese Journal of Catalysis，2023，46：56-63.

[115] Yan L，Ma R，Wei H，et al. Ruthenium trichloride catalyzed conversion of cellulose into 5-hydroxymethylfurfural in biphasic system. Bioresource Technology，2019，279：84-91.

[116] Li X，Peng K，Xia Q，et al. Efficient conversion of cellulose into 5-hydroxymethylfurfural over niobia/carbon composites. Chemical Engineering Journal，2018，332：528-536.

[117] Lee J，Moon J Y，Lee J C，et al. Simple conversion of 3D electrospun nanofibrous cellulose acetate into a mechanically robust nanocomposite cellulose/calcium scaffold. Carbohydrate Polymers，2021，253：117191.

[118] Li Z，Liu Y，Liu C，et al. Direct conversion of cellulose into sorbitol catalyzed by a bifunctional catalyst. Bioresource Technology，2019，274：190-197.

[119] Liu Y，Li G，Hu Y，et al. Integrated conversion of cellulose to high-density aviation fuel. Joule，2019，3（4）：1028-1036.

[120] Kim D，Orrego D，Ximenes E A，et al. Cellulose conversion of corn pericarp without pretreatment. Bioresource Technology，2017，245：511-517.

[121] Liu W，Chen Y，Qi H，et al. A durable nickel single-atom catalyst for hydrogenation reactions and cellulose valorization under harsh conditions. Angewandte Chemie International Edition，2018，57（24）：7071-7075.

[122] Yang Y，Ding Z，Ren D，et al. Dense Ru single-atoms integrated with sulfoacids for cellulose valorization to isosorbide. Materials Today Sustainability，2023，24：100494.

[123] Liu J，Uhlman M B，Montemore M M，et al. Integrated catalysis-surface science-theory approach to understand

selectivity in the hydrogenation of 1-hexyne to 1-hexene on PdAu single-atom alloy catalysts. ACS Catalysis，2019，9（9）：8757-8765.

[124] Zhao L，Qin X，Zhang X，et al. A magnetically separable Pd single-atom catalyst for efficient selective hydrogenation of phenylacetylene. Advanced Materials，2022，34（20）：2110455.

[125] Flytzani-Stephanopoulos M. Supported metal catalysts at the single-atom limit—A viewpoint. Chinese Journal of Catalysis，2017，38（9）：1432-1442.

[126] Van Laren M W，Elsevier C J. Selective homogeneous palladium(0)-catalyzed hydrogenation of alkynes to(Z)-alkenes. Angewandte Chemie International Edition，1999，38（24）：3715-3717.

[127] Vilé G，Bridier B，Wichert J，et al. Ceria in hydrogenation catalysis：High selectivity in the conversion of alkynes to olefins. Angewandte Chemie International Edition，2012，51（34）：8620-8623.

[128] Tseng K N T，Kampf J W，Szymczak N K. Modular attachment of appended boron lewis acids to a ruthenium pincer catalyst：Metal-ligand cooperativity enables selective alkyne hydrogenation. Journal of the American Chemical Society，2016，138（33）：10378-10381.

[129] Luneau M，Shirman T，Foucher A C，et al. Achieving high selectivity for alkyne hydrogenation at high conversions with compositionally optimized PdAu nanoparticle catalysts in raspberry colloid-templated SiO_2. ACS Catalysis，2020，10（1）：441-450.

[130] Long W，Brunelli N A，Didas S A，et al. Aminopolymer-silica composite-supported Pd catalysts for selective hydrogenation of alkynes. ACS Catalysis，2013，3（8）：1700-1708.

[131] Tang J，Jia K，Zhang R，et al. Selective hydrogenation of alkyne by atomically precise Pd_6 nanocluster catalysts：Accurate construction of the coplanar and specific active sites. ACS Catalysis，2024，14（4）：2463-2472.

[132] Bruno J E，Dwarica N S，Whittaker T N，et al. Supported Ni-Au colloid precursors for active，selective，and stable alkyne partial hydrogenation catalysts. ACS Catalysis，2020，10（4）：2565-2580.

[133] Fiorio J L，Gonçalves R V，Teixeira-Neto E，et al. Accessing frustrated lewis pair chemistry through robust gold@N-doped carbon for selective hydrogenation of alkynes. ACS Catalysis，2018，8（4）：3516-3524.

[134] Werner K，Weng X，Calaza F，et al. Toward an understanding of selective alkyne hydrogenation on ceria：On the impact of O vacancies on H_2 interaction with CeO_2（111）. Journal of the American Chemical Society，2017，139（48）：17608-17616.

[135] Furukawa S，Komatsu T. Selective hydrogenation of functionalized alkynes to(E)-alkenes，using ordered alloys as catalysts. ACS Catalysis，2016，6（3）：2121-2125.

[136] Riley C，Zhou S，Kunwar D，et al. Design of effective catalysts for selective alkyne hydrogenation by doping of ceria with a single-atom promotor. Journal of the American Chemical Society，2018，140（40）：12964-12973.

[137] Kammert J，Moon J，Wu Z. A review of the interactions between ceria and H_2 and the applications to selective hydrogenation of alkynes. Chinese Journal of Catalysis，2020，41（6）：901-914.

[138] Deng X，Bai R，Chai Y，et al. Homogeneous-like alkyne selective hydrogenation catalyzed by cationic nickel confined in zeolite. CCS Chemistry，2022，4（3）：949-962.

[139] Ou J，Zhao T，Xiong W，et al. Water-resistant FLPs-polymer as recyclable catalysts for selective hydrogenation of alkynes. Chemical Engineering Journal，2023，477：147248.

[140] Vilé G，Albani D，Nachtegaal M，et al. A stable single-site palladium catalyst for hydrogenations. Angewandte Chemie International Edition，2015，54（38）：11265-11269.

[141] Huang X，Xia Y，Cao Y，et al. Enhancing both selectivity and coking-resistance of a single-atom Pd_1/C_3N_4 catalyst for acetylene hydrogenation. Nano Research，2017，10（4）：1302-1312.

[142] Borodziński A，Bond G C. Selective hydrogenation of ethyne in ethene-rich streams on palladium catalysts. Part 1：Effect of changes to the catalyst during reaction. Catalysis Reviews，2006，48（2）：91-144.

[143] Vorobyeva E，Chen Z，Mitchell S，et al. Tailoring the framework composition of carbon nitride to improve the catalytic efficiency of the stabilised palladium atoms. Journal of Materials Chemistry A，2017，5（31）：16393-16403.

[144] Song X，Shao F，Zhao Z，et al. Single-atom Ni-modified Al_2O_3-supported Pd for mild-temperature semi-hydrogenation of alkynes. ACS Catalysis，2022，12（24）：14846-14855.

[145] Liu Y，Wang B，Fu Q，et al. Polyoxometalate-based metal-organic framework as molecular sieve for highly selective semi-hydrogenation of acetylene on isolated single Pd atom sites. Angewandte Chemie International Edition，2021，60（41）：22522-22528.

[146] Jorschick H，Preuster P，Bösmann A，et al. Hydrogenation of aromatic and heteroaromatic compounds—a key process for future logistics of green hydrogen using liquid organic hydrogen carrier systems. Sustainable Energy & Fuels，2021，5（5）：1311-1346.

[147] Oh S K，Ku H，Han G B，et al. Hydrogenation of polycyclic aromatic hydrocarbons over Pt/γ-Al_2O_3 catalysts in a trickle bed reactor. Catalysis Today，2023，411-412：113831.

[148] Wang R，Zhang M，Zhang J，et al. Supported nickel-based catalysts for heterogeneous hydrogenation of aromatics. ChemistrySelect，2023，8（45）：e202302787.

[149] Kalenchuk A，Bogdan V，Dunaev S，et al. Influence of steric factors on reversible reactions of hydrogenation-dehydrogenation of polycyclic aromatic hydrocarbons on a Pt/C catalyst in hydrogen storage systems. Fuel，2020，280：118625.

[150] Murugesan K，Senthamarai T，Alshammari A S，et al. Cobalt-nanoparticles catalyzed efficient and selective hydrogenation of aromatic hydrocarbons. ACS Catalysis，2019，9（9）：8581-8591.

[151] Muetterties E L，Bleeke J R. Catalytic hydrogenation of aromatic hydrocarbons. Accounts of Chemical Research，1979，12（9）：324-331.

[152] Guo Q H，Qiu Y，Wang M X，et al. Aromatic hydrocarbon belts. Nature Chemistry，2021，13（5）：402-419.

[153] Hirschbeck V，Gehrtz P H，Fleischer I. Regioselective thiocarbonylation of vinyl arenes. Journal of the American Chemical Society，2016，138（51）：16794-16799.

[154] Tan X，Wang X，Li Z H，et al. Borenium-ion-catalyzed C—H borylation of arenes. Journal of the American Chemical Society，2022，144（51）：23286-23291.

[155] Bergin E. Arenes and amines. Nature Catalysis，2018，1（4）：233-233.

[156] Kosari M，Lim A M H，Shao Y，et al. Thermocatalytic CO_2 conversion by siliceous matter：A review. Journal of Materials Chemistry A，2023，11（4）：1593-1633.

[157] Tackett B M，Gomez E，Chen J G. Net reduction of CO_2 via its thermocatalytic and electrocatalytic transformation reactions in standard and hybrid processes. Nature Catalysis，2019，2（5）：381-386.

[158] Roy S，Cherevotan A，Peter S C. Thermochemical CO_2 hydrogenation to single carbon products：Scientific and technological challenges. ACS Energy Letters，2018，3（8）：1938-1966.

[159] Wei J，Ge Q，Yao R，et al. Directly converting CO_2 into a gasoline fuel. Nature Communications，2017，8：15174.

[160] Sharma P，Sebastian J，Ghosh S，et al. Recent advances in hydrogenation of CO_2 into hydrocarbons via methanol intermediate over heterogeneous catalysts. Catalysis Science & Technology，2021，11（5）：1665-1697.

[161] Saeidi S，Najari S，Hessel V，et al. Recent advances in CO_2 hydrogenation to value-added products—current challenges and future directions. Progress in Energy and Combustion Science，2021，85：100905.

[162] Li W，Wang H，Jiang X，et al. A short review of recent advances in CO_2 hydrogenation to hydrocarbons over heterogeneous catalysts. RSC Advances，2018，8（14）：7651-7669.

[163] Ye R P，Ding J，Gong W，et al. CO_2 hydrogenation to high-value products via heterogeneous catalysis. Nature Communications，2019，10：5698.

[164] Zeng Y，Chen G，Liu B，et al. Unraveling temperature-dependent plasma-catalyzed CO_2 hydrogenation. Industrial & Engineering Chemistry Research，2023，62（46）：19629-19637.

[165] Chen L. Decoding CO_2 hydrogenation. Nature Catalysis，2023，6（10）：862-862.

[166] Franke R，Selent D，Börner A. Applied hydroformylation. Chemical Reviews，2012，112（11）：5675-5732.

[167] Nurttila S S，Linnebank P R，Krachko T，et al. Supramolecular approaches to control activity and selectivity in hydroformylation catalysis. ACS Catalysis，2018，8（4）：3469-3488.

[168] Liu Q，Wu L，Jackstell R，et al. Using carbon dioxide as a building block in organic synthesis. Nature Communications，2015，6：5933.

[169] Wu X F，Fang X，Wu L，et al. Transition-metal-catalyzed carbonylation reactions of olefins and alkynes：A personal account. Accounts of Chemical Research，2014，47（4）：1041-1053.

[170] You C，Li S，Li X，et al. Design and application of hybrid phosphorus ligands for enantioselective Rh-catalyzed anti-markovnikov hydroformylation of unfunctionalized 1, 1-disubstituted alkenes. Journal of the American Chemical Society，2018，140（15）：4977-4981.

[171] Ren X，Zheng Z，Zhang L，et al. Rhodium-complex-catalyzed hydroformylation of olefins with CO_2 and hydrosilane. Angewandte Chemie International Edition，2017，56（1）：310-313.

[172] You C，Wei B，Li X，et al. Rhodium-catalyzed desymmetrization by hydroformylation of cyclopentenes：Synthesis of chiral carbocyclic nucleosides. Angewandte Chemie International Edition，2016，55（22）：6511-6514.

[173] You C，Li S，Li X，et al. Enantioselective Rh-catalyzed anti-markovnikov hydroformylation of 1, 1-disubstituted allylic alcohols and amines：An efficient route to chiral lactones and lactams. ACS Catalysis，2019，9（9）：8529-8533.

[174] Phanopoulos A，Nozaki K. Branched-selective hydroformylation of nonactivated olefins using an N-triphos/Rh catalyst. ACS Catalysis，2018，8（7）：5799-5809.

[175] Iglesias M，Pérez-Nicolás M，Miguel P J S，et al. A synthon for a 14-electron Ir(III) species：Catalyst for highly selective β-(Z) hydrosilylation of terminal alkynes. Chemical Communications，2012，48（76）：9480.

[176] Sridevi V S，Fan W Y，Leong W K. Stereoselective hydrosilylation of terminal alkynes catalyzed by[Cp*$IrCl_2$]$_2$：A computational and experimental study. Organometallics，2007，26（5）：1157-1160.

[177] Zhao X，Yang D，Zhang Y，et al. Highly β(Z)-selective hydrosilylation of terminal alkynes catalyzed by thiolate-bridged dirhodium complexes. Organic Letters，2018，20（17）：5357-5361.

[178] Puerta-Oteo R，Munarriz J，Polo V，et al. Carboxylate-assisted β-(Z) stereoselective hydrosilylation of terminal alkynes catalyzed by a zwitterionic bis-NHC rhodium（Ⅲ）complex. ACS Catalysis，2020，10（13）：7367-7380.

[179] Sarma B B，Kim J，Amsler J，et al. One-pot cooperation of single-atom Rh and Ru solid catalysts for a selective tandem olefin isomerization-hydrosilylation process. Angewandte Chemie International Edition，2020，59（14）：5806-5815.

[180] Zhu Y，Cao T，Cao C，et al. One-pot pyrolysis to N-doped graphene with high-density Pt single atomic sites as heterogeneous catalyst for alkene hydrosilylation. ACS Catalysis，2018，8（11）：10004-10011.

[181] Pan G，Hu C，Hong S，et al. Biomimetic caged platinum catalyst for hydrosilylation reaction with high site selectivity. Nature Communications，2021，12（1）：64.

[182] de Almeida L D，Wang H，Junge K，et al. Recent advances in catalytic hydrosilylations：Developments beyond traditional platinum catalysts. Angewandte Chemie International Edition，2021，60（2）：550-565.

[183] Rivero-Crespo M，Oliver-Meseguer J，Kapłońska K，et al. Cyclic metal（oid）clusters control platinum-catalysed hydrosilylation reactions：From soluble to zeolite and MOF catalysts. Chemical Science，2020，11（31）：8113-8124.

[184] Sommer L H，Pietrusza E W，Whitmore F C. Peroxide-catalyzed addition of trichlorosilane to 1-octene. Journal of the American Chemical Society，1947，69（1）：188-188.

[185] Díez-González S，Nolan S P. Copper，silver，and gold complexes in hydrosilylation reactions. Accounts of Chemical Research，2008，41（2）：349-358.

[186] Liu G，Robertson A W，Li M M-J，et al. MoS_2 monolayer catalyst doped with isolated Co atoms for the hydrodeoxygenation reaction. Nature Chemistry，2017，9：810-816.

[187] Zhang K，Meng Q，Wu H，et al. Selective hydrodeoxygenation of aromatics to cyclohexanols over Ru single atoms supported on CeO_2. Journal of the American Chemical Society，2022，144（45）：20834-20846.

[188] Zhang Q，Gao S，Guo Y，et al. Designing covalent organic frameworks with Co-O_4 atomic sites for efficient CO_2 photoreduction. Nature Communications，2023，14（1）：1147.

[189] Yang W，Jia Z，Zhou B，et al. Why is C—C coupling in CO_2 reduction still difficult on dual-atom electrocatalysts? ACS Catalysis，2023，13（14）：9695-9705.

[190] Su X，Jiang Z，Zhou J，et al. Complementary operando spectroscopy identification of in-situ generated metastable charge-asymmetry Cu_2-CuN_3 clusters for CO_2 reduction to ethanol. Nature Communications，2022，13（1）：1322.

[191] Li H，Wang L，Dai Y，et al. Synergetic interaction between neighbouring platinum monomers in CO_2 hydrogenation. Nature Nanotechnology，2018，13（5）：411-417.

[192] Zhao W，Xu G，He Z，et al. Toward carbon monoxide methanation at mild conditions on dual-site catalysts. Journal of the American Chemical Society，2023：jacs.3c02180.

[193] Gao P，Liang G，Ru T，et al. Phosphorus coordinated Rh single-atom sites on nanodiamond as highly regioselective catalyst for hydroformylation of olefins. Nature Communications，2021，12：4698.

[194] Escobar-Bedia F J，Lopez-Haro M，Calvino J J，et al. Active and regioselective Ru single-site heterogeneous catalysts for alpha-olefin hydroformylation. ACS Catalysis，2022，12（7）：4182-4193.

[195] Feng X，Guo J，Wang S，et al. Atomically dispersed gold anchored on carbon nitride nanosheets as effective catalyst for regioselective hydrosilylation of alkynes. Journal of Materials Chemistry A，2021，9（33）：17885-17892.

第6章

单原子催化材料的电催化应用

电催化技术因其高效、环保和精准可控的特性而备受关注。这项技术通过直接利用电能驱动化学反应，特别适用于生产氢气等清洁能源[1,2]。它在减少环境污染和对化石燃料的依赖方面发挥着关键作用，显著降低了对环境的影响。电催化技术广泛应用于水分解、二氧化碳还原等多种化学反应，显现出巨大的应用潜力，是绿色能源转换领域的关键技术[3]。电催化技术的关键在于电催化剂的效率。目前广泛使用的电催化剂存在许多不足，如活性低、稳定性差和选择性有限等。为了克服这些挑战，开发 SAC 成为了重要的研究方向。单原子催化剂以其独特的电子结构和最大化的活性位点展现出极高的催化效率和优良的选择性，为电催化技术的进一步发展提供了强有力的支持。因此，大力发展单原子催化剂对于推动电催化技术的创新和应用具有重要意义。

本章旨在全面呈现单原子催化剂在电催化氧化与还原反应中的作用机制，强调其在促进高效能源转换和环境保护技术中的重要应用[4,5]。这些研究结果不仅为未来催化材料的设计与优化提供了坚实的理论基础，也预示着能源科技和环境工程领域的未来发展方向。

6.1 电催化的基本参数

电催化中的基本参数是指用于衡量和评估催化剂性能的技术指标。目前，评估和对比电催化材料性能的关键标准指标主要涵盖以下几个方面：法拉第效率（faradaic efficiency，FE）、起始电势和超电势、电流密度、能量效率（energy efficiency，EE）、稳定性以及 TOF。这些标准为电催化材料的性能提供了一个全面的评估体系，使研究人员能够对材料的效能进行深入和准确的分析。

1. 法拉第效率

法拉第效率又称为法拉第产率或法拉第转化效率，是一个描述电化学反应中电流转化为化学反应产物效率的参数[6]，用于评估在电催化反应中生成特定产物时消耗的电子数占总消耗电子数的比例。法拉第效率的计算公式如下：

$$FE = anF/Q \tag{6-1}$$

式中，a 为生成指定产物所需的电子转移数，即参与反应的电子数。CO_2 被还原成 CO 的过程，涉及两个电子的转移，故此情形下 $a = 2$；n 为产生特定产物的摩尔数，其单位为摩尔（mol）；F 为法拉第常量，其值约为 96485 $C \cdot mol^{-1}$，代表每摩尔电子的电荷量；Q 为整个电催化过程中通过电极的总电荷量，单位为库仑（C）。

FE 的计算能够直观地反映不同电催化剂在电化学反应中对目标产物的选择性。较高的 FE 表明催化剂在引导电子到特定反应路径上的效率更高，从而反映出催化剂对该目标产物具有更优越的选择性，产生的副产物较少。相反，较低的 FE 则表明催化剂在产生目标产物方面效率较低，可能伴随更多的副反应。因此，法拉第效率是评价电催化剂性能时一个非常重要的参数，它不仅关系到能量的有效利用，也影响最终产物的纯度和产量。

2. 起始电势和超电势

起始电势（onset potential）是电催化领域中评估电催化剂催化活性的一个核心参数，指的是能够引发催化反应并使目标产物可被检测到的最低施加电势。这一指标反映了启动电催化反应所需的电能程度。催化剂的起始电势越低，意味着在越低的外部电势条件下就能激发电催化反应，催化剂具有较高催化活性；相反，如果催化剂的起始电势较高，意味着需要施加更高的电势才能引发催化反应，表明催化剂的催化活性较低。高起始电势通常意味着催化剂在促进特定反应方面效率不佳，这可能导致能量消耗增加，并且在工业应用中的效益降低。与起始电势相对的是超电势（over potential），它表示在实际电催化反应中施加的外部电势与理论上计算出的热力学标准电势之间的差额。超电势通常用于描述催化反应的能量效率，较低的超电势意味着电催化反应的能量损耗更小；相反，较高的超电势意味着在实际电催化反应中需要施加更多的电势克服反应的动力学障碍，导致电催化反应的能量损耗更大，这不仅增加了能源消耗，还可能影响整个电催化过程的经济性和可持续性。因此，降低超电势是优化电催化反应效率的关键目标之一。

值得一提的是，在电催化的理论计算过程中，因为涉及考虑复杂的溶液环境和溶剂化质子等因素，处理方程中的质子电子对（proton-electron pair）时通常无法直接应用 DFT。针对这一困难，Nørskov 教授提出了一套简化的模型[7]，计算起始电势。在此模型中，假设在特定的电极反应条件下，质子电子对的化学势可以用氢分子的化学势近似表示。依据物理化学中的关键公式 $\Delta G = -eV$，即反应的吉布斯自由能与施加的电压之间的关系，就可以计算出在不同外加电压下电极反应的吉布斯自由能。根据吉布斯自由能为负极反应可自发进行的原则，就能够确定反应的限制电势（limiting potential，U_L），也就是反应能自发进行的最小电势，限制电势通常也可以被视为反应的起始电势。这个简化模型极大地促进了对电催化过程的理解和优化，因为它使通过理论计算预测和验证实验结果变得更加可行。

3. 电流密度

电流密度（j）是用于衡量电极单位面积的电化学反应速率或催化活性的一个关键参数。电流密度分为两种类型：总电流密度（j_{total}）和局部电流密度（$j_{partial}$）。

总电流密度即 j_{total}，是衡量通过单位电极面积的总电流强度的指标。它反映了电流大小与电极的电化学活性面积之间的比，对于评估电化学反应的速率至关重要。总电流密度不仅对反应效率有直接影响，还是评判一个催化体系是否具备商业化潜力的关键因素。在催化体系的设计和评估中，较高的总电流密度通常意味着更高的反应速率和更优异的性能，可以显著提高工业规模应用的生产效率和产量。相反，较低的总电流密度可能指示反应速率慢和性能不足，这在工业应用中可能会导致效率低和产能不达标。因此，电流密度是评价催化系统效能的一个重要指标，对于确保工业生产的高效率和高产出至关重要。

局部电流密度即 $j_{partial}$，专门用于衡量驱动特定产物形成的有效电流密度。它可以通过定产物的法拉第效率与总电流密度相乘计算得出，公式为 $j_{partial} = j_{total} \times FE$。局部电流密度不仅反映了电催化剂本身的活性，而且受到多种实验条件的影响，如电极的选择、电池组件的配置以及电解质的性质等。因此，通过准确测量局部电流密度，能够更全面地了解电催化剂在特定条件下的性能表现，这对催化剂的优化和应用具有重要意义。

4. 能量效率

能量效率是主要用于衡量电化学反应中电能转化为化学能的效率，即实际用于驱动目标化学反应的电能与总消耗电能之间的比率，是评估电化学反应能量转化效率的一个关键指标。高能效意味着在产品生产过程中能量损失小，这有助于降低总电力需求，减少单个产品的能量成本，以及降低整个生产过程的电力消耗。相反，低能效则表明在生产过程中有较大的能量损失，这会导致总电力需求增加，单个产品的能量成本提高，以及整个生产过程的电力消耗增多。这样的情况对于成本控制和环境可持续性都是不利的。在电化学反应的设计与优化中，提升能量效率对于确保过程的经济性和环境可持续性至关重要。因此，开发高能效电化学系统是该领域的关键目标，这涉及电极材料、电解质和反应条件的综合优化。

5. 稳定性

催化剂的稳定性指的是催化剂在反应条件下保持其活性和结构的能力。一个稳定的催化剂能够长时间地保持其催化活性，而不会因为反应条件的变化或者催化剂自身的变化而失效或者失去活性。因此，催化剂的稳定性对于催化反应的持续进行和产物选择至关重要。实验室环境下的稳定性测试通常持续时间较短，长期稳定性对于评估催化剂在商业环境中的实际性能至关重要。催化剂稳定性的降低通常由活性位点的失活、结构破坏和电解液消耗等因素引起。因此，进行全面的长期稳定性测试是从实验室到商业化应用转换中的重要步骤，有助于准确预测催化剂的实际性能和寿命。

6. 周转频率

周转频率长期以来被视为衡量催化剂固有活性的关键指标。虽然电流密度是衡量催化剂表观活性的一个重要参数，但它可能受催化剂相关的寄生反应或电解质中的竞争反应的影响。因此，TOF 成为了一种准确表征催化剂内在活性，且不受这些电催化现象影响的参数。

TOF 定义为单位时间内，单个活性位点上产生的目标产物数量。其计算公式为

$$\mathrm{TOF}=\frac{\text{产物的物质的量(mol)}}{\text{活性位点的物质的量(mol)}\times\text{时间}} \tag{6-2}$$

TOF 高意味着催化剂的活性高，每个催化剂活性位点每秒能够催化更多次反应。这通常表明催化剂效率更高，可以在较短的时间内处理更多的反应物，从而提高整个催化过程的生产效率。反之，如果 TOF 较低，表明催化剂的活性较低，每个催化剂活性位点每秒催化的反应次数较少。这通常意味着催化剂的效率较低，需要更长的时间处理相同数量的反应物，从而降低了催化过程的整体生产效率。

虽然有多种方法可以用来量化反应物或产物，但准确确定活性位点的数量往往是最具挑战性的任务之一。在单原子催化剂的研究中，活性位点通常被认为是孤立存在的，其化学环境相对均匀。因此，在单原子催化剂中，可以合理假设每个单独的金属原子都是一个活性位点。这种假设使 TOF 的计算成为了一种评估和比较不同催化剂内在催化活性的有效方法。

通过这些标准，研究人员不仅能够对电催化材料的效能进行深入和精确的分析，还能基于这些数据优化催化剂的设计和选择。这样的优化进一步提高了电催化应用的效率和实用性，使电催化技术更加适应于各种实际应用，如能源转换和存储、环境保护及污染治理等领域。此外，这种全面的评估体系确保了电催化材料开发和应用的科学性和系统性，为电催化技术的创新和发展提供了坚实的基础。通过综合运用这些关键指标，科学家和工程师可以更有效地比较不同催化剂的性能，从而筛选出最佳的解决方案，推动电催化技术在可持续能源生产中的应用。

6.2 电催化氧化反应

电催化氧化反应是指在电催化剂的作用下，利用电能促使某种物质在电极表面进行氧化反应的过程。在这种反应中，电极作为催化剂，提供必要的电子环境和活性位点，使原本需要较高能量才能进行的化学反应在较低的能量条件下就可以顺利发生。在电催化氧化反应中，反应物失去电子（被氧化）并转化为更高价的化学形态。这个过程通常发生在阳极，电子从阳极流向阴极，通过外部电路完成电子的转移。电催化氧化反应的应用广泛，包括但不限于电解水制氢气、氢燃料电池以及甲醇燃料电池等。单原子催化剂在电催化氧化反应的研究中发挥着核心作用，以下是一些典型的电催化氧化反应。

6.2.1 析氧反应

电解水是氢能生产的重要手段之一，特别适用于需求大量清洁能源的场合，如燃料电池车辆和各种工业化学过程。作为一种高效的能源载体，氢气能够存储和运输能量，对于平衡电网负荷和最大化利用间歇性可再生能源（如太阳能和风能）具有关键作用。随着技术进步和成本逐渐降低，预计电解水将在未来能源系统中扮演更加重要的角色，推动全球的低碳经济转型[8-10]。

电解水过程涉及两个半电池反应，反应在交换膜的两侧独立进行如图 6.1 所示[11]。在酸性条件下，阴极发生的还原过程称为 HER，水分子接受电子（通过外部电路提供）并生成氢气，其化学方程式为

$$2H^{+} + 2e^{-} \longrightarrow H_2 \tag{6-3}$$

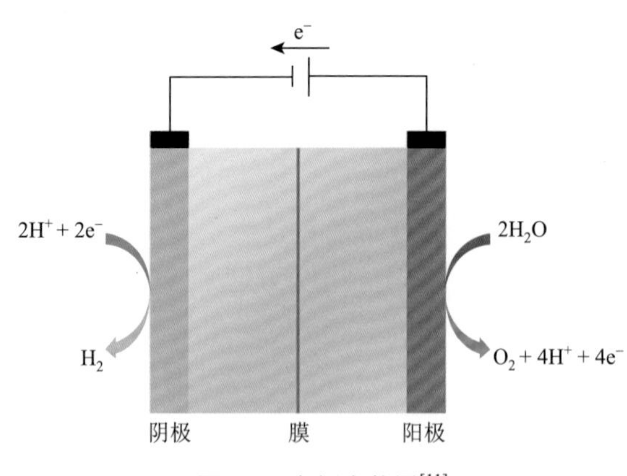

图 6.1 电解水装置[11]

而在阳极，进行的氧化过程则是 OER，水被氧化生成氧气和质子（H^+），同时放出电子，其化学方程式为

$$2H_2O \longrightarrow O_2 + 4H^+ + 4e^- \tag{6-4}$$

比较这两个反应，可以发现 OER 的动力学特性较慢，这是因为 OER 涉及四电子的转移，而 HER 只需转移两电子。由于这一特性，OER 成为电化学水分解效率的决定性因素。由于 OER 的这一特性，开发有效的 OER 催化剂对于提升电解水的整体能效至关重要。优化 OER 催化剂不仅可以加速氧气的产生，从而更高效地利用过剩的可再生能源产生氢气，还能够显著提高整个水分解过程的经济性和实用性[12]。

当前普遍认可的电催化 OER 机制主要分为两类：一是以金属作为氧化还原中心的吸脱质演化机制（adsorbate evolution mechanism，AEM）；二是催化剂自身晶格氧在 OER 电势下的晶格氧机制（lattice oxygen mechanism，LOM）。然而在单原子催化剂中，最常见的 OER 反应机制为 AEM。

在 AEM 机制中，通常涉及四个步骤的质子-电子转移反应，这些步骤都是围绕金属离子进行的。在整个反应序列中，每一步均包括将质子释放到电解质中，这些质子随后与阴极传递的电子结合。如图 6.2 所示，在酸性条件下反应首先以氢氧根（OH^-）优先吸附在金属表面的氧空位开始[13]。随后，吸附的 OH^-发生去质子化，形成吸附的氧原子（O*）。接着，O*与另一 OH^-反应，形成 O—O 键，并产生 HOO*中间体。最后一步中，HOO*去质子化生成 O_2，同时活性位点得到恢复。在 AEM 过程中，虽然 O—O 键的形成较为困难，但该过程催化剂通常显示出较高的稳定性。

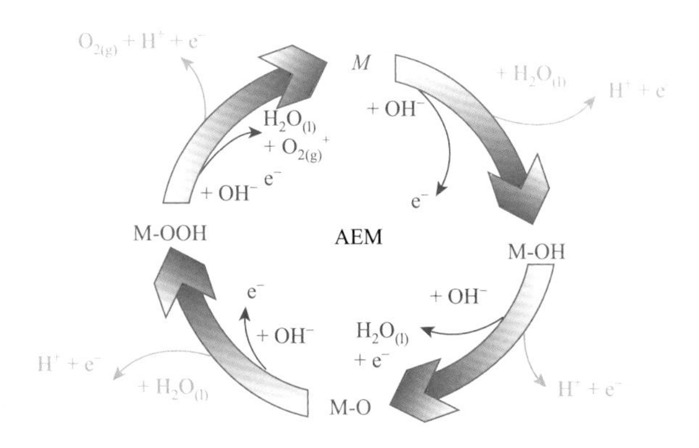

图 6.2　OER 在酸性（绿色）和碱性（红色）电解液中的 AEM 机理示意图[13]

$$OH^- + * \longrightarrow HO* + e^- \tag{6-5}$$

$$HO* \longrightarrow O* + e^- + H^+ \tag{6-6}$$

$$O^* + OH^- \longrightarrow HOO^* + e^- \tag{6-7}$$

$$HOO^* \longrightarrow * + O_2(g) + e^- + H^+ \tag{6-8}$$

近年来，单原子催化剂由于其活性位点的均匀分布和高原子利用率等特性，在科研领域受到了广泛关注。这类催化剂在提高活性和稳定性、降低 OER 超电势等方面展现了极大的潜力[14, 15]。在 OER 的单原子催化剂研究中，金（Au）[16, 17]、铂（Pt）[18-20]、铑（Rh）[21, 22]、钌（Ru）[23, 24]和铱（Ir）[25]等作为活性位点的贵金属单原子催化剂因其极高的活性和精准的反应选择性而备受关注。这些贵金属单原子催化剂的研究对于开发更高效且成本效益更高的催化系统至关重要，从而在推动电催化技术的发展方面发挥着关键作用。这些进展不仅提升了电催化效率，也为实现可持续的能源应用奠定了基础。

Hua 等[26]开发了单原子 Ir 负载在 $MnCo_2O_{4.5}$ 的单原子催化剂 Ir-$MnCo_2O_{4.5}$，通过向 Co_3O_4 中同时引入 Ir 和 Mn，有效地增强催化剂在酸性环境下的活性和稳定性。Hua 等指出，Ir 和 Mn 的引入可以增加催化剂材料的导电性，加速 OER 过程中的电子转移步骤，优化中间体的吸附能，可以大幅度地增加催化剂的活性。除此之外，Ir 和 Mn 的引入可以调控电子分布，Ir 原子更倾向于失去电子，使离域电子聚集在 Ir—O 键上，导致 Ir 与衬底材料有更强的相互作用；同时，O 2p 中心有显著的下降，O 缺陷难以产生，这均会增加单原子催化剂的稳定性。测试表明，Ir-$MnCo_2O_{4.5}$ 催化剂在 10 $mA \cdot cm^{-2}$ 电流密度下，超电势仅为 238 mV，优于价格昂贵的 IrO_2。同时，Ir-$MnCo_2O_{4.5}$ 催化剂有着优异的稳定性，可在 200 $mA \cdot cm^{-2}$ 的质子交换膜水电解槽（proton exchange membrane water electrolyzer，PEMWE）中连续电解 100 h 而保持性能不变。

2020 年，Wang 等[27]研究者开发了一种高效的 $Ir_{x wt\%}$O-NiO 单原子催化剂，其中 Ir 原子的含量高达 18 wt%，均匀分布于氧化镍（NiO）衬底上。在 OER 活性方面，这种催化剂的表现卓越，如图 6.3 所示，在 10 $mA \cdot cm^{-2}$ 电流密度下，超电势仅为 215 mV，远优于传统的 IrO_2 和纯 NiO。此外，其 Tafel 斜率低至 38 $mV \cdot dec^{-1}$，电流密度高达 114 $mA \cdot cm^{-2}$，是 IrO_2 的 46 倍，纯 NiO 的 57 倍，这反映出 $Ir_{18 wt\%}$O-NiO 具有高效的动力学特性和丰富的活性位点。尽管 $Ir_{18 wt\%}$O-NiO 展现了优异的稳定性和活性，但铱金属的高成本和稀缺性限制了其大规模应用[28, 29]。

单原子催化剂由于具有较低成本和优异的活性，目前研究重点已逐渐转向开发廉价且资源丰富的过渡金属材料作为替代品，特别是钴（Co）[30, 31]、铁（Fe）[32, 33]、镍（Ni）[34, 35]等元素。这些过渡金属因其独特的化学和物理性质，被广泛研究用于催化过程，旨在实现经济高效的催化性能。Kumar 等[36]利用大分子辅助方法成功合成了含有高密度 Co 单原子的催化剂（Co SAC），其负载量达到 10.6 wt%。这种催化剂通过引入高孔碳网络（表面积约 186 $m^2 \cdot g^{-1}$）显著提升了在 1 $mol \cdot L^{-1}$ KOH 中的电催化析氧反应性能。如图 6.4 所示，Co 单原子催化剂在 OER 中表现

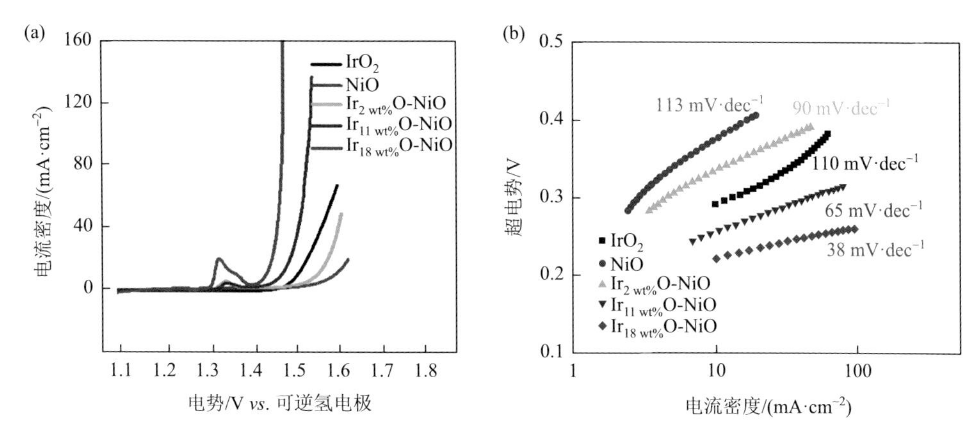

图 6.3　（a）$Ir_{xwt\%}$O-NiO、NiO 和 Ir_2O 催化剂在 1 mol·L^{-1} KOH 中 OER 的极化曲线和（b）Tafel 图[27]

IrO_2：氧化铱；NiO：氧化镍；$Ir_{x\ wt\%}$O-NiO：不同质量分数的 Ir 负载在 NiO 的 IrO-NiO 单原子催化剂

出低超电势（351 mV）和高稳定性（超过 300 h），超越其他单原子催化剂和标准催化剂 Ir/C。这一发现证明了非贵金属催化剂可以有效替代贵金属单原子催化剂，为设计高效且经济的单原子催化系统提供了新的可能性。

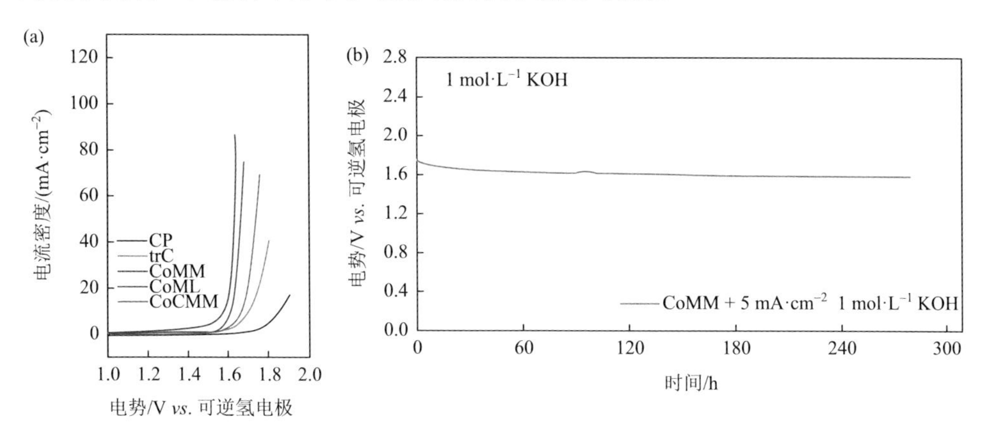

图 6.4　（a）5 mV·s^{-1} 的 OER LSV 研究；（b）CoMM 在 5 mA·cm^{-2} 下 300 h 长期稳定[36]

CP：碳纸；CoMM：使用钴酞菁四聚体和蜜勒胺（C_6N_7）制备的 Co-N_4；CoML：使用钴酞菁四聚体和三聚氰胺制备的 Co-N_4；CoCMM：使用三聚氰胺制备的 Co-N_4

除此之外载体材料的选择对单原子催化剂在析氧反应中的性能发挥关键作用。载体的不同直接影响催化剂的电子属性和结构稳定性[37, 38]。例如，将单个金属原子锚定在如石墨烯、碳纳米管或氮掺杂碳材料等碳基材料上，可以利用这些材料的优异导电性和可调整的结构特性，提供稳定的支撑结构[39, 40]。这种方法不仅保持了活性位点的高分散性，还通过调整碳结构（如氮掺杂）优化载体的电子性质，从而增强催化效率[41, 42]。同时，如氮化物或硫化物这样的非碳基载体，通过其独特的电子结构和化学稳定性调控锚定金属原子的电子环境，可以有效地改善电子转移过程，提高 OER 性能。此外，使用氧化锌和氧化铝等氧化物载体[43]，利用其高热稳定性和可调节的酸碱特性，可以进一步调节催化表面的反应活性，降低 OER 所需的超电势。这些策略显著提升了性能 OER 单原子催化剂的，为开发高效且经济的水分解技术提供了科学基础，并在能源和环境应用中展现了广泛的潜力。

虽然单原子催化剂已广泛应用于 OER 中，但仍面临着高超电势需求、依赖成本高昂且易退化的贵金属催化剂，缺乏高效且稳定的非贵金属催化剂，以及规模化生产和系统集成的技术难题。这些问题限制了水电解的能效和经济性，阻碍了电催化技术的广泛应用。为克服这些挑战，研究人员正致力于开发新型材料、优化电极设计、提高系统集成效率，并深入研究催化机制[44]，旨在探索出一个既高效又经济的电解水解决方案。

6.2.2 氢氧化反应

氢燃料电池是一种将化学能直接转换为电能的装置，主要通过氢气与氧气的化学反应产生电力[45, 46]。这种反应不仅高效，而且唯一的副产品是水，因此氢燃料电池被视为一种极其清洁的能源技术。在氢燃料电池中，阳极的关键反应是氢氧化反应（hydrogen oxidation reaction，HOR），其化学方程式为 $H_2 \longrightarrow 2H^+ + 2e^-$。这个过程涉及两电子的转移，并且具有两种主要的微观反应机理：Tafel-Volmer 机理和 Heyrovsky-Volmer 机理。氢氧化反应通常被认为是一个比氧还原反应更为简单的化学过程[47]。在酸性条件下，具体的化学方程如式（6-9）～式（6-11）所示。

$$\text{Tafel步骤：} H_2 + 2^* \longrightarrow 2H^* \tag{6-9}$$

$$\text{Heyrovsky步骤：} H_2 + ^* \longrightarrow H^* + H^+ + e^- \tag{6-10}$$

$$\text{Volmer步骤：} H^* \longrightarrow ^* + H^+ + e^- \tag{6-11}$$

铂基材料被广泛认为是具有潜力的氢氧化反应催化剂，然而其价格十分昂贵，难以大规模使用。由于具有与铂金属相似的催化特性，钌金属被视为是铂基催化剂的有效替代品。例如，通过调节与其他金属原子（如 Fe、Co、Ni）的 d-d 轨道耦合，可以控制钌相对于费米能级的 d 带中心，从而调节氢（H_{ad}）和氢氧（OH_{ad}）的热力学结合能，增强钌基催化剂的 HOR 活性[48, 49]。然而，钌团簇内部的非活性 Ru 原子限制了其有效利用。单原子催化剂利用其独特的原子结构和载体效应，显著减少了贵金属的使用量，对提高铂族金属的利用率具有重要意义。

Park 等[50]通过采用亲氧的碳化钨（WC_{1-x}）作为 Ru 单原子催化剂载体，显著提升了 Ru 单原子催化剂的性能和成本效益。WC_{1-x} 材料与传统碳材料相比，展现出了更强的氧亲和性，降低了零电荷点（point of zero charge，PZC），有效促进了氢吸附位点的 OH^-供应并增强了表面吸附，从而显著提高了 HOR 活性。

此外，WC_{1-x}的类金属电子特性增强了与负载金属之间的相互作用，形成了局域稳定的金属—金属键结构。如图6.5所示，Ru SA/WC_{1-x}中OH在W-W桥位点的吸附对优化单原子催化剂活性至关重要。需要指出的是，Ru SA/WC_{1-x}在OH吸附步骤中表现出高亲和力，降低反应能垒，对HOR的关键速率决定步骤起到了重要作用。

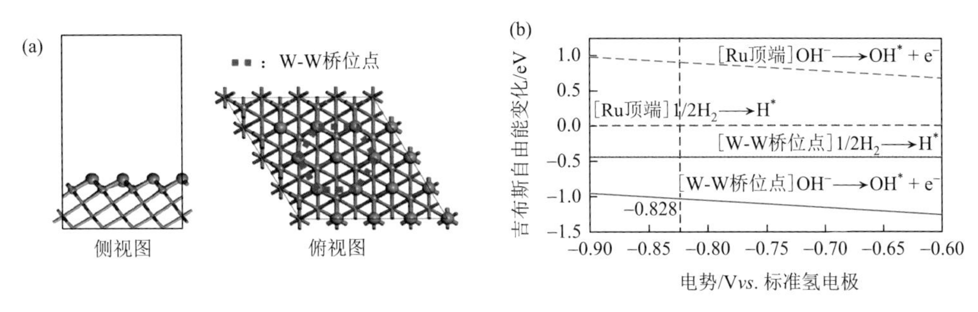

图6.5 DFT仿真结果

(a)Ru SA/WC_{1-x}的原子构型以及H和OH的首选结合位点(W-W桥位点)；(b)Ru SA/WC_{1-x}的相图[50]；Ru SA/WC_{1-x}：Ru原子负载在碳化钨上的单原子催化剂

Yang等[51]在CrN上负载Pt单原子制备了Pt SACs/CrN用于催化碱性HOR反应。他们指出，HOR反应过程中催化剂容易被CO毒化，丧失活性，因此需要保证活性位点对CO有耐受性。表征发现，Pt与CrN之间的作用力很强，电子由CrN向Pt转移，使Pt吸附的H_2解离能垒降低，提升了反应活性。测试结果表明，Pt SACs/CrN的超电势为20 mV，有良好的活性，同时对CO的耐受性极强。当纯H_2中掺入1000 ppm（1 ppm = 1×10^{-6}）的CO时，Pt SACs/CrN催化剂的性能下降到80.4%，而PtRu/C的性能下降到35.7%，Yang等认为这是Pt位点对CO吸附能力更弱导致的。该工作首次揭示了Pt单原子催化剂在HOR中优异的耐受性，为开发氮化物负载的单原子电催化剂提供了基础。

尽管单原子贵金属催化剂如铂金属和钌金属在HOR中显示出卓越的催化性能，但它们的高成本和稀缺性极大地限制了燃料电池技术的广泛应用。在实际操作条件下，维持单原子催化剂的稳定分散状态也面临挑战，因为在高反应温度和电化学环境变化下，原子容易迁移和聚集，影响其长期稳定性和催化效率。针对这些挑战，未来的研究需集中于开发新的合成策略和技术以提升贵金属单原子催化剂在HOR中的稳定性和成本效益，以及通过高级表征和模拟技术深入理解催化机制。

6.2.3 其他氧化反应

甲醇、甲酸和乙醇的电催化氧化反应是燃料电池中的关键反应，特别是在直接液体燃料电池（如直接甲酸燃料电池、直接甲醇燃料电池和直接乙醇燃料电池）中。这些反应涉及将这些有机分子在阳极上氧化，生成电能。以上反应由于其特定的机制，对催化剂的效率、动力学和选择性提出了不同的要求。

电催化甲醇氧化反应（methanol oxidation reaction，MOR）是直接甲醇燃料电池（direct methanol fuel cell，DMFC）中的关键阳极反应，其中甲醇在催化剂的作用下被氧化为二氧化碳，同时释放电子[52, 53]。该反应的有效进行依赖于催化剂的性能，尤其是在使用铂和铂钌合金等贵金属催化剂时。尽管这些材料表现出高活性，但它们的成本高且容易受到 CO 的影响。解决这些挑战的关键在于开发成本更低且抗中毒能力更强的催化剂，提高催化剂的稳定性和电化学活性。Zhang 等[54]设计了两种类型的 Pt SAC，提出了一种用于直接甲醇燃料电池的 SAC。他们采用简单的吸附-浸渍制备方法将单个 Pt 原子固定在 RuO_2 和炭黑（VXC-72）上，分别得到 Pt_1/RuO_2 和 Pt_1/VXC-72。如图 6.6（a）所示，Pt_1/VXC-72 SAC 的 CV 曲线没有检测到电催化峰，表明 Pt_1/VXC-72 对 MOR 没有催化活性。Pt_1/RuO_2 SAC 的 CV 曲线在正向和反向 CV 扫描中均出现了氧化电流峰[图 6.6（b）]，分别对应甲醇和中间产物的氧化。相比之下，RuO_2 的 CV 扫描特征不明显[图 6.6（c）]。Pt_1/RuO_2 的 I_f/I_b（I_f 为正扫氧化峰值电流；I_b 为反扫氧化峰值电流）是 Pt/C 的 2 倍多，表明 Pt_1/RuO_2 的抗中毒能力增强。同时 Pt_1/RuO_2 具有长期耐久性，10 h 后 Pt_1/RuO_2 仍保持高的质量活性，仅有 4.5%的轻微降解。相比之下，商业 Pt/C 表现出约 22%的质量活性下降[图 6.6（d）]。Pt_1/RuO_2 SAC 表现出优异的质量活性和对 MOR 的稳定性，远远优于迄今为止开发的大多数 Pt 基催化剂。

乙醇氧化反应（ethanol oxidation reaction，EOR）是直接乙醇燃料电池（direct ethanol fuel cell，DEFC）中的核心阳极反应，其中乙醇在电化学过程中被氧化成二氧化碳[55, 56]。具体反应式为 $C_2H_5OH + 3H_2O \longrightarrow 2CO_2 + 12H^+ + 12e^-$。相较于甲醇和甲酸，乙醇的分子结构更复杂，含有两个碳原子，这使其完全氧化更具挑战性，需要高效的催化系统降低反应所需的高活化能，并避免产生不完全氧化的副产品如乙醛。

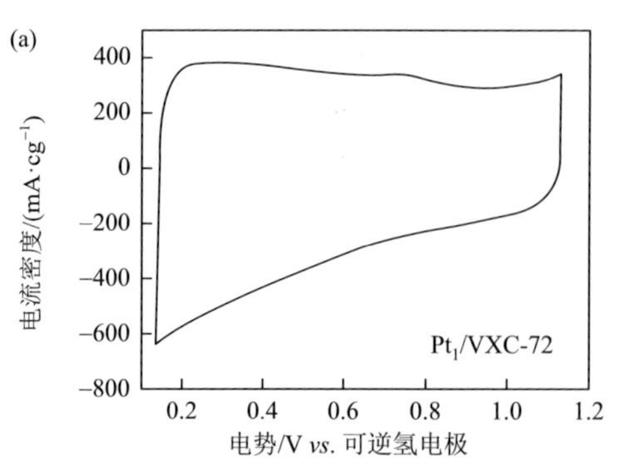

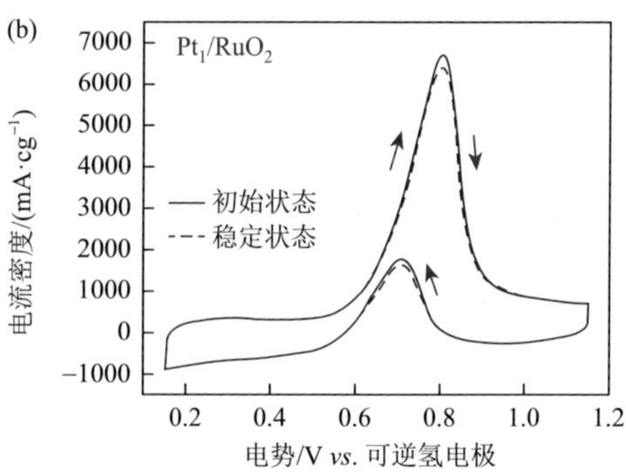

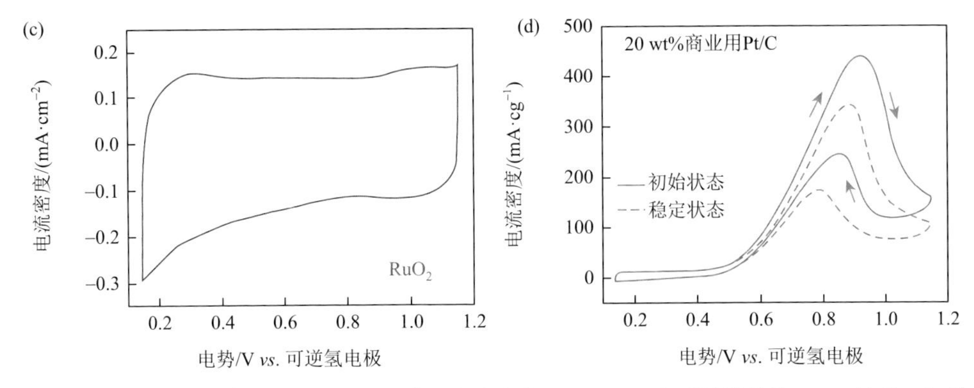

图 6.6　在 0.1 mol·L^{-1} KOH 和 1 mol·L^{-1} 甲醇溶液中，Pt_1/RuO_2 和对照样品的 MOR 性能，扫描速率为 50 mV·s^{-1}

（a）Pt_1/VXC-72；（b）Pt_1/RuO_2；（c）RuO_2；（d）20 wt%商业用 Pt/C[54]；Pt_1/VXC-72：Pt 原子负载在炭黑（VXC-72）上的单原子催化剂；Pt_1/RuO_2：Pt 原子负载在氧化钌上的单原子催化剂；20 wt%商业用 Pt/C：质量分数为 20%的商业碳化铂催化剂

为了实现乙醇的高效完全氧化，目前的研究重点是开发具有卓越催化活性和选择性的催化剂，这通常涉及使用铂、铑等贵金属及其合金。这些催化剂能够有效地加速乙醇的脱氢反应和 C—C 键断裂，这是实现其完全氧化的关键。然而，这些贵金属催化剂的高成本及其对中间产物的吸附倾向构成了技术上的主要障碍。因此，研究正转向开发成本更低且性能更稳定的非贵金属单原子催化剂，同时，优化催化剂设计和电解质系统，可以进一步提高乙醇氧化的效率和反应稳定性。例如，Li 等[57]开发的由 Pd 纳米颗粒和 Ni 单原子催化剂组成的杂化材料（Pd NPs@Ni SAC）中，Pd 纳米颗粒均匀分散在碳框架支持的 Ni 单原子催化剂上，其中 Pd 纳米颗粒主要负责破坏乙醇的 C—C 键，促进乙醇的氧化，而吸附在 Pd 表面的 CO 在碱性电解质中被 Ni 单原子催化剂电化学氧化。

电催化甲酸氧化反应（formic acid oxidation reaction，FAOR）在直接甲酸燃料电池（direct formic acid fuel cell，DFAFC）中进行。甲酸（HCOOH）在阳极上氧化生成二氧化碳和质子，释放电子[58]。这一过程的主要优点包括甲酸的低毒性和高理论能量密度，使其成为一种理想的便携式能源解决方案。然而，FAOR 面临的主要挑战包括两点：其一是需使用成本高昂的贵金属催化剂如铂或铂铑合金提高反应速率和效率；其二是这些催化剂容易中毒，影响其长期稳定性和活性。目前在电催化 FAOR 中使用单原子催化剂的研究还相对较少，但这一领域显示出巨大的应用潜力。随着材料科学和表面化学的不断进步，预期将涌现更多关于 FAOR 单原子催化剂的创新研究，推动燃料电池技术的发展，并为其他相关技术提供更高效的催化解决方案，从而优化能源转换和化学生产过程。

甲醇和乙醇的电催化氧化反应在直接液体燃料电池技术中至关重要。这些反应通过将有机燃料氧化为二氧化碳和水生成电能，但它们各自面临中间产物毒化、催化剂选择性差和反应效率低的挑战。为了提升这些氧化反应的性能，开发能够抵抗毒化、具有高选择性和活性的催化剂是必要的，同时也需要优化电解质和操作条件以增强系统的整体效率和耐用性。未来的研究将专注于开发新型非贵金属单原子催化剂，这些催化剂不仅可以改善反应动力学，减少中毒效应，还可以通过精准的催化剂设计和系统工程创新进一步优化电化学转换的效率和可持续性。此外，深入探索这些反应的详细机理也极为重要，它将有助于设计更高效的催化系统，从而实现更优的能量转换性能。

6.3 电催化还原反应

电催化还原反应是指在电催化剂的作用下，施加电压使反应物在电极表面发生还原反应的过程。在这种反应中，反应物通过接收电子而被还原，这些电子是通过电极从外部电路获得的。电催化还原反应在许多电化学技术中扮演着关键角色，包括但不限于氢气生产（通过水的电解）、二氧化碳还原生成燃料和化学品，以及在电化学传感器和电池技术中的应用。

电催化还原的效率高度依赖所用电催化剂的性质，如活性、选择性、稳定性以及与反应物的相互作用方式等。优化电催化剂的设计和材料选择对于提高这些反应的性能至关重要，同时也是当前电化学研究的一个重要领域。通过精确控制电催化过程，可以实现更高效和环境友好的化学转换过程。单原子催化剂在电催化还原反应的研究中发挥着核心作用，以下是一些典型的电催化还原反应。

6.3.1 析氢反应

析氢反应是电解水中产生氢气的半电池反应，其化学方程式为 $2H^+ + 2e^- \longrightarrow H_2$，涉及两个电子的转移[59]。阴极 HER 可基于 Volmer-Heyrovsky 机制或 Volmer-Tafel 机制发生，反应步骤如图 6.7 所示[60]。

在酸性介质中，HER 的反应式表示为

$$\text{Volmer步骤：} H^+ + e^- + * \longrightarrow H* \tag{6-12}$$

$$\text{Heyrovsky步骤：} H* + H^+ + e^- \longrightarrow H_2 + * \tag{6-13}$$

$$\text{Tafel步骤：} 2H* \longrightarrow H_2 + 2* \tag{6-14}$$

在碱性介质中，HER 的反应式表示为

$$\text{Volmer步骤：} H_2O + e^- + * \longrightarrow H* + OH^- \tag{6-15}$$

$$\text{Heyrovsky步骤：} H_2O + H^+ + e^- \longrightarrow H_2 + OH^- + * \tag{6-16}$$

$$\text{Tafel步骤：} 2H* \longrightarrow H_2 + 2* \tag{6-17}$$

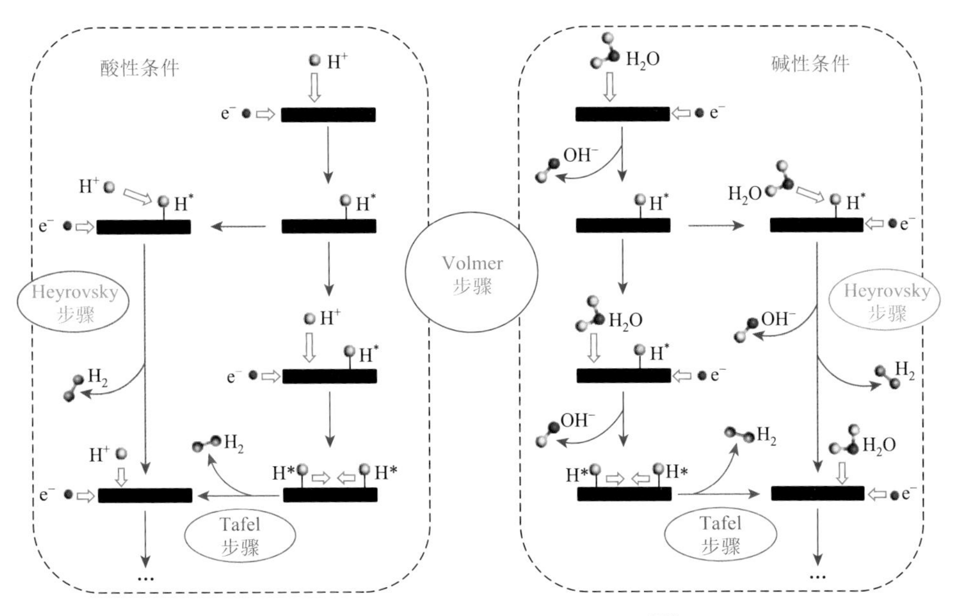

图 6.7　酸碱条件下析氢反应示意图[60]

HER 的整体速率在很大程度上取决于氢的吸附自由能ΔG_H。若氢与催化剂表面的结合过于弱，Volmer 步骤（吸附过程）会成为反应速率的限制步骤；反之，若氢与催化剂表面结合过强，Heyrovsky 或 Tafel 步骤（脱附过程）将限制反应速率[61]。因此，高效 HER 催化剂的一个必要但不充分条件是$\Delta G_H \approx 0$。

对于 Tafel 机制，需要两个相邻的活性位点以吸附两个 H*，这在单原子催化剂中难以实现。因此，对于 SAC 上的 HER，Heyrovsky 机制更为合适。以往研究表明，Heyrovsky 步骤的活化能通常是 Tafel 步骤的两倍。因此，相较于纳米颗粒催化剂，SAC 上的 HER 活性受到显著的抑制。这一点对于理解和优化 SAC 上的 HER 反应机制至关重要。

Pt 金属因其在最小化超电势方面的优异性能而被广泛认为是最有效的析氢反应电催化剂[62, 63]，然而，稀缺性和高昂的成本限制了其在商业领域的广泛应用。为了最大限度地减少贵金属的使用，单原子催化剂成为析氢反应的理想选择，它们不仅具有最高的原子效率，还拥有独特的活性中心结构。Liu 等[64]的研究发现，具有本征空穴的聚六苯基苯材料（polyhexaphenylbenzene material，PBN）在加热过程中能转化为碳材料，并稳定锚定过渡金属原子。其锚定的 Ir 单原子催化剂（PBN-300-Ir）在 HER 中表现出卓越的电催化活性和稳定性，如图 6.8（a）所示，其催化 HER 的超电势仅为 17 mV，显著低于 Pt/C 和 Ir/C 等商业催化剂。如图 6.8（b）所示，PBN-300-Ir 在 70 mV 下展示了高达 51.6 $mA \cdot mg^{-1}$ 的质量活性，并在 100 mV 下拥有 171.61 s^{-1} 的转化频率，表明 Ir 原子利用率的显著提升。PBN-300-Ir 还展现出了强酸性电解液中的高稳定性，经过 38 h HER 反应后，电流密度基本保持不变。

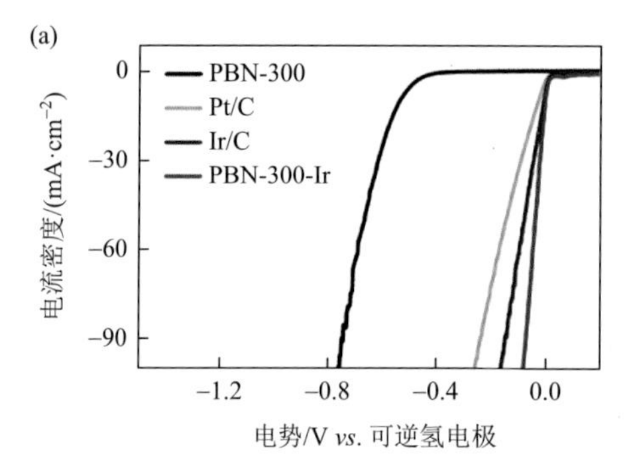

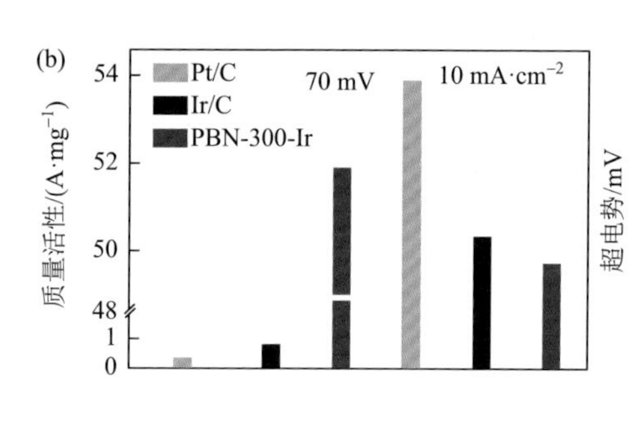

图 6.8 （a）室温下，在 0.5 mol·L^{-1} H_2SO_4 中，以 5 mV·s^{-1} 的扫描速率，通过线性扫描伏安法获得的 PBN-300-Ir、PBN-300、Pt/C 和 Ir/C 的 HER 极化曲线；（b）PBN-300-Ir、Pt/C 和 Ir/C 在 70 mV 下的质量活度与 PBN-300-Ir、Pt/C 和 Ir/C 达到 10 mA·cm^{-2} 所需的超电势之间的比较[64]

PBN-300-Ir：300℃热解金属原子 Ir 嵌入载体 PBN 中；Pt/C：商业铂碳催化剂；Ir/C：商业碳载 Ir 催化剂

Zhu 等[65]将 Pt 单原子锚定在 Ru/RuO_2 上制备了 Pt-Ru/RuO_2 用于催化 HER，其中，Pt、Ru、RuO_2 在催化过程中均有作用。通过表征发现 Ru 原子的电子会向 RuO_2 转移，使 RuO_2 可以有效地促进水解离，而 Pt 和 Ru 可以加速 H 结合步骤。HER 性能测试表明，该催化剂在 10 mA·cm^{-2} 电流密度和 250 mA·cm^{-2} 电流密度下的超电势仅为 18 mV 和 63 mV，性能十分优异，其成本活性更是达到商业 Pt/C 和 Ru/C 的 16 倍，有着良好的成本效应；在阴离子交换膜水电解槽（anion exchange membrane water electrolyzer，AEMWE）中以 2.1 V 电压进行电解，其成本活性高达 247.1 A·美元$^{-1}$，是 Pt/C 催化剂的 3 倍。同时，在 10 mA·cm^{-2} 电流密度下连续电解 100 h 后，Pt-Ru/RuO_2 催化剂的性能几乎没有任何变化，有优异的稳定性。

此外，理论计算已成为辅助发现和优化单原子催化剂的强大工具。例如，Wang 等[66]研究人员选取了 28 种 TM 原子和 8 种具有代表性的碳基载体，包括氮掺杂碳（NC）、石墨烯[67, 68]、MOF[69-71]、COF、C_3N_4、二嗪基碳（C_2N）、GDY 和酞菁（Pc），构建了 224 种单原子催化剂。通过密度泛函理论发现 Co-N-C、Co-Pc，以及含 V/Fe/Co/Rh/Ir 的 MOF 和含 V/Tc/Rh/Os 的 SAC，在 HER 中表现出高活性，$|\eta^{HER}|$（HER 的超电势）低于 0.15 V。此外，研究团队还基于梯度提升（gradient boosting，GB）算法构建了机器学习（machine learning，ML）模型，以探究易于获取的内在特征与碳基 SAC 的 HER 活性之间的潜在关联。ML 的结果揭示了 SAC 的 HER 活性主要受制于 TM 原子周围的几何结构和 TM 活性中心的电子性质[72]。理论计算能够在原子级别上精确模拟催化剂的电子结构和反应机制，从而预测催化剂的活性、选择性和稳定性。这种方法不仅可以预测已知材料的性能，还可以指导新型催化剂的设计，尤其是在寻找合适的过渡金属原子和载体组合方面。

总体而言，HER的主要挑战在于开发高效的催化剂降低所需电压并提高氢气产率。虽然目前广泛使用的铂基贵金属催化剂因其出色的催化性能而备受推崇，但高昂的成本和有限的资源促使科学家寻求更经济的替代方案。目前，开发基于过渡金属的非贵金属单原子催化剂成为研究的焦点。这类催化剂不仅有望降低成本，而且在许多情况下能够提供与Pt金属相当乃至更优的性能，从而为氢气生产提供更为可持续和经济有效的解决方案。

6.3.2 CO_2还原反应

电催化二氧化碳还原（carbon dioxide reduction reaction，CO_2RR）是指二氧化碳在电极表面被还原成有用的化学品或燃料的过程[73, 74]。这一过程通常发生在电化学反应器的阴极，电流通过电极将电子传递给吸附在电极表面的CO_2分子，促使其还原[75, 76]。电催化CO_2RR作为一种将废气中二氧化碳转化为高附加值化学品的策略，通常在室温和常压下进行。与传统的化学过程相比，电催化CO_2RR具有更低的能耗和较小的环境影响，在处理气候变化、提供可持续化学品和燃料方面具有巨大的应用潜力[77, 78]。然而，电催化CO_2RR仍然面临许多困难。二氧化碳的独特分子结构使其具有显著的化学稳定性。在CO_2分子中，碳和氧之间的双键由于存在离域的大π键而呈现出类似三键的特性，碳氧键长度缩短至约116.3 pm，增强了分子的稳定性[79]。与其他类型的化学键相比，如C—H键（411 $kJ\cdot mol^{-1}$）、C—C键（336 $kJ\cdot mol^{-1}$）和C—O键（327 $kJ\cdot mol^{-1}$），CO_2中的C═O双键的能量势垒更高，达到约750 $kJ\cdot mol^{-1}$，这使CO_2电还原的反应动力学过程相对缓慢[80, 81]。这些特性使二氧化碳在催化剂表面较难活化，从而导致反应动力学过程相对缓慢，阻碍了反应的下一步催化。

此外，从电子转移角度来看，CO_2的第一电离能较高（13.79 eV），表现为较弱的电子供体和较强的电子受体。较高的电离能使CO_2在常温常压下化学性质相对稳定，不易发生反应。同时，CO_2在水溶液中的溶解性也是影响其电催化还原反应动力学过程缓慢的关键因素之一。在25℃条件下，CO_2的溶解度仅为33 $mmol\cdot L^{-1}$。相对较低的溶解度限制了在溶液中可用于还原CO_2的浓度，从而影响水溶液中CO_2还原反应的效率。

CO_2RR是一个涉及多个质子-电子转移步骤和众多中间体的复杂过程。产物的多样性是这一过程的特征，涵盖C_1产物（如CO[82, 83]、甲醇[84]、甲酸[85]、甲醛[86]和甲烷[87, 88]）和C_2产物（如乙烯[89, 90]、乙醇[71, 72]、乙酸[73]、丙酮[91]等）。这些产物间的热力学氧化还原电势通常非常接近，增加了在CO_2还原过程中实现特定产物选择性的挑战。由于产物间氧化还原电势相似，精确控制反应条件以偏向某一特定产物的生成尤为困难。这要求对反应机理有深刻理解，同时需要精确的催化剂设计和反应条件控制，以优化产物分布并提升特定产物的产率。

目前广泛认可的 CO_2 还原途径是通过*COOH 中间体转化为 CO，这一过程可以通过质子耦合电子转移（proton-coupled electron transfer，PCET）或电子优先转移后的质子转移实现。在此过程中，首先形成关键中间体*COOH，然后通过 PCET 步骤转化为*CO，最后这种较弱结合的*CO 从催化剂表面脱附，生成 CO（图 6.9）[92]。值得注意的是，*CO 在其他 C_1 产物（如甲醛、甲醇和甲烷）的生成中也扮演着重要角色。相对而言，甲酸或甲酸根的生成路径有所不同，主要通过与催化剂表面结合的以氧原子为主的中间体实现。其可能的形成途径包括：

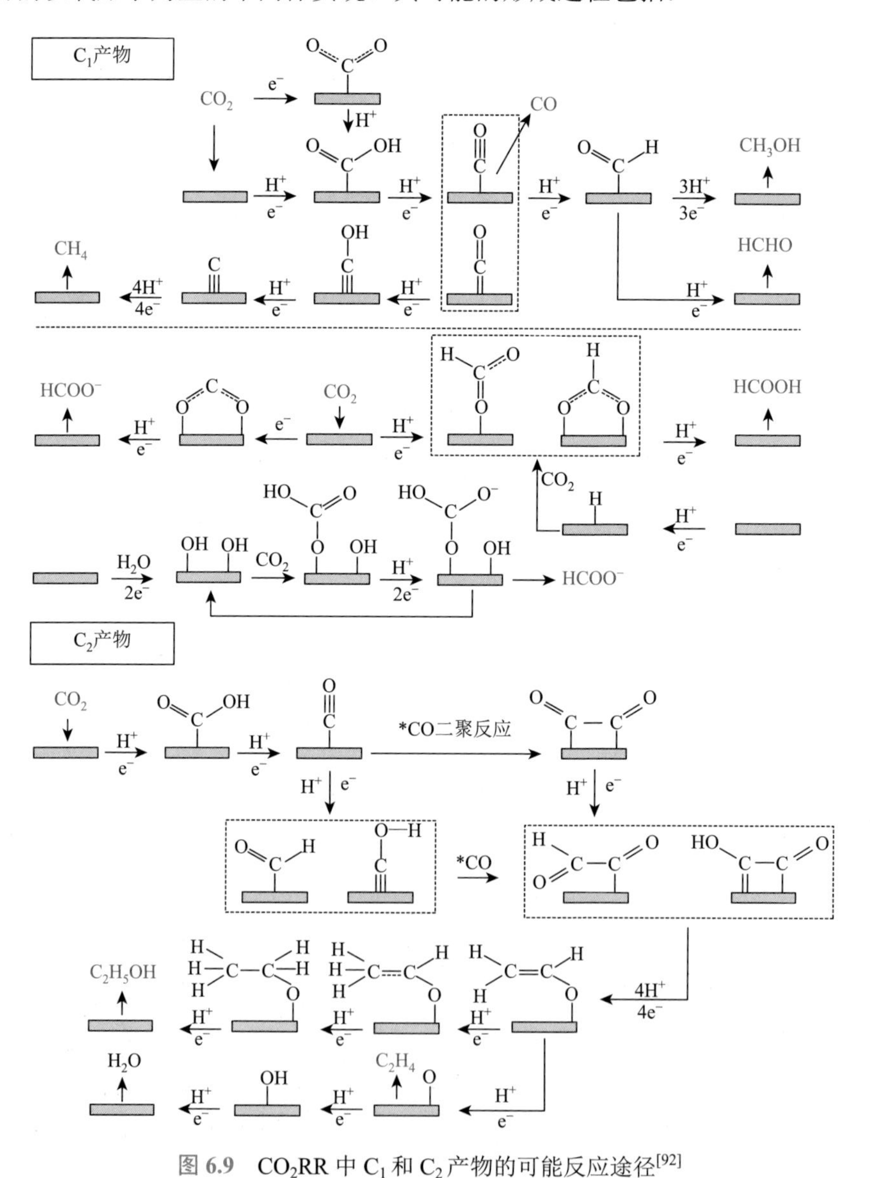

图 6.9　CO_2RR 中 C_1 和 C_2 产物的可能反应途径[92]

（1）CO_2^- 自由基与催化剂表面结合，然后与水分子或质子发生反应生成 $HCOO^-$ 或 HCOOH；

（2）CO_2 直接插入金属—氢键或金属—羟基键形成中间体[93]，进而生成 HCOOH 或 $HCOO^-$。

铜基催化剂由于其在电化学二氧化碳还原反应中的独特活性和选择性，受到了广泛关注。然而，提高铜基催化剂对特定产品如甲烷的选择性仍是一大挑战。对此，Dai 等[94]开发了一种设计用于甲烷生产的 Cu 单原子催化剂的通用方法，其核心在于通过调节近邻配位环境改变单原子催化剂的选择性。理论计算表明，B 元素的部分替代修饰了 $Cu\text{-}N_4$ 位点，从而增强了*CO 和*CHO 中间体的吸附，这一改进有利于 CH_4 的生成。如图 6.10（a）、（b）所示，BNC-Cu 单原子催化剂展

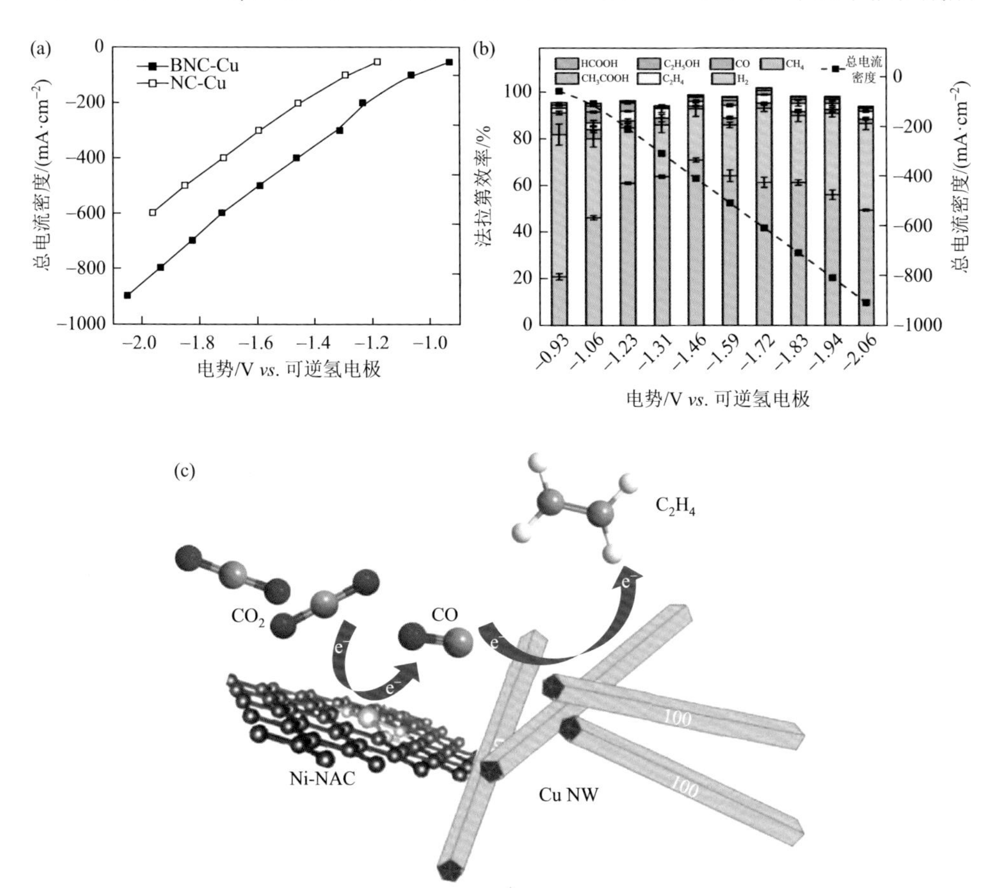

图 6.10　（a）BNC-Cu 和 NC-Cu 在不同外加电势下的总电流密度；（b）在不同的外加电势下，BNC-Cu 的各种产物的总电流密度和法拉第效率[94]；（c）Ni 单原子与铜纳米线串联催化剂[96]

BNC-Cu：硼、氮共掺杂碳的铜单原子催化剂；NC-Cu：氮掺杂碳的铜单原子催化剂；Ni-NAC：氮掺杂碳上的单原子 Ni 催化剂；Cu NW：Cu 纳米线

现了高达 73%的 CH_4 法拉第效率（FE_{CH_4}），在−1.46 V *vs.* RHE 下，其部分 CH_4 电流密度（j_{CH_4}）达到−292 mA·cm^{-2}。这项研究为提高 Cu 单原子催化剂对甲烷等特定产物的选择性提供了新策略。与传统催化剂相比，单原子催化剂能够提供更高的产品选择性，单原子位点可以被设计特定地促进某一种化学反应，减少副反应的生成。

在 C_2 产物的形成过程中，*CO 被视为关键中间体。该中间体可通过对称二聚化直接形成*C_2HO_2，随后进行加氢反应。或者，*CO 首先经过加氢生成*CHO 或*COH，再与另一*CO 进行非对称偶联反应形成*C_2HO_2 中间体（图 6.9）[92]。在已知的各种催化剂中，Cu 基催化剂是唯一被广泛认为能有效催化二氧化碳还原反应生成 C_2 产物的催化剂。Cu 基催化剂与*CO 有适中的结合能，并在 C-C 偶联后，通过多个质子-电子转移步骤形成关键*C_2H_3O 中间体，决定了乙烯和乙醇产物的形成。然而，在大多数催化剂体系中，从*C_2H_3O 到乙烯的能垒较低，使催化剂对乙烯的选择性高于乙醇[95]。

尽管铜催化剂在选择 C_2 产物方面具有独特优势，但关于使用 Cu 单原子催化剂（Cu SAC）生成 C_2 产物的研究相对较少。这主要是由于在分散的 Cu 单原子上促进 C-C 偶联或*CO 二聚化较为困难。这一挑战对于开发新型高效催化剂具有重要研究价值[92]。

电化学二氧化碳还原反应是一个包含多个耦合或连续的质子-电子传递步骤的过程。在这些步骤中，以单原子催化剂设计和合成串联催化系统，作为 CO 形成或水活化的活性位点，在促进高价值产品生产方面已显示出巨大潜力。此外，通过在串联催化系统中利用不同类型的催化剂（如贵金属与非贵金属催化剂的组合），可以进一步优化电子和质子的传递路径，从而提高催化剂的性能和耐用性。这种方法还可以减少催化剂中毒和退化的问题，延长催化剂的使用寿命。Yin 等[96]创新地将载于高表面积碳载体的 Ni 单原子与 Cu 纳米线结合[图 6.10（c）]，制备了一种高效的杂化串联催化剂。Ni 单原子的引入显著增加了一氧化碳在铜表面的富集，从而有效促进了 C-C 偶联反应的发生。通过调节镍和铜的比例，在流通池装置中实现了高达 66%的乙烯法拉第效率。相较于纯铜催化剂，FE 提高了 5 倍，显著增强了乙烯的产量和选择性。总体而言，设计和合成针对特定步骤优化的串联催化系统不仅是有挑战性的，也为推动电化学二氧化碳还原技术的发展和实现高价值化学品的高效生产提供了重要的研究方向。这一领域的进展将对能源转换、化学制造和环境保护产生深远的影响。

Wen 等[97]采用微波辅助法将 Ni 原子负载在 N 掺杂 C 的衬底上制备了 Ni_1-N-C 单原子催化剂，用于电化学还原 CO_2 制备 CO。研究发现，Ni_1-N-C 单原子催化剂的 C 缺陷和介孔结构可以极大地改善催化反应中 CO_2 的活化和传质过程，从而达到工业要求的高电流密度。该催化剂电流密度可达 1.06 A·cm^{-2}，CO 生成的法拉第效率更是高达 96%。同时，Ni_1-N-C 单原子催化剂有着良好的稳定性，在 40 h 的催化过程中，性能几乎没有下降。

Wang 等[98]将 Fe 原子负载在 N 掺杂 C 上制备了 Fe-N-C 单原子催化剂，用于电催化 CO_2RR 制备 CO。通过表征发现，C 衬底具有强电子传输和电荷转移能力，有利于 CO 的生成。同时，Fe 可以有效地促进水的解离和随后的质子化步骤，加速*COOH 中间体的生成，增强 CO_2RR 活性。性质测试表明，在 H 型电池中，Fe-N-C 单原子催化剂于−0.65 V 电压下表现出 16.01 $mA \cdot cm^{-2}$ 的电流密度，3519.6 h^{-1} 的 TOF。同时，在 120 $mA \cdot cm^{-2}$ 的电流密度下，CO 生成的选择性大于 90%，活性与选择性均高于之前报道的一些 Fe 基催化剂。

综上分析，单原子催化剂在提升 CO_2RR 的反应效率和选择性方面显示出巨大潜力。精确控制催化剂表面的原子排列和电子结构，可以优化 CO_2 的活化过程，从而有效地促进特定化学品的生成。然而，单原子催化剂在 CO_2 还原中的应用面临一系列挑战，包括催化剂的稳定性和长期运行中的活性下降。为了解决这些问题，研究者正在探索创新的合成策略，以实现更稳定的催化剂结构，并通过高级表征技术和理论模拟深入理解催化机制。这些研究不仅将帮助优化现有催化系统，还会促进新型单原子催化材料的开发。

6.3.3　氧气还原反应

在燃料电池中，阴极上发生 ORR，氧气分子在阴极上接受电子，并与质子结合，最终生成水或过氧化物[99, 100]。ORR 是将化学能转换为电能的关键步骤，直接影响反应的动力学特性。根据溶液的酸碱性，在不同 pH 下可将氧还原反应分为四种，如式（6-18）～式（6-21）所示：

在酸性介质中：

$$\text{四电子还原：} O_2 + 4H^+ + 4e^- \longrightarrow 2H_2O \tag{6-18}$$

$$\text{二电子还原：} O_2 + 2H^+ + 2e^- \longrightarrow H_2O_2 \tag{6-19}$$

在碱性介质中：

$$\text{四电子还原：} O_2 + 2H_2O + 4e^- \longrightarrow 4OH^- \tag{6-20}$$

$$\text{二电子还原：} O_2 + H_2O + 2e^- \longrightarrow HO_2^- + OH^- \tag{6-21}$$

通常，ORR 包括 4 个质子-电子转移步骤，将氧气还原成水，这对燃料电池而言是理想的过程。此外，ORR 也可以通过 2 个质子-电子步骤进行，生成过氧化氢（H_2O_2），用于化学合成、纸浆漂白和废水处理，如有机污染物降解和饮用水净化[101]。

四电子氧还原途径的进行机制多样。直接四电子还原机制本质上可能是解离的或结合的，具体取决于催化剂表面的氧分解势垒。间接的四电子还原机制首先涉及两电子途径生成过氧化氢，随后再进一步还原成水：

解离：
$$O_2 + 2* \longrightarrow 2O* \quad (6\text{-}22)$$

$$2O* + 2H^+ + 2e^- \longrightarrow 2OH* \quad (6\text{-}23)$$

$$2OH* + 2H^+ + 2e^- \longrightarrow 2H_2O + 2* \quad (6\text{-}24)$$

联合：
$$O_2 + * \longrightarrow O_2* \quad (6\text{-}25)$$

$$O_2* + H^+ + e^- \longrightarrow OOH* \quad (6\text{-}26)$$

$$OOH* + H^+ + e^- \longrightarrow O* + H_2O \quad (6\text{-}27)$$

$$O* + H^+ + e^- \longrightarrow OH* \quad (6\text{-}28)$$

$$OH* + H^+ + e^- \longrightarrow H_2O + * \quad (6\text{-}29)$$

通过式（6-22）～式（6-29）可以看出，ORR 中的解离途径与联合途径的主要区别在于 O_2 在表面上的反应模式。如果 O_2 中的 O—O 键在质子-电子转移之前未断裂，则为联合途径；相反，若 O—O 键提前断裂，则为解离途径。

ORR 的电子传递步骤多且速度慢，传质效率较低，从而导致其动力学速度缓慢[102, 103]。Pt 基催化剂目前在氧还原反应中表现为最高效的电催化剂。考虑到其高成本和资源稀缺性，研究者正在寻找经济上更可行的替代品。其中，Fe 位点的 Fe-N-C 单原子催化剂因其在 ORR 中的高活性，被认为是替换传统 Pt 基催化剂的有潜力的材料。Liu 等[104]利用密度泛函理论深入探索了 Fe-N_4 在 ORR 中的活性机制。如图 6.11（a）、（b）所示，Fe 的 $3d_{z^2}$、$3d_{yz}$（$3d_{xz}$）轨道与 O_2 的 $2\pi^*$轨道间的杂化作用是 Fe-N_4 位点上 ORR 活性的关键源头。这项研究不仅阐明了 Fe-N_4 位点的几何结构和电子结构与其 ORR 活性之间的紧密联系，还指出了 Fe—O 键长（L_{Fe-O}）可作为一种准确描述 Fe-N_4 位点 ORR 活性的重要几何参数。通过这些深刻的洞见，Liu 及其团队为 M-N-C 单原子催化剂在 ORR 活性方面的理解提供了新的视角。

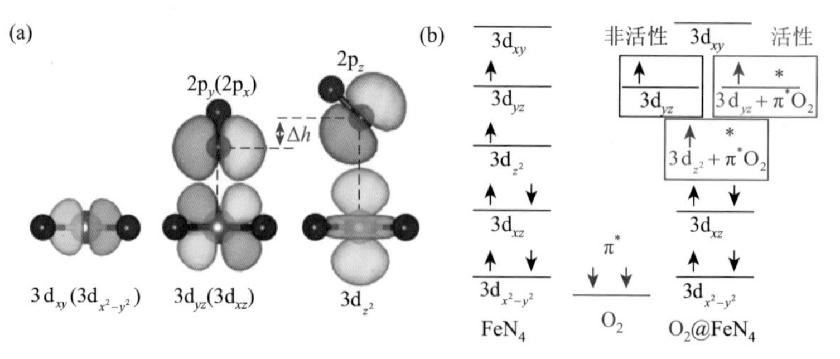

图 6.11 （a）Fe $3d_{xy}$（$3d_{x^2-y^2}$，$3d_{yz}$（$3d_{xz}$），$3d_{z^2}$ 和 O_2 $2\pi^*$轨道的空间分布；（b）Fe-N_4，O_2 和 O_2@Fe-N_4 的前沿轨道图的示意图[104]

FeN4：四个氮原子配位的铁单原子催化剂

二电子氧还原反应（$2e^-$ ORR）包含两个原始步骤，且仅有一个*OOH反应中间体，如式（6-30）。催化剂对 H_2O_2 生成的催化活性和选择性主要由*OOH中间体的吉布斯自由能（ΔG_{*OOH}）决定[105, 106]。

$$O_2 + * + H^+ + e^- \longrightarrow OOH* \tag{6-30}$$

$$OOH* + H^+ + e^- \longrightarrow H_2O_2 + * \tag{6-31}$$

贵金属催化剂，如金、钯和铂，因其极低的超电势、高达约98%的 H_2O_2 选择性和卓越的稳定性，是二电子氧还原反应常用的催化剂[107]。这些贵金属基催化剂在电化学生产 H_2O_2 方面的卓越表现使它们成为许多化学和工业过程的关键组成部分。然而高昂的总成本却大大限制了贵金属催化剂在大规模应用中的经济可行性，阻碍其被广泛采用。研究者正在探索更具成本效益的替代方案，以实现性能与经济效益的最佳平衡。

近年来，单原子催化剂因其在 $2e^-$ ORR途径中产生 H_2O_2 的高效能和选择性，越来越受到科学研究的关注。单原子催化剂载体的变化可以显著影响单原子的电子结构，从而调节活性位点的活性和选择性[108]。这种电子结构与活性位点之间的相互作用为高效和选择性催化提供了新的理解视角。Fan等[109]通过密度泛函理论的精确计算，对定义明确的分子金属酞菁催化剂进行了深入筛选，并巧妙设计出一种用于高效两电子氧还原反应的杂化单原子催化剂（hybrid single-atom catalyst，HSAC）。他们选择了酞菁钴（Co-Pc）作为候选材料，并对基于CoPc分子通过吡啶基团与碳纳米管进行轴向配位连接的Co HSAC进行了详细的计算分析。结合理论预测与实验优化，研究团队成功制备出高效能的Co HSAC。Co HSAC催化剂展现出令人印象深刻的起始电势（约0.85 V）和高达95%的 H_2O_2 选择性。此外，在带有自然空气扩散的碱性流动电池装置中，Co HSAC催化剂还实现了 $300mA\cdot cm^{-2}$ 的高电流密度，用于 H_2O_2 的高效生产。HSAC结合了分子催化剂的可调节结构特性和载体连接方式的多样性，进而优化其电子结构和性能，充分发挥单原子催化剂在均相和多相催化中的独特优势。HSAC作为新兴的单原子催化剂类别，展现了在多种催化反应中的广泛应用潜力。此外，HSAC的研究方法还可能推动其他类型杂化双原子或多原子催化剂的合理开发和应用。

Liu等[110]通过理论计算的方式研究了配位环境对Fe-N-C催化剂性能的影响。计算表明，当P掺杂取代第一壳层N时性能比掺杂第二壳层C更好，而S和B则相反，取代第二壳层C时性能较好。对此，Liu等针对不同掺杂情况对电子结构的影响进行了表征。研究发现，当P掺杂在第一壳层或S、B掺杂在第二壳层时，可以缩短吸附物种Fe—O的键长、降低Fe的价态、降低d带中心，有效地优化中间体吸附能量，提升催化性能。基于理论分析，制备了P、S分别掺杂在第一壳层和第二壳层的单原子催化剂，并对其性质进行了测试，观测到性能有明显的提升。

氧还原反应的效率和动力学特性对整个燃料电池的能量输出和总体效率具有决定性影响。在这个关键的阴极反应过程中，单原子催化剂凭借其卓越的催化活性和出色的反应选择性，展现出了巨大的技术潜力。这些催化剂通过提供高效的电子和质子转移路径，能够优化氧气的还原过程，从而显著提高燃料电池的性能。随着单原子催化剂研究的深入，SAC 在 ORR 中的应用被预期将极大程度上提升燃料电池的商业可行性和环境可持续性。通过降低所需的超电势并增强催化效率，不仅能减少能源损失，还有助于降低燃料电池系统的整体运行成本。此外，单原子催化剂的开发也促进了对燃料电池设计和操作优化的新理解，为能源转换技术带来革命性的进展。

单原子催化剂的创新使用为 ORR 开辟了新的研究方向和应用途径。通过继续探索这些高效催化材料的性能和潜力，不仅能够提高能源系统的效率，还可以推动燃料电池技术向更高的商业化和环境友好性方向迈进。这些进展将进一步证明单原子催化剂在推动全球能源转换技术进步中的关键作用。

总结与展望

在本章中全面探讨了单原子催化剂在电催化领域的应用，尤其关注了它们在氧化和还原反应中的关键作用。这些催化剂由于其原子级结构精确性和优异的电子特性，为能源转换和环境保护技术提供了创新的解决方案。

在电催化氧化反应方面，单原子催化剂尤其在电解水的 HER 和 HOR 中表现出显著的应用潜力。通过优化电子传递路径和反应机制，这些催化剂大幅提高了反应效率。尽管铱基催化剂因其成本和资源限制而面临挑战，研究人员仍被其展示的高效活性激励，进一步探索经济有效的替代材料，如钴、铁和镍等过渡金属，希望发现成本更低且性能更优的电催化剂。在电催化还原反应中，单原子催化剂同样显示出优异的性能，特别是在 HER、CO_2RR 及 ORR 中。这些催化剂通过精细的结构设计显著降低了超电势，并提高了反应的动力学性能。在 CO_2RR 中，它们提高了二氧化碳向高附加值化学品转化的效率，为应对气候变化提供了重要的技术支持。

随着材料科学和纳米技术的持续发展，未来将开发出更多高效且成本低廉的单原子催化材料。这些技术进步将提升能源转换效率并帮助减少环境污染，为实现可持续发展目标提供强有力的支持。此外，对单原子催化剂催化机理和电子性质的深入研究将推动新一代高性能催化剂的开发，以满足工业应用中日益增长的性能需求。通过理论与实验的紧密结合，电催化技术将朝向更高效、更可持续及更环境友好的方向发展。

参考文献

[1] Yoo J M，Shin H，Chung D Y，et al. Carbon shell on active nanocatalyst for stable electrocatalysis. Accounts of Chemical Research，2022，55（9）：1278-1289.

[2] Xiao L，Wang Z，Guan J. Optimization strategies of covalent organic frameworks and their derivatives for electrocatalytic applications. Advanced Functional Materials，2024，34（11）：2310195.

[3] Li X，Kou Z，Wang J. Manipulating interfaces of electrocatalysts down to atomic scales：Fundamentals，strategies，and electrocatalytic applications. Small Methods，2021，5（2）：2001010.

[4] Lei L，Guo X，Han X，et al. From synthesis to mechanisms：In-depth exploration of the dual-atom catalytic mechanisms toward oxygen electrocatalysis. Advanced Materials，2024，n/a（n/a）：2311434.

[5] Wang Y，Wang D，Li Y. Atom-level interfacial synergy of single-atom site catalysts for electrocatalysis. Journal of Energy Chemistry，2022，65：103-115.

[6] Kempler P A，Nielander A C. Reliable reporting of faradaic efficiencies for electrocatalysis research. Nature Communications，2023，14：1158.

[7] Peterson A A，Abild-Pedersen F，Studt F，et al. How copper catalyzes the electroreduction of carbon dioxide into hydrocarbon fuels. Energy & Environmental Science，2010，3（9）：1311-1315.

[8] Li Z，Hu M，Wang P，et al. Heterojunction catalyst in electrocatalytic water splitting. Coordination Chemistry Reviews，2021，439：213953.

[9] Ye K，Zhang Y，Mourdikoudis S，et al. Application of oxygen-group-based amorphous nanomaterials in electrocatalytic water splitting. Small，2023，19（42）：2302341.

[10] Zhao X，He D，Xia B Y，et al. Ambient electrosynthesis toward single-atom sites for electrocatalytic green hydrogen cycling. Advanced Materials，2023，35（14）：2210703.

[11] Song J，Wei C，Huang Z F，et al. A review on fundamentals for designing oxygen evolution electrocatalysts. Chemical Society Reviews，2020，49（7）：2196-2214.

[12] Qi J，Chen M，Zhang W，et al. Ammonium cobalt phosphate with asymmetric coordination sites for enhanced electrocatalytic water oxidation. Chinese Journal of Catalysis，2022，43（7）：1955-1962.

[13] Jiang F，Li Y，Pan Y. Design principles of single-atom catalysts for oxygen evolution reaction：From targeted structures to active sites. Advanced Materials，2024，36（7）：2306309.

[14] Ding H，Liu H，Chu W，et al. Structural transformation of heterogeneous materials for electrocatalytic oxygen evolution reaction. Chemical Reviews，2021，121（21）：13174-13212.

[15] Xue Z，Li Y，Zhang Y，et al. Modulating electronic structure of metal-organic framework for efficient electrocatalytic oxygen evolution. Advanced Energy Materials，2018，8（29）：1801564.

[16] Song Y，Zhou S，Dong Q，et al. Oxygen evolution reaction over the Au/YSZ interface at high temperature. Angewandte Chemie International Edition，2019，58（14）：4617-4621.

[17] Ying Y，Fan K，Luo X，et al. Unravelling the origin of bifunctional OER/ORR activity for single-atom catalysts supported on C_2N by DFT and machine learning. Journal of Materials Chemistry A，2021，9（31）：16860-16867.

[18] Li R，Gu C，Rao P，et al. Ternary single atom catalysts for effective oxygen reduction and evolution reactions. Chemical Engineering Journal，2023，468：143641.

[19] Chen W，Wu B，Wang Y，et al. Deciphering the alternating synergy between interlayer Pt single-atom and NiFe layered double hydroxide for overall water splitting. Energy & Environmental Science，2021，14（12）：6428-6440.

[20] Kan D，Lian R，Wang D，et al. Screening effective single-atom ORR and OER electrocatalysts from Pt decorated

MXenes by first-principles calculations. Journal of Materials Chemistry A，2020，8（33）：17065-17077.

[21] Wang Q, Yu G, Yang E, et al. Through the self-optimization process to achieve high OER activity of SAC catalysts within the framework of TMO_3@G and TMO_4@G：A high-throughput theoretical study. Journal of Colloid and Interface Science，2023，640：405-414.

[22] Xu H，Liu T，Bai S，et al. Cation exchange strategy to single-atom noble-metal doped CuO nanowire arrays with ultralow overpotential for H_2O splitting. Nano Letters，2020，20（7）：5482-5489.

[23] Pal D，Mondal D，Maity D，et al. Single-atomic ruthenium dispersion promoting photoelectrochemical water oxidation activity of CeO_x catalysts on doped TiO_2 nanorod photoanodes. Journal of Materials Chemistry A，2024，12（5）：3034-3045.

[24] Talib S H，Ali B，Mohamed S，et al. Computational screening of $M_1/PW_{12}O_{40}$ single-atom electrocatalysts for water splitting and oxygen reduction reactions. Journal of Materials Chemistry A，2023，11（30）：16334-16348.

[25] Duan X，Li P，Zhou D，et al. Stabilizing single-atomic ruthenium by ferrous ion doped NiFe-LDH towards highly efficient and sustained water oxidation. Chemical Engineering Journal，2022，446：136962.

[26] Hua K，Li X，Rui Z，et al. Integrating Atomically Dispersed Ir Sites in $MnCo_2O_{4.5}$ for highly stable acidic oxygen evolution reaction. ACS Catalysis，2024，14（5）：3712-3724.

[27] Wang Q，Huang X，Zhao Z L，et al. Ultrahigh-loading of Ir single atoms on NiO matrix to dramatically enhance oxygen evolution reaction. Journal of the American Chemical Society，2020，142（16）：7425-7433.

[28] Zhang A，Liang Y，Zhang H，et al. Doping regulation in transition metal compounds for electrocatalysis. Chemical Society Reviews，2021，50（17）：9817-9844.

[29] Yu J，Zhang T，Sun Y，et al. Hollow FeP/Fe_3O_4 hybrid nanoparticles on carbon nanotubes as efficient electrocatalysts for the oxygen evolution reaction. ACS Applied Materials & Interfaces，2020，12（11）：12783-12792.

[30] Yang M Q，Zhou K L，Wang C，et al. Iridium single-atom catalyst coupled with lattice oxygen activated $CoNiO_2$ for accelerating the oxygen evolution reaction. Journal of Materials Chemistry A，2022，10（48）：25692-25700.

[31] Wang K，Lu Z，Lei J，et al. Modulation of ligand fields in a single-atom site by the molten salt strategy for enhanced oxygen bifunctional activity for zinc-air batteries. ACS Nano，2022，16（8）：11944-11956.

[32] Yu M，Li A，Kan E，et al. Substantial impact of spin state evolution in OER/ORR catalyzed by Fe-N-C. ACS Catalysis，2024，14（9）：6816-6826.

[33] Du C，Gao Y，Wang J，et al. A new strategy for engineering a hierarchical porous carbon-anchored Fe single-atom electrocatalyst and the insights into its bifunctional catalysis for flexible rechargeable Zn-air batteries. Journal of Materials Chemistry A，2020，8（19）：9981-9990.

[34] Xu Y，Zhang W，Li Y，et al. A general bimetal-ion adsorption strategy to prepare nickel single atom catalysts anchored on graphene for efficient oxygen evolution reaction. Journal of Energy Chemistry，2020，43：52-57.

[35] Li Y, Wu Z S, Lu P, et al. High-valence nickel single-atom catalysts coordinated to oxygen sites for extraordinarily activating oxygen evolution reaction. Advanced Science，2020，7（5）：1903089.

[36] Kumar P，Kannimuthu K，Zeraati A S，et al. High-density cobalt single-atom catalysts for enhanced oxygen evolution reaction. Journal of the American Chemical Society，2023，145（14）：8052-8063.

[37] Yang J，Li W，Wang D，et al. Electronic metal-support interaction of single-atom catalysts and applications in electrocatalysis. Advanced Materials，2020，32（49）：2003300.

[38] Tomboc G M，Kim T，Jung S，et al. Modulating the local coordination environment of single-atom catalysts for enhanced catalytic performance in hydrogen/oxygen evolution reaction. Small，2022，18（17）：2105680.

[39] Gawande M B，Fornasiero P，Zbořil R. Carbon-based single-atom catalysts for advanced applications. ACS Catalysis，2020，10（3）：2231-2259.

[40] Zhang Q，Guan J. Applications of single-atom catalysts. Nano Research，2022，15（1）：38-70.

[41] Pan C，El-Khodary S，Wang S，et al. Research progress in graphene based single atom catalysts in recent years. Fuel Processing Technology，2023，250：107879.

[42] Wang Y，Zhang Y，Yu W，et al. Single-atom catalysts for energy conversion. Journal of Materials Chemistry A，2023，11（6）：2568-2594.

[43] Selvakumar K，Oh T H，Wang Y，et al. Construction of single tungsten/copper atom oxide supported on the surface of TiO_2 for the higher activity of electrocatalytic water splitting and photodegradation of organic pollutant. Chemosphere，2023，314：137694.

[44] Miao L，Jia W，Cao X，et al. Computational chemistry for water-splitting electrocatalysis. Chemical Society Reviews，2024，53（6）：2771-2807.

[45] Chen L，Wang H，Tian W，et al. Enabling internal electric field in heterogeneous nanosheets to significantly accelerate alkaline hydrogen electrocatalysis. Small，2024，20（18）：2307252.

[46] Zhao G，Jiang Y，Dou S X，et al. Interface engineering of heterostructured electrocatalysts towards efficient alkaline hydrogen electrocatalysis. Science Bulletin，2021，66（1）：85-96.

[47] Kim J，Kim H E，Lee H. Single-atom catalysts of precious metals for electrochemical reactions. ChemSusChem，2018，11（1）：104-113.

[48] Pi Y，Qiu Z，Sun Y，et al. Synergistic mechanism of sub-nanometric Ru clusters anchored on tungsten oxide nanowires for high-efficient bifunctional hydrogen electrocatalysis. Advanced Science，2023，10（7）：2206096.

[49] Li Y，Yang C，Ge C，et al. Electronic modulation of Ru nanosheet by d-d orbital coupling for enhanced hydrogen oxidation reaction in alkaline electrolytes. Small，2022，18（29）：2202404.

[50] Park J，Kim H，Kim S，et al. Boosting alkaline hydrogen oxidation activity of Ru single-atom through promoting hydroxyl adsorption on Ru/WC_{1-x} interfaces. Advanced Materials，2024，36（4）：2308899.

[51] Yang Z，Chen C，Zhao Y，et al. Pt single atoms on CrN nanoparticles deliver outstanding activity and CO tolerance in the hydrogen oxidation reaction. Advanced Materials，2023，35（1）：2208799.

[52] Yang W，Yang X，Jia J，et al. Oxygen vacancies confined in ultrathin nickel oxide nanosheets for enhanced electrocatalytic methanol oxidation. Applied Catalysis B：Environmental，2019，244：1096-1102.

[53] Li L，Gao W，Wan Z，et al. Confining N-doped carbon dots into PtNi aerogels skeleton for robust electrocatalytic methanol oxidation and oxygen reduction. Small，2024，n/a（n/a）：2400158.

[54] Zhang Z，Liu J，Wang J，et al. Single-atom catalyst for high-performance methanol oxidation. Nature Communications，2021，12：5235.

[55] Yao H，Zheng Y，Yu X，et al. Rational modulation of electronic structure in PtAuCuNi alloys boosts efficient electrocatalytic ethanol oxidation assisted with energy-saving hydrogen evolution. Journal of Energy Chemistry，2024，93：557-567.

[56] Wang H，Guan A，Zhang J，et al. Copper-doped nickel oxyhydroxide for efficient electrocatalytic ethanol oxidation. Chinese Journal of Catalysis，2022，43（6）：1478-1484.

[57] Li S，Guan A，Wang H，et al. Hybrid palladium nanoparticles and nickel single atom catalysts for efficient electrocatalytic ethanol oxidation. Journal of Materials Chemistry A，2022，10（11）：6129-6133.

[58] Ge Z X，Miao B Q，Tian X L，et al. Chemical functionalization of commercial Pt/C electrocatalyst towards formic acid electrooxidation. Chemical Engineering Journal，2023，476：146529.

[59] Zhu J，Cai L，Tu Y，et al. Emerging ruthenium single-atom catalysts for the electrocatalytic hydrogen evolution reaction. Journal of Materials Chemistry A，2022，10（29）：15370-15389.

[60] Wei J，Zhou M，Long A，et al. Heterostructured electrocatalysts for hydrogen evolution reaction under alkaline conditions. Nano-Micro Letters，2018，10（4）：75.

[61] Yao J，Huang W，Fang W，et al. Promoting electrocatalytic hydrogen evolution reaction and oxygen evolution reaction by fields：effects of electric field，magnetic field，strain，and light. Small Methods，2020，4（10）：2000494.

[62] Lin L，Zhou W，Gao R，et al. Low-temperature hydrogen production from water and methanol using Pt/α-MoC catalysts. Nature，2017，544（7648）：80-83.

[63] Roger I，Shipman M A，Symes M D. Earth-abundant catalysts for electrochemical and photoelectrochemical water splitting. Nature Reviews Chemistry，2017，1：0003.

[64] Liu C，Pan G，Liang N，et al. Ir single atom catalyst loaded on amorphous carbon materials with high HER activity. Advanced Science，2022，9（13）：e2105392.

[65] Zhu Y，Klingenhof M，Gao C，et al. Facilitating alkaline hydrogen evolution reaction on the hetero-interfaced Ru/RuO_2 through Pt single atoms doping. Nature Communications，2024，15：1447.

[66] Wang Y，Huang X，Fu H，et al. Theoretically revealing the activity origin of the hydrogen evolution reaction on carbon-based single-atom catalysts and finding ideal catalysts for water splitting. Journal of Materials Chemistry A，2022，10（45）：24362-24372.

[67] Jorge A B，Jervis R，Periasamy A P，et al. 3D carbon materials for efficient oxygen and hydrogen electrocatalysis. Advanced Energy Materials，2020，10（11）：1902494.

[68] Wang H F，Tang C，Zhao C X，et al. Emerging graphene derivatives and analogues for efficient energy electrocatalysis. Advanced Functional Materials，2022，32（42）：2204755.

[69] Zhu D，Qiao M，Liu J，et al. Engineering pristine 2D metal-organic framework nanosheets for electrocatalysis. Journal of Materials Chemistry A，2020，8（17）：8143-8170.

[70] Mccarthy B D，Beiler A M，Johnson B A，et al. Analysis of electrocatalytic metal-organic frameworks. Coordination Chemistry Reviews，2020，406：213137.

[71] Li F，Du M，Xiao X，et al. Self-supporting metal-organic framework-based nanoarrays for electrocatalysis. ACS Nano，2022，16（12）：19913-19939.

[72] Chakraborty P，Mandal R，Garg N，et al. Recent advances in transition metal-catalyzed asymmetric electrocatalysis. Coordination Chemistry Reviews，2021，444：214065.

[73] Li J，Abbas S U，Wang H，et al. Recent Advances in interface engineering for electrocatalytic CO_2 reduction reaction. Nano-Micro Letters，2021，13（1）：216.

[74] Ren Z，Chen F，Zhao Q，et al. Efficient CO_2 reduction to reveal the piezocatalytic mechanism：from displacement current to active sites. Applied Catalysis B：Environmental，2023，320：122007.

[75] Liu L，Akhoundzadeh H，Li M，et al. Alloy catalysts for electrocatalytic CO_2 reduction. Small Methods，2023，7（9）：2300482.

[76] Guo C，Zhang T，Liang X，et al. Single transition metal atoms on nitrogen-doped carbon for CO_2 electrocatalytic reduction：CO production or further CO reduction？Applied Surface Science，2020，533：147466.

[77] Wang G，Chen J，Ding Y，et al. Electrocatalysis for CO_2 conversion：from fundamentals to value-added products. Chemical Society Reviews，2021，50（8）：4993-5061.

[78] Liu G，Liu S，Lai C，et al. Strategies for enhancing the photocatalytic and electrocatalytic efficiency of covalent

triazine frameworks for CO_2 reduction. Small，2023，n/a（n/a）：2307853.

[79] Weliwatte N S，Minteer S D. Photo-bioelectrocatalytic CO_2 reduction for a circular energy landscape. Joule，2021，5（10）：2564-2592.

[80] Guo K，Lei H，Li X，et al. Alkali metal cation effects on electrocatalytic CO_2 reduction with iron porphyrins. Chinese Journal of Catalysis，2021，42（9）：1439-1444.

[81] Du C，Wang X，Chen W，et al. CO_2 transformation to multicarbon products by photocatalysis and electrocatalysis. Materials Today Advances，2020，6：100071.

[82] Liu H，Liu J，Yang B. Computational insights into the strain effect on the electrocatalytic reduction of CO_2 to CO on Pd surfaces. Physical Chemistry Chemical Physics，2020，22（17）：9600-9606.

[83] Liu S，Tao H，Zeng L，et al. Shape-dependent electrocatalytic reduction of CO_2 to CO on triangular silver nanoplates. Journal of the American Chemical Society，2017，139（6）：2160-2163.

[84] Yang H，Wu Y，Li G，et al. Scalable production of efficient single-atom copper decorated carbon membranes for CO_2 electroreduction to methanol. Journal of the American Chemical Society，2019，141（32）：12717-12723.

[85] Li J，Kuang Y，Meng Y，et al. Electroreduction of CO_2 to formate on a copper-based electrocatalyst at high pressures with high energy conversion efficiency. Journal of the American Chemical Society，2020，142（16）：7276-7282.

[86] Zhang S，Fan Q，Xia R，et al. CO_2 reduction：from homogeneous to heterogeneous electrocatalysis. Accounts of Chemical Research，2020，53（1）：255-264.

[87] Zhang Q，Chen Y，Yan S，et al. Coupling of electrocatalytic CO_2 reduction and CH_4 oxidation for efficient methyl formate electrosynthesis. Energy & Environmental Science，2024，17（6）：2309-2314.

[88] Xue L，Zhang C，Wu J，et al. Unveiling the reaction pathway on Cu/CeO_2 catalyst for electrocatalytic CO_2 reduction to CH_4. Applied Catalysis B：Environmental，2022，304：120951.

[89] Zhang W，Huang C，Xiao Q，et al. Atypical oxygen-bearing copper boosts ethylene selectivity toward electrocatalytic CO_2 reduction. Journal of the American Chemical Society，2020，142（26）：11417-11427.

[90] Chen Y，Fan Z，Wang J，et al. Ethylene selectivity in electrocatalytic CO_2 reduction on Cu nanomaterials：A crystal phase-dependent study. Journal of the American Chemical Society，2020，142（29）：12760-12766.

[91] Zhou D，Li X，Shang H，et al. Atomic regulation of metal-organic framework derived carbon-based single-atom catalysts for the electrochemical CO_2 reduction reaction. Journal of Materials Chemistry A，2021，9（41）：23382-23418.

[92] Chen C，Li J，Tan X，et al. Harnessing single-atom catalysts for CO_2 electroreduction：A review of recent advances. EES Catalysis，2024，2（1）：71-93.

[93] Yang F，Ma X，Cai W B，et al. Nature of oxygen-containing groups on carbon for high-efficiency electrocatalytic CO_2 reduction reaction. Journal of the American Chemical Society，2019，141（51）：20451-20459.

[94] Dai Y，Li H，Wang C，et al. Manipulating local coordination of copper single atom catalyst enables efficient CO_2-to-CH_4 conversion. Nature Communications，2023，14：3382.

[95] Zhang B，Zhao G，Zhang B，et al. Lattice-confined Ir clusters on Pd nanosheets with charge redistribution for the hydrogen oxidation reaction under alkaline conditions. Advanced Materials，2021，33（43）：2105400.

[96] Yin Z，Yu J，Xie Z，et al. Hybrid catalyst coupling single-atom Ni and nanoscale Cu for efficient CO_2 electroreduction to ethylene. Journal of the American Chemical Society，2022，144（45）：20931-20938.

[97] Wen M，Sun N，Jiao L，et al. Microwave-assisted rapid synthesis of MOF-based single-atom Ni catalyst for CO_2 electroreduction at ampere-level current. Angewandte Chemie International Edition，2024，63（10）：e202318338.

[98] Wang X, Wang C, Ren H, et al. Accelerating proton and electron transfer enables highly active Fe-N-C catalyst for electrochemical CO_2 reduction. Advanced Functional Materials, 2024, 34 (10): 2311818.

[99] Li Y, Wang N, Lei H, et al. Bioinspired N_4-metallomacrocycles for electrocatalytic oxygen reduction reaction. Coordination Chemistry Reviews, 2021, 442: 213996.

[100] Cui X, Gao L, Lu C H, et al. Rational coordination regulation in carbon-based single-metal-atom catalysts for electrocatalytic oxygen reduction reaction. Nano Convergence, 2022, 9 (1): 34.

[101] Siahrostami S, Villegas S J, Bagherzadeh Mostaghimi A H, et al. A review on challenges and successes in atomic-scale design of catalysts for electrochemical synthesis of hydrogen peroxide. ACS Catalysis, 2020, 10(14): 7495-7511.

[102] Huo L, Lv M, Li M, et al. Amorphous MnO_2 lamellae encapsulated covalent triazine polymer-derived multi-heteroatoms-doped carbon for ORR/OER bifunctional electrocatalysis. Advanced Materials, 2024, 36 (18): 2312868.

[103] Qin H, Wang Y, Wang B, et al. Cobalt porphyrins supported on carbon nanotubes as model catalysts of metal-N_4/C sites for oxygen electrocatalysis. Journal of Energy Chemistry, 2021, 53: 77-81.

[104] Liu K, Fu J, Lin Y, et al. Insights into the activity of single-atom Fe-N-C catalysts for oxygen reduction reaction. Nature Communications, 2022, 13: 2075.

[105] Wang N, Ma S, Zuo P, et al. Recent progress of electrochemical production of hydrogen peroxide by two-electron oxygen reduction reaction. Advanced Science, 2021, 8 (15): 2100076.

[106] Ding Y, Zhou W, Li J, et al. Revealing the in situ dynamic regulation of the interfacial microenvironment induced by pulsed electrocatalysis in the oxygen reduction reaction. ACS Energy Letters, 2023, 8 (7): 3122-3130.

[107] Zhang Q, Guan J. Single-atom catalysts for electrocatalytic applications. Advanced Functional Materials, 2020, 30 (31): 2000768.

[108] Fan M, Cui L, He X, et al. Emerging heterogeneous supports for efficient electrocatalysis. Small Methods, 2022, 6 (10): 2200855.

[109] Fan W, Duan Z, Liu W, et al. Rational design of heterogenized molecular phthalocyanine hybrid single-atom electrocatalyst towards two-electron oxygen reduction. Nature Communications, 2023, 14: 1426.

[110] Liu J, Zhu J, Xu H, et al. Rational design of heteroatom-doped Fe-N-C single-atom catalysts for oxygen reduction reaction via simple descriptor. ACS Catalysis, 2024, 14 (9): 6952-6964.

第7章 单原子催化材料的光催化应用

随着全球能源需求的增加和环境污染的加剧，寻找高效、环保的能源转换和污染物处理技术成为迫切需求。光催化是一种利用太阳光直接产生化学能的技术，其对于可持续能源转换和环境治理具有重要意义。光催化反应是指在光照条件下，具有合适带隙的半导体光催化剂在光照射下形成电子-空穴（e^{-}-h^{+}）对，进而使分离出来的电子和空穴分别负责光催化还原反应和氧化反应的过程[1-8]。事实上，光催化反应机理将涉及以下几个关键步骤。①光吸收：光催化剂（通常是半导体材料）吸收光能，其中电子从基态跃迁到激发态。这种吸收通常发生在可见光或紫外光范围内，其能量与光催化剂的带隙相匹配。②电子-空穴分离：在光吸收后，光催化剂中的电子和空穴被分离。电子被激发到导带，而空穴留在价带。③光生载流子传输：激发的电子和空穴在光催化剂内进行传输。这可以通过电子在导带中自由移动和空穴在价带中进行扩散来实现。④反应表面吸附：光生载流子到达光催化剂表面，并吸附到表面上的反应物分子上。这通常涉及物理吸附或化学吸附。⑤化学反应：光吸收和表面吸附的反应物分子发生化学反应。这可能是光催化剂吸附的分子之间的直接反应，或者是光催化剂吸附的分子与周围环境中的其他物质之间的反应。⑥产物释放：化学反应产生的产物从光催化剂表面释放出来，并进入溶液或气相中。以上步骤构成了光催化反应的基本机理。此外，光催化反应的效率和选择性可以通过优化光催化剂的能带结构、表面性质和反应条件进行调控。与此同时，控制光照强度、波长和反应体系中其他组分的存在也可以影响光催化反应机理和动力学过程。

尽管过渡金属和半导体催化剂在光催化领域已取得一定进展，但它们常受活性位点不足、原子利用率低、稳定性差等问题的限制。在SAC中，单个原子作为独立的活性中心，将有助于实现对反应途径的精准调控。首先，独特的活性位点使SAC在特定光催化反应中显示出高选择性和高活性[9-21]；其次，SAC中的单个原子与载体之间存在强烈的相互作用，不仅稳定了单原子的结构，防止了原子的团聚，而且能够调节催化剂的电子结构，从而影响光吸收特性和电子转移效率；另外，通过改变SAC中的金属种类、载体材料或者掺杂等手段，也可以有效调节其带隙相关的能带结构，从而优化催化剂的光吸收范围、提高光生载流子的分离效率并增强光催化活性[22-32]。

总而言之，相比于传统的半导体催化剂（金属氧化物、硫化物、氮化物、铋基和银基材料），SAC 的诸多优势共同作用于光催化过程，能够显著提高催化剂对光能的利用率，加快反应速率，提高产品的产量和选择性，这在太阳能驱动的化学转换（如水分解产氢、二氧化碳还原等）和环境净化（如光催化降解有机污染物）等领域具有重要意义，也使其成为解决能源和环境问题的有力候选材料[33-43]。在本节中，将介绍 SAC 在光催化氧化还原过程的相关进展，如在水分解产生 H_2 和 O_2、CO_2 光还原为碳氢化合物燃料以及污染物降解和细菌消毒等方面的应用。

7.1 光解水反应

1972 年，日本学者 A. Fujishima 和 K. Honda 首次报道了 TiO_2 单晶电极光解水产生氢气的实验研究，开辟了光解水制氢的新途径，通过太阳能光解水制氢也被认为是未来制取零碳氢气的最佳途径[44]。随着电极电解水向半导体光催化分解水制氢的多相光催化的演变和 TiO_2 以外的光催化剂的相继发现，利用光催化方法分解水制氢的研究越来越多，在光催化剂合成、改性等方面的进展也逐年增多。具体而言，光解水反应（又称为光催化分解水），是将水分子（H_2O）在光照条件下分解成氢气（H_2）和氧气（O_2）的过程，这一反应是实现太阳能化学转换和储能的关键途径之一[45-51]，也可理解为一种人工光合作用，其科学原理便是半导体材料的光电效应，即当入射光的能量大于等于半导体的带隙时，光能即可被吸收，价带（VB）上的电子跃迁到导带（CB）上，产生光生电子（e^-）和空穴（h^+）；然后，e^-和 h^+分别迁移到材料表面，与水发生氧化还原反应，产生氧气和氢气。近年来，SAC 成为整个多相催化领域最具创新性和活力的研究前沿之一，其结合了低维纳米材料的优异物理化学性质和单原子催化剂的高效性，不仅具有极高的比表面积、可提供大量的活性位点，还能实现原子级的精准催化，从而可以大大提高光解水的效率和选择性。新型 SAC 材料的开发以及对催化机理的深入理解，对于推动光解水技术向更高效率和更广应用领域的发展都具有重要的现实意义。

7.1.1 光解水析氧反应

光催化 OER 是光解水过程中的关键半反应之一，其模仿了自然界中的光合作用过程，涉及水分子在催化剂表面吸附、活化并最终分解成氧气和质子的复杂过程。该反应通常可以表示为 $2H_2O \longrightarrow O_2 + 4H^+ + 4e^-$，在这个过程中，光催化剂吸收光能，激发产生 e^--h^+对，e^-和 h^+分别参与还原和氧化反应。对于 OER 过程，位于催化剂表面的 h^+吸引并氧化 H_2O 产生 O_2 和 H^+，在实现高效、可持续的能源转换技术中扮演着至关重要的角色，尤其是在太阳能驱动的水分解产氢过程中[52-60]。总之，光解水析氧过程不仅为可再生能源生产提供了一种潜在的途径，而且也可为环境友好型能源转换与储存提供新思路，其在能源领域、环境保护、减缓气候变化以及生物科学研究等方面的重要作用不言而喻。

众所周知，g-C_3N_4具有适当的带隙和可见光响应，是一种常用的可见光活性光催化剂。然而，g-C_3N_4存在一些缺点，如太阳能转换效率低、光诱导 e^--h^+对的重组率高等，这导致体系量子效率较低，限制了其进一步的工业应用。相比于 g-C_3N_4，聚七嗪酰亚胺（polyheptazine imide，PHI）作为另一类重要碳氮化合物，由于其不同的微观连接方式，已成为具有潜在 OER 催化活性的层状氮化碳基材料[61]。PHI 具有强的可见光吸收性、长的激发态寿命、高的表面积与体积比，并且可以通过在其孔中容纳不同的金属离子来调节其性能。Maurin 等首先利用 DFT 系统地研究了一系列金属离子掺杂的 PHI-M（M = K^+、Rb^+、Mg^{2+}、Zn^2、Mn^{2+}和 Co^{2+}）体系（图 7.1）[62]。该工作的理论模拟深入了解了这些体系中的微观 OER 机制，并确定 PHI-Co^{2+}是该 PHI 家族中最好的 OER 催化剂，而 PHI-Mn^{2+}可以作为有前景的替代 OER 催化剂。这种性能水平归因于热力学上有利的反应中间体的形成以及其在可见光区域的红移吸收。相关理论模拟计算进一步证明*OH 中间体的电子性质（Bader 布居、晶体轨道汉密尔顿布居分析和吸附能）是预测该 PHI 家族的 OER 活性的可靠描述符，这种理性分析为预测另一种 PHI-M 衍生物（即 PHI-Fe^{2+}）的 OER 性能铺平了道路。之后，Maurin 等合成了经过计算探索的 PHI-Fe^{2+}、PHI-Mn^{2+}和 PHI-Co^{2+}体系，并评估了它们的光催化 OER 活性。相应的实验结果进一步证实了 PHI-Co^{2+}具有最佳光催化 OER 性能，产氧率为 31.2 μmol·h^{-1}，比原始 g-C_3N_4（0.5 μmol·h^{-1}）高 60 倍以上；而 PHI-Fe^{2+}和 PHI-Mn^{2+}被视为替代 OER 催化剂，产氧率分别为 11.20 μmol·h^{-1} 和 4.69 μmol·h^{-1}。这项结合计算-实验的研究表明，PHI-Co^{2+}是迄今为止文献报道的最好的 OER 催化剂之一。

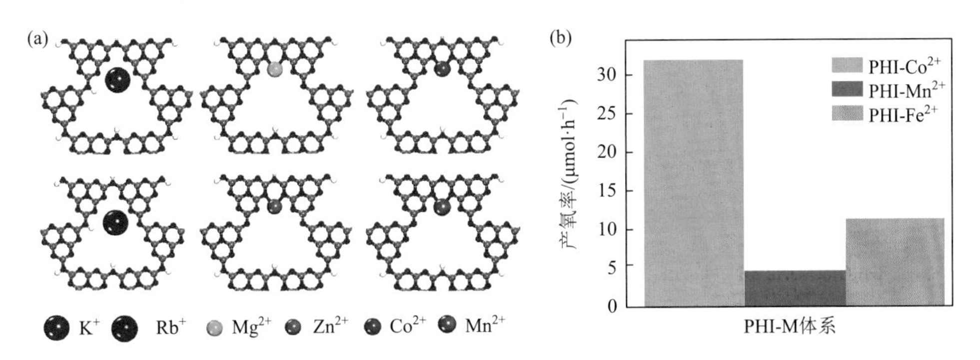

图 7.1　（a）DFT 方法优化的单层 PHI-M 模型几何结构；（b）在 $\lambda \geq 420$ nm 下测得的 PHI-M 体系的光催化产氧率[62]

PHI 表示聚七嗪酰亚胺

西安交通大学沈少华课题组通过简单的浸渍-煅烧两步法将 Co 单原子和 CoO_x 团簇同时引入聚合物苝二酰亚胺（polymeric perylene diimide，PDI）中（图 7.2）[63]。理论计算和实验结果表明，Co 单原子通过连接相邻 PDI 层构建了电荷快速转移的定向通道，而 CoO_x 团簇作为空穴收集器和反应位点，改善了催化剂表面的产氧反应动力学。因此，构建的单原子/团簇协同改性 PDI 光催化剂（Co-PDI）具有优异的光催化分解水产氧性能。在可见光照射下，无须额外助剂，Co-PDI 光催化剂的产氧速率高达 5.53 $mmol \cdot h^{-1} \cdot g^{-1}$（$\lambda > 420$ nm），450 nm 处的表观量子产率达到 8.17%。该研究提出了一种简便可靠的策略，即通过合理调节催化剂的原子结构和活性位点促进电荷载流子转移和表面反应动力学过程，从而提高聚合物半导体的光催化分解水性能。

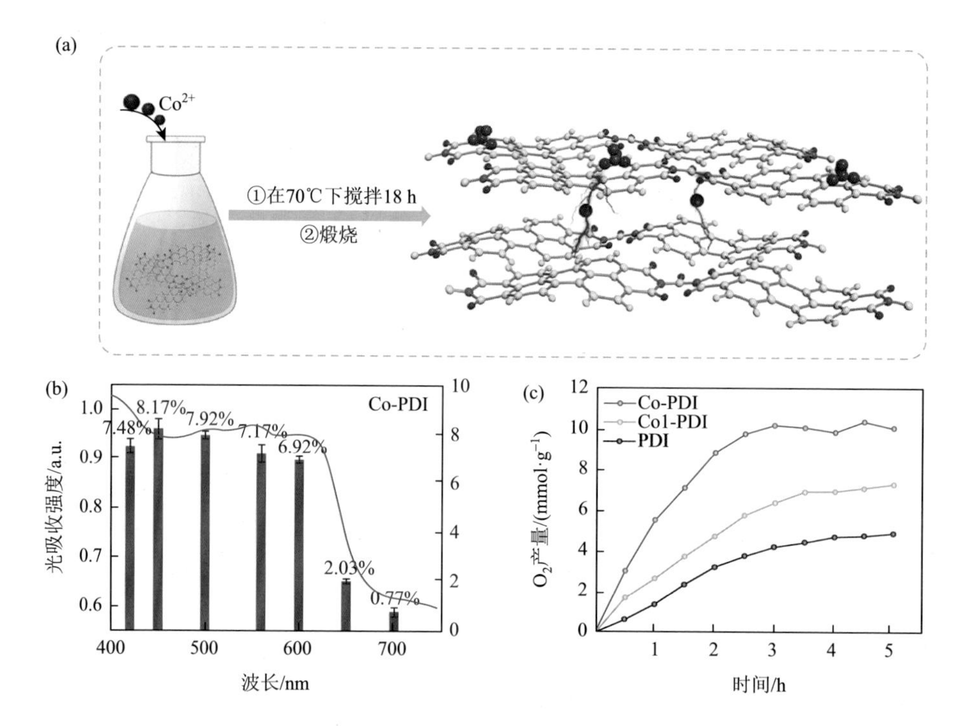

图 7.2 （a）Co-PDI 的制备工艺示意图；（b）Co-PDI 上析氧反应的波长相关的表观量子产率；（c）Co-PDI 在可见光（$\lambda > 420$ nm）下的 O_2 产量[63]

PDI 表示聚苝二酰亚胺

近期，华中科技大学的谭必恩课题组发现[64]，共价三嗪框架（covalent triazine framework，CTF）由于其高度共轭的骨架结构、丰富的氮含量、易调控的能带结构以及优异的多孔性能，在光催化分解水析氧领域显示出了优异的发展潜力（图 7.3）。事实上，过去的大部分研究都集中在通过设计 CTF 的结构提高载流子传输效率，进而提升光催化性能的思路上，而助催化剂在光催化过程中起到的作用一直被无意地忽视了。基于此，他们通过采用醛脒缩聚反应以两分子联吡啶基脒和一分子联吡啶醛为单体制备了联吡啶基（bipyridine-based，Bpy）的CTF，随后通过浸渍配位法将 Co^{2+}助催化剂以单位点形式配位在 CTF-Bpy 骨架结构中，制备得到 CTF-Bpy-Co。相较于 CTF-Bpy，CTF-Bpy-Co 具有更宽的可见光吸收范围、更合适的能带结构、更高的光电流密度和更小的电化学阻抗，因而具备更优异的光催化产氧性能。测试表明，CTF-Bpy-Co 在第 1 h 的光催化产氧速率高达 3359 $\mu mol \cdot g^{-1} \cdot h^{-1}$，在 5 h 的平均产氧速率为 1503 $\mu mol \cdot g^{-1} \cdot h^{-1}$。该创新策略为实现更高性能的无牺牲剂条件下的光催化全解水提供了有力的理论指导。

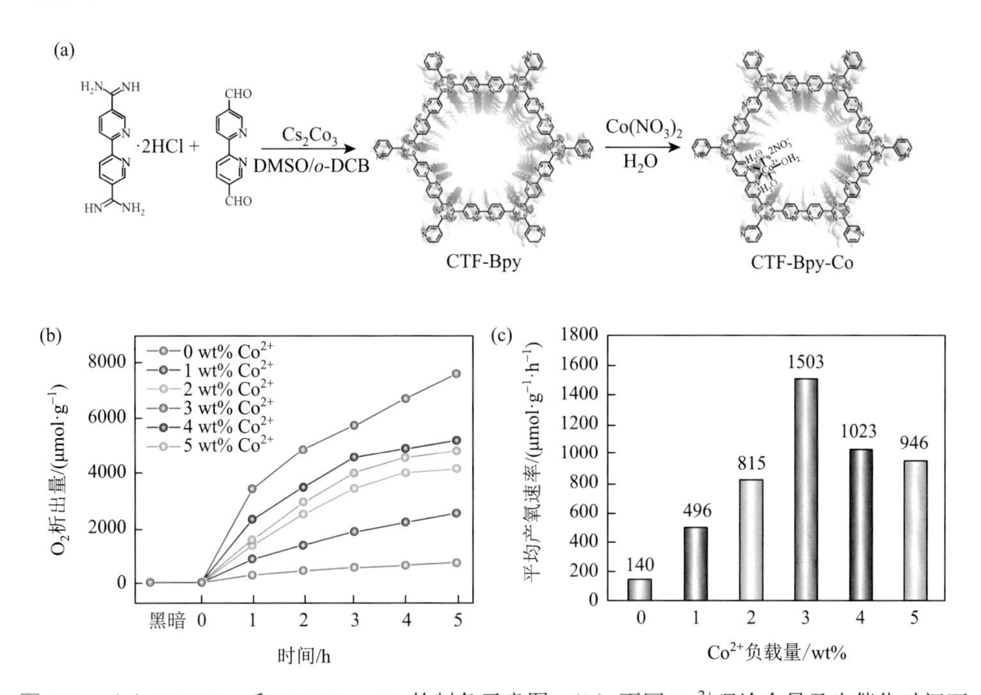

图 7.3　（a）CTF-Bpy 和 CTF-Bpy-Co 的制备示意图；（b）不同 Co^{2+}理论含量及光催化时间下 CTF-Bpy-Co 的 O_2 析出量；（c）不同 Co^{2+}含量下初始 5 h 的平均产氧速率[64]

DMSO 表示二甲基亚砜；*o*-DCB 表示 *o*-二氯苯

实际上，SAC 的催化活性在很大程度取决于金属单原子的局部配位结构[65-67]。然而，以往报道的设计合成策略虽然可有效抑制 SAC 中金属单原子的迁移团聚，但仍然难以实现金属单原子局部配位结构的灵活调节[68, 69]。探索新的载体材料，并实现金属单原子的局部配位结构及其对催化反应中间体吸附/脱附能垒的可控调节，对实现 SAC 在众多催化反应中的实际应用和性能优化具有重要意义。基于此，江南大学刘天西教授团队以聚噻吩（polythiophene，PTh）、聚呋喃（polyfuran，PFu）和聚吡咯（polypyrrole，PPy）作为载体材料，通过浸渍法制备了三种单原子 Ir/共轭聚合物催化剂（分别命名为 Ir_1-PTh、Ir_1-PFu 和 Ir_1-PPy），并系统研究了单原子 Ir 与 PTh、PFu 和 PPy 载体材料之间形成的阳离子-π 相互作用，以及它们对催化剂析氧性能的影响规律[70]（图 7.4）。通过进一步的理论计算和实验研究发现，PTh、PFu 和 PPy 分子结构中的 S、O 和 N 杂原子会对 π 结构产生不同程度的影响，从而与单原子 Ir 形成不同强度的阳离子-π 相互作用。三种单原子 Ir/共轭聚合物催化剂的析氧性能趋势与它们的阳离子-π 相互作用强度趋势保持一致，遵循 Ir_1-PTh＞Ir_1-PFu＞Ir_1-PPy 顺序。同时，与 Ir_1-PFu 和 Ir_1-PPy 相比，Ir_1-PTh 中更强的阳离子-π 相互作用使单原子 Ir 的 d 带中心显著下移，有效促进了*OOH 反应中间体的脱附，从而实现了析氧性能的整体提升。此研究工作报道了一种利用阳离子-π 相互作用调控并提升单原子催化剂性能的通用策略，进而深化对阳离子-π 相互作用的理解，为新型高性能 SAC 的设计开发提供了新思路。即以 Ir 单原子催化剂为例，将单原子 Ir 锚定在共轭聚合物载体材料上，通过共轭聚合物的分子结构设计，精准调控它们之间所形成的阳离子-π 相互作用，实现单原子 Ir 对析氧反应中间体吸附/脱附能垒的可控调节，进而优化其析氧性能。

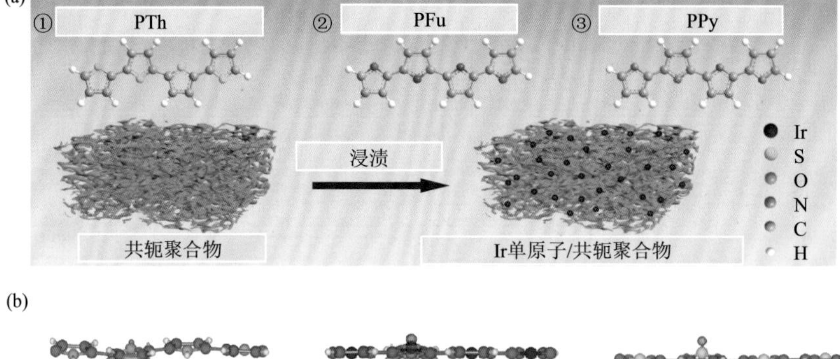

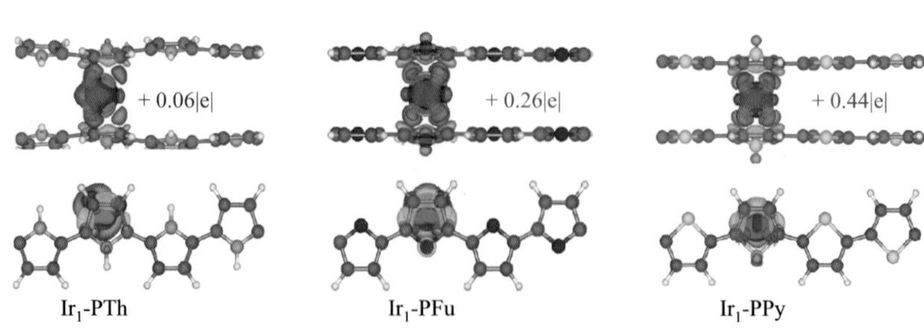

图 7.4　（a）以 Ir_1-PTh、Ir_1-PFu 和 Ir_1-PPy 为例，用单原子负载共轭聚合物制备 SAC 的示意图；（b）Ir_1-PTh、Ir_1-PFu 和 Ir_1-PPy 体系的差分电荷密度分析[70]

综上，SAC 在光催化 OER 中展现出了引人注目的应用前景，不仅具有良好的稳定性，且不易受到光腐蚀或失活，而且凭借高度的光吸收和转换效率，能够将光能有效转化为化学能，从而促进水的光解反应，有望成为未来光催化领域的研究热点，并在能源转型和可持续发展中发挥重要作用。

7.1.2　光解水析氢反应

光解水 HER 是指在光照条件下，通过催化剂促进水分解产生氢气的过程，这一反应与上述 OER 过程共同构成了光解水的两个基本半反应，是光催化研究领域的一项关键技术[71-76]。在该反应中，特定的光催化剂（如二氧化钛、硫化镉、铂等）首先吸收光能（通常是太阳光），激发电子从价带跃迁到导带，形成 e^{-}-h^{+}对。与 OER 一样，有效的电荷分离和迁移到催化剂表面也是提高反应效率的关键，其中激发的电子在催化剂表面参与还原水分子，生成氢气。这一过程不仅能有效利用太阳能，而且生成的氢气作为一种清洁能源，对替代传统化石燃料具有重要意义。目前，尽管面临催化剂成本、光能转化效率、系统稳定性和技术可行性等挑战，但 HER 因其将可再生能源转换为清洁氢能的潜力依然受到广泛关注，也被视为全球能源供应的有力补充，是可再生能源领域的研究热点之一[77-97]。SAC 的应用有助于降低氢气生产成本，推动氢能及其相关技术的商业化和普及，同时减少对化石燃料的依赖，降低环境污染和温室气体排放；另外，SAC 能够实现极高的原子经济性，每个金属原子都直接参与 HER，可大幅提升催化剂的活性和效率。通过精确调控金属原子的电子结构和配体环境，优化了反应的选择性和催化性能，不仅提高了从太阳能到化学能（氢能）的转换效率，而且促进了清洁能源技术的发展。

2014 年，Yang 等已成功将分离的金属原子（Pd、Ru、Pt 和 Rh）沉积到 TiO_2 载体上作为光催化反应系统模型[93]。与对应金属团簇在 TiO_2 上的负载相比，这些合成良好的单原子催化剂表现出优异的光催化析氢活性。实验结果和 DFT 模拟表明，TiO_2 上负载孤立 Pt 原子的光催化析氢性能可归因于相对于金属 Pt 的 H*吸附能进一步降低，使其更接近热力学上的最佳值。另外，Xie 等将孤立的 Pt 原子负载到 g-C_3N_4 上（Pt-CN）[77]，所制备的 Pt-CN 表现出显著增强的光催化水分解成氢气的活性[图 7.5（a）]。相应的光激发电子转移研究表明，孤立的 Pt 原子可以从本质上改变 g-C_3N_4 的表面捕获态，这应该是光催化性能显著提高的主要原因。此外，Ye 等将孤立的 Pt 原子修饰到 CdS 纳米线（Pt@CdS）的表面台阶上[图 7.5（b）～（d）][73]。研究表明，Pt@CdS 的光催化析氢性能大大提高，是 Pt-NP-CdS 的 7.69（63.77）倍。DFT 模拟进一步表明，提升的催化活性应与部分空 5d 轨道上带正电的 Pt 原子密切相关，Pt 原子的存在可以极大地影响电荷密度分布并促进体系中光生电子的转移过程。

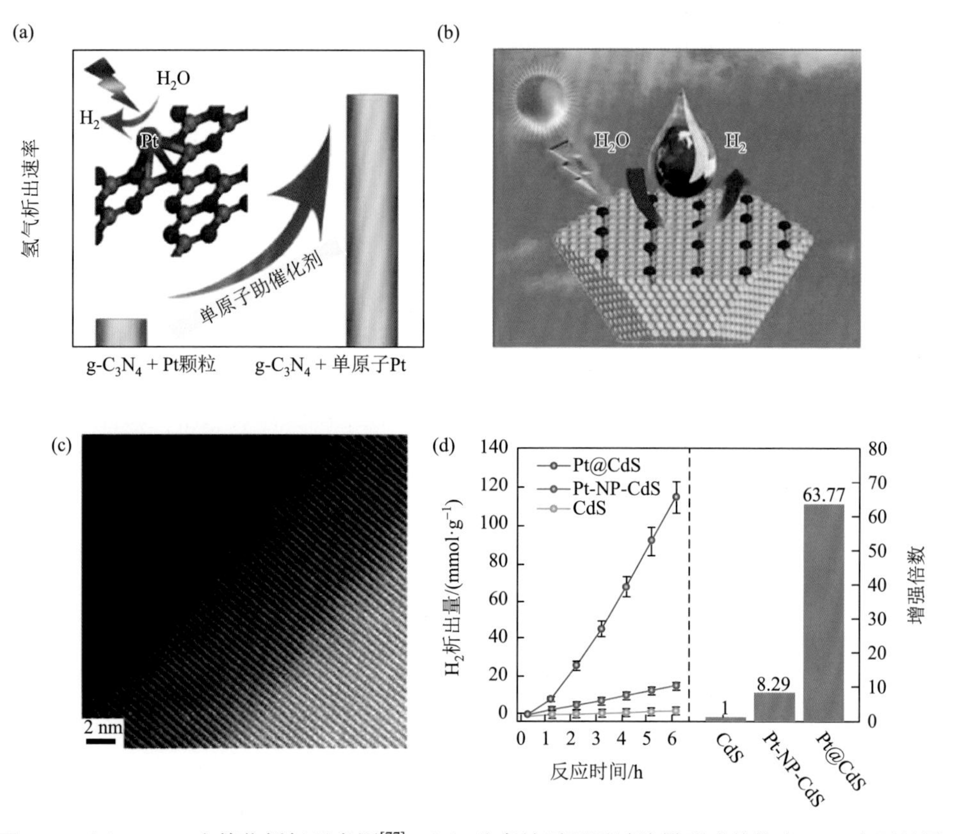

图 7.5 (a) Pt-CN 光催化析氢示意图[77]；(b) 分离铂原子通过阶梯形式修饰在 CdS 表面并用于光催化析氢的几何模型[73]；(c) Pt@CdS 体系的 HAADF-STEM 图像[73]；(d) Pt@CdS (0.27 wt% Pt 负载)、Pt-NP-CdS (0.25 wt% Pt 负载) 和 CdS 上随时间的 H_2 析出量和析出增强[73]

最近，关于 g-C_3N_4 基单原子催化剂的光催化活性的研究也较为广泛。与纯 g-C_3N_4 相比，非贵金属原子的负载提高了其在 HER 领域的光催化活性。例如，Liu 等报道称[98]，限制在 g-C_3N_4 纳米片中的单个 Co_1-P_4 位点表现出高稳定性和活性，在可见光下产氢速率高达 410.3 μmol·h^{-1}·g^{-1}，在 500 nm 处的量子效率高达 2.2%。如图 7.6 (a) 所示，光生电子和空穴分别转移到 N 和 Co 原子，然后 Co 原子充当 H_2O 氧化的额外活性位点。同时，具有更高电子密度的 N 原子促进 H_2 的产生。同样，该研究发现，限制在 g-C_3N_4 中的单个 Co_1-N_4 位点也可用于水分解，其产氢速率高达 10.8 μmol·h^{-1}·g^{-1}，这比原始体系高 11 倍[99]。与 Co_1-P_4 结构不同，光生电子从供电子 N 原子转移到 Co 原子，提高了质子还原活性[图 7.6 (b)]。因此，可以利用非贵金属原子设计活性位点，同时促进光生 e^--h^+ 对的分离。

利用铂、金、钌等贵金属光催化分解水被认为是制备氢气的主要路径之一[100-102]。

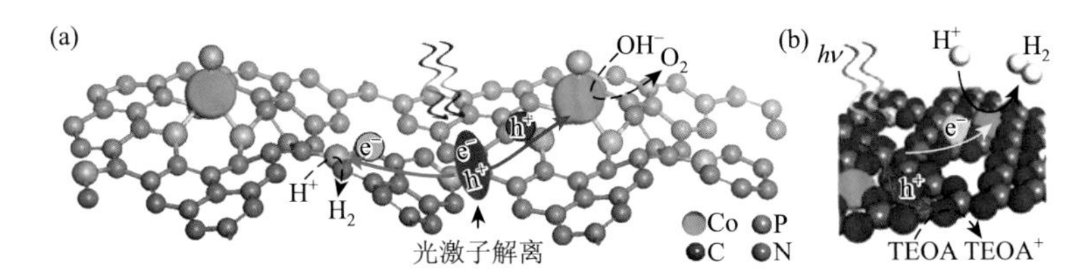

图 7.6　（a）Co_1-P_4/g-C_3N_4 光催化剂析氢示意图[98]；（b）Co_1-N_4/g-C_3N_4 光催化剂析氢示意图[99]

TEOA 为三乙醇胺

然而，由于贵金属的稀缺性和昂贵的使用成本，该方案在实际应用中存在一定的瓶颈。基于以上研究背景，东华大学廖耀祖教授课题组与英国剑桥大学 Giorgio Divitini 研究员、卡迪夫大学 Bo Hou 研究员课题组合作，采用齐齐巴宾吡啶反应（Chichibabin pyridine reaction），通过醛酮缩聚设计合成了吡啶基共轭微孔聚合物（pyridyl conjugated microporous polymer，PCMP）[103]（图 7.7）。该工作提出了低温（150℃）气相沉积策略，在 PCMP 载体上锚定过渡金属如镍（Ni）、钴（Co）等制备了新型光催化剂。过渡金属以单原子形式与共轭微孔聚合物中的吡啶氮结合，可对 PCMP 的能带结构进行有效调节；同时，金属单原子使聚合物电荷密度形成离域效应，促进质子吸附。在可见光照射下，PCMP 锚定过渡金属单原子后显示出优异的光催化产氢性能。特别是 Co 锚定的 PCMP 光催化剂，在可见光照射下，其产氢性能相较于纯 PCMP 提升了 2 倍多，并展现出良好的产氢循环稳定性。该工作阐明了过渡金属单原子掺杂对降低共轭微孔聚合物的析氢反应能垒，提升光生电子-空穴分离的作用机制，对于指导高性能光催化剂的研制具有一定的科学价值。

(a) *m*-DAB + BPD　乙酸铵/吡啶（115℃，14 h）　齐齐巴宾吡啶反应　PCMP

(b) Ar　气体扩散　150℃，2 h　M　或　Ni　Co　PCMP　C　N　M = Ni, Co　Ni@PCMP, Co@PCMP

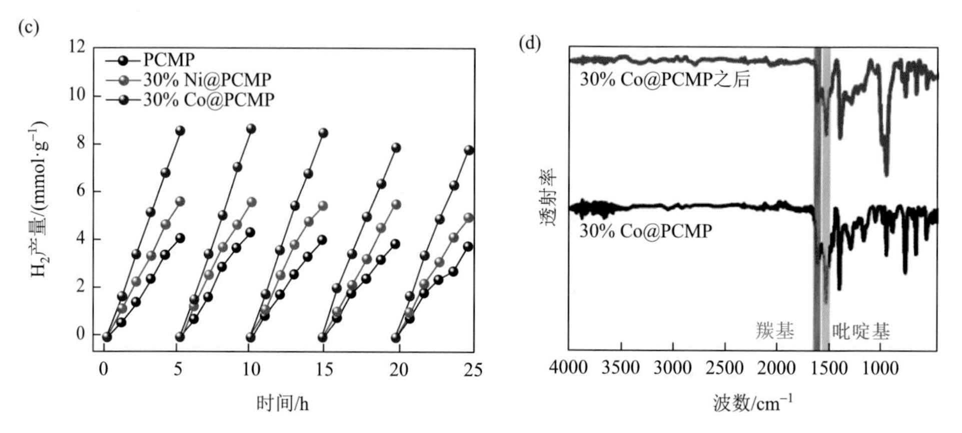

图 7.7 (a) PCMP 和 (b) 单原子光催化剂，即 Ni@PCMP、Co@PCMP 的合成路线；(c) 循环 25 h 后 PCMP、30% Ni@PCMP 和 30% Co@PCMP 的 H_2 产量和 (d) 30%Co@PCMP 在循环反应前后（反应前与反应 25h 后）的傅里叶变换红外光谱[103]

m-DAB 表示 1, 3-二乙酰苯；BPD 表示 2, 2′-联吡啶-5, 5′-二甲醛

另外，众所周知，目前 Ru 助催化剂在光催化析氢反应中得到了广泛的研究[104, 105]，Ru 单原子通常被认为是 Ru 基助催化剂中活性中心的主要构型，但事实上，由于其极高的表面自由能，在合成过程中或工作条件下，单原子倾向于聚集成团簇[104]。由于氧化团簇的形成在能量上更有利，因此在工作条件下比单原子更稳定。与缺电子的 Ru 单原子位点相比，氧化团簇中 Ru 原子的性质将从缺电子状态转变为富电子状态，这虽然增加了 H^+的吸附能力，但却减缓了氢分子的释放[106, 107]。因此，RuO_x 基 HER 催化剂也需要进一步优化 H 键合强度。先前的研究表明，Ru 与具有未填充 d 轨道且未配对电子的过渡金属之间的电子耦合效应可以优化 Ru 活性位点的电荷分布和吸附能力[108, 109]。因此，合理设计电子耦合以提高光催化性能是进一步提高 RuO_x 体系光催化活性的关键因素。湖南大学刘承斌教授团队制备了单原子 Co-超细 RuO_x 簇共修饰的 TiO_2 纳米片作为高效光催化析氢催化剂（Co-RuO_x/TiO_2）[110]（图 7.8）。研究表明，在 HER 光催化剂应用中，单原子 Co 不仅有望促进 TiO_2 中光生电子的转移，而且 Co 单原子与 RuO_x 之间的电子耦合效应可以有效降低 Ru 的氢键强度，从而促进富电子 RuO_x 位点 H_2 的解吸，最终使所制备的光催化剂在光催化析氢反应中表现出较高的析氢速率（20.20 mmol·g^{-1}·h^{-1}）和 86.5%的表观量子产率（apparent quantum yield，AQY）。同时，该光催化剂在海水中也表现出较高的 HER 活性。该研究提出了一种简便可靠的光催化策略，即通过将无活性 Co 单原子位点与活性 Ru 氧化团簇位点耦合促进载流子转移和表面反应动力学，为单原子团簇协同催化体系提供了一种新的思路。

可以看到，光催化 HER 作为一种绿色、无污染的能源转化过程，不仅可以利用可再生能源，实现对水的直接分解，而且也能够提高能源利用效率并减少对有

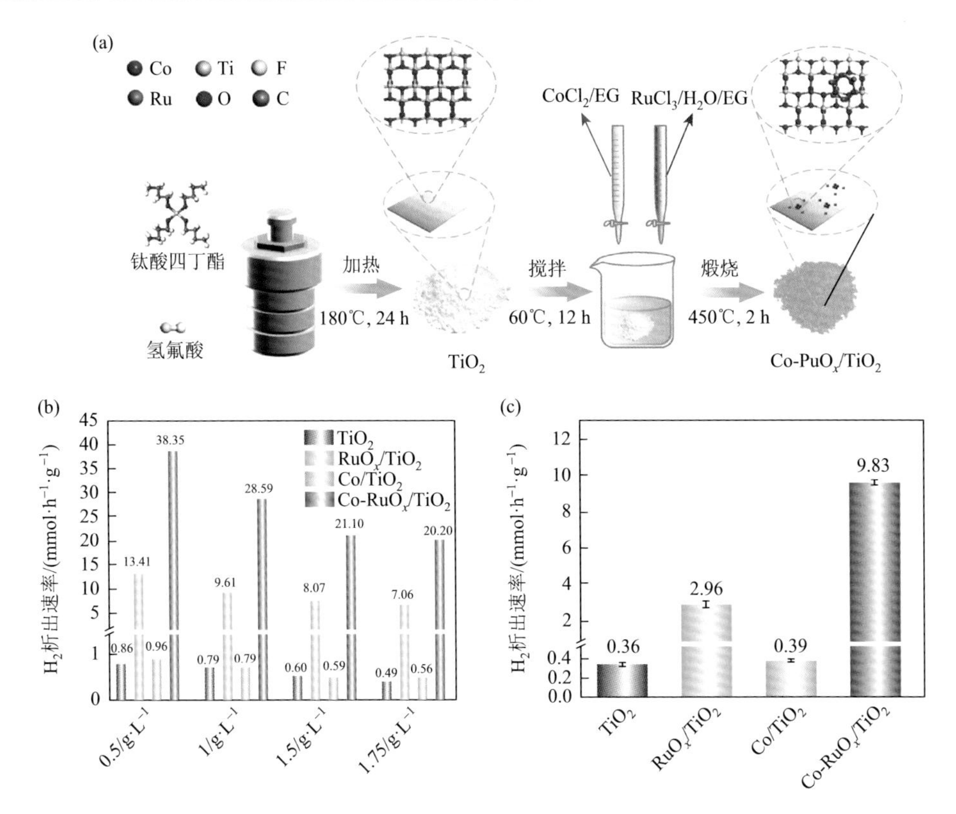

图 7.8　（a）Co-RuO_x/TiO_2体系的制备示意图；（b）不同光催化剂的浓度对H_2析出速率的影响；（c）不同光催化剂在 1.75 $g·L^{-1}$下海水中H_2析出速率比较[110]

EG 为乙二醇

限资源的依赖。深入研究单原子光催化 HER 过程，对于理解太阳能转化为氢能的机制以及设计高效的 SAC 具有重要意义。

7.2　光催化 CO_2 还原反应

光催化 CO_2RR 是一种利用光能将 CO_2 转化为有价值的化学品或燃料的过程，此过程主要依赖于特定的催化剂（通常是半导体材料），这些催化剂能够吸收光能（如太阳光能），并以此驱动 CO_2 还原，其反应涉及多个电子的转移，可将 CO_2 转化为如甲醇、甲烷、乙醇或甲酸等一系列碳基燃料或化学品，在降低大气中 CO_2 浓度并转化为增值化学品方面具有重要的环保和经济价值。随着材料科学和催化技术的进步，这种技术有望在未来的能源和环境领域中发挥更大作用，尤其是在实现碳中和目标和减少化石燃料依赖方面[111-128]。

单原子限域在具有可调能带结构的石墨烯基催化材料已被广泛应用于光催化

CO_2RR 过程中。例如，Gao 等报道了将孤立的单个 Co 原子负载在部分氧化石墨烯纳米片（Co_1-G）上用于光催化 CO_2 转化为 CO，CO 生产的 TON 达到了 678 的高值，且 TOF 达到 3.77 min^{-1}[129]。此工作以均相光敏剂$[Ru(bpy)_3]Cl_2$ 作为光吸收剂，因为它可以为可见光提供较大的吸收系数。如图 7.9（a）所示，Co_1-G 纳米片的费米能级低于$[Ru(bpy)_3]Cl_2$ 的 LUMO，使光吸收体 LUMO 中的光激发电子可以优先转移到 Co_1-G 纳米片的费米能级，从而实现 CO_2 的减排。光激发后，处于激发态的光吸收剂$[Ru(bpy)_3]^{2+}$直接被 Co_1-G 纳米片催化剂猝灭形成氧化的$[Ru(bpy)_3]^{3+}$，在此期间，光激发电子转移到孤立的催化 Co 位点，CO_2 分子在此处被激活并还原为 CO［图 7.9（b）］。在这里，石墨烯限域单个 Co 原子的巧妙设计有效地促进了 e^--h^+分离并减少了其复合，这主要归功于其在费米能级附近的独特电子态。

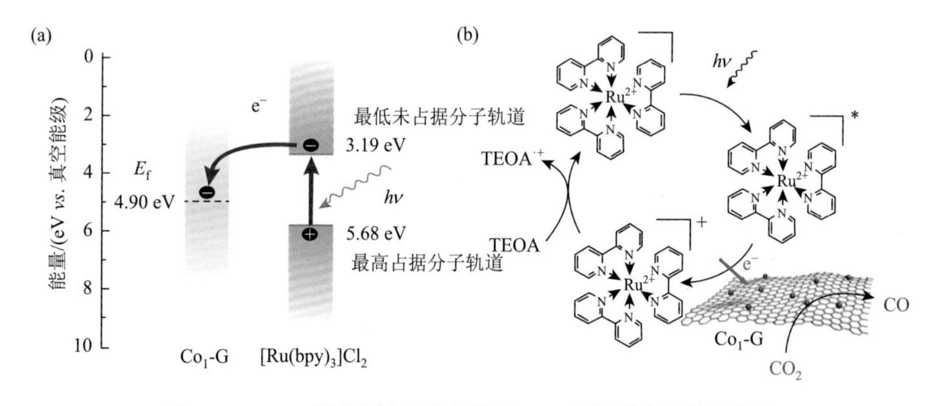

图 7.9　Co_1-G 催化剂上的能级图及 CO_2 还原反应过程示意图

（a）光诱导下$[Ru(bpy)_3]Cl_2$ 向 Co_1-G 催化剂的电子转移；（b）以$[Ru(bpy)_3]Cl_2$（光吸收剂）和 Co_1-G 纳米片为催化剂的光催化 CO_2 还原[129]

为了克服现有 CO_2 还原催化剂选择性低和稳定性低的限制，Wang 等[130]将孤立的 Ni 原子掺杂到 CdS 量子点（quantum dot，QD）中形成 Ni:CdS QD 体系，所获得的催化剂对 CO_2 还原成 CO 和 CH_4 具有近 100%的选择性，以 Ni 原子计的 TON 约为 35，并且具有超过 60 h 的优异耐久性。掺杂的孤立 Ni 原子可以在表面催化位点捕获光激发电子并抑制 H_2 的析出，在光催化过程中发挥关键作用。Liu 等进一步将孤立的 Co 原子引入 Bi_3O_4Br 原子层上，所开发的催化剂在光驱动的 CO_2 还原成 CO 过程中具有高选择性和高活性[127]，分别比块状 Bi_3O_4Br 和原子层 Bi_3O_4Br 高约 32 倍和 4 倍。DFT 模拟表明，Bi_3O_4Br 中孤立的 Co 原子可以稳定*COOH 中间体并调节限速步骤，从而大大加速反应动力学。Wang 等也将稀土铒（Er）单原子负载到氮化碳纳米管（Er_1/CN-NT）上，形成负载量不同的单原子催化剂[114]。新开发的 Er_1/CN-NT 在纯水系统中表现出显著的光催化 CO_2 还原活性，系统的理论反应机理模拟清楚地表明，Er_1/CN-NT 中孤立的稀土 Er 原子有利于气态 CO 的生成，而不利于 H_2 的生成。同样，g-C_3N_4 基单原子催化剂也表现出良好的光催化 CO_2 还原活性。例如，Du 等通过 DFT 计算研究了负载在 g-C_3N_4 中的贵金属 Pt 和 Pd 用于光催化 CO_2 还原的催化性能[131]。研究表明，与原始的 g-C_3N_4 相比，引入单个 Pd 和 Pt 可能会导致光学吸收光谱发生红移，从而促进可见光的收集并增强其光催化活性。此外，与纯 g-C_3N_4（0.17 $\mu mol\cdot g^{-1}\cdot h^{-1}$）相比，限域在 g-$C_3N_4$ 中的非金属 S 原子在光催化 CO_2 中表现出较高的甲醇产出速率（0.88 $\mu mol\cdot g^{-1}\cdot h^{-1}$）。DFT 计算表明，光生电子很容易从非纯态（S 掺杂后）被激发到导带或从价带被激发到非纯态。

目前，由于缺乏有效的催化剂，特别是在纯水系统中，催化效率低和选择性差这两大问题制约了光催化 CO_2RR 的发展。清华大学王定胜课题组与黑龙江大学王国凤课题组合作发展了一种新颖的原子限域配位策略，在氮化碳纳米管上成功地制备出稀土 Er 单原子催化剂，以实现碳纳米管上负载稀土 Er 单原子（Er_1/CN-NT）的合成（图 7.10）。Er_1/CN-NT 是一种高效且坚固的光催化剂，实验结果和 DFT 计算揭示了单个 Er 原子在促进光催化 CO_2RR 中的关键作用。该合成策略不仅可以实现对单原子 Er 浓度的调控，同时还能够拓展到其他稀土单原子催化剂的

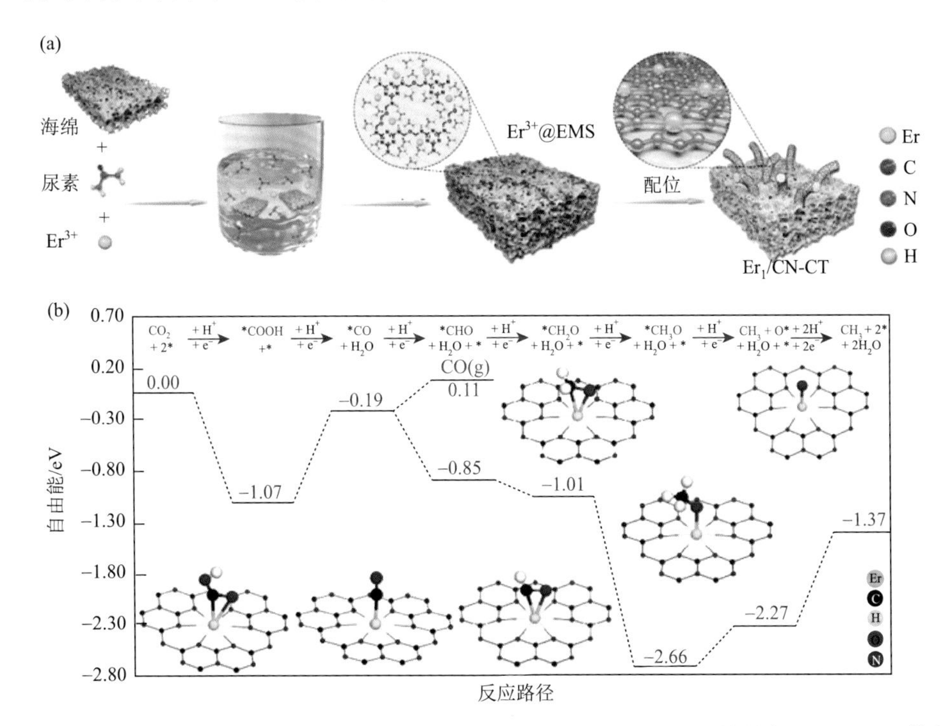

图 7.10　（a）单原子 Er_1/CN-NT 催化剂的化学合成过程；（b）DFT 计算的在 Er_1/CN-NT 催化剂上 CO_2 还原为 CO 和 CH_4 的自由能图，以及关键中间体的吸附构型[114]

EMS 表示三聚氰胺海绵

合成中，可以极大地丰富单原子催化剂的元素类型。此外，该工作首次将单原子 Er 催化剂应用在光催化 CO_2 还原反应中，对稀土单原子催化的科学认识和实际应用具有一定的推动作用，也为提高催化反应性能提供了一种新的途径[114]。

在众多 CO_2 还原产物中，CO 是进一步合成高附加值碳氢催化剂燃料的重要原料，因此开发高效的催化剂将 CO_2 光还原为 CO 具有极高的应用潜力与工业价值。一方面，考虑到 SAC 中的单原子一般通过金属-载体相互作用稳定在衬底上，SAC 的催化性能与其局域配位环境密切相关；另一方面，与常见的金属单原子（如金属-N_4）相比，具有不饱和配位环境的低配位单原子催化剂通常表现出更优的反应物吸附强度和较低的反应势垒。因此，制备具有不饱和原子配位的金属活性位点有望促进 CO_2 还原反应的进行。鉴于此，中国科学技术大学郑旭升团队制备了一种新型的低配位 Co_1/ZnO 催化剂，多孔 ZnO 纳米板上丰富的边缘位点可以有效锚定低配位的 Co 单原子[132]（图 7.11）。在可见光照射下，Co_1/ZnO 展现出优异的 CO_2 还原制 CO 性能，其 CO 产出速率达到 22.25 $mmol \cdot g^{-1} \cdot h^{-1}$，选择性为 80.2%。研究结果表明，Co 单原子的引入促进了光生电子向活性 Co 位点的定向转移，显著抑制了体系内光生载流子的复合；此外，Co 单原子的不饱和配位环境可以自发地吸附 CO_2 分子，并将其活化为 $CO_2^{\delta-}$ 物种，有效促进了光催化 CO_2 还原制 CO 反应的进行。

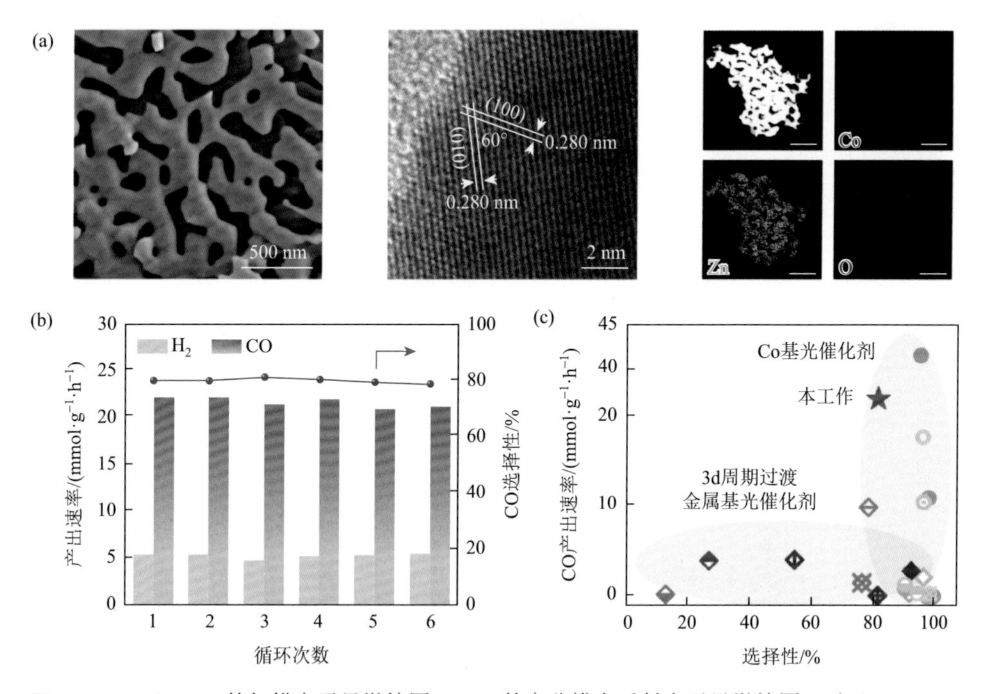

图 7.11 （a）ZnO 的扫描电子显微镜图，ZnO 的高分辨率透射电子显微镜图，以及 Co_1-ZnO 的能量色散 X 射线谱元素映射图；（b）Co_1-ZnO 在 CO_2 光还原过程中的稳定性测试；（c）在相似反应体系下，Co_1-ZnO 与其他已报道的光催化剂对 CO_2 转化为 CO 的性能比较[132]

总的来看，过去十年里，在人们所开发的众多光催化 CO_2 还原体系中，SAC 在实现碳循环和生成可再生能源等实际应用方面显示出巨大的潜力，有望极大提高整个反应过程的能效和经济效益，因此 SAC 在光催化 CO_2RR 中的研究不仅是催化化学的前沿领域，也是应对全球环境挑战的关键技术路径。

7.3 其他反应

除了上述提到的光催化 OER、HER 和 CO_2RR 反应外，通过收集太阳能和促进氧自由基的产生，光催化降解技术可为处理微量浓度的有机污染物提供一条有趣的途径[133-139]。其中，有机污染物，包括工业染料、农用化学品和药品等，不仅对水环境有不良危害，而且对生物有潜在的严重危险。迫切需要探索清除这些污染物的有效方法，从而实现地球的可持续发展。传统的有机污染物的去除主要依靠生物降解和固体吸附分离工艺，但仍存在动力学惰性和对微量污染物处理能力低的问题。SAC 凭借足够的表面活性位点和加速的电荷分离/转移特性，被证明是光催化污染物降解的有效候选材料。接下来，将简述 SAC 在光催化降解污染物方面的相关应用。

7.3.1 双酚 A 降解反应

双酚 A（bisphenol A，BPA）是一种广泛使用的化学品，主要用于生产聚碳酸酯塑料和环氧树脂。由于其的广泛应用，BPA 普遍存在于水体和环境中，引起了公众和科学界的关注。BPA 被认为是一种环境内分泌干扰物，能模拟雌激素的作用，干扰内分泌系统，影响生物的生殖和发育，甚至与某些癌症的风险增加有关。因此，有效地从环境中去除 BPA 是一个重要的环保目标。光催化技术因其高效、环保的特性，成为降解 BPA 的重要方法，通过新型光催化剂的开发、光催化反应机理的深入理解和光催化系统设计的创新，有望进一步提高 BPA 及其他污染物的降解效率和经济效益。

目前，g-C_3N_4 基 SAC 已被证明可成功应用于 BPA 的光催化降解中。Zhu 等采用共聚法合成了单原子分散的 Ag 改性介孔石墨氮化碳杂化物（Ag/mpg-C_3N_4）并将其用作可见光光催化剂（图 7.12）[133]。在过一硫酸盐（peroxymonosulfate，PMS）存在下，Ag/mpg-C_3N_4 对 BPA 的降解表现出优异的性能。0.1 $g·L^{-1}$ 催化剂和 1 $mmol·L^{-1}$ PMS 在可见光（＞400 nm）下可在 60 min 内去除 100% BPA。其性能增强的原因可能是由于单原子 Ag 和 mpg-C_3N_4 的协同效应：一方面，Ag 的引入可以捕获更多的可见光；另一方面，PMS 的存在促进了光生电子-空穴对的分离效率。电子自旋共振（electron spin resonance，ESR）和自由基猝灭实验表明，主要的活性氧物种（reactive oxygen species，ROS）是硫酸根自由基（$·SO_4^-$）、超氧自由基（$\cdot O_2^-$）和光生空穴，而羟基自由基（·OH）的作用在这个过程中是微不足道的。这项工作的结果凸显了 g-C_3N_4 作为光催化剂的巨大潜力，并阐明了 PMS 修复污染水的新机会。

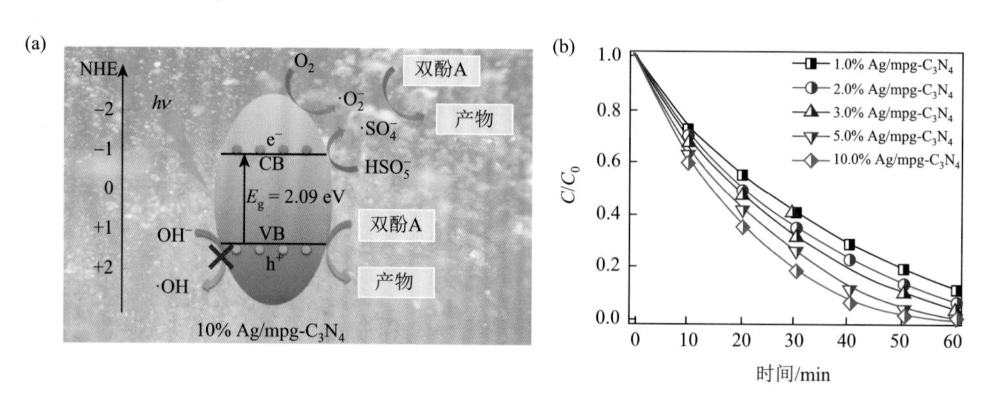

图 7.12 （a）Ag/mpg-C_3N_4/PMS/vis 体系可能的光催化机理；（b）Ag 的含量对 BPA 去除效率的影响

mpg-C_3N_4 表示介孔石墨氮化碳；C_0 和 C 分别为 BPA 初始浓度和反应后浓度[133]

近年来，类 Fenton 工艺因其强氧化能力和环境友好性而有望成为处理难降解有机污染物的有效技术。通过将 PMS 与光催化剂偶联来增强$\cdot SO_4^-$生成的光催化芬顿（Fenton）过程已被证明为一种新的有效方法。Zhu 等采用原位光还原 S, N-TiO_{2-x} 上的 Ag 纳米复合材料[140]，成功合成了 $Ag_{0.23}/(S_{1.66}\text{-}N_{1.91}/TiO_{2-x})$单原子光催化剂。通过在可见光下异质活化 PMS，$Ag_{0.23}/(S_{1.66}\text{-}N_{1.91}/TiO_{2-x})$单原子光催化剂协同降解 BPA 的活性提高了 2.4 倍，矿化率为 48.73%。在该体系中，$Ag_{0.23}/(S_{1.66}\text{-}N_{1.91}/TiO_{2-x})$具有高效的光生载流子分离能力和输运特性，从而导致$\cdot SO_4^-$的高产率，$\cdot SO_4^-$并转化为·OH 以有效矿化 BPA。同时，光催化过程促进分离的 Ag 原子由 Ag^+还原为 Ag^0，保证了 PMS 的高效活化。安徽大学周奇等在前期 Fe 单原子研究工作的基础上，利用空间限域策略将酞菁铁封装在 MOF（ZIF-8）中，并通过煅烧得到氮掺杂的多孔碳上负载单原子铁的催化剂（FeSA-N/C）[141]（图 7.13）。研究表明，单分散的 Fe-N_x 配位结构是催化剂的主要活性位点。此外，利用化学淬灭实验、电子自旋共振、原位拉曼光谱和电化学等手段证明 FeSA-N/C+PMS 体系是一个非自由基主导的氧化体系，主要通过 FeSA-N/C 材料为媒介的污染物与 PMS 之间发生的直接电子转移过程降解 BPA。同时研究发现在此过程中可产生 PMS*中间物种。这项研究工作通过多种实验测定揭示了该体系的非自由基主导的氧化机理，证实了直接电子转移机制为主要降解途径。该工作不仅深化了单原子催化剂对 PMS 活化机理的认识，而且为单原子催化材料的环境应用提供了重要参考。

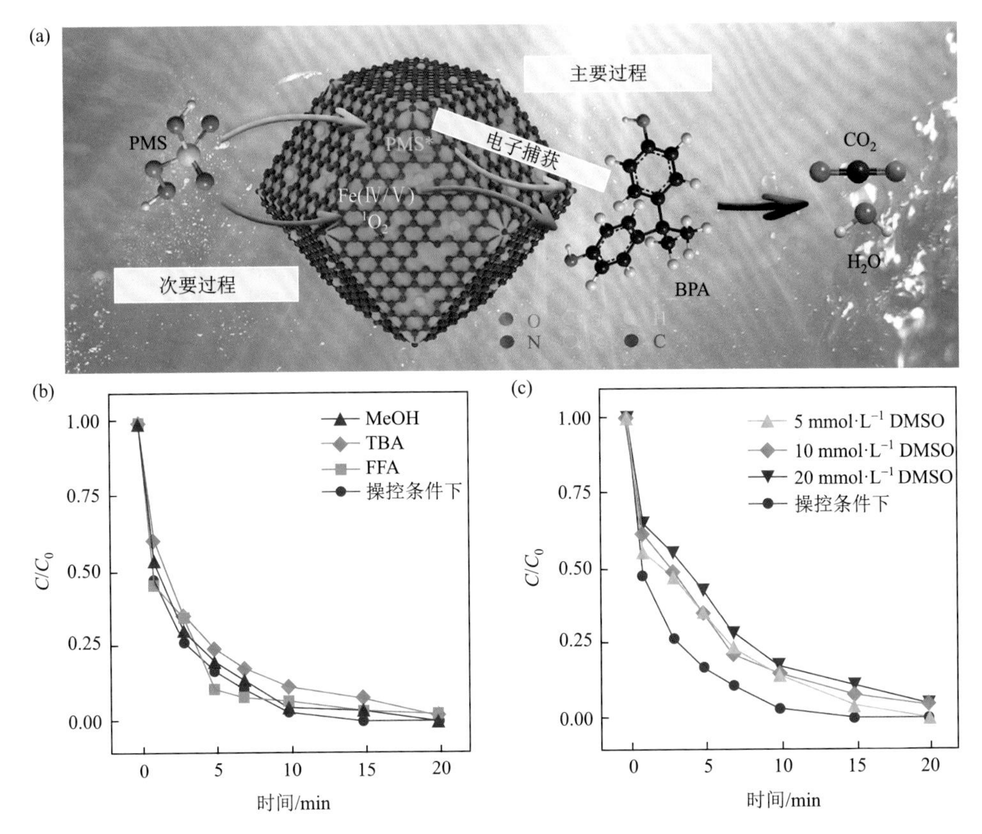

图 7.13　（a）BPA 在 PMS + FeSA-N/C-20 体系中的降解机制；（b）各种猝灭剂对 BPA 降解的影响；（c）不同 DMSO 量对 BPA 降解的影响[141]

C_0 和 C 分别为 BPA 初始浓度和反应后浓度

7.3.2　罗丹明 B 降解反应

罗丹明 B（rhodamine B，Rh B）是一种合成的染料，属于罗丹明系列中的一员，具有鲜艳的从红色到紫色的色调，在纺织品、造纸、塑料制品、食品包装和印刷行业中作为颜色添加剂被广泛使用。此外，由于其良好的荧光性质，Rh B 也被用于生物标记、荧光染料、激光技术等领域。然而，Rh B 的广泛使用引发了诸多环境污染问题。例如，Rh B 在自然条件下难以降解，容易在水体中累积，影响水质和水生生物的健康；Rh B 可能影响水生植物的光合作用，降低水体中氧气的浓度，从而威胁水生生态系统的平衡；同时，Rh B 及其降解产物的潜在毒性和致癌性也使其对人类健康构成极大风险。通过光催化技术降解 Rh B，不仅能够有效减轻其对环境和人类健康的潜在影响，也是解决水体污染问题的有效途径之一。

Zou 等分别通过加热三聚氰胺和三聚氰胺与氧化硼的混合物制备了 g-C_3N_4 和硼掺杂的 g-C_3N_4，利用 XRD、XPS 和紫外可见光谱（UV-vis spectrum，UV-vis）

研究了所制备样品的性质，进而提出了两种典型染料 Rh B 和甲基橙（methyl orange，MO）的光降解机制[142]（图 7.14）。在 g-C_3N_4 光催化体系中，Rh B 和 MO 的光降解分别归因于直接空穴氧化和整体反应；然而，对于 MO 光降解，与光生空穴引起的氧化过程相比，光生电子引发的还原过程是主要的光催化过程。g-C_3N_4 的硼掺杂可以促进 Rh B 的光降解，因为硼的引入提高了催化剂的染料吸附和光吸收能力。Hu 等首次通过氧等离子体处理合成了在缺氧条件下具有出色可见光活性的掺氧 g-C_3N_4。研究发现，氧掺杂不会影响 g-C_3N_4 的结构，但会改变其形态，降低带隙并提高光生电子和空穴的分离效率，这使缺氧的光催化 Rh B 降解常数增加了约 6 倍[143]。经过等离子处理后，掺杂的氧不仅增加了 g-C_3N_4 的吸附能力，而且还捕获了光生电子，保留了光生空穴在缺氧条件下对 Rh B 降解的能力。这项研究为无氧光催化剂的设计和制造提供了新的思路。

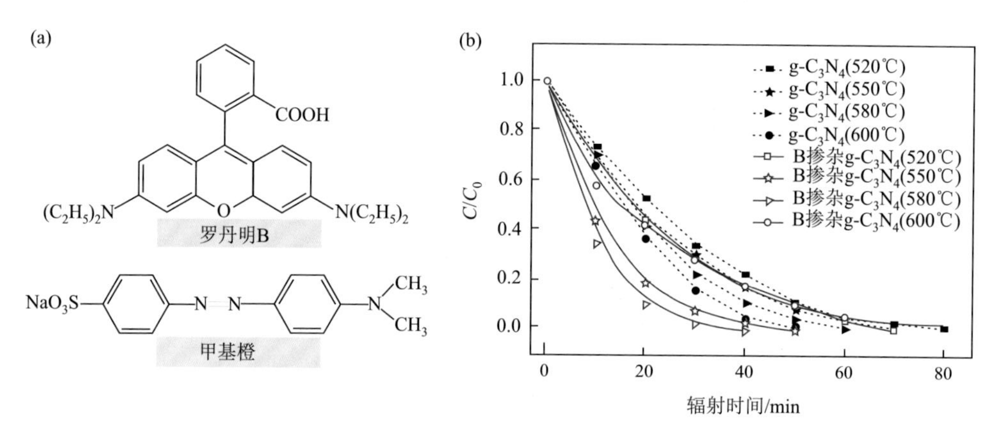

图 7.14 （a）Rh B 和 MO 的化学结构；（b）在不同温度下制备的 g-C_3N_4 和 B 掺杂 g-C_3N_4 样品对 Rh B 光降解的光催化活性比较[142]

C_0 和 C 分别为 Rh B 初始浓度和反应后浓度

近期，中国科学院南京土壤研究所研究员王玉军团队报道了一项非常有趣的工作[144]（图 7.15）。当前，植物修复被认为是绿色、廉价和环境友好的重金属污染土壤修复方式，然而，在植物修复过程中会产生大量富含重金属的生物质，若处置不当，会产生二次污染风险。因此，超积累植物生物质的安全处置非常重要，亟待研发一种既能安全处置这些含有重金属的生物质，又能实现资源化利用的方法。基于此，该研究团队利用 Mn 超积累植物美洲商陆，基于一步热解法，制备出碳衬底的 Mn 单原子材料。通过同步辐射 EXAFS 和球差电镜研究证明，在此种 Mn 单原子材料中，锰以 Mn-N_4 的方式锚定在生物炭衬底上。该单原子材料表现出极高的光催化降解有机污染物的能力，可在 10 min 内 100%降解 Rh B 等有机污染物，具有良好的循环稳定性。电子顺磁共振（electron paramagnetic resonance，

EPR）等实验发现，在光照条件下该材料可以产生大量的羟基自由基，且该过程需要氧气参与，在隔绝氧气的条件下，其降解有机污染物的能力受到抑制。科研团队基于原位 EXAFS 实验和 MD 计算等手段揭示了其催化降解污染物分子机制：在好氧条件下，氧气分子吸附到 Mn 单原子活性中心，导致 Mn 的价态从Ⅱ价变为Ⅳ价，$Mn\text{-}N_4$ 配位结构变为 $Mn\text{-}N_4O_1$ 配位，随后单原子 Mn 催化氧气分子解离，释放出羟基自由基，促进污染物的快速降解。该研究为超积累植物生物质的资源化利用以及廉价单原子材料的合成和实际应用提供了新视角。

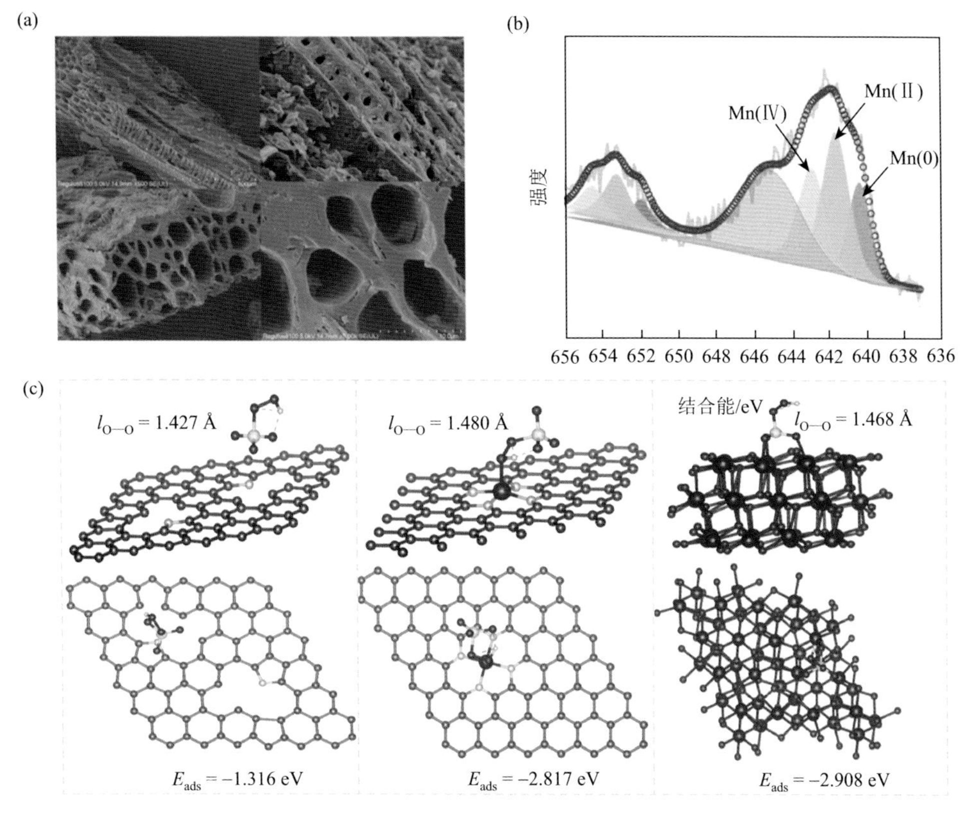

图 7.15　（a）SPBC-700N 体系的扫描电子显微镜图；（b）SPBC-700N 体系中 Mn 2p 的高分辨率 X 射线光电子能谱；（c）DFT 优化的 HSO_5^- 吸附结构，以及在不同表面的吸附能，包括氮掺杂石墨烯、单原子 $Mn\text{-}N_4$ 位点、Mn_2O_3（222）体系[144]

7.3.3　其他污染物降解反应

光催化技术不仅在降解 BPA 和 Rh B 等常见污染物方面表现出色，也展现了对一系列其他复杂污染物的处理能力，包括对广泛使用的药物和个人护理产品，如四环素（tetracycline，TC）、环丙沙星（ciprofloxacin，CF）、布洛芬

（ibuprofen，IBF），以及工业常见的污染物苯酚的高效降解。这些物质因其在环境中的持久性和生物活性，可能对生态系统和人类健康构成威胁。SAC 可通过有效分解这些化合物，减少环境负担，并且转化为更安全的物质，从而提供一种环保且经济的解决方案。接下来，将简述 SAC 在光催化降解其他污染物方面的应用。

多年来，TC 作为一种常见的广谱类抗生素药物，对革兰氏菌、立克次体和衣原体等微生物具有很好的抗菌效果，在医药和饲料工业中得到广泛的应用[145]。然而，TC 很难在生物体内完全代谢，又因其具有化学结构稳定、自然降解半衰期长的特点，会在环境介质中不断蓄积，这也导致其在环境中被频繁检测到，将不可避免地造成环境污染[146, 147]。此外，TC 在临床应用过程中还可诱导产生多种耐药基因和耐药菌，具有很大的生态风险[148-150]。为了有效降解 TC 污染物，开发设计出高性能的 SAC 是非常重要且理想的手段[151-153]。鉴于 g-C_3N_4 具有易于改性和光催化性能良好的优势，被广泛用作 SAC 的载体材料，湖南大学的曾光明教授团队通过在氮空位（Nv）管状多孔 g-C_3N_4（tubular porous g-C_3N_4，TCN）上构筑原子级分散的 Mo 物种，从而成功制备出一种新型光催化剂 Mo/Nv-TCN[154]（图 7.16）。研究发现，管状结构的大比表面积有助于抑制 Mo 原子的团聚，而 N 空位则导致在光吸收体和 Mo 位点之间形成稳定的 Mo-2C/2N 构型；作为光催化反应的活性中心，单原子 Mo 在载体表面可引起局部电荷的定向转移，而 Mo-2C/2N 可作为光生电荷传输的桥梁。这种精心设计的 Mo-SAC 体系在可见光照射下表现出优异的光电性能和 TC 降解性能，而 10-Mo/Nv-TCN 催化剂展现出最优性能，在可见光下具有高达 0.049 min^{-1} 的 TC 降解表观速率，是初始 CN 催化剂的 4.46 倍。

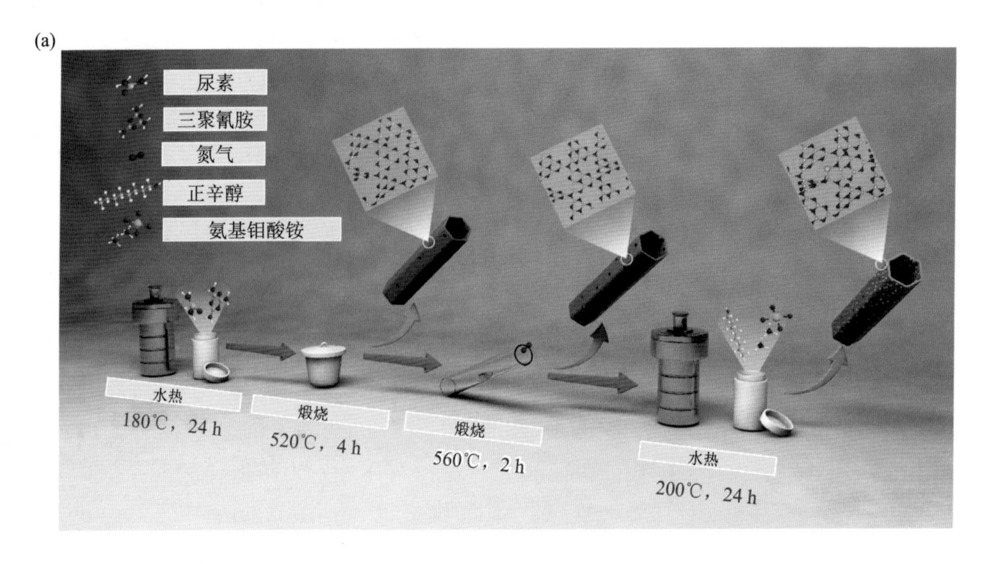

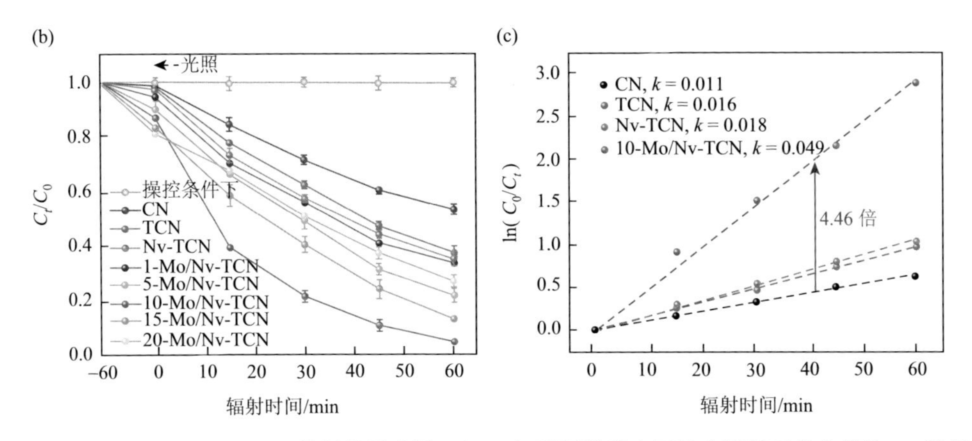

图 7.16 （a）Mo/Nv-TCN 的制备示意图；（b、c）不同样品在可见光照射下的光催化 TC 降解效率及相应的时间动力学曲线[154]

C_0 和 C_t 分别为 TC 初始浓度和反应后浓度

另外，由于 COF 材料具有强的可见光吸收能力，较大的比表面积，以及丰富的表面活性位点等优点，通常也被认为是一种十分具有发展前景的光催化材料[155-158]。然而，COF 内部存在的强激子效应往往被忽视，在光催化进程中，激子会与自由电荷产生强烈的竞争，其强激子效应将导致材料的光催化性能下降。因此，探索一种新的途径促使 COF 内部的激子分离成光生载流子，进而提高其光催化性能显得尤为重要，而 SAC 具有极高的原子利用率，将有助于催化反应的进行。同时，COF 具有独特的周期性和永久性孔隙率的特点，可以很好地将金属原子固定在框架内部。如图 7.17 所示，南京林业大学环境科学系邢伟男副教授团队在 COF 中引入了 Co 单原子，一方面利用 Co 过渡金属的特性，可以极大限度地活化 PMS 产生更多的 ROS 参与到降解反应中；另一方面形成的 Co-N 位点对光生空穴产生强吸引力，

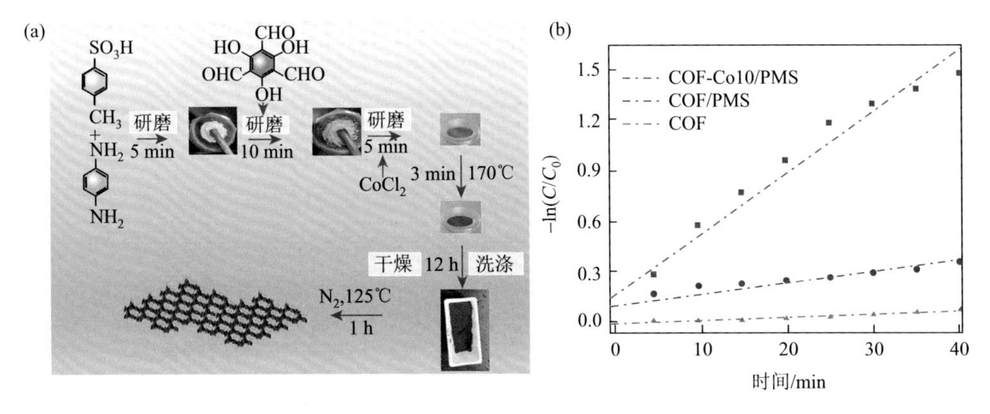

图 7.17 （a）COF-Co_x 体系中可能的聚合反应示意图；（b）不同体系在可见光照射下的 TC 降解比较[159]

从而促进 COF 内部的激子解离，产生更多的载流子，可实现水体中 TC 的高效降解，其最佳的 COF-Co10 的降解速率可以达到 $3.65\times10^{-2}\ min^{-1}$，是 COF 的 5.27 倍。一系列的淬灭实验及 EPR 分析证明 $^1O_2$、$\cdot O_2^-$、$\cdot SO_4^-$ 均参与了降解 TC 反应，并最终提出了可能的光催化反应机理和 TC 降解路径，且对中间体的毒性进行了分析[159]。

随着药物科学研究领域的不断发展，人类对各类疾病的抵抗能力得到了极大的提升。然而，在药物研发过程中，废水中的药物残存物往往会引起严重的环境污染问题，这对人们的日常生活产生了极其恶劣的影响。在众多药物中，CF[160-163] 和 IBF[164-169]作为两种最为常见的抗生素药物，常常残存于地表水和地下水中，如何去除上述污染物一直是科学界的重要研究课题。在众多降解有机药物的方法中，高级氧化（advanced oxidation process，AOP）法是目前被广泛应用且具有普适性的水体保护方法之一[170, 171]。然而，由于 AOP 中存在纳米粒子聚集、活性较差等问题，其使用寿命也往往较低。如何开发高效、稳定且低成本的 AOP 催化剂，是目前急需突破的有机药物污染物降解关键课题之一。北京工业大学隋曼龄教授课题组采用水热法合成了具有高效可见光活性的单原子金属氧化物 Fe_3O_4-ED-rGO（ED：乙二胺，rGO：还原氧化石墨烯）[172]（图 7.18）。通过电镜观察发现大量钨/钒单原子氧化物均匀沉积在 Fe_3O_4-ED-rGO 样品中的 Fe_3O_4 纳米颗粒上，并占据了 Fe^{2+}位。同时，相分析证实，Fe_3O_4 纳米复合材料主要由 Fe_2O_3 转化而来。这种高度分散的单原子吸附在多晶 Fe_3O_4-ED-rGO 纳米复合材料的 Fe^{2+}上，不仅有利于将带隙从 2.7 eV 调节到 2.10 eV，增强对可见光范围的吸收，而且提供了丰富的活性位点，进而可获得 98.43%（CF）和 98.12%（IBF）的光降解效率。此工作首次开发出了一种单原子氧化物锚定的 Fe_3O_4 基石墨烯光催化剂，可在短时间内高效降解水中的有机药物残留。此催化剂的合成方案不仅能够将价格低廉、无磁性的 Fe_2O_3 转换为性价比高且有磁性的 Fe_3O_4，而且其合成出的催化

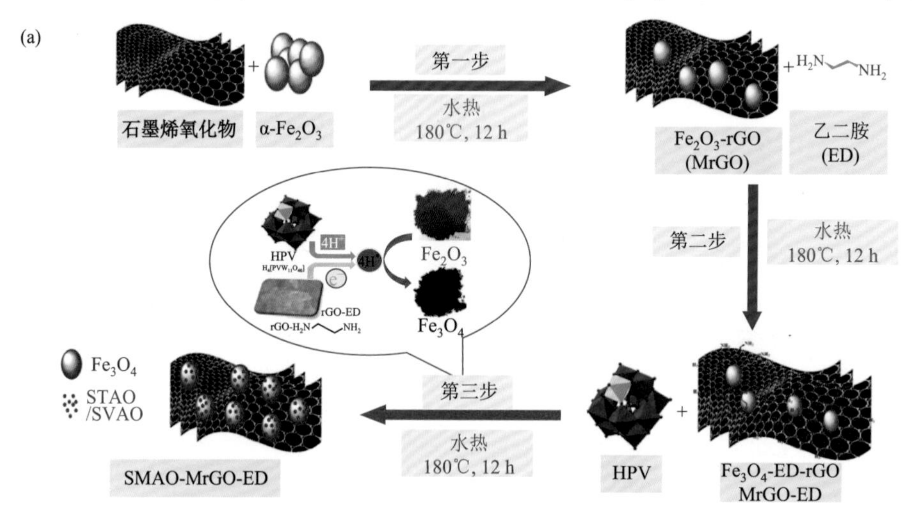

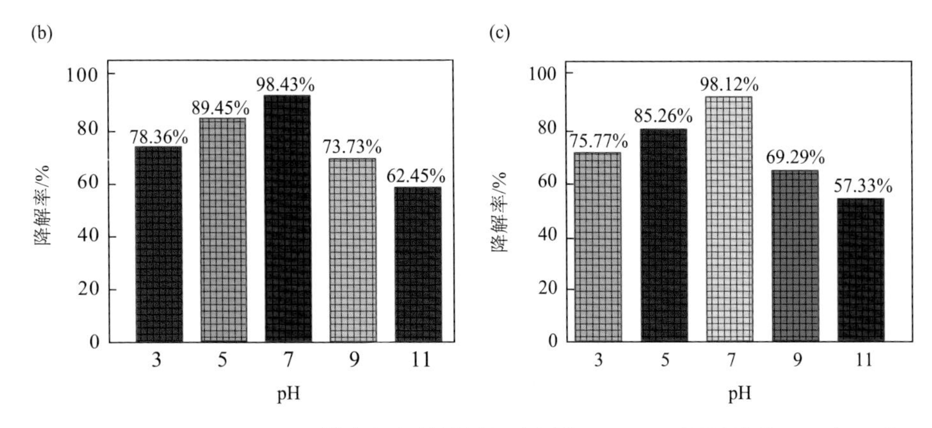

图 7.18　(a) SMAO-MrGO-ED 纳米复合材料制备示意图；(b、c) 不同溶液的 pH 对 CF 和 IBF 降解效率的影响[172]

HPV 表示 $H_4[PVW_{11}O_{40}]$；SMAO 表示单金属原子氧化物；STAO 为单钨原子氧化物；SVAO 为单钒原子氧化物

剂因具有磁性可在净水工作结束后利用外界磁场将催化剂从水中提取出来，避免二次污染。该光催化剂的成功开发对高效水净化催化剂的开发具有指导意义。

在光催化降解废水反应中，苯酚开环反应也是非常重要的步骤，如何选择性生成催化活性物种（·OH）用于降解苯酚仍然是个非常大的挑战[173-189]。鉴于此，苏州大学路建美教授、李华教授等提出一种将单原子限域在 COF 内部的光催化剂，这种 COF 由亚胺连接形成，其中含有丰富的 N-/O-螯合位点能够锚定金属原子[190]（图 7.19）。研究发现，在 COF 中安装的分散性良好的单原子能够快速地进行光生电子积累和转移，而且 2D-COF 具有的周期性 π 共轭结构可以形成非常有效的体系。COF 的亚胺化学键具有 Lewis 酸性，可增强对 O_2 和 N_2 分子等 Lewis 碱性气体分子的吸附。此项工作合理地设计了单原子 Pd 催化剂，实现了优异的氧吸附性能，而且能够以高选择性进行 $O_2 \rightarrow \cdot O_2^- \rightarrow H_2O_2 \rightarrow \cdot OH$ 路径，因此可在 10 min 内完成苯酚的完全降解。这种通过材料设计选择性产生活性氧物种的方式有助于发展具有精确催化活性的材料。

综上，作为一种利用光能和催化剂将有机污染物分解为无害物质的环境治理技术，光催化污染物降解不仅为环境治理提供了一种高效、环保的技术手段，还有望成为未来绿色环保产业的重要支撑。SAC 体系的引入，为光催化污染物降解带来了新的突破，不仅可通过灵活的结构调控和设计实现对光催化降解反应的精准调控，适应不同污染物的处理需求，也可增强光催化剂的结构稳定性和抗氧化性，降低运营成本，有望在未来进一步推动污染物治理技术的不断创新。

(a)

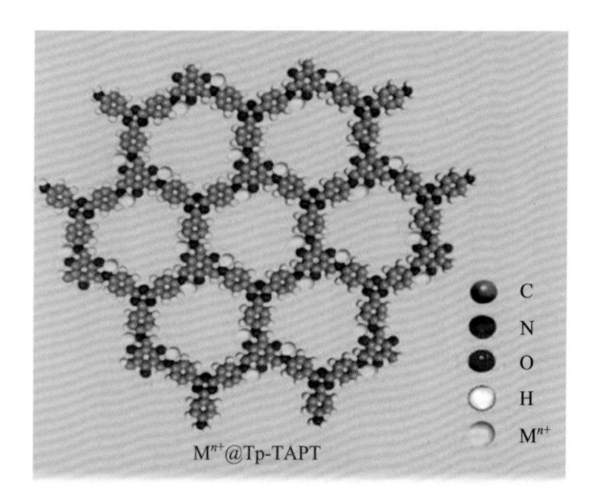

(b)

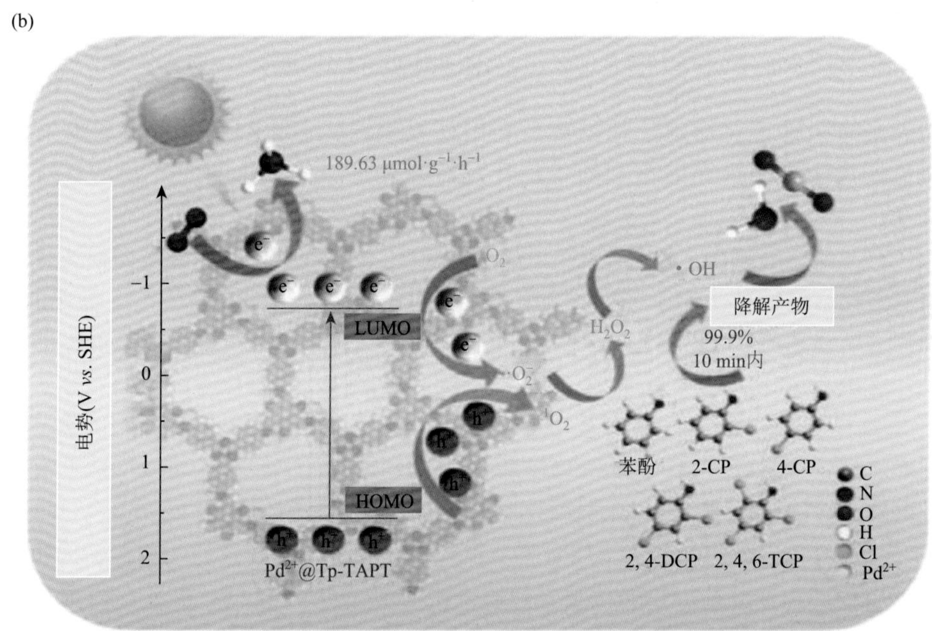

图 7.19 （a）M^{n+}@Tp-TAPT 体系的制备示意图；（b）Pd^{2+}@Tp-TAPT 的光催化机理[190]

Tp 表示 2, 4, 6-三羟基苯-1, 3, 5-三甲醛；TAPT 表示 2, 4, 6-三(4-氨基苯基)-1, 3, 5-三嗪

总结与展望

本章详细介绍了 SAC 在光解水反应、CO_2 还原以及有机污染物降解等关键应用领域的最新进展。SAC 通过其独特的电子结构和强烈的金属-载体相互作用，显著提高了对光能的吸收和转换效率，促进了光生载流子的有效分离，并增强了催

化活性和选择性。在光解水反应中，SAC 展示了高效的析氢和析氧活性，通过精确控制活性位点实现了对反应途径的精准调控。对于 CO_2 还原，SAC 不仅提高了反应的选择性和转化率，还优化了能带结构，提升了光催化活性。在有机污染物降解方面，SAC 通过产生大量的活性氧物种快速降解难降解的污染物，如 BPA 和 Rh B 等，展示了其在环境净化中的巨大潜力。

尽管 SAC 在光催化领域取得了显著的进展，但要实现其在实际生产中的广泛应用，仍需要在以下方面进行进一步的研究：①提升 SAC 在长期光照和反应条件下的稳定性和耐用性，确保其在实际应用中的长期有效性；②深入研究和理解 SAC 的光催化机制，包括电子结构调控、载流子动力学以及催化过程中的中间态，为设计更高效的催化剂提供理论基础；③开发 SAC 的新型合成策略和表征技术，精准调控单原子活性中心的电子环境和局部结构，设计出具有更高催化性能和特异性的 SAC；④探索 SAC 在光催化以外的新应用领域，如光电转换、传感器、能源存储等，拓宽其应用范围。通过对上述方向的深入研究，SAC 有望在光催化领域实现更多突破，为解决全球能源和环境问题提供新的策略和解决方案。

参 考 文 献

[1] Meng X，Liu L，Ouyang S，et al. Nanometals for solar-to-chemical energy conversion：From semiconductor-based photocatalysis to plasmon-mediated photocatalysis and photo-thermocatalysis. Advanced Materials，2016，28（32）：6781-6803.

[2] Ding X，Zhang L，Wang Y，et al. Design of photoanode-based dye-sensitized photoelectrochemical cells assembling with transition metal complexes for visible light-induced water splitting. Coordination Chemistry Reviews，2018，357：130-143.

[3] Ahmad S，Guo X. Rapid development in two-dimensional layered perovskite materials and their application in solar cells. Chinese Chemical Letters，2018，29（5）：657-663.

[4] Lei F，Zhang L，Sun Y，et al. Atomic-layer-confined doping for atomic-level insights into visible-light water splitting. Angewandte Chemie International Edition，2015，54（32）：9266-9270.

[5] Mi Y，Wen L，Wang Z，et al. Fe（Ⅲ）modified BiOCl ultrathin nanosheet towards high-efficient visible-light photocatalyst. Nano Energy，2016，30：109-117.

[6] Yang W，Zhang L，Xie J，et al. Enhanced photoexcited carrier separation in oxygen-doped $ZnIn_2S_4$ nanosheets for hydrogen evolution. Angewandte Chemie International Edition，2016，55（23）：6716-6720.

[7] Lin Z，Wang X. Nanostructure engineering and doping of conjugated carbon nitride semiconductors for hydrogen photosynthesis. Angewandte Chemie International Edition，2013，52（6）：1735-1738.

[8] Stolarczyk J K，Bhattacharyya S，Polavarapu L，et al. Challenges and prospects in solar water splitting and CO_2 reduction with inorganic and hybrid nanostructures. ACS Catalysis，2018，8（4）：3602-3635.

[9] Thomas J M，Raja R，Lewis D W. Single-site heterogeneous catalysts. Angewandte Chemie International Edition，2005，44（40）：6456-6482.

[10] Cui X，Li W，Ryabchuk P，et al. Bridging homogeneous and heterogeneous catalysis by heterogeneous single-metal-site catalysts. Nature Catalysis，2018，1（6）：385-397.

[11] Qin R，Liu P，Fu G，et al. Strategies for stabilizing atomically dispersed metal catalysts. Small Methods，2018，2（1）：1700286.

[12] Gates B C，Flytzani-Stephanopoulos M，Dixon D A，et al. Atomically dispersed supported metal catalysts：Perspectives and suggestions for future research. Catalysis Science & Technology，2017，7（19）：4259-4275.

[13] Yuan L，Hung S F，Tang Z R，et al. Dynamic evolution of atomically dispersed Cu species for CO_2 photoreduction to solar fuels. ACS Catalysis，2019，9（6）：4824-4833.

[14] Zhang B，Fan T，Xie N，et al. Versatile applications of metal single-atom@2D material nanoplatforms. Advanced Science，2019，6（21）：1901787.

[15] Zhang H，Liu G，Shi L，et al. Single-atom catalysts：Emerging multifunctional materials in heterogeneous catalysis. Advanced Energy Materials，2018，8（1）：1701343.

[16] Zhu C，Fu S，Shi Q，et al. Single-atom electrocatalysts. Angewandte Chemie International Edition，2017，56（45）：13944-13960.

[17] Wang A，Li J，Zhang T. Heterogeneous single-atom catalysis. Nature Reviews Chemistry，2018，2（6）：65-81.

[18] Li X，Yang X，Huang Y，et al. Supported noble-metal single atoms for heterogeneous catalysis. Advanced Materials，2019，31（50）：1902031.

[19] Wang Y，Mao J，Meng X，et al. Catalysis with two-dimensional materials confining single atoms：Concept，design，and applications. Chemical Reviews，2019，119（3）：1806-1854.

[20] Qiao B，Wang A，Yang X，et al. Single-atom catalysis of CO oxidation using Pt_1/FeO_x. Nature Chemistry，2011，3（8）：634-641.

[21] Kudo A，Miseki Y. Heterogeneous photocatalyst materials for water splitting. Chemical Society Reviews，2009，38（1）：253-278.

[22] Shang Y，Xu X，Gao B，et al. Single-atom catalysis in advanced oxidation processes for environmental remediation. Chemical Society Reviews，2021，50（8）：5281-5322.

[23] Ding S，Hülsey M J，Pérez-Ramírez J，et al. Transforming energy with single-atom catalysts. Joule，2019，3（12）：2897-2929.

[24] Mitchell S，Pérez-Ramírez J. Single atom catalysis：A decade of stunning progress and the promise for a bright future. Nature Communications，2020，11：4302.

[25] Hisatomi T，Domen K. Reaction systems for solar hydrogen production via water splitting with particulate semiconductor photocatalysts. Nature Catalysis，2019，2（5）：387-399.

[26] Zhang P，Lou X W. Design of heterostructured hollow photocatalysts for solar-to-chemical energy conversion. Advanced Materials，2019，31（29）：1900281.

[27] Cestellos-Blanco S，Zhang H，Kim J M，et al. Photosynthetic semiconductor biohybrids for solar-driven biocatalysis. Nature Catalysis，2020，3（3）：245-255.

[28] Jiao L，Jiang H L. Metal-organic-framework-based single-atom catalysts for energy applications. Chem，2019，5（4）：786-804.

[29] Fu Q，Saltsburg H，Flytzani-Stephanopoulos M. Active nonmetallic Au and Pt species on ceria-based water-gas shift catalysts. Science，2003，301（5635）：935-938.

[30] Shan J，Li M，Allard L F，et al. Mild oxidation of methane to methanol or acetic acid on supported isolated rhodium catalysts. Nature，2017，551（7682）：605-608.

[31] Hannagan R T，Giannakakis G，Réocreux R，et al. First-principles design of a single-atom-alloy propane dehydrogenation catalyst. Science，2021，372（6549）：1444-1447.

[32] Zhang H，Cheng W，Luan D，et al. Atomically dispersed reactive centers for electrocatalytic CO_2 reduction and water splitting. Angewandte Chemie International Edition，2021，60（24）：13177-13196.

[33] Shi L，Ren X，Wang Q，et al. Stabilizing atomically dispersed catalytic sites on tellurium nanosheets with strong metal-upport interaction boosts photocatalysis. Small，2020，16（35）：2002356.

[34] Chen J，Wu X，Yin L，et al. One-pot synthesis of CdS nanocrystals hybridized with single-layer transition-metal dichalcogenide nanosheets for efficient photocatalytic hydrogen evolution. Angewandte Chemie International Edition，2015，54（4）：1210-1214.

[35] Zhang Q，Guan J. Recent progress in single-atom catalysts for photocatalytic water splitting. Solar RRL，2020，4（9）：2000283.

[36] Chen F，Ma T，Zhang T，et al. Atomic-level charge separation strategies in semiconductor-based photocatalysts. Advanced Materials，2021，33（10）：2005256.

[37] Wang B，Cai H，Shen S. Single metal atom photocatalysis. Small Methods，2019，3（9）：1800447.

[38] Tong H，Ouyang S，Bi Y，et al. Nano-photocatalytic materials：possibilities and challenges. Advanced Materials，2012，24（2）：229-251.

[39] Xu G，Zhang H，Wei J，et al. Integrating the g-C_3N_4 nanosheet with B—H bonding decorated metal-organic framework for CO_2 activation and photoreduction. ACS Nano，2018，12（6）：5333-5340.

[40] Zhang Y，Xia B，Ran J，et al. Atomic-level reactive sites for semiconductor-based photocatalytic CO_2 reduction. Advanced Energy Materials，2020，10（9）：1903879.

[41] Kong T，Jiang Y，Xiong Y. Photocatalytic CO_2 conversion：What can we learn from conventional CO_x hydrogenation? Chemical Society Reviews，2020，49（18）：6579-6591.

[42] Liu J，Wu H，Li F，et al. Recent progress in non-precious metal single atomic catalysts for solar and non-solar driven hydrogen evolution reaction. Advanced Sustainable Systems，2020，4（11）：2000151.

[43] Wang Z，Li C，Domen K. Recent developments in heterogeneous photocatalysts for solar-driven overall water splitting. Chemical Society Reviews，2019，48（7）：2109-2125.

[44] Fujishima A，Honda K. Electrochemical photolysis of water at a semiconductor electrode. Nature，1972，238（5358）：37-38.

[45] Su T，Shao Q，Qin Z，et al. Role of interfaces in two-dimensional photocatalyst for water splitting. ACS Catalysis，2018，8（3）：2253-2276.

[46] Ma H，Wang Z，Zhao W，et al. Enhancing the photoinduced interlayer charge transfer and spatial separation in type-Ⅱ heterostructure of WS_2 and asymmetric Janus-MoSSe with intrinsic self-build electric field. The Journal of Physical Chemistry Letters，2022，13（36）：8484-8494.

[47] Ma H，Zhao W，Yuan S，et al. High solar-to-hydrogen efficiency in the novel derivatives of group-Ⅲ trichalcogenides for photocatalytic water splitting：The effect of elemental composition. Journal of Materials Chemistry A，2023，11（32）：17007-17019.

[48] Zhu B，Zhang J，Jiang C，et al. First principle investigation of halogen-doped monolayer g-C_3N_4 photocatalyst. Applied Catalysis B：Environmental，2017，207：27-34.

[49] Xiao M，Luo B，Wang S，et al. Solar energy conversion on g-C_3N_4 photocatalyst：Light harvesting，charge separation，and surface kinetics. Journal of Energy Chemistry，2018，27（4）：1111-1123.

[50] Solakidou M，Giannakas A，Georgiou Y，et al. Efficient photocatalytic water-splitting performance by ternary CdS/Pt-N-TiO_2 and CdS/Pt-N, F-TiO_2：Interplay between CdS photo corrosion and TiO_2-dopping. Applied Catalysis B：Environmental，2019，254：194-205.

[51] Mateo D, García-Mulero A, Albero J, et al. N-doped defective graphene decorated by strontium titanate as efficient photocatalyst for overall water splitting. Applied Catalysis B: Environmental, 2019, 252: 111-119.

[52] Zheng D, Cao X, Wang X. Precise formation of a hollow carbon nitride structure with a Janus surface to promote water splitting by photoredox catalysis. Angewandte Chemie International Edition, 2016, 55 (38): 11512-11516.

[53] Lau V W, Lotsch B V. A Tour-guide through carbon nitride-land: Structure-and dimensionality-dependent properties for photo (electro) chemical energy conversion and storage. Advanced Energy Materials, 2022, 12 (4): 2101078.

[54] Wang Y, Shen S. Progress and prospects of non-metal doped graphitic carbon nitride for improved photocatalytic performances. Acta Physico-Chimica Sinica, 2020, 36 (3): 1905080.

[55] Wang X, Maeda K, Thomas A, et al. A metal-free polymeric photocatalyst for hydrogen production from water under visible light. Nature Materials, 2009, 8 (1): 76-80.

[56] Lin S, Huang H, Ma T, et al. Photocatalytic oxygen evolution from water splitting. Advanced Science, 2021, 8 (1): 2002458.

[57] Wang X, Cao Z, Zhang Y, et al. All-solid-state Z-scheme Pt/ZnS-ZnO heterostructure sheets for photocatalytic simultaneous evolution of H_2 and O_2. Chemical Engineering Journal, 2020, 385: 123782.

[58] Si H Y, Mao C J, Zhou J Y, et al. Z-scheme Ag_3PO_4/Graphdiyne/g-C_3N_4 composites: Enhanced photocatalytic O_2 generation benefiting from dual roles of graphdiyne. Carbon, 2018, 132: 598-605.

[59] Zhang Q, Liu M, Zhou W, et al. A novel Cl-modification approach to develop highly efficient photocatalytic oxygen evolution over $BiVO_4$ with AQE of 34.6%. Nano Energy, 2021, 81: 105651.

[60] Zhang H, Tian W, Duan X, et al. Functional carbon nitride materials for water oxidation: From heteroatom doping to interface engineering. Nanoscale, 2020, 12 (13): 6937-6952.

[61] Kessler F K, Zheng Y, Schwarz D, et al. Functional carbon nitride materials-design strategies for electrochemical devices. Nature Reviews Materials, 2017, 2 (6): 17030.

[62] Liu S, Diez-Cabanes V, Fan D, et al. Tailoring metal-ion-doped carbon nitrides for photocatalytic oxygen evolution reaction. ACS Catalysis, 2024, 14 (4): 2562-2571.

[63] Lin Z, Wang Y, Peng Z, et al. Single-metal atoms and ultra-small clusters manipulating charge carrier migration in polymeric perylene diimide for efficient photocatalytic oxygen production. Advanced Energy Materials, 2022, 12 (26): 2200716.

[64] Sun R, Hu X, Shu C, et al. Anchoring single Co sites on bipyridine-based covalent triazine framework for efficient photocatalytic oxygen evolution. Chinese Journal of Catalysis, 2023, 55: 159-170.

[65] Zhou X, Han K, Li K, et al. Dual-site single-atom catalysts with high performance for three-way catalysis. Advanced Materials, 2022, 34 (20): 2201859.

[66] Wang P, Jin Z, Li P, et al. Design principles of hydrogen-evolution-suppressing single-atom catalysts for aqueous electrosynthesis. Chem Catalysis, 2022, 2 (6): 1277-1287.

[67] Singh B, Gawande M B, Kute A D, et al. Single-atom (iron-based) catalysts: Synthesis and applications. Chemical Reviews, 2021, 121 (21): 13620-13697.

[68] Liu K, Zhao X, Ren G, et al. Strong metal-support interaction promoted scalable production of thermally stable single-atom catalysts. Nature Communications, 2020, 11: 1263.

[69] Lang R, Xi W, Liu J C, et al. Non defect-stabilized thermally stable single-atom catalyst. Nature Communications, 2019, 10: 234.

[70] Bai J, Liu Y, Ma Z, et al. Cation-π interactions regulate electrocatalytic water oxidation over iridium single atoms supported on conjugated polymers. Science China Chemistry, 2024, 67: 2063-2069.

[71] Shi R，Tian C，Zhu X，et al. Achieving an exceptionally high loading of isolated cobalt single atoms on a porous carbon matrix for efficient visible-light-driven photocatalytic hydrogen production. Chemical Science，2019，10（9）：2585-2591.

[72] Cao S，Li H，Tong T，et al. Single-atom engineering of directional charge transfer channels and active sites for photocatalytic hydrogen evolution. Advanced Functional Materials，2018，28（32）：1802169.

[73] Wu X，Zhang H，Dong J，et al. Surface step decoration of isolated atom as electron pumping：Atomic-level insights into visible-light hydrogen evolution. Nano Energy，2018，45：109-117.

[74] Li Y，Wang Z，Xia T，et al. Implementing metal-to-ligand charge transfer in organic semiconductor for improved visible-near-infrared photocatalysis. Advanced Materials，2016，28（32）：6959-6965.

[75] Chen Y，Ji S，Sun W，et al. Engineering the atomic interface with single platinum atoms for enhanced photocatalytic hydrogen production. Angewandte Chemie International Edition，2020，59（3）：1295-1301.

[76] Qiu S，Shen Y，Wei G，et al. Carbon dots decorated ultrathin CdS nanosheets enabling *in-situ* anchored Pt single atoms：A highly efficient solar-driven photocatalyst for hydrogen evolution. Applied Catalysis B：Environmental，2019，259：118036.

[77] Li X，Bi W，Zhang L，et al. Single-atom Pt as Co-catalyst for enhanced photocatalytic H_2 evolution. Advanced Materials，2016，28（12）：2427-2431.

[78] Chen Z，Bu Y，Wang L，et al. Single-sites Rh-phosphide modified carbon nitride photocatalyst for boosting hydrogen evolution under visible light. Applied Catalysis B：Environmental，2020，274：119117.

[79] Hu Y，Qu Y，Zhou Y，et al. Single Pt atom-anchored C_3N_4：A bridging Pt—N bond boosted electron transfer for highly efficient photocatalytic H_2 generation. Chemical Engineering Journal，2021，412：128749.

[80] Zeng Z，Su Y，Quan X，et al. Single-atom platinum confined by the interlayer nanospace of carbon nitride for efficient photocatalytic hydrogen evolution. Nano Energy，2020，69：104409.

[81] Xue Y，Lei Y，Liu X，et al. Highly active dye-sensitized photocatalytic H_2 evolution catalyzed by a single-atom Pt cocatalyst anchored onto g-C_3N_4 nanosheets under long-wavelength visible light irradiation. New Journal of Chemistry，2018，42（17）：14083-14086.

[82] Wang L，Tang R，Kheradmand A，et al. Enhanced solar-driven benzaldehyde oxidation with simultaneous hydrogen production on Pt single-atom catalyst. Applied Catalysis B：Environmental，2021，284：119759.

[83] Wu X，Zuo S，Qiu M，et al. Atomically defined Co on two-dimensional TiO_2 nanosheet for photocatalytic hydrogen evolution. Chemical Engineering Journal，2021，420：127681.

[84] Pang Y，Zang W，Kou Z，et al. Assembling of Bi atoms on TiO_2 nanorods boosts photoelectrochemical water splitting of semiconductors. Nanoscale，2020，12（7）：4302-4308.

[85] Yi L，Lan F，Li J，et al. Efficient noble-metal-free Co-NG/TiO_2 photocatalyst for H_2 evolution：Synergistic effect between single-atom Co and N-doped graphene for enhanced photocatalytic activity. ACS Sustainable Chemistry & Engineering，2018，6（10）：12766-12775.

[86] Zhou X，Hwang I，Tomanec O，et al. Advanced photocatalysts：Pinning single atom Co-catalysts on titania nanotubes. Advanced Functional Materials，2021，31（30）：2102843.

[87] Wu Z，Hwang I，Cha G，et al. Optimized Pt single atom harvesting on TiO_2 nanotubes-towards a most efficient photocatalyst. Small，2022，18（2）：2104892.

[88] Jeantelot G，Qureshi M，Harb M，et al. TiO_2-supported Pt single atoms by surface organometallic chemistry for photocatalytic hydrogen evolution. Physical Chemistry Chemical Physics，2019，21（44）：24429-24440.

[89] Cai J，Cao A，Wang Z，et al. Surface oxygen vacancies promoted Pt redispersion to single-atoms for enhanced

photocatalytic hydrogen evolution. Journal of Materials Chemistry A，2021，9（24）：13890-13897.

[90] Sui Y，Liu S，Li T，et al. Atomically dispersed Pt on specific TiO_2 facets for photocatalytic H_2 evolution. Journal of Catalysis，2017，353：250-255.

[91] Hejazi S，Mohajernia S，Osuagwu B，et al. On the controlled loading of single platinum atoms as a Co-catalyst on TiO_2 anatase for optimized photocatalytic H_2 generation. Advanced Materials，2020，32（16）：1908505.

[92] Yan B，Liu D，Feng X，et al. Ru species supported on MOF-derived N-doped TiO_2/C hybrids as efficient electrocatalytic/photocatalytic hydrogen evolution reaction catalysts. Advanced Functional Materials，2020，30（31）：2003007.

[93] Xing J，Chen J F，Li Y H，et al. Stable isolated metal atoms as active sites for photocatalytic hydrogen evolution. Chemistry-A European Journal，2014，20（8）：2138-2144.

[94] Zhang W，He H，Li H，et al. Visible-light responsive TiO_2-based materials for efficient solar energy utilization. Advanced Energy Materials，2021，11（15）：2003303.

[95] Takata T，Jiang J，Sakata Y，et al. Photocatalytic water splitting with a quantum efficiency of almost unity. Nature，2020，581（7809）：411-414.

[96] Chen S，Takata T，Domen K. Particulate photocatalysts for overall water splitting. Nature Reviews Materials，2017，2（10）：17050.

[97] Zhang H，Zuo S，Qiu M，et al. Direct probing of atomically dispersed Ru species over multi-edged TiO_2 for highly efficient photocatalytic hydrogen evolution. Science Advances，2020，6（39）：eabb9823.

[98] Liu W，Cao L，Cheng W，et al. Single-site active cobalt-based photocatalyst with a long carrier lifetime for spontaneous overall water splitting. Angewandte Chemie International Edition，2017，56（32）：9312-9317.

[99] Cao Y，Chen S，Luo Q，et al. Atomic-level insight into optimizing the hydrogen evolution pathway over a Co_1-N_4 single-site photocatalyst. Angewandte Chemie International Edition，2017，56（40）：12191-12196.

[100] Kim Y. K，Park H. Light-harvesting multi-walled carbon nanotubes and CdS hybrids：Application to photocatalytic hydrogen production from water. Energy & Environmental Science，2011，4（3）：685-694.

[101] Zhao W，Jiao Y，Li J，et al. One-pot synthesis of conjugated microporous polymers loaded with superfine nano-palladium and their micropore-confinement effect on heterogeneously catalytic reduction. Journal of Catalysis，2019，378：42-50.

[102] Wei H，Wu H，Huang K，et al. Ultralow-temperature photochemical synthesis of atomically dispersed Pt catalysts for the hydrogen evolution reaction. Chemical Science，2019，10（9）：2830-2836.

[103] Yang C，Cheng Z，Divitini G，et al. A Ni or Co single atom anchored conjugated microporous polymer for high-performance photocatalytic hydrogen evolution. Journal of Materials Chemistry A，2021，9（35）：19894-19900.

[104] Wei S，Li A，Liu J.-C，et al. Direct observation of noble metal nanoparticles transforming to thermally stable single atoms. Nature Nanotechnology，2018，13（9）：856-861.

[105] Zhou S，Jang H，Qin Q，et al. Boosting hydrogen evolution reaction by phase engineering and phosphorus doping on Ru/P-TiO_2. Angewandte Chemie International Edition，2022，61（47）：e202212196.

[106] Von Weber A，Anderson S. L. Electrocatalysis by mass-selected Pt_n clusters. Accounts of Chemical Research，2016，49（11）：2632-2639.

[107] Zhang J，Gu Y，Lu Y，et al. Each performs its own functions：Nickel oxide supported ruthenium single-atoms and nanoclusters relay catalysis with multi-active sites for efficient alkaline hydrogen evolution reaction. Applied Catalysis B：Environmental，2023，325：122316.

[108] Zhang C，Liu X，Li X，et al. Ethanol-regulated iron corrosion for fabricating RuO_x/FeOOH electrocatalyst toward enhanced hydrogen evolution. Science China Materials，2023，66（7）：2689-2697.

[109] Liu J，Tang C，Ke Z，et al. Optimizing hydrogen adsorption by d-d orbital modulation for efficient hydrogen evolution catalysis. Advanced Energy Materials，2022，12（9）：2103301.

[110] Shen J，Luo C，Qiao S，et al. Single-atom co-ultrafine RuO_x clusters codecorated TiO_2 nanosheets promote photocatalytic hydrogen evolution：Modulating charge migration，H^+adsorption，and H_2 desorption of active sites. Advanced Functional Materials，2024，34（1）：2309056.

[111] Sharma P，Kumar S，Tomanec O，et al. Carbon nitride-based ruthenium single atom photocatalyst for CO_2 reduction to methanol. Small，2021，17（16）：2006478.

[112] Li Y，Wang S，Wang X，et al. Facile top-down strategy for direct metal atomization and coordination achieving a high turnover number in CO_2 photoreduction. Journal of the American Chemical Society，2020，142（45）：19259-19267.

[113] Chen Q，Gao G，Zhang Y，et al. Dual functions of CO_2 molecular activation and 4f levels as electron transport bridges in erbium single atom composite photocatalysts therefore enhancing visible-light photoactivities. Journal of Materials Chemistry A，2021，9（28）：15820-15826.

[114] Ji S，Qu Y，Wang T，et al. Rare-earth single erbium atoms for enhanced photocatalytic CO_2 reduction. Angewandte Chemie International Edition，2020，59（26）：10651-10657.

[115] Li Y，Li B，Zhang D，et al. Crystalline carbon nitride supported copper single atoms for photocatalytic CO_2 reduction with nearly 100% CO selectivity. ACS Nano，2020，14（8）：10552-10561.

[116] Ren X，Shi L，Li Y，et al. Single cobalt atom anchored black phosphorous nanosheets as an effective cocatalyst promotes photocatalysis. ChemCatChem，2020，12（15）：3870-3879.

[117] Wang Z，Yang J，Cao J，et al. Room-temperature synthesis of single iron site by electrofiltration for photoreduction of CO_2 into tunable syngas. ACS Nano，2020，14（5）：6164-6172.

[118] Yang J，Wang Z，Jiang J，et al. *In-situ* polymerization induced atomically dispersed manganese sites as cocatalyst for CO_2 photoreduction into synthesis gas. Nano Energy，2020，76：105059.

[119] Yang Y，Li F，Chen J，et al. Single Au atoms anchored on amino-group-enriched graphitic carbon nitride for photocatalytic CO_2 reduction. ChemSusChem，2020，13（8）：1979-1985.

[120] Cai S，Zhang M，Li J，et al. Anchoring single-atom Ru on CdS with enhanced CO_2 capture and charge accumulation for high selectivity of photothermocatalytic CO_2 reduction to solar fuels. Solar RRL，2021，5（2）：2000313.

[121] Fu J，Zhu L，Jiang K，et al. Activation of CO_2 on graphitic carbon nitride supported single-atom cobalt sites. Chemical Engineering Journal，2021，415：128982.

[122] Han Z，Zhao Y，Gao G，et al. Erbium single atom composite photocatalysts for reduction of CO_2 under visible light：CO_2 molecular activation and 4 f levels as an electron transport bridge. Small，2021，17（26）：2102089.

[123] Zhang J H，Yang W，Zhang M，et al. Metal-organic layers as a platform for developing single-atom catalysts for photochemical CO_2 reduction. Nano Energy，2021，80：105542.

[124] Zhong W，Sa R，Li L，et al. A Covalent organic framework bearing single Ni sites as a synergistic photocatalyst for selective photoreduction of CO_2 to CO. Journal of the American Chemical Society，2019，141（18）：7615-7621.

[125] Jiang Z，Sun W，Miao W，et al. Living atomically dispersed Cu ultrathin TiO_2 nanosheet CO_2 reduction photocatalyst. Advanced Science，2019，6（15）：1900289.

[126] Hu J C，Gui M X，Xia W，et al. Facile formation of CoN_4 active sites onto a SiO_2 support to achieve robust CO_2

and proton reduction in a noble-metal-free photocatalytic system. Journal of Materials Chemistry A，2019，7（17）：10475-10482.

[127] Di J，Chen C，Yang S Z，et al. Isolated single atom cobalt in Bi_3O_4Br atomic layers to trigger efficient CO_2 photoreduction. Nature Communications，2019，10（1）：2840.

[128] Huang P，Huang J，Pantovich S. A，et al. Selective CO_2 reduction catalyzed by single cobalt sites on carbon nitride under visible-light irradiation. Journal of the American Chemical Society，2018，140（47）：16042-16047.

[129] Gao C，Chen S，Wang Y，et al. Heterogeneous single-atom catalyst for visible-light-driven high-turnover CO_2 reduction：The role of electron transfer. Advanced Materials，2018，30（13）：1704624.

[130] Wang J，Xia T，Wang L，et al. Enabling visible-light-driven selective CO_2 reduction by doping quantum dots：Trapping electrons and suppressing H_2 evolution. Angewandte Chemie International Edition，2018，57（50）：16447–16451.

[131] Gao G，Jiao Y，Waclawik E. R，et al. Single atom (Pd/Pt) supported on graphitic carbon nitride as an efficient photocatalyst for visible-light reduction of carbon dioxide. Journal of the American Chemical Society，2016，138（19）：6292-6297.

[132] Ma Z，Wang Q，Liu L，et al. Low-coordination environment design of single Co atoms for efficient CO_2 photoreduction. Nano Research，2024，17（5）：3745-3751.

[133] Wang Y，Zhao X，Cao D，et al. Peroxymonosulfate enhanced visible light photocatalytic degradation bisphenol a by single-atom dispersed Ag mesoporous g-C_3N_4 hybrid. Applied Catalysis B：Environmental，2017，211：79-88.

[134] Wang F，Wang Y，Li Y，et al. The facile synthesis of a single atom-dispersed silver-modified ultrathin g-C_3N_4 hybrid for the enhanced visible-light photocatalytic degradation of sulfamethazine with peroxymonosulfate. Dalton Transactions，2018，47（20）：6924-6933.

[135] Wang F，Wang Y，Feng Y，et al. Novel ternary photocatalyst of single atom-dispersed silver and carbon quantum dots Co-loaded with ultrathin g-C_3N_4 for broad spectrum photocatalytic degradation of naproxen. Applied Catalysis B：Environmental，2018，221：510-520.

[136] Xu T，Zhao H，Zheng H，et al. Atomically Pt implanted nanoporous TiO_2 film for photocatalytic degradation of trace organic pollutants in water. Chemical Engineering Journal，2020，385：123832.

[137] Zhao Z，Zhang W，Liu W，et al. Activation of sulfite by single-atom Fe deposited graphitic carbon nitride for diclofenac removal：The synergetic effect of transition metal and photocatalysis. Chemical Engineering Journal，2021，407：127167.

[138] Vilé G，Sharma P，Nachtegaal M，et al. An earth-abundant Ni-based single-atom catalyst for selective photodegradation of pollutants. Solar RRL，2021，5（7）：2100176.

[139] Qu J，Chen D，Li N，et al. Ternary photocatalyst of atomic-scale Pt coupled with MoS_2 Co-loaded on TiO_2 surface for highly efficient degradation of gaseous toluene. Applied Catalysis B：Environmental，2019，256：117877.

[140] Wang T，Zhou J，Wang W，et al. Ag-single atoms modified $S_{1.66}$-$N_{1.91}$/TiO_{2-x} for photocatalytic activation of peroxymonosulfate for bisphenol a degradation. Chinese Chemical Letters，2022，33（4）：2121-2124.

[141] Yang T，Fan S，Li Y，et al. Fe-N/C single-atom catalysts with high density of Fe-N_x sites toward peroxymonosulfate activation for high-efficient oxidation of bisphenol A：Electron-transfer mechanism. Chemical Engineering Journal，2021，419：129590.

[142] Yan S. C，Li Z. S，Zou Z. G. Photodegradation of rhodamine B and methyl orange over boron-doped g-C_3N_4 under visible light irradiation. Langmuir，2010，26（6）：3894-3901.

[143] Qu X，Hu S，Bai J，et al. A facile approach to synthesize oxygen doped g-C_3N_4 with enhanced visible light activity

under anoxic conditions via oxygen-plasma treatment. New Journal of Chemistry，2018，42（7）：4998-5004.

[144] Yang Q，Wang W，Zhou Y，et al. Facile pyrolysis treatment for the synthesis of single-atom Mn catalysts derived from a hyperaccumulator. ACS ES&T Engineering，2023，3（5）：616-626.

[145] Williams Smith H. Effect of prohibition of the use of tetracyclines in animal feeds on tetracycline resistance of faecal *E. coli* of pigs. Nature，1973，243（5404）：237-238.

[146] Luo Y，Xu L，Rysz M，et al. Occurrence and transport of tetracycline，sulfonamide，quinolone，and macrolide antibiotics in the haihe river basin，China. Environmental Science & Technology，2011，45（5）：1827-1833.

[147] Huang C，Zhang C，Huang D，et al. Influence of surface functionalities of pyrogenic carbonaceous materials on the generation of reactive species towards organic contaminants：A review. Chemical Engineering Journal，2021，404：127066.

[148] Zhang C，Zeng G，Huang D，et al. Biochar for environmental management：Mitigating greenhouse gas emissions，contaminant treatment，and potential negative impacts. Chemical Engineering Journal，2019，373：902-922.

[149] Tian S，Zhang C，Huang D，et al. Recent progress in sustainable technologies for adsorptive and reactive removal of sulfonamides. Chemical Engineering Journal，2020，389：123423.

[150] Wang B，Zhang Y，Zhu D，et al. Assessment of bioavailability of biochar-sorbed tetracycline to *Escherichia coli* for activation of antibiotic resistance genes. Environmental Science & Technology，2020，54（20）：12920-12928.

[151] Zhang C，Zhou Y，Wang W，et al. Formation of Mo_2C/hollow tubular g-C_3N_4 hybrids with favorable charge transfer channels for excellent visible-light-photocatalytic performance. Applied Surface Science，2020，527：146757.

[152] Yang Y，Li X，Zhou C，et al. Recent advances in application of graphitic carbon nitride-based catalysts for degrading organic contaminants in water through advanced oxidation processes beyond photocatalysis：A critical review. Water Research，2020，184：116200.

[153] Tan H，Li J，He M，et al. Global evolution of research on green energy and environmental technologies：A bibliometric study. Journal of Environmental Management，2021，297：113382.

[154] Zhang C，Qin D，Zhou Y，et al. Dual optimization approach to Mo single atom dispersed g-C_3N_4 photocatalyst：Morphology and defect evolution. Applied Catalysis B：Environmental，2022，303：120904.

[155] Dong H，Lu M，Wang Y，et al. Covalently anchoring covalent organic framework on carbon nanotubes for highly efficient electrocatalytic CO_2 reduction. Applied Catalysis B：Environmental，2022，303：120897.

[156] Zhang Y，Qiu J，Zhu B，et al. ZnO/COF S-scheme heterojunction for improved photocatalytic H_2O_2 production performance. Chemical Engineering Journal，2022，444：136584.

[157] Luo T，Gilmanova L，Kaskel S. Advances of MOFs and COFs for photocatalytic CO_2 reduction，H_2 evolution and organic redox transformations. Coordination Chemistry Reviews，2023，490：215210.

[158] Liu Y，Tan H，Wei Y，et al. Cu_2O/2D COFs core/shell nanocubes with antiphotocorrosion ability for efficient photocatalytic hydrogen evolution. ACS Nano，2023，17（6）：5994-6001.

[159] Xu X，Shao W，Tai G，et al. Single-atomic Co-N site modulated exciton dissociation and charge transfer on covalent organic frameworks for efficient antibiotics degradation via peroxymonosulfate activation. Separation and Purification Technology，2024，333：125890.

[160] Hassani A，Khataee A，Karaca S，et al. Heterogeneous photocatalytic ozonation of ciprofloxacin using synthesized titanium dioxide nanoparticles on a montmorillonite support：Parametric studies，mechanistic analysis and intermediates identification. RSC Advances，2016，6（90）：87569-87583.

[161] de Witte B，Dewulf J，Demeestere K，et al. Ozonation and advanced oxidation by the peroxone process of ciprofloxacin in water. Journal of Hazardous Materials，2009，161（2-3）：701-708.

[162] Golet E. M，Alder A. C，Giger W. Environmental exposure and risk assessment of fluoroquinolone antibacterial agents in wastewater and river water of the glatt valley watershed，switzerland. Environmental Science & Technology，2002，36（17）：3645-3651.

[163] Hartmann A，Golet E. M，Gartiser S，et al. Primary DNA damage but not mutagenicity correlates with ciprofloxacin concentrations in german hospital wastewaters. Archives of Environmental Contamination and Toxicology，1999，36（2）：115-119.

[164] Diao Z H，Xu X R，Jiang D，et al. Enhanced catalytic degradation of ciprofloxacin with FeS_2/SiO_2 microspheres as heterogeneous fenton catalyst：Kinetics，reaction pathways and mechanism. Journal of Hazardous Materials，2017，327：108-115.

[165] Raja A，Rajasekaran P，Selvakumar K，et al. Wool roving textured reduced graphene oxide-$HoVO_4$-ZnO nanocomposite for photocatalytic and supercapacitor performance. Electrochimica Acta，2019，328：135062.

[166] Aristizabal-Ciro C，Botero-Coy A. M，López F. J，et al. Monitoring pharmaceuticals and personal care products in reservoir water used for drinking water supply. Environmental Science and Pollution Research，2017，24（8）：7335-7347.

[167] Białk-Bielińska A，Kumirska J，Borecka M，et al. Selected analytical challenges in the determination of pharmaceuticals in drinking/marine waters and soil/sediment samples. Journal of Pharmaceutical and Biomedical Analysis，2016，121：271-296.

[168] Wang J，He B，Yan D，et al. Implementing ecopharmacovigilance (EPV) from a pharmacy perspective：A focus on non-steroidal anti-inflammatory drugs. Science of The Total Environment，2017，603-604：772-784.

[169] Gu Y，Yperman J，Carleer R，et al. Adsorption and photocatalytic removal of ibuprofen by activated carbon impregnated with TiO_2 by UV-vis monitoring. Chemosphere，2019，217：724-731.

[170] Chen C，Wu Z，Hou S，et al. Transformation of gemfibrozil by the interaction of chloride with sulfate radicals：Radical chemistry，transient intermediates and pathways. Water Research，2022，209：117944.

[171] Xie Z H，He C S，Zhou H Y，et al. Effects of molecular structure on organic contaminants' degradation efficiency and dominant ROS in the advanced oxidation process with multiple ROS. Environmental Science & Technology，2022，56（12）：8784-8795.

[172] Selvakumar K，Wang Y，Lu Y，et al. Single metal atom oxide anchored Fe_3O_4-ED-rGO for highly efficient photodecomposition of antibiotic residues under visible light illumination. Applied Catalysis B：Environmental，2022，300：120740.

[173] Zhang Y，Wang D，Liu W，et al. Create a strong internal electric-field on PDI photocatalysts for boosting phenols degradation via preferentially exposing π-conjugated planes up to 100%. Applied Catalysis B：Environmental，2022，300：120762.

[174] Li Q，Zhao J，Shang H，et al. Singlet oxygen and mobile hydroxyl radicals Co-operating on gas-solid catalytic reaction interfaces for deeply oxidizing NO_x. Environmental Science & Technology，2022，56（9）：5830-5839.

[175] Chen S Y，Song Y H，Jiao S，et al. Carbonyl functionalized polyethylene materials via Ni-and Pd-diphosphazane monoxide catalyzed nonalternating copolymerization. Journal of Catalysis，2023，417：334-340.

[176] Zhang Z，Li Z，Wang P，et al. New polymerized small molecular acceptors with non-aromatic π-conjugated linkers for efficient all-polymer solar cells. Advanced Functional Materials，2023，33（22）：2214248.

[177] Chen C，Wu Z，Zheng S，et al. Comparative study for interactions of sulfate radical and hydroxyl radical with

phenol in the presence of nitrite. Environmental Science & Technology，2020，54（13）：8455-8463.

[178] Chang J，Li Q，Shi J，et al. Oxidation-reduction molecular junction covalent organic frameworks for full reaction photosynthesis of H_2O_2. Angewandte Chemie International Edition，2023，62（9）：e202218868.

[179] Feng S，Li X，Kong P，et al. Regulation of the tertiary N site by edge activation with an optimized evolution path of the hydroxyl radical for photocatalytic oxidation. ACS Catalysis，2023，13（13）：8708-8719.

[180] Choi Y，Yoon H I，Lee C，et al. Activation of periodate by freezing for the degradation of aqueous organic pollutants. Environmental Science & Technology，2018，52（9）：5378-5385.

[181] Karthik V，Senthil Kumar P，Vo D V N et al. Enzyme-loaded nanoparticles for the degradation of wastewater contaminants：A review. Environmental Chemistry Letters，2021，19（3）：2331-2350.

[182] Ranjan B，Pillai S，Permaul K，et al. Simultaneous removal of heavy metals and cyanate in a wastewater sample using immobilized cyanate hydratase on magnetic-multiwall carbon nanotubes. Journal of Hazardous Materials，2019，363：73-80.

[183] Zhu B，Chen Y，Wei N. Engineering biocatalytic and biosorptive materials for environmental applications. Trends in Biotechnology，2019，37（6）：661-676.

[184] Li Z，Li S，Tang Y，et al. Highly efficient degradation of perfluorooctanoic acid：An integrated photo-electrocatalytic ozonation and mechanism study. Chemical Engineering Journal，2020，391：123533.

[185] Wu H，Hu Z，Liang R，et al. Novel $Bi_2Sn_2O_7$ quantum dots/TiO_2 nanotube arrays S-scheme heterojunction for enhanced photoelectrocatalytic degradation of sulfamethazine. Applied Catalysis B：Environmental，2023，321：122053.

[186] Goyal N，Gao P，Wang Z，et al. Nanostructured chitosan/molecular sieve-4 A an emergent material for the synergistic adsorption of radioactive major pollutants cesium and strontium. Journal of Hazardous Materials，2020，392：122494.

[187] Dai Y，Yin L，Wang S，et al. Shape-selective adsorption mechanism of CS-Z1 microporous molecular sieve for organic pollutants. Journal of Hazardous Materials，2020，392：122314.

[188] Zhang Y，Huo J，Zheng X. Wastewater：China's next water source. Science，2021，374（6573）：1332-1332.

[189] Mekonnen M M，Hoekstra A Y. Four billion people facing severe water scarcity. Science Advances，2016，2（2）：e1500323.

[190] Yang L，Chen Z，Cao Q，et al. Structural regulation of photocatalyst to optimize hydroxyl radical production pathways for highly efficient photocatalytic oxidation. Advanced Material，2024，36：2306758.

第8章

单原子催化材料在储能领域的应用

能源和环境问题是21世纪面临的两大挑战。随着科技进步和工业化生产的迅猛发展，能源消耗日益加剧，全球能源需求持续攀升。目前，全球85%的能源供应依赖于煤炭、石油和天然气等不可再生化石燃料。这些传统能源的燃烧不仅产生大量的二氧化碳等温室气体，引发全球气候变化，还造成严重的环境污染[1-4]。更重要的是，这些不可再生资源的大量消耗导致资源逐渐枯竭，资源短缺问题日益严重。因此，迫切需要开发和利用绿色环保的可再生能源及储能设备，以实现真正的可持续发展[5-9]。新型能源如太阳能、风能、潮汐能等正处于快速发展阶段，而二次可充电电池，作为一种高能量密度的储能设备，可以高效地实现能量的存储和转换，在便携式电子设备、电动车、国家电网储能等领域具有广泛的应用前景。作为一种简单、便携且可靠的绿色环保能源系统，二次可充电电池能够满足移动电源的需求[10, 11]。其发展经历了从铅酸电池、镍镉电池、镍氢电池到锂离子电池等阶段。与其他电池相比，锂离子电池具有工艺简单、价格低廉、环境友好、工作电压高、能量密度高、能量转化效率高、循环寿命长、自放电低和无记忆效应等优点[1, 12-16]。尽管锂离子电池的理论能量密度高达400 $W\cdot h\cdot kg^{-1}$，实际能量密度仅为160 $W\cdot h\cdot kg^{-1}$，远不能满足大型储电设备和新能源汽车的高能量需求，也限制了其在国家电网储能和电动汽车应用领域的广泛应用[17-23]。因此，开发更高能量密度的新型电池体系迫在眉睫。

目前，科研人员广泛关注的新型二次可充电电池主要包括锂-空气电池、锂金属电池、锂硫电池、钠离子电池、钠硫电池和锌-空气电池等[24-36]。引入如贵金属和金属氧化物等高效电催化材料，可降低反应能垒并加速反应动力学过程，从而促进电池的放电和充电过程，显著提升电池性能。因此，深入理解电池的结构、工作原理和电极反应机制，发现新型电池开发中的关键问题，寻找提高电池充放电动力学过程的高效催化剂，以及开展相关理论计算工作，都具有重要的学术价值和实际应用前景。

近年来，SAC作为一种全新的多相催化剂，以其100%的原子利用率和卓越的催化性能，在众多储能体系中显示出了非凡的活性，引发了广泛关注[37-46]。SAC

由单个金属原子分散或固定在适当的载体材料上，展现出了与传统催化剂不同的化学反应活性和转化效率。SAC 的独特之处在于其原子级的分散性，提供了高度均匀的活性位点，从而显著提高了电化学能量存储和转换性能[47-50]。这种性能的提升主要归因于几个关键因素：首先，SAC 的低配位数和不饱和活性位点由于其高表面能，能有效降低反应的能量势垒；其次，SAC 通过与载体材料之间的强键合作用促进了电荷的迅速转移；最后，其强极性有助于固定可溶性中间体，加速了电化学反应的动力学过程[51-57]。因此，利用 SAC 优化电极材料，不仅能够促进电化学反应的速率，还能显著提升电池的能量密度和倍率性能，为高效、稳定的电池技术开发提供了一条有前途的道路。

这一章节将详细探讨单原子催化材料在不同新型二次可充电电池体系中的研究进展，并着重介绍其在储能应用中的潜力与挑战，同时展望未来单原子材料在储能技术中的应用前景。

8.1　锂-空气电池

锂-空气电池的内部结构基本相同，主要由以下几个关键部件组成：金属锂单质作为负极；多孔炭材料作为正极，与空气中的活性物质如 O_2、CO_2 等接触；电池还包括隔膜以及含锂盐的有机电解液。这些组件协同工作，确保电池能高效地进行能量转换和存储[58]。在众多创新的能量储存与转化技术中，锂-空气电池（尤其是锂-氧气电池）展现出高达 3500 $W \cdot h \cdot kg^{-1}$ 的理论能量密度，是锂离子电池的数倍，其能量密度几乎与传统的汽油相当[59, 60]。与此同时，锂-二氧化碳电池的理论能量密度虽略低于锂-氧气电池，但仍高达 1876 $W \cdot h \cdot kg^{-1}$。锂-空气电池包括锂-氧气电池和锂-二氧化碳电池，因其超高的理论能量密度和较高的输出电压而受到广泛关注，并被视为下一代能量储存和转化系统的主要候选技术[61]。得益于其独特的优势，锂-氧气电池被认为是长途电动汽车的理想动力系统，而锂-二氧化碳电池则在高二氧化碳浓度的特定环境中（如火星探测和水下作业）显示出广泛的应用潜力。然而，这些系统面临着一些共同的且难以解决的挑战，其中最为棘手的是反应动力学过程的缓慢和滞后性[62]。具体来说，放电过程中的 ORR 和 CO_2RR 会导致固态的放电产物占据正极催化剂上的大量孔道空间和活性位点，造成放电容量低和活性位点被覆盖的问题。在充电过程的 OER 和二氧化碳析出反应（CO_2 evolution reaction，CO_2ER）中，不溶且禁带宽的放电产物往往难以被完全催化分解，逐渐在正极表面积累，从而导致电池超电势升高，严重影响电池的往返效率和循环稳定性[63, 64]。当前，具有高催化活性和适宜孔道结构的正极催化剂被认为是解决这些问题的最佳选择。本小节将专注于单原子催化剂在锂-空气电池中的应用。这些催化剂不仅具备卓越的催化活性和超高的活性位点利用率，还在金属用量上显得较为经济，为成本效益提供了可观的空间。本节将详细总结一系列针对锂-氧气电池和锂-二氧化碳电池的单原子催化剂，并系统地介绍这些催化剂在电池中的作用机制，包括它们如何通过精确的电子结构调控和原子级的活性位点设计优化电化学反应过程。这一综合性的分析旨在为读者提供全面的理解，并指导未来的研究方向和技术开发。

8.1.1 锂-氧气电池

锂-氧气电池由于具有超高理论能量密度（约 3505 $W \cdot h \cdot kg^{-1}$）、稳定的放电电压、成本低廉及环保等优势，已成为极具应用潜力的高能量密度储能体系之一。这些独特优势使锂-氧气电池有望成为推动电化学储能技术进步和更新的关键因素。锂-氧气电池不仅有可能在电动汽车、便携式电子设备和大规模储能领域发挥重要作用，而且还能促进能源向低碳和可再生能源转型，提供更加持久和高效的能源解决方案[65]。锂-氧气电池放电过程中锂离子与氧气反应（工作原理如图 8.1 所示）[66]，在正极材料上形成 Li_2O 或 Li_2O_2，而这些反应产物的绝缘性和不溶性导致了低库仑效率和循环寿命的限制（如图 8.2 所示）[67, 68]。引入高效电催化材料，如贵金属、金属氧化物等，可以通过降低反应能垒和加速反应动力学过程的方式，促进放电和充电过程，提高电池性能。高活性单原子催化剂的研发已经成为提升先进电池系统性能的关键驱动力，在锂-氧气电池中，SAC 促进了 ORR 和 OER，加速了充放电过程的反应动力学过程，进一步提升了电池性能。这展示了 SAC 作为催化剂在先进电池技术中的巨大潜力与实用价值，预示着电池技术未来的发展方向[69-71]。

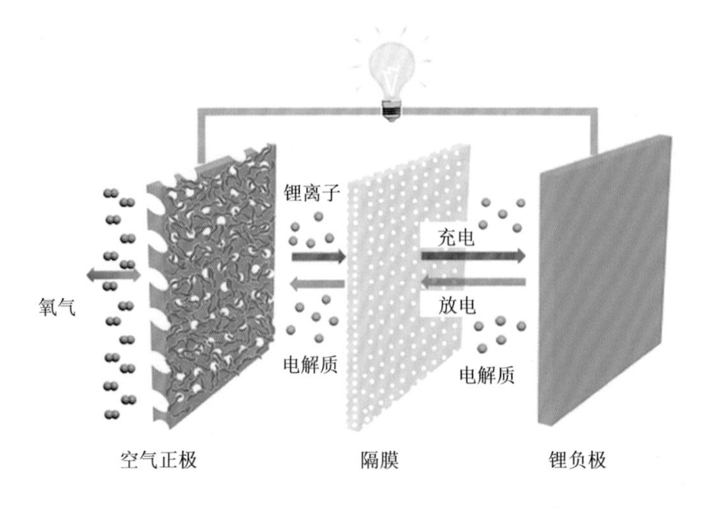

图 8.1 锂-氧气电池的工作原理示意图[66]

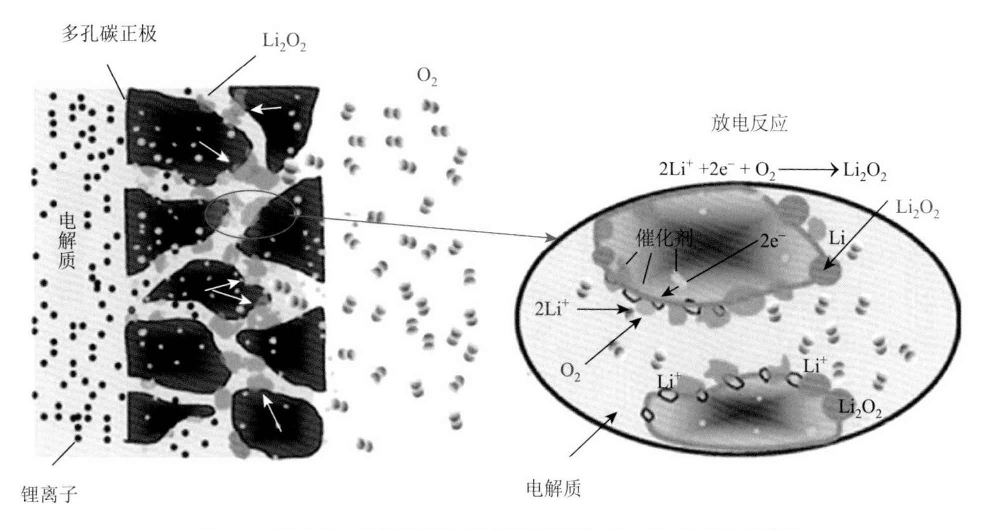

图 8.2　锂-氧气电池中不溶性氧化物颗粒在正极上的沉积[68]

1. 贵金属单原子催化剂

贵金属单原子催化剂是被报道最多的单原子催化剂，因其高效的催化活性、良好的选择性以及出色的稳定性，受到研究者的青睐[72]。目前，报道的贵金属单原子催化剂主要包括基于铂（Pt）、铱（Ir）、钌（Ru）、铑（Rh）、金（Au）、钯（Pd）和银（Ag）的催化剂，这些催化剂已被广泛应用于 ORR、OER、CO_2RR 以及其他催化领域。

铂作为一种贵金属元素，是一种常用的催化材料，具有良好的导电性、导热性和极其稳定的化学性质。迄今为止，人们对此已有很多研究。在锂-氧气电池中，Zhao 等[73]通过简单的液相反应合成了负载在多孔超薄 g-C_3N_4 纳米片（CNHS）上的 Pt 单原子催化剂（Pt-CNHS）。利用 HAADF-STEM 技术的精细表征，研究团队准确识别出 Pt 在 CNHS 表面上的分布与构型，其中均匀分散的亮点标志着孤立的 Pt 单原子的存在。这些孤立的铂单原子因其高度的分散性和稳定性，极大地提高了其作为电催化剂的利用率和电化学活性。在作为锂-氧气电池正极材料时，Pt-CNHS 表现出卓越的电催化活性，其初始放电比容量高达 17059.5 $mA \cdot h \cdot g^{-1}$。为深入理解此类优异性能的内在机制，研究团队还开展了理论模拟研究。通过对 Pt-CNHS 及其对照样品 CNHS 的 DOS 进行计算，发现在 Pt-CNHS 中，Pt 原子与 CNHS 之间的相互作用引起了电子的离域化和不对称的电荷分布。这一特殊的电荷分布状态为电极内部的电子与离子传输创造了有利条件，从而有效提升了 Pt-CNHS 的比容量和电池循环稳定性。

铱基材料是高效的 OER 催化剂，在锂-氧气电池系统中得到了广泛的关注。Zhao 等[74]提出了一种创新的无黏结剂催化阴极的设计方案，该阴极主要以二维层

状 δ-MnO_2（厚度为 5～10 nm）作为主体结构，并巧妙地点缀尺寸约为 5 nm 的 IrO_2 纳米粒子。这种独特的 IrO_2/MnO_2 纳米结构显示出卓越的催化活性，能够在较高的电流密度条件下促进无定形 Li_2O_2 在二维 IrO_2/MnO_2 纳米片上的生长，从而显著优化了 Li_2O_2 的形成与分解动力学过程。得益于这种高效的催化效果，配备 IrO_2/MnO_2 催化剂的锂-氧气电池不仅展示出了高达 16370 $mA \cdot h \cdot g^{-1}$ 的高比容量（在 200 $mA \cdot g^{-1}$ 的电流密度下测试），而且在 1600 $mA \cdot g^{-1}$ 的高倍率条件下，电池也能达到 2315 $mA \cdot h \cdot g^{-1}$ 的比容量。此外，这种电池在 2.2～4.3 V 时，展现出了优异的循环稳定性，即在 1600 $mA \cdot g^{-1}$ 的高电流密度下能够进行高达 312 次的充放电循环，显示了其在实际应用中的潜在优势和可靠性。这些研究成果不仅拓展了对铱基催化材料在能源存储领域中的应用理解，也为未来锂-氧气电池的设计与优化提供了宝贵的科学依据。

锂-氧气电池在其发展过程中面临的主要挑战是较大的充电超电势，这一问题常引发一系列不期望的副反应，且严重影响电池的循环稳定性[75-78]。为了解决这一关键问题，Liu 等[79]采用了一种模板辅助策略，成功合成了原子级分散的钯锚定在多孔氮掺杂碳球上的催化剂（Pd SAs/NC），用作锂-氧气电池的高效阴极催化剂。研究团队选用了二氧化硅球和 1, 10-菲罗啉作为合成原料，然后经过混合、溶解及热解等步骤，最终制备出了 Pd-SACs。在热解阶段，金属前驱体首先通过分解残留物初步固定金属原子，随后，在更高温度下，由 1, 10-菲罗啉分解而来的氮掺杂多孔碳物质进一步锚定这些金属原子，形成稳定的金属-N_x 基团，有效防止了金属原子的聚集现象。在锂-氧气电池的应用中，采用 Pd SAs/NC 作为阴极材料，该电池实现了 0.24 V 的低充电超电势，并在 500 $mA \cdot g^{-1}$ 的电流密度下展示了持久的循环稳定性。在极高的比容量 10000 $mA \cdot h \cdot g^{-1}$ 条件下，电池依然能够保持较低的充电电压。这一研究成果为设计和优化高效的单原子催化剂，以实现锂-氧气电池中稳定的低超电势性能，提供了重要的材料基础。

Lu 等[80]对金和铂纳米颗粒在锂-氧气电池中的催化作用进行了深入研究。研究结果显示金纳米颗粒在电池的 ORR 中显示出显著的催化活性，而铂纳米颗粒则在 OER 中表现突出。与传统的碳基正极相比，引入铂和金纳米颗粒的正极能够显著降低电池的超电势。此外，Wang 等[81]创新设计了一种三明治结构的催化正极，采用石墨烯/金纳米颗粒/金纳米片的复合结构，实现了 Li_2O_2 的空间和结构上的可控生长。实验结果表明，厚度小于 10 nm 的 Li_2O_2 在石墨烯和金纳米片夹层中的金纳米颗粒表面上生长。这种独特的结晶行为有效地缓解了由 Li_2O_2 积累引起的正极失活问题，并显著减少了 Li_2O_2 与石墨烯及电解质之间的接触，从而减少了不必要的副反应。因此，基于这种结构的锂-氧气电池展现了优异的循环稳定性。在将比容量限制在 500 $mA \cdot h \cdot g^{-1}$ 的条件下，电池在 400 $mA \cdot g^{-1}$ 的电流密度下能够稳定循环达到 300 次。这些发现不仅推动了单原子催化材料在高效能源转换技术中的应用，也为未来的能源存储技术提供了新的设计方向。

综上所述，贵金属基催化剂在锂-氧气电池领域中展现出卓越的催化活性与持久的耐久性，显著提升了电池的电化学性能。这些催化剂不仅能大幅增强电池性能，还能调控放电产物的形态和分布，同时促进放电产物的可逆形成和分解，为电池赋予独特功能。然而，由于贵金属资源稀缺且价格高昂，限制了其在锂-氧气电池领域的广泛应用。

2. 非贵金属单原子催化剂

当贵金属单原子催化剂被用作锂-氧气电池的催化阴极时，可以观察到电池性能的显著提升，特别是在超电势和循环寿命等关键性能指标上。然而，这些催化剂的高成本及其在大规模应用上的局限性，制约了其广泛推广。鉴于此，非贵金属单原子催化剂因其在催化活性和经济成本之间实现了较好的平衡，而日益受到研究者的关注。这些非贵金属单原子催化剂涵盖了一个庞大的元素族，包括铁（Fe）、钴（Co）、镍（Ni）、锰（Mn）、铜（Cu）、锌（Zn）、铬（Cr）、钪（Sc）、钨（W）、铋（Bi）、锡（Sn）以及钼（Mo）等。在锂-氧气电池领域，基于铁、铜和钴的单原子催化剂已经被广泛且系统地研究。

铁是地壳中含量第二丰富的金属元素，具有良好的延展性、导电性和导热性，以及较高的化学活性。此外，由于具有不饱和的 3d 轨道，其在作为催化剂时，能够提供更多的活性位点，从而有效地促进化学反应的进行[82]。基于这些优异的属性，铁基单原子催化剂在提升锂-氧气电池性能方面展现了巨大的潜力，其经济效益高及环境友好的特点也使它在未来能源存储技术中的应用前景广阔[83]。2012 年，Liu 等首次提出 Fe-N-C SAC 作为锂-氧气电池的阴极催化材料[84]，其表现出比传统的 α-MnO_2/C 催化剂更好的电化学性能。这种催化剂的制备过程涵盖了三个步骤，首先使用球磨法制备 Fe/N/C-AP（催化剂前驱体），随后进行热处理得到 Fe/N/C-HT（热处理后的样品），最终生成 Fe/N/C-AT（最终催化剂，含铁量为 0.39 wt%）。在放电过程中，装载有 Fe/N/C 催化剂的电池显示出相较于装载 α-MnO_2 电池更低的超电势，显著促进了 Li_2O_2 的形成。在随后的充电步骤中，这种优势更为明显，整个充电过程中的超电势显著降低了 0.6 V。尽管需要对催化剂的装载率、基质与性能之间的具体关系进行更深入的研究和探讨，但这项工作无疑标志着在锂-氧气电池领域应用单原子催化剂的重要起点，其重要性不容忽视。这一创新性研究不仅为未来的能源技术开发提供了新的视角，也为环境保护和资源节约贡献了力量。

此外，钴单原子催化剂由于其独特的催化效果，已成为锂-氧气电池领域中应用最为广泛的非贵金属单原子催化剂之一。Wang 等[85]通过对锌六胺沉淀物进行热解，成功制备了超薄氮掺杂碳纳米片，然后采用气体迁移捕获策略，借助钴原子之间的强相互作用，有效捕获 Co 单原子，将其还原并稳定于富氮纳米片载体上，最终得到的 Co-SAs/N-C 催化剂中单钴位点的含量高达 2.01 wt%。进一步的 DFT 计算结果表明，作为催化中心的 Co-N_4 构型在降低 Li_2O_2 的生成和氧化超电势方面扮演着关键角色。在锂氧电池的测试中，Co-SAs/N-C 电极能够显著降低充放电极化（0.40 V *vs.* Li/Li^+），展现了优异的放电比容量（在 1 $A\cdot g^{-1}$ 的电流密度下为 11098 $mA\cdot h\cdot g^{-1}$），以及良好的循环性能（在 400 $mA\cdot g^{-1}$ 的电流密度下能够进行 260 次循环）。此外，Xu 等通过聚合物封装策略与 SiO_2 模板的辅助，合成了含有单钴位点的中空氮掺杂多孔碳球（N-HP-Co SAC）[86]。在 Li-O_2 电池的放电过程中，N-HP-Co 催化剂中均匀分散的 Co 原子位点是 Li_2O_2 生长的成核位点。在充电过程中，Li_2O_2 的初始脱锂反应通过单电子过程进行，而非传统的双电子机制，这得益于锂-氧气电池中分散的单 Co 原子催化剂，使 Li_2O_2 分解在动力学上更为有利且高度可逆。N-HP-Co 电极表现出优异的循环能力，在 100 $mA\cdot g^{-1}$ 的电流密度下，截止比容量为 1000 $mA\cdot h\cdot g^{-1}$，能够进行 261 次循环，同时在相同条件下放电比容量高达 14777 $mA\cdot h\cdot g^{-1}$。

2022 年，Liu 等合成了一系列在碳布上生长并以 Co_3O_4 纳米片阵列为支撑的非贵金属单原子催化剂[87]，并将它们用作锂-氧气电池的正极催化剂。在相同的实验条件下，镍单原子催化剂表现出最佳的催化效果和最高的催化活性。通过将实验结果和 DFT 结合，Liu 等确认了活性位点上的反应能垒，以及掺杂的金属原子与关键反应物（即 LiO_2 和 Li_2O_2）之间的相互作用，是决定不同金属单原子催化剂催化活性的关键因素。这一发现不仅为理解单原子催化剂在能源转换过程中的作用机制提供了重要的视角，也为未来设计和开发高效的催化剂提供了有价值的参考。

锌单原子的引入能够有效诱导局部电场的形成，这一特性使其成为锂沉积过程中的理想成核点。研究发现，与碳基材料的结合不仅进一步增强了这一效应，还为调控锂的沉积与剥离行为提供了新的途径。这种微妙的相互作用促进了锂离子在电极表面的均匀分布，从而显著改善了电池的充放电性能，尤其是在长期循环过程中的稳定性。通过精确控制锌单原子的分布和与碳基材料的复合，现已能够实现对锂金属电池性能的优化，为高效能源存储解决方案的开发提供了重要的实验依据和理论指导[88]。Huang 等采用原位诱导离子配位化学策略，成功将无定形碳介质中原子级分散的 Zn-(C/N/O)亲锂位点引入 Cu 衬底上，得到改性的 Zn@NC@RGO@Cu 集流体。通过 XAS 与 HAADF-STEM 的分析，证实了这些锌位点以单原子状态存在，并且被碳、氮和氧原子包围。电化学测试与 DFT 计算的结果表明，这些原子级超均匀分散的 Zn-(C/N/O)位点增强了锂的亲和力，有效降低了锂成核能垒，使锂成核均匀化，并增强富含无机锂化合物的固体电解质界面层的性能。这些改性使性能显著提升，锂在改性集流体上的成核超电势降低至

7.7 mV，仅为裸铜上的六分之一。均匀的锂成核与沉积行为极大地稳定了锂的沉积/剥离过程，在超过 850 次循环后，Li||Cu 电池的库仑效率可达到 98.95%。此外，无阳极锂金属电池在经过 100 次循环后，成功实现了 89.7%的容量保持率，展现出优异的循环稳定性[89]。

Li 等[90]巧妙地将碳纳米管和铜单原子结合起来，以此为锂-氧气电池体系带来创新。在 CuN_2C_2 单原子催化剂的作用下，尤其是在锂-氧气电池初始充电阶段，Li 等观察到超电势得到了显著改善，这表明 Li_2O_2 有力地转化为中间体 LiO_2。如图 8.3（a）所示，与 CNT 和 NCNT 催化剂相比，Cu-NCNT 在完全放电后展现出更低的电荷转移电阻（charge transfer resistance，R_{ct}）。这一差异可以归因于不溶性/绝缘性 Li_2O_2 产物的钝化作用，该钝化作用源于催化剂有限的催化活性。值得注意的是，Cu-NCNT 的阻抗在充电后几乎恢复到初始状态，与其他催化剂形成鲜明对比，进一步凸显了其优越的可逆性。因此，基于 Cu-NCNT 的锂-氧气电池在 104 次循环中表现出更高的稳定性，其寿命是其他催化剂的 3.6～4.5 倍［图 8.3（b）］。为了深入探索这些优异性能背后的内在机制，还进行了 DFT 模拟。Cu-NCNT 的差分电荷密度图表明在引入铜至缺陷位点后，电子在碳骨架上重新分布，赋予了含碳材料优越的 ORR/OER 催化性能。与 NCNT 相比，Cu-NCNT 上的电子转移更为丰富，这表明了 Cu-N_2C_2 构型是 ORR 过程中的主要活性位点［图 8.3（c）和（d）］。通过对不同超电势下形成$(Li_2O_2)_2$团簇的自由能计算路径分析［图 8.3（e）和（f）］，Cu-NCNT 的 ORR/OER 超电势值（–1.7/1.62 V）显著低于 NCNT（–2.35/4.63 V），揭示了 CuN_2C_2 活性位点对增强 ORR/OER 动力学的调控作用，并有力地证实了实验观察结果。

这些研究发现为开发具有高活性和优异选择性的电催化剂提供了指导。单原子催化剂与那些表面特性复杂、活性位点不明确的传统纳米颗粒催化剂形成了鲜明的对比。在单原子催化剂中，明确的活性中心极大地简化了潜在反应机制的识别过程，使其成为研究结构与功能关系的理想模型。这一特性不仅帮助研究人员更准确地解析催化过程，还促进了高效催化剂设计的理论基础的发展。通过精确控制原子级催化活性中心的环境，研究者能够推动电催化向具备更高的效率和选择性迈进，这对于能源转换与存储技术的创新发展具有重要意义[91]。

8.1.2　锂-二氧化碳电池

锂-二氧化碳电池与锂-氧气电池在工作原理上相似（图 8.4），主要的区别在于工作气体是 CO_2。在全球环境日益恶化的背景下，化石燃料的过度消耗与二氧化碳排放的迅猛增长紧密关联，这促使了全球变暖和冰川融化等一系列严重的环境问题。为了应对这些挑战，众多技术相继被开发和应用，包括电化学还原、光电化学还原、催化加氢、催化重整以及金属-二氧化碳电池，旨在解决或缓解这些环境

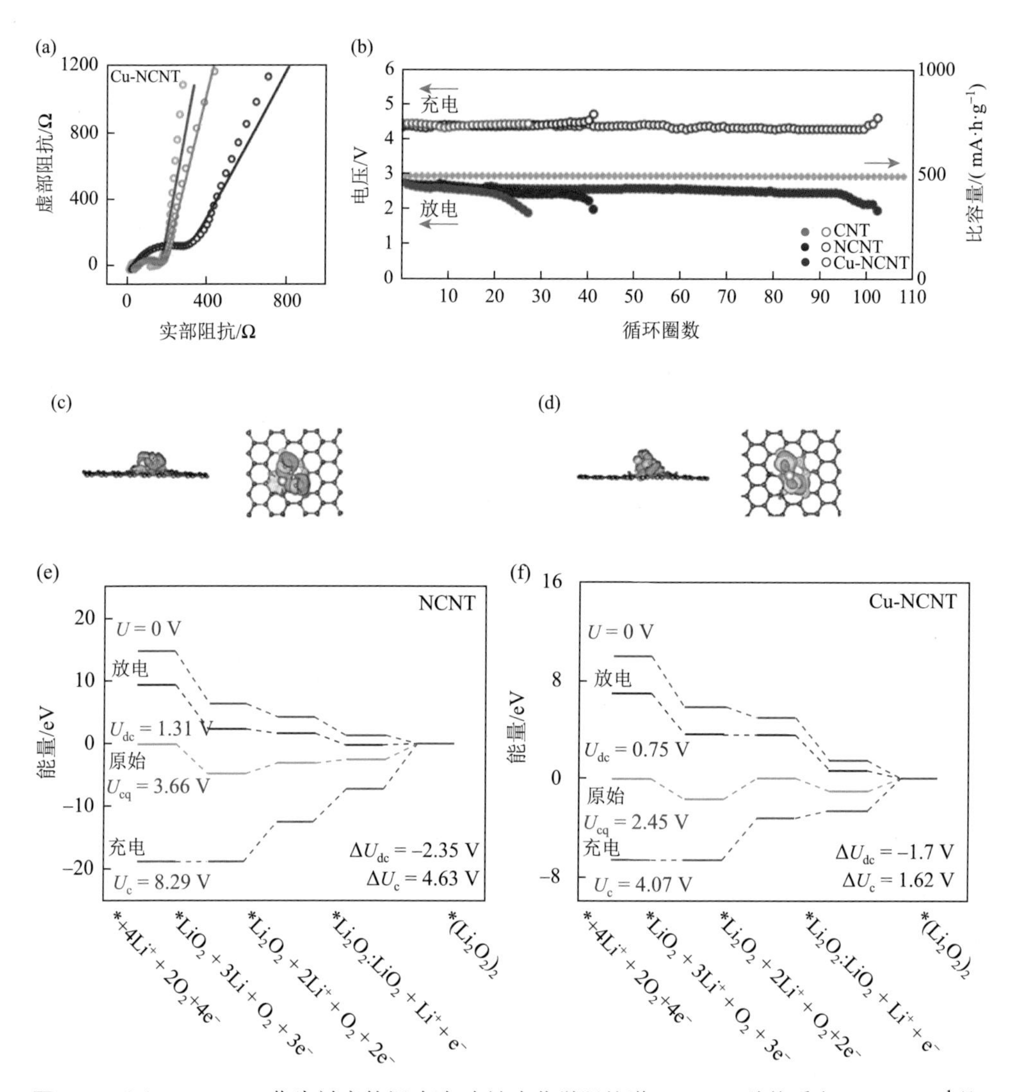

图 8.3 (a) Cu-NCNT 作为衬底的锂-氧气电池电化学阻抗谱；(b) 三种体系在 200 mA·g^{-1} 的电流密度下的循环性能；(c) LiO_2 在 NCNT 上的差分电荷；(d) LiO_2 在 Cu-NCNT 上的差分电荷；(e) NCNT 和 (f) Cu-NCNT 两个表面上的自由能反应路径[90]

问题。特别是锂-二氧化碳电池，由于其高理论能量密度以及固定二氧化碳的潜力，被视为新一代能源存储系统中的有力竞争者[92-100]。在本小节中，将总结和分析锂-二氧化碳电池中单原子催化剂的研究进展，涵盖贵金属单原子催化剂和非贵金属单原子催化剂两大类。通过深入探讨，希望为读者提供关于这一前沿技术的深刻见解和启发。

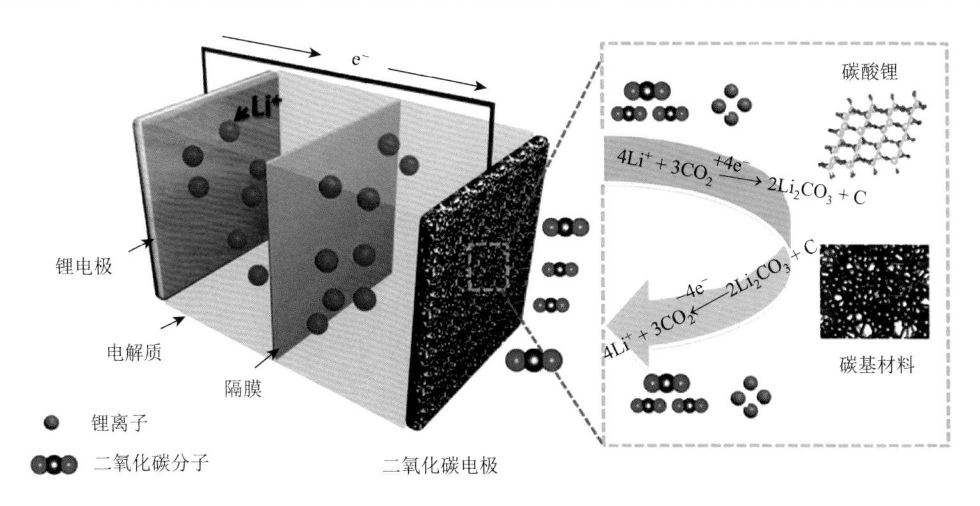

图 8.4　锂-二氧化碳电池的工作原理示意图[99]

1. 贵金属单原子催化剂

贵金属基催化剂因其卓越的催化活性、选择性以及良好的稳定性，长期以来一直是研究和应用的热点。这类催化剂在催化和储能领域中的广泛应用，展示了其在提高反应效率和优化能源转换过程中的关键作用。因此，深入研究贵金属基催化剂的性能及其应用机制，对于推动储能技术的发展具有重要意义。

Hu 等开发了一种新型催化剂，该团队基于 MOF 在碳布衬底上装饰 Co_3O_4 纳米片[101]，随后通过离子交换和退火处理引入 Ru SAC。合成过程简单高效，仅使用去离子水作为溶剂，展示了其大规模应用的潜力。这种催化剂的制备策略利用了 Ru 阳离子与碳量子点上的氨基（$—NH_2$）或氮掺杂碳纳米盒上氮官能团之间的不同络合作用。SA Ru-Co_3O_4 纳米片中 Ru 元素的质量百分比高达 3.05 wt%，明显高于在锂-氧气电池中报道的 2.48 wt%和 2.42 wt%。通过实验和理论研究，Hu 等揭示了 Ru 原子团簇与 Ru-N_4 之间的电子协同作用在提升 CER 和 CRR 的电催化活性中扮演的关键角色。Ru-N_4 位点的电子特性受到邻近 Ru 原子团簇的调控，这一调控有效地优化了其与关键反应中间体的相互作用，从而降低了 CER 和 CRR 中绝速步骤的能垒。这些技术突破为未来能源存储技术的发展提供了坚实的基础。

Ryu Wonhee 等成功合成了在氮掺杂碳纳米管（NCNT）上原子级分散的 IrO_x/Ir 双相颗粒[102]，它能够显著加速锂-二氧化碳电池电极上绝缘碳酸盐产物的可逆形成和分解过程。为了验证其效果，研究团队精确控制了 Ir 催化剂在 NCNT 上的粒子大小和负载量，分别标记为 s-Ir/NCNT、m-Ir/NCNT 和 l-Ir/NCNT，其平均粒子尺寸分别为 0.42 nm、1.75 nm 和 2.69 nm。研究发现，随着 Ir 粒子尺寸减小，粒子表面的缺陷数量增加，这些缺陷以及 CNT 上的氮基团共同作为人造缺陷，为

IrO_x/Ir SACs 提供了强烈的吸附作用和优先的成核位点，同时通过形成未配对电子增强了电子导电性。此外，从电化学性能角度来看，具有最大 Ir 粒径尺寸的 l-Ir/NCNT 在充放电曲线上显示出比 s-Ir/NCNT 和 m-Ir/NCNT 催化剂更明显的极化现象，并且随着电池循环次数的增加，充放电曲线的超电势逐渐增大。总体来说，与分散在 NCNT 上较大 Ir 粒子尺寸的电池相比，采用负载于 NCNT 的 IrO_x/Ir SACs 的锂-二氧化碳电池，表现出了更佳的电池性能、较弱的极化现象、更低的电荷传递阻抗和更稳定的循环能力。

锂-二氧化碳电池的成本在很大程度上受正极催化剂成本的影响。因此，为了在保证电池性能的同时尽可能降低成本，开发既具有低成本又具有高催化活性的正极催化剂显得至关重要。这种催化剂的开发不仅可以有效降低电池的整体成本，还能提升电池的运行效率和寿命，是当前研究的一个重点方向。

2. 非贵金属单原子催化剂

昂贵的成本和有限的资源始终会阻碍技术的大规模应用。因此，除了前文提到的 Ru 贵金属单原子催化剂外，过渡金属（非贵金属）单原子催化剂也被报道是锂-二氧化碳电池中非常有效的催化剂。

2020 年，一项研究报道了铁单原子催化剂作为锂-二氧化碳电池的催化阴极[103]。在这项研究中，研究者通过两步法将单个铁原子植入由相互连接的氮、硫共掺杂的三维多孔石墨烯结构中。这种催化剂具备独特的结构，拥有广阔的表面积和充足的内部空间，这不仅促进了电子传输和 CO_2/Li^+ 的扩散，还能高效地吸附 Li_2CO_3，从而确保电池的高容量。因此，利用这种新型催化剂的锂-二氧化碳电池在 $100\ mA \cdot g^{-1}$ 的条件下显示出约 1.17 V 的低电势差，并且在 $1\ A \cdot g^{-1}$ 的高电流密度下能够支持超过 200 个充放电循环。

Liu 等[104]对铬（Cr）、锰（Mn）、铁（Fe）、钴（Co）、镍（Ni）和铜（Cu）多种过渡金属单原子催化剂进行了全面的比较分析和深入的理论计算。实验结果与理论计算一致表明铬单原子具有最优的催化性能，其催化活性位点通过 EXAFS 分析被确认为 $Cr\text{-}N_4$。为了进一步验证这一发现，研究者选择多孔碳泡沫作为衬底材料，负载了 7.82 wt%的单原子铬，制得了最终产物 SAMe@NG/PCF。这种材料不仅展示了卓越的倍率性能和循环稳定性，而且在 $100\ mA \cdot cm^{-2}$ 的电流密度下，电压差仅为 1.39 V，且循环寿命超过 350 个周期。这项成果在循环寿命及活性组分加载方面的显著进展，无疑为未来单原子催化材料的研究与应用提供了一种高效实用的策略。

8.2 锂金属电池

锂金属电池是以金属锂作为负极材料的电化学储能体系。因出众的理论比容量（3860 mA·h·g^{-1}）和极低的电化学势（–3.04 V *vs*. SHE），锂金属电池在能源研究领域受到广泛关注[105]。然而，金属锂的高活性会导致锂枝晶的生长和电极体积变化等问题。此外，在放电-充电过程中还会产生不稳定界面，进而影响电池的循环稳定性和安全性[106]。针对这些挑战，研究者探索了多种策略，包括开发新型电解质添加剂、采用固态电解质中间层和电极结构优化等，以提高电池性能和安全性[107]。SAC 的使用能够有效抑制锂金属电池中锂枝晶的形成，增强锂金属与载体基质之间的亲和力，从而显著提高电池的库仑效率和循环寿命。

近期研究表明，向作为锂化电极的碳基材料中引入异质晶种能显著影响锂枝晶的分布和生长，同时降低成核的过电势[108]。其中，构造单原子催化剂成为了抑制锂枝晶生长并增强锂与主体材料之间亲和力的有效策略之一。例如，氮掺杂碳基材料嵌入的单铁原子（Fe_{SA}-N-C）展现了出色的亲锂特性，有效减少了锂的成核，并通过其较低超电势特性促进了锂在电极上的均匀沉积，有效限制了锂枝晶的生长[109]。这种 Fe_{SA}-N-C 催化剂不仅具有与原始碳基材料相比更低的超电势，而且通过理论计算证实了锂离子与 Fe_{SA}-N-C 催化剂在原子水平上的优异亲和力。在实际应用中，Fe_{SA}-N-C@Cu 电极能够在约 200 个循环内保持高达 98.8%的库仑效率，这一成果不仅表明了 Fe_{SA}-N-C 催化剂提高锂金属电池中锂利用率方面的作用，还展示了其在抑制锂枝晶生长中的潜力，为提升锂金属电池的性能和安全性提供了有力的策略。

在锂金属电池的研究领域，除了铁单原子催化剂的应用外，Zhang 等报道了用 0.40 wt%的钴合成原子级分散的钴氮掺杂石墨烯（CoNC），旨在实现无枝晶的锂沉积[110]。通过 HAADF-STEM 的高清图像，可以清晰地看到钴原子在石墨烯基质中的均匀分布情况，其中钴原子的位置以圆圈标出，展示了其优异的分散性[图 8.5（a）]。进一步的图像分析揭示这些钴原子的存在显著促进了锂离子在碳载体上的均匀成核，如图 8.5（b）所示的密集黑点，这些黑点表示均匀分布的锂成核位点。钴原子的引入和氮掺杂不仅优化了石墨烯的局部电子结构，还促进了锂离子的均匀吸附和成核，这对于实现高效且均匀的锂电镀至关重要。此外，这种结构设计在锂电镀/剥离过程中有效地缓解了体积变化，有助于稳定 SEI 的形成，这是锂金属电池长期稳定运行的关键。这些特点使 CoNC 阳极在 8.0 mA·cm^{-2} 和 10.0 mA·cm^{-2} 的电流密度下，即使经过 200 多个循环测试后，仍然保持了高达 98.4%和 98.2%的稳定库仑效率[图 8.5（c）]。这一结果不仅凸显了其优异的电化学稳定性，也反映了 CoNC 催化剂的高亲锂性和在锂金属阳极应用中的高可逆性。相比之下，氮掺杂石墨烯或铜作为电极材料的电化学性能显著逊色，进一步证明了 CoNC 电极在重复电镀/剥离过程中的优越性能，为未来锂金属电池的发展指明了方向。

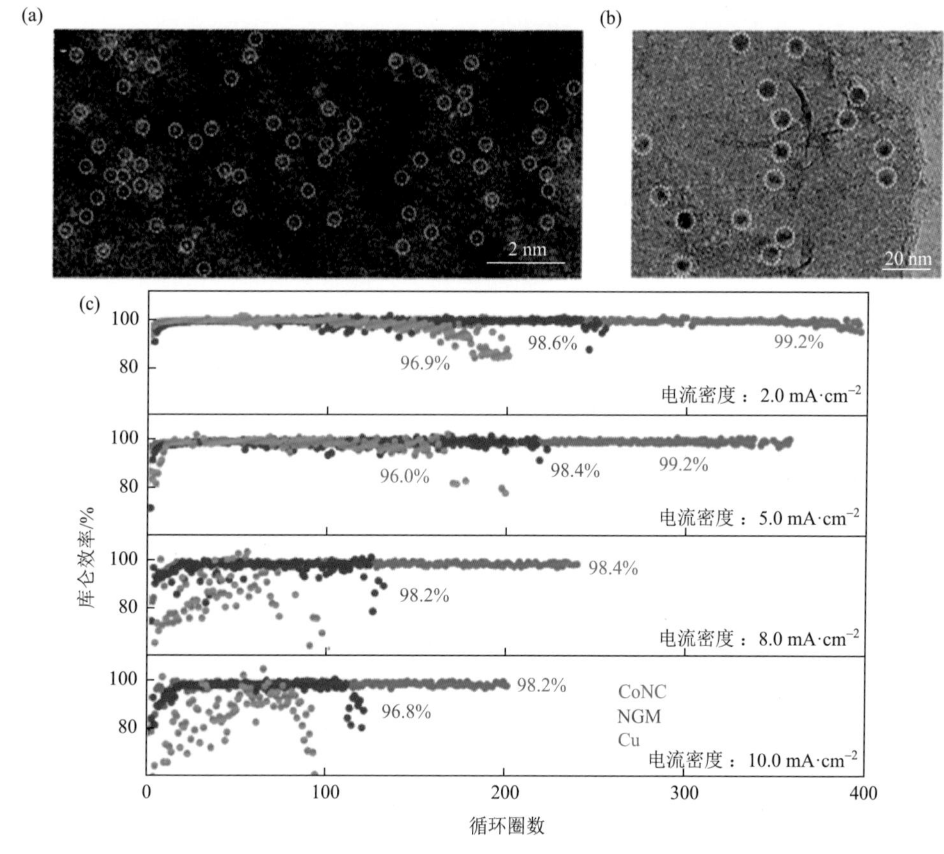

图 8.5 （a）CoNC 材料的 HAADF-STEM 图像；（b）CoNC 上锂成核位点的 TEM 图；（c）在固定比容量为 2.0 mA·h·cm^{-2} 下 CoNC、NGM 和 Cu 作为电极的库仑效率图[110]

8.3 锂硫电池

锂硫电池因其高理论能量密度（2600 W·h·kg^{-1}）和比容量（1675 mA·h·g^{-1}）而被认为是下一代能源存储系统的有力竞争者[111-117]。同时，硫作为一种丰富的资源，不仅成本低廉，更具备环境友好的特性。虽然这些优势明显，但锂硫电池的推广应用仍受到多方面挑战的制约[118-122]。例如，绝缘的硫和锂多硫化物（LiPS，图 8.6）延缓了电化学过程中的电子转移，导致 LiPS 转换迟缓，硫利用率低[123-126]。此外，LiPS 能够溶解于有机电解液中，并在正负极之间迁移，即穿梭效应，这不仅加剧了锂阳极的腐蚀，还引发了容量的不可逆衰减。因此，迫切需要开发一种策略来固定 LiPS 并促进其动力学转换[127-129]。

锂硫电池的原始隔膜仅承担着分隔正负极电子的绝缘作用，并不能有效阻止 LiPS 的扩散。然而，随着活性材料的涂覆，改性后的隔膜不仅能够有效固定 LiPS，

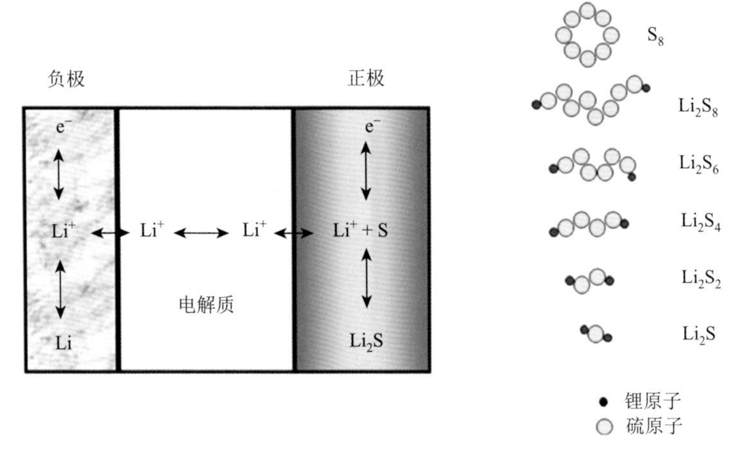

图 8.6　锂硫电池的结构及其充放电过程示意图[123]

防止其溶入电解液，还有助于加速已固定 LiPS 的动力学转化，实现其最大程度的再利用。近期，众多研究致力于开发各式活性材料，用于改善锂硫电池隔膜的性能[130-133]。例如，具有较大表面积及良好导电性的碳材料，可以通过与极性 LiPS 间的物理吸附作用捕获 LiPS。但物理吸附在抑制 LiPS 溶解方面的能力较弱，相比之下，化学相互作用能更有效地锚定极性 LiPS，从而在锂硫电池的电化学反应中抑制其扩散。金属氧化物、氮化物和硫化物等活性材料，能提供化学活性位点以与 LiPS 发生吸附作用。然而，这些材料的导电性较差，活性位点数量有限，可能会对 LiPS 的有效限制产生不利影响[134, 135]。此外，LiPS 在这些活性材料上的氧化还原动力学过程迟缓，进而影响了硫的利用率和锂硫电池的电化学性能[136-138]。因此，亟须进一步开发具备优良导电性和丰富活性位点的材料，以改善电子传输效率并加快 LiPS 在电化学过程中的动力学转换[139-141]。

单原子催化剂因其原子级尺寸和独特的金属中心，展现出极高的原子利用率和独特的电子结构，因而能够有效催化锂硫电池中间体的动力学转换。作为催化活性中心，金属原子与多硫化物（PS）具有强亲和力，能够通过吸附作用有效锚定 PS，并且能够催化促进硫物种之间的氧化还原反应动力学过程。一般情况下，通常采用具有纳米结构和杂原子掺杂的碳基材料作为催化剂载体的材料[142-146]。这些载体的纳米结构设计以及其表面的极性不仅有利于通过吸附和限域效应来抑制 PS 的扩散，还因碳材料固有的优良导电性，使这些材料非常适合在锂硫电池的阴极和隔膜中发挥关键作用[147-151]。

8.3.1　单原子催化材料修饰阴极

为了提升锂硫电池的性能，最常见的策略之一是将活性硫与导电性碳材料进行复合。因此，众多学者尝试引入多种导电材料对硫正极进行改性。这些引入的导电主体材料主要通过物理和化学手段限制，减轻锂多硫化物引起的穿梭效应，从而显著增强锂硫电池的整体性能。2018 年，Yang 等首次研究了单原子催化剂在锂硫电池上的运用，旨在促进硫与锂多硫化物之间的可逆转化[152]。他们成功将铁单原子负载到多孔氮掺杂的碳材料上，制备了 Fe-N-C 单原子催化剂（FeSA），并将其用作正极硫载体。在经过 300 次充放电循环后，以 0.1 C 的较低倍率测试时，FeSA 展示了 427 $mA\cdot h\cdot g^{-1}$ 的放电比容量，并且库仑效率维持在 95.6%以上。当倍率提升至 0.5 C 进行 300 次循环测试时，该催化剂仍能保持稳定的 557.4 $mA\cdot h\cdot g^{-1}$ 的放电比容量，其容量衰减率仅为 0.2%。这一实验研究证明了作为电催化活性物的单原子铁活性位点在增强可溶性多硫化物的氧化还原动力学方面的显著效果。此项研究成功为多硫化物的催化转化开辟了一条全新的途径，为锂硫电池的性能优化提供了重要的科学依据和技术支持。

在 750℃条件下，通过使用氨气和氩气对氧化石墨烯与氯化钴的混合物进行处理，Du 等成功制备出掺杂氮的石墨烯载体上的单钴原子（Co-N/G）[153]。该创新材料随后被用作锂硫电池的正极（S@Co-N/G）。通过 HAADF-STEM 图像确认，钴原子在石墨烯载体上实现了均匀分布。XAS 进一步揭示了 Co-N-C 配位结构的形成。为了深入理解在石墨烯载体中掺杂的 Co-N-C 中心的催化效应，循环伏安曲线[图 8.7（a）]展示了 S@Co-N/G 材料明显的阴极和阳极峰，这表明了其出色的催化性能。放电和充电曲线[图 8.7（b）、（c）]显示，S@Co-N/G 具有最低的超电势，体现了 Co-N/G 材料在促进锂多硫化物转化方面的高效催化能力。进一步的理论计算探讨了放电和充电过程中反应动力学的优化，结果表明 Co-N-C 活性中心促进了放电和充电过程中 Li_2S 的形成和分解。此外，当将其作为锂硫电池的正极材料时，S@Co-N/G 复合材料以 90 wt%的高硫含量保持了 681 $mA\cdot h\cdot g^{-1}$ 的放电比容量，库仑效率高达约 99.6%，且平均容量衰减率仅为每周期 0.053%[图 8.7（d）]，展现了其卓越的电化学性能。

此外，DFT 计算已成为高效、快速寻找最优单原子催化剂的重要工具。Eleftherios I. Andritsos 等[154]通过 DFT 计算，在钴、铁、钒和钨这四种过渡金属中初步筛选

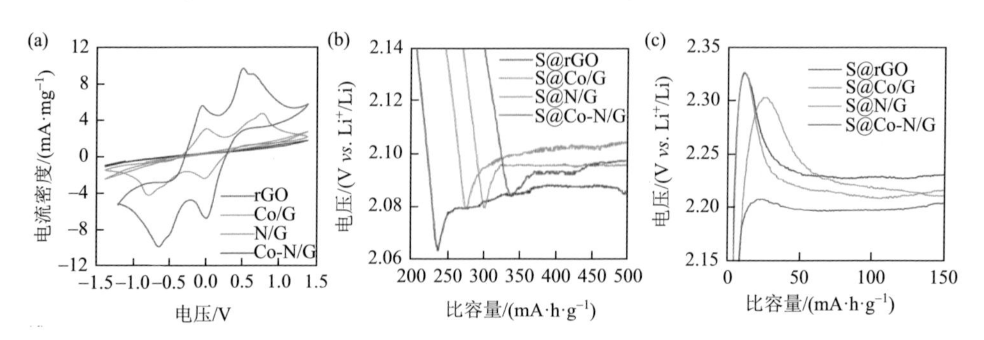

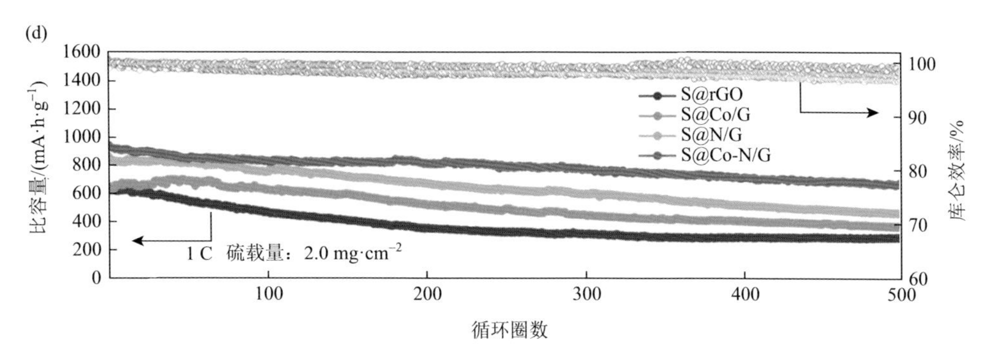

图 8.7　（a）与 Co-N/G、N/G、Co/G 和 rGO 组成对称电极的循环伏安曲线；（b）S@Co-N/G、S@N/G、S@Co/G 和 S@rGO 电极的放电曲线、（c）充电曲线和（d）循环性能[153]

出了理论上性能最优的单原子催化剂。钨单原子催化剂被发现在锂硫电池的阴极材料中展现出极大的潜力，这归因于其对锂多硫化物的吸附能力明显优于其他过渡金属催化剂，并且显示出极高的催化活性。因此，从理论上讲，将钨单原子催化剂与硫结合制备锂硫电池的电极，可以预期该电极将展示出卓越的电化学性能。这主要是因为它在充放电过程中对锂多硫化物的有效吸附，显著限制了硫在电极侧的损失，进而可以大幅度提升电池的整体性能和循环稳定性。

8.3.2　单原子催化材料包覆隔膜

锂硫电池正极的改良策略，被广泛认为是解决电池中穿梭效应的有效方法。然而，此方法通常会因引入各种掺杂材料而降低活性硫的比例，进一步影响锂硫电池的实际能量密度。在追求电池电化学性能提升的过程中，除了开发新型的硫基阴极体系之外，功能隔膜技术的研究同样为锂硫电池性能的优化做出了显著贡献。值得强调的是，隔膜的改良并不直接影响硫的负载量。基于物理吸附、化学吸附及电催化材料三个方面分析，用于隔膜改良的材料与正极改良使用的材料在多个方面存在相似性。物理吸附主要涵盖了各式碳材料，化学吸附则依赖于杂原子掺杂材料和过渡金属化合物，而电催化材料包含了多种金属化合物以及单原子电催化剂。通过在隔膜正极侧引入物理与化学吸附材料，能在隔膜内部有效吸附多硫化物，从而抑制其穿越隔膜产生的穿梭效应。此外，该策略还确保了多硫化物与电催化剂在隔膜正极侧的充分接触，加速催化转化，提高了反应动力学过程。

在锂硫电池系统中，隔膜具有双重关键作用：一是作为高分子聚合物隔膜，它必须具备良好的离子电导率，以保证离子的有效迁移；二是有效隔离正负极，防止电池短路。深入理解并克服常规隔膜存在的问题，是优化隔膜改良工作的关键。常规隔膜面临的主要挑战包括：在高温或高压环境下锂硫电池充放电性能急剧下降，增加了短路和安全风险；无法有效捕捉和锚定电解液中已溶解的多硫化物。因此，专为锂硫电池设计的隔膜，既要防止内部短路，也要为锂离子提供快速传输通道，并阻挡多硫化物的穿梭。利用单原子催化材料改良隔膜的方法，依托于这些催化剂的高比表面积和卓越的催化性能，能够有效提升锂硫电池的整体性能。

Chen 等通过将双氰胺、石墨烯以及铁盐混合并采用高温热解法，成功制备了镍单原子负载的氮掺杂石墨烯（Ni@NG）[147]，并将其应用于锂硫电池隔膜的修饰，以提升电池的电化学性能。Ni-N_4 结构中的 Ni 位点充当多硫化物的陷阱，能够有效容纳多硫化物离子，和多硫化物中的 S^{2-}形成强的S_x^{2-} ···Ni—N 键。此外，多硫化物在 Ni@NG 上较大的结合能进一步证明了其在固定多硫化物、抑制多硫化物穿梭方面的能力。多硫化物与 Ni 位点之间的电荷转移使 Ni@NG 上的多硫化物具有较低的分解势垒，从而加速了多硫化物在充电/放电过程中的动力学转化。因此，采用 Ni@NG 改性隔膜的锂硫电池具有出色的电化学性能，循环过程中每次容量衰减率仅为 0.06%。

Zhang Zhian 与他的团队[155]开发了氮掺杂多孔空心碳球（NHC）作为隔膜涂层，该隔膜极大地提高了锂硫电池活性材料的利用率并增强了其电化学性能，电池在 0.2 C 的电流下的首次放电比容量可达到 1656 mAh·g^{-1}，并且在 1 C 的放电电流下经过 500 个循环后，比容量仍然维持在 542 mAh·g^{-1}。在倍率性能测试中，即使在 5 C 的高放电电流下电池仍能保持 720 mAh·g^{-1} 的比容量。锂硫电池之所以能展现出这样卓越的电化学性能，归因于 NHC 修饰隔膜的高比表面积和孔道结构的丰富性，这些特点不仅保证了电解液的充分渗透，还可有效作为多硫化物的屏障。此外，NHC 中高含量的氮元素提升了材料的电子导电性，并加强了氮原子与多硫化物的相互作用。因此，采用 NHC 修饰的隔膜，将是提升锂硫电池能量密度和促进其商业化的有力策略。

Xie 等通过将富含单原子催化剂的石墨烯泡沫涂覆于商业可用的聚丙烯隔膜上[156]，成功为锂硫电池开发了一种新型隔膜。该团队在 750℃的氩气/氨气（Ar/NH_3）气体中处理含有三氯化铁（$FeCl_3$）前体的氧化石墨烯（GO）泡沫，成功合成了 Fe_1/NG 催化剂。如图 8.8（a）所示，Fe_1/NG 催化剂展现出了对多硫化物的显著吸附能力。DFT 计算也证实了 Li_2S_6 在 Fe_1/NG 上的吸附比在 NG 上的强得多［−2.38 eV *vs*. −1.11 eV，图 8.8（b）］。将 Fe_1/NG 催化剂应用于商用隔膜后，通过 48 h 的对比测试发现，与未经处理的商用隔膜相比，Fe_1/NG 改性隔膜未观察到多硫化物的穿透扩散现象［图 8.8（c）、（d）］。这一发现表明，Fe_1/NG 催化剂能够通过金属与非金属原子间的强电静力作用，有效地锚定锂多硫化物，极大地减弱了电池中的穿梭效应，从而在整体上显著提升了锂硫电池的性能。这项研究不仅为锂硫电池提供了一种高效的解决方案，以减弱穿梭效应，还为进一步提高电池性能提供了有力的实验依据。

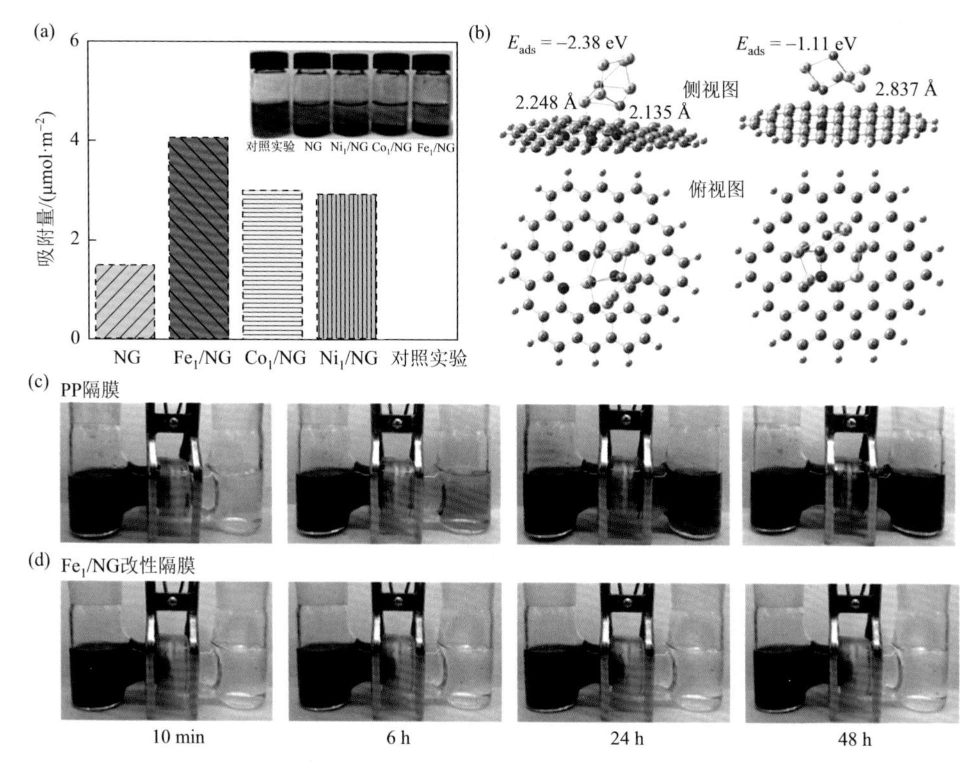

图 8.8　(a) Li_2S_6 在 NG 和 Fe_1/NG 中吸附量的电化学滴定；(b) DFT 计算 Li_2S_6 在 NG 和 Fe_1/NG 上的吸附能；(c) PP 隔膜和 (d) Fe_1/NG 改性隔膜的多硫化物渗透测试[156]

单原子催化材料作为隔膜涂层，不仅能够充分发挥其独特结构对多硫化物的有效拦截能力，还能依托其卓越的催化性能，在充放电过程中加速多硫化物的化学转换，从而显著提升硫的利用效率。因此，采用高品质、具有多重功能性的材料改良隔膜，对于促进锂硫电池性能的提升具有至关重要的作用。这种方法在微观层面上解决锂硫电池中存在的关键技术难题，不仅有助于提高电池的能量密度和循环稳定性，还为锂硫电池的进一步发展和应用奠定了坚实的基础。

8.4　钠离子电池

在过去的二十年里，电动汽车和便携式电子产品的快速发展，对电网储能市场中可充电电池能量密度的需求和成本的日益增长，以及锂资源的日渐紧缺和锂电池成本的上升，促使研究人员必须开发出具有高能量密度和低成本的新一代电池技术。钠离子电池（sodium-ion battery，SIB）因其资源丰富、成本低廉等优势，在大规模储能领域展现了巨大的潜力，与技术较为成熟的锂离子电池相比，钠离子电池的应用前景更广阔（图 8.9）[31, 157-170]。然而，钠离子的半径较大（1.02 nm，锂离子的半径为 0.76 nm)，导致其在传统负极材料中的储存容量较低，这一问题严重制约了 SIB 产业化的发展步伐[171]。负极材料作为 SIB 的关键组成部分，对电池的能量密度和循环性能起着决定性作用。鉴于钠的独特物理和化学属性，目前用于商业化锂离子电池的负极材料在钠离子电池中的性能还远未达到理想水平。因此，设计并开发新型的低成本、高容量以及高倍率性能的阳极材料，成为当前钠离子电池研究领域亟须解决的关键科学和技术挑战。

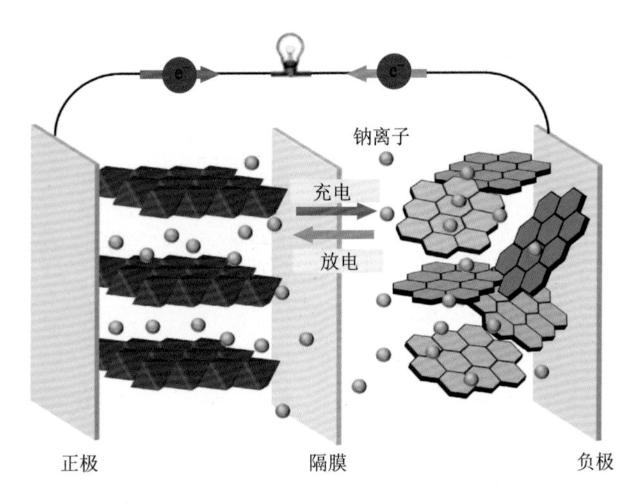

图 8.9　钠离子电池工作原理[170]

传统阳极材料，包括硬碳和钛基材料，在钠离子的嵌入和脱嵌过程中面临体积膨胀和循环稳定性差的挑战，因此迫切需要对这些材料进行改性以提高其性能。在这方面，单原子催化材料展现出了显著的潜力。通过在宿主材料表面分散单个原子，这类材料提供了密度极高和具备特异性的表面活性位点，对于优化钠离子电池的电化学性能具有至关重要的影响。这些原子级别的活性中心能够显著提升电极材料的导电性、化学稳定性和电化学活性，特别是在阳极材料的改性上展现了独特的优势。在非金属单原子掺杂材料的研究中，氮、硼和磷元素被广泛认为是最常见的掺杂元素。其中，制备氮掺杂碳材料的一种简便方法是通过高温热解含氮的有机前驱体。常用的有机前驱体包括聚苯胺、聚乙烯吡咯烷酮和聚丙烯腈等。这些前驱体在热解过程中不仅释放氮元素，同时形成具有高导电性和化学稳定性的碳基框架，有效地提升了材料的整体电化学性能。通过这种方法制备的单原子催化材料，为钠离子电池阳极材料的性能提升和稳定性增强提供了新的思路和实验基础。

理论研究表明，石墨烯中的单原子金属掺杂，如 Be 掺杂石墨烯，Be、N 双掺杂石墨烯，Si、Ge 共掺杂石墨烯，能够显著增强扩散动力学过程并提供稳固的锚定位点以吸附碱金属离子。与非金属掺杂相比，单原子金属掺杂能产生更多离域电子，从而增强石墨烯的电子传导性。此外，这些单原子金属掺杂体系对碳中的碱金属离子展现出更强的亲和力及更低的迁移阻力[172]。

金属-氮-碳（M-N-C）基材料因其超高的原子利用率和极高的催化效率，在钠离子电池体系中备受关注。Ji 等报道了一种氮和镍原子共掺杂的介孔碳（Ni-N-C）材料，用作 SIB 的负极材料[173]。由于氮原子相较于碳原子展现出更高的电负性，氮的掺杂为 Na^+的吸附提供了丰富的锚定点。镍原子的原子级存在增强了 Na^+嵌入过程中负极材料的结构支撑，从而维持结构的稳定性，并显著提升了 Ni-N-C 材料的倍率性能和循环稳定性。在经过 500 次充放电循环后，该材料展现出优秀的容量保持能力，未出现明显的容量衰减。

Zhou 等提出了一种创新的金属-有机膦框架（M-OPF）衍生策略，通过热解得到磷配位单原子铜负载于碳长方体（CUB-600）[172]。为了实现单原子催化剂在衬底材料上的高含量负载，需要增强金属原子与配体之间的相互作用。在众多单原子催化剂中，引入氮基团是稳定金属原子的常用手段。然而，在本项工作中，Zhou 等探索了磷原子作为配体，通过孤对电子与过渡金属形成的 σ 键结合，以及磷的空 d 轨道与过渡金属填充的 d 轨道电子形成 π 键的独特作用机制，展现出了与氮基团不同的相互作用方式。当使用 CUB-600 作为 SIB 的负极材料时，单原子铜的加入显著改变了材料的储钠机制，即使在深度放电状态，钠离子也能保持在离子形态而非转变为金属钠。这一突破性发现为钠离子电池提供了一种新策略，旨在避免枝晶的形成和降低安全隐患，为电化学储能技术的发展开辟了新的方向和可能性。

Zhao 等用两步法成功合成了锌单原子掺杂的硬碳[Zn-HC，图 8.10（a）][174]，并发现其展现出卓越的倍率性能和高初始库仑效率，这归因于锌掺杂诱导的界面和体相储能动力学之间的协同作用。从 HRTEM 图像[图 8.10（b）]中，可以观察到经过调控后的硬碳由具有较大层间距离（d_{002} = 0.408 nm）的石墨域和可调节的纳米孔结构（纳米孔直径为 0.8～1.2 nm）组成，这为钠离子的嵌入和聚集提供了理想的条件。此外，通过 DFT 计算表明[图 8.10（c）]，$Zn-N_4-C$ 降低了 $NaPF_6$ 中 P—F 键断裂的解离能，因此 $Zn-N_4-C$ 构型不仅在平面内产生了局域电场以改善体相内钠传输动力学过程，还能加速 $NaPF_6$ 的快速分解，从而生成富含

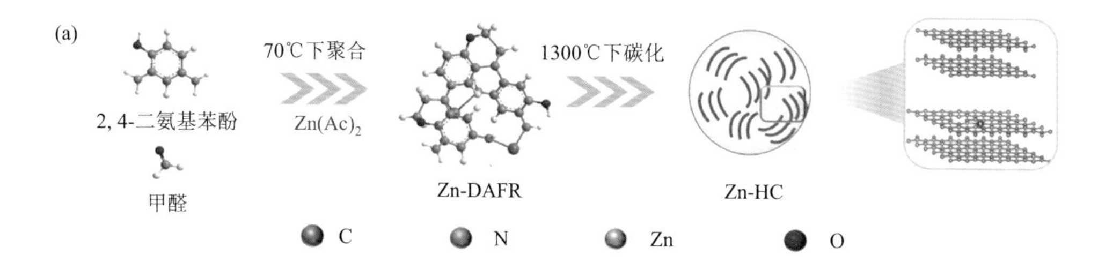

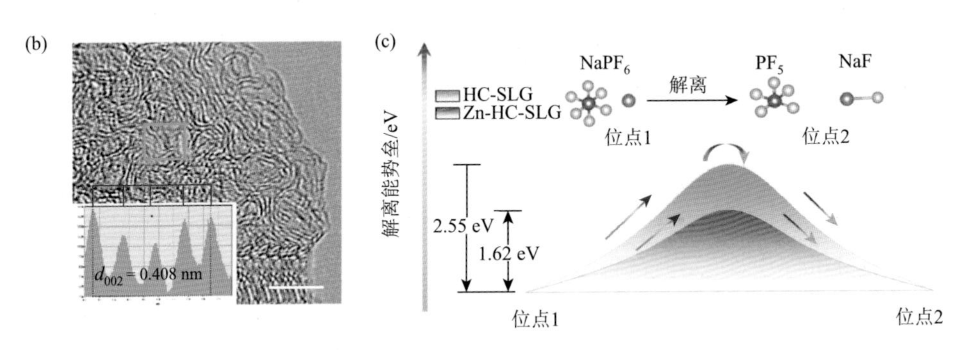

图 8.10 （a）Zn-HC 的合成示意图；（b）HRTEM 图像；（c）Zn-HC 和 HC 电极界面处 P—F 键的解离能势垒[174]

无机物（NaF）的超薄固态电解质界面，促进了界面上 Na 的快速传输。这些机制共同作用，最终实现了在室温下的优异倍率性能和高初始库仑效率。

在钠离子电池领域，单原子包覆的阳极材料展现了显著的性能优化。通过将单原子催化材料融入这些阳极材料，形成表面的原子级覆盖层，这一策略显著促进了电子与离子的传输效率，有效减少了充放电周期中的能量损耗。此外，单原子催化剂的加入不仅提升了电极材料的化学稳定性，还减轻了电池循环使用过程中活性物质可能发生的脱落及电极材料的退化现象，进而显著延长了电池的服务寿命。这些发现为钠离子电池的性能提升和寿命延长提供了有效途径，为未来单原子催化材料在能源存储领域的应用开辟了新的视野。

8.5 钠硫电池

在当前的储能技术领域中，硫基金属电池以其高能量密度、硫元素的丰富储备、原材料价格低廉及环境友好特性，占据了优势地位，被广泛认为是未来高能量密度储能设备的有力候选者。特别是锂硫（Li-S）电池技术的研究进展，已经取得显著成果，成为当前科研领域的热点。然而，面对未来大规模储能应用的需求以及锂资源的相对稀缺，利用储量更加丰富、成本更低的金属钠作为负极材料，成为了科研界的新趋势[175, 176]。因此，开发钠离子电池以替代成本较高的锂离子电池，逐步成为研究者关注的重点。基于金属钠（负极）与硫（正极）的组合，开发低成本的钠硫电池系统，引起了科研界的极大兴趣，并有望成为下一代具有广阔应用前景的电池储能技术[177, 178]。

钠硫电池的充放电过程，与锂硫电池类似，涉及复杂的多步反应机制，总反应方程式为

$$S_8 + 16Na^+ + 16e^- \rightleftharpoons 8Na_2S$$

该反应包含多个电子和离子的转移，因而整个过程会经历一系列复杂的物理和化学转化。特别是在醚类电解液中，会产生一系列可溶性的多硫化钠 Na_2S_x（NaPS，4≤x≤8）中间产物。这些中间产物能够穿越隔膜，与负极的金属钠发生反应，从而导致严重的穿梭效应。这不仅降低了电池的放电比容量，也影响了电池的循环稳定性。此外，钠硫电池在放电过程中还面临体积膨胀较大以及硫与硫化钠的离子/电子导电性较差等问题（图 8.11）[179]，这些挑战严重制约了钠硫电池技术的进一步发展。针对这些问题，科研工作者通过结构设计与元素掺杂等策略，开发了多种载硫复合材料，有效提升了电池的循环稳定性和放电比容量，同时减轻了穿梭效应和体积膨胀的不利影响，为钠硫电池技术的进步和应用开辟了新的道路。

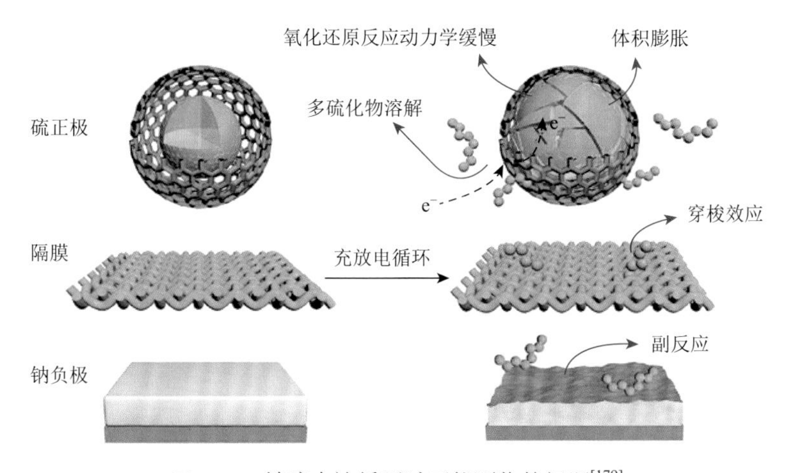

图 8.11　钠硫电池循环时可能面临的问题[179]

为了构建具有优良稳定性、快速电化学动力学过程和高容量的硫正极，科学界提出了众多有效的材料设计策略。首先，复合碳材料与硫的碳基载硫复合材料被认为是提升正极材料导电性和降低电化学极化的有效途径，通过孔隙结构设计不仅可以储存硫，还能够限制充放电过程中的体积变化。碳材料的无污染和低成本优势进一步提升了这一策略的吸引力。将硫与碳材料复合，显著提高了正极材料的电化学性能。此外，通过向碳基材料中掺杂少量单原子金属，可以调节局部电子结构并提升衬底材料的催化活性。单原子修饰的阴极材料，通过与多硫化物之间的化学键合，有效地抑制了多硫化物的穿梭效应。催化剂提供的极性活性位点能够化学吸附可溶性 Na_2S_x，并为硫的氧化还原反应提供丰富的催化位点，从而抑制硫类物质的溶解和迁移，加快反应动力学。因此，采用催化性硫正极的钠硫电池往往展现出更优秀的氧化还原动力学过程和电化学性能。

金属催化剂的电催化活性与其粒径存在密切的关系，粒径更小意味着更多的活性位点暴露，以及更强的电子转移能力。特别是当金属催化剂的尺寸缩减至单原子级别，得到的金属单原子催化剂便展示了卓越的原子利用率。在钠硫电池领域，包括 Co、Fe、Ni、Cu、Y 等在内的单原子催化剂已经被深入研究，并证实它们能够有效地催化硫的转化过程，这一发现为钠硫电池技术的进步提供了新的动力。

Dou 课题组首次设计并制备了原子级别的钴（包含单原子钴和钴团簇）负载于中空碳纳米球上，用作硫宿主材料[180]。尽管在纯碳材料中形成稳定的金属原子因其高能量和不稳定性而充满挑战，但在他们合成的原子钴修饰的空心碳硫复合材料（S@Con-HC）中，硫和钴之间形成了强化的 Co—S 化学键。这不仅稳定了钴原子，还为硫的化学反应提供了额外的活性位点，从而显著提高了电化学性能。通过原位 XRD、原位拉曼光谱分析以及 DFT 的综合验证，证实了原子级钴能够有效地催化电化学还原 Na_2S_4 为 Na_2S，这一过程在很大程度上阻止了 Na_2S_4 的溶解，从而显著提高了活性材料的利用效率。结果表明，S@Con-HC 作为正极材料，在 $100\ mA\cdot g^{-1}$ 的电流密度下经过 600 次循环后，仍能维持 $508\ mA\cdot h\cdot g^{-1}$ 的高比容量，且其纳米结构未表现出任何退化迹象，展现了卓越的循环稳定性。

Zhang 等[181]利用 MOF 材料作为前驱体，成功制备了稀土金属钇单原子催化剂修饰的阴极材料（Y SAs/NC）。理论研究和实验结果共同表明，原子级分散的 YN_4 位点能有效降低 Na_2S 分解的能垒，并且对多硫化物具有强烈的吸附能力（图 8.12）。因此，YN_4/C 不仅能够催化正极中硫的电化学转换，抑制穿梭效应，还能促进钠的均匀形核，从而消除钠枝晶形成的风险。在 $5\ A\cdot g^{-1}$ 的超高电流密度下，构建的钠硫全电池经过 1000 次循环后，仍能展现出 97.5%的极高容量保持率。此外，制备的柔性钠硫软包电池也展现了稳定的循环性能，这一成果进一步证实了 Y SAs/NC 在钠硫电池中的潜在应用价值，并展示了其在高性能电池材料开发领域的前景。

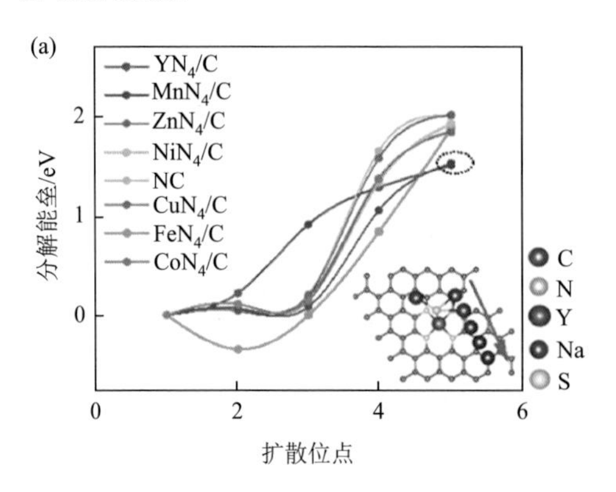

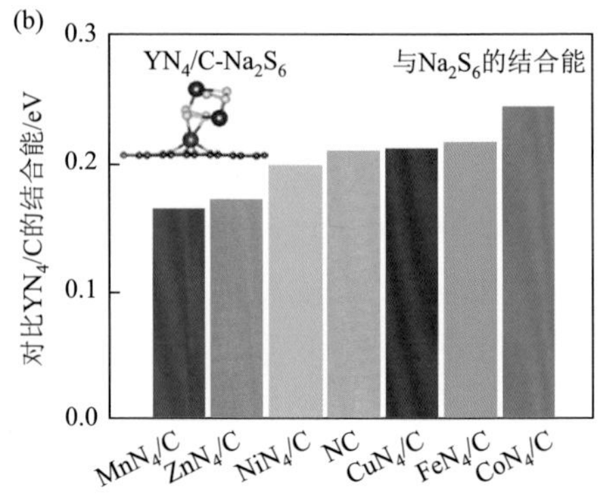

图 8.12 （a）Na_2S 在不同衬底上的分解能垒；（b）Na_2S_6 在不同衬底上的结合能对比[181]

这些单原子催化剂的引入显著优化了电池的反应动力学性能，并在长期循环过程中提高了电池的稳定性和效率。通过将这些高效催化剂整合到电池系统中，科研团队有效地解决了硫正极面临的多重挑战，包括硫的低导电性、多硫化物的溶解问题及其引发的穿梭效应等。因此，单原子催化剂的应用不仅推进了钠硫电池性能的显著提升，也为电化学储能领域的其他技术发展提供了宝贵经验和新的研究方向。

8.6 锌-空气电池

锌-空气电池，由金属锌阳极、隔膜及空气电极与电解液共同封装而成，因其环保、成本低和理论能量密度高（1086 $W \cdot h \cdot kg^{-1}$）等优势，在可持续能源转换系统中备受青睐。锌材料价格低廉、资源丰富并且环境友好，再加上锌-空气电池（zinc-air battery，ZAB）在碱性或中性电解质中运行的高安全性和成本效益，使其成为备受关注的能源存储技术[58, 182, 183]。ZAB 的工作原理如图 8.13 所示[184, 185]，金属锌板作为阳极，负载催化剂的集流体作为阴极，空气从多孔碳金属一侧扩散进入并与催化剂发生反应，碱性溶液作为电解质。ZAB 在能源转换领域展现了卓越的竞争力，已被视为下一代能源存储设备的有力候选。

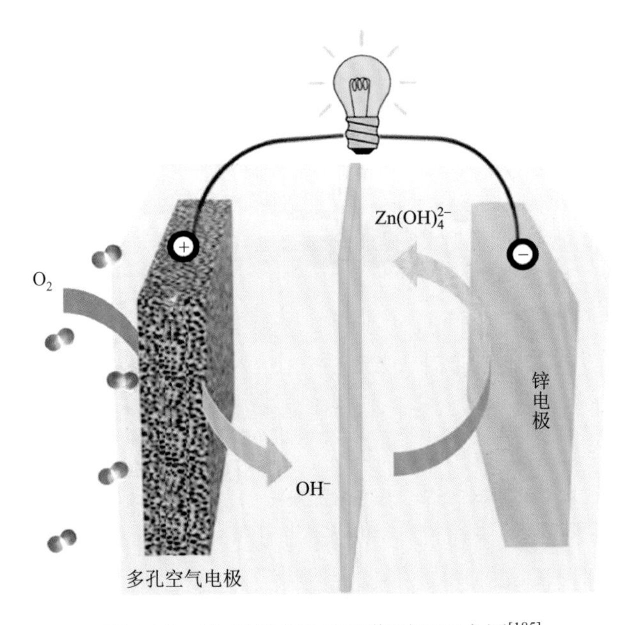

图 8.13　锌-空气电池的工作原理示意图[185]

在锌-空气电池中，ORR 和 OER 是核心反应[186]。理想情况下，ORR 通过 $4e^-$

路径进行，以实现较高的开路电压和能量转换效率。相比之下，$4e^-$反应的还原电势（$E^\ominus = 0.401$ V）明显高于 $2e^-$反应的（$E^\ominus = 0.065$ V），这意味着在催化性能不足时，较易发生 $2e^-$反应，导致副产物 H_2O_2 的生成。这些 H_2O_2 易与催化剂中释放的过渡金属离子发生芬顿反应，生成具有高活性的过氧自由基或羟基自由基，这些自由基有可能损伤电池的关键组成部分如隔膜，腐蚀活性位点，从而影响电池的稳定性。当前，ORR 面临的主要挑战包括两点：其一是反应动力学过程的迟缓性，特别是阴极上的 ORR 与阳极上的 HOR 之间存在显著的反应速率差异，这大大降低了电池的能量转换效率；其二是阴极上的电化学反应路径的多样性（$2e^-$与 $4e^-$）和机理的复杂性。尽管通常采用 Pt/C 作为催化剂以加速 ORR 动力学过程，但其易中毒、成本高昂、单一活性及稳定性不足的问题限制了其在锌-空气电池中的实际应用。

因此，开发既具有高活性又稳定的 ORR 催化剂对锌-空气电池等能源存储技术的商业化具有关键作用[187-191]。单原子催化剂因其卓越的性能而受到广泛关注。通过向碳基催化剂中引入过渡金属活性中心，不仅能进一步提升 ORR 和 OER 的催化性能，还展现出超越贵金属催化剂的潜力。过渡金属易发生轨道杂化形成配合物，并且能够与其他过渡金属配位，通过强相互作用共同提升电催化性能。这些过渡金属不仅成本低廉，而且可形成各种化合物如碳化物、硫化物、氮化物等，都是电催化研究的宝贵资源。因此，向碳基材料中引入单原子级过渡金属活性中心，为提升锌-空气电池等能源存储设备的性能开辟了新的途径。

8.6.1 铁单原子催化剂

在锌-空气电池领域，开发新型高效的非贵金属电催化剂对于推动其广泛应用具有至关重要的意义。Fe-N-C 材料因其优异的催化活性和稳定性，已被证明是性能接近商用 Pt/C 催化剂的有力候选。近期，Li 等成功研发了一种新型催化剂——铁单原子负载在氮、磷、硫共掺杂的中空碳多面体（Fe-SAs/NPS-HC）[图 8.14（a）][192]。该催化剂通过 MOF 与聚合物复合材料合成得到。得益于铁单原子活性中心的精准结构设计及其电子环境的优化调控，Fe-SAs/NPS-HC 在碱性及酸性介质中对 ORR 均表现出了卓越的催化性能。此外，该催化剂还具备出色的甲醇耐受性和电化学稳定性，展现了其在实际应用中的可靠性。通过对照实验的比较分析发现，Fe-SAs/NPS-HC 特有的中空结构在加速 ORR 动力学反应和提高催化效率方面起到了决定性作用。通过 DFT 计算进一步揭示[图 8.14（b）～（d）]，Fe-SAs/NPS-HC 之所以能展现出高效率和良好的动力学性能，主要由于 N 配位 Fe 的原子级分散特性及其周围 S 和 P 原子的协同电子效应。这些原子能向单原子 Fe 中心提供电子，有效减弱了吸附的 OH 物种与 Fe 中心的结合力，从而降低反应能垒，提升催化活性。在锌-空气电池和氢-空气燃料电池的实际性能测试中，Fe-SAs/NPS-HC 与目前广泛使用的 Pt/C 催化剂相比展现了具有竞争力的性能，这不仅证明了 Fe-SAs/NPS-HC 在能量存储和转换设备中的应用潜力，也为未来设计和开发低成本高效电催化剂提供了宝贵的经验和启示。这项研究不仅拓宽了非贵金属电催化剂的应用视野，也为未来的能源转换与存储技术发展铺平了道路。

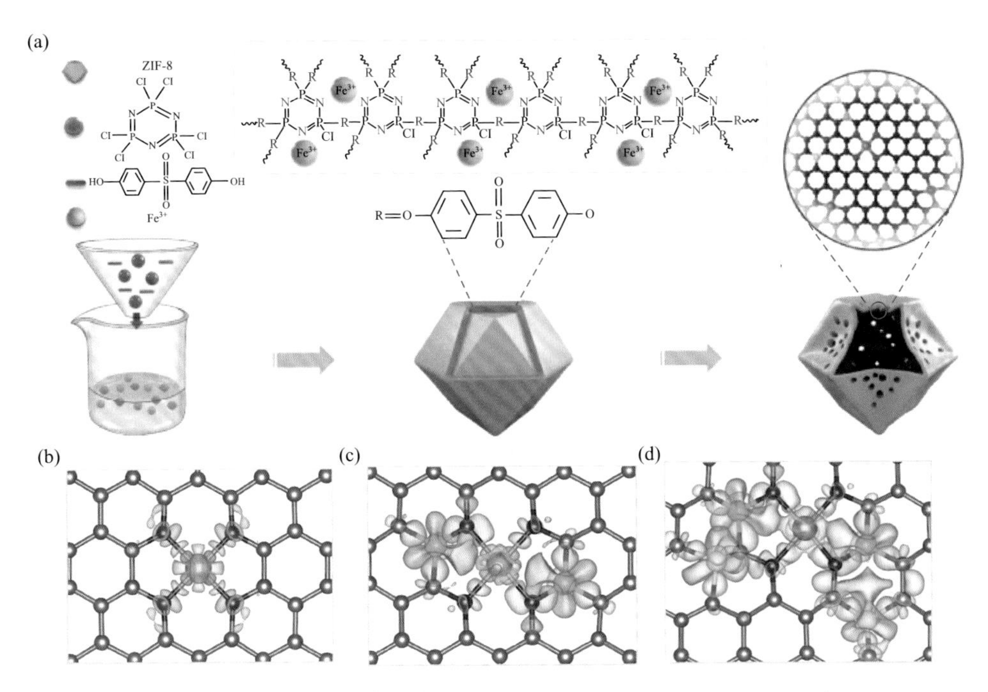

图 8.14　(a)Fe-SAs/NPS-HC 制备过程图示；(b)Fe-SAs/N-C；(c)Fe-SAs/NP-C；(d)Fe-SAs/NPS-C 的差分电荷密度图[192]

Chen 等[193]通过 ZIF-8 和氧化石墨烯复合物的一步热解法，制备了具有 $Fe-N_5$ 位点的单原子催化剂（Fe-N-C/rGO SAC）。ZIF-8 能有效防止铁原子的聚集，石墨烯的引入不仅能提升催化剂的导电性，还促进了层状多孔结构的形成，并产生 $Fe-N_5$ 位点。这使该催化剂应用于可充电的液态及柔性固态锌-空气电池时，均展现出了优越的循环稳定性和耐用性。结合实验结果和理论分析，优异的电池性能源于高度分散的单原子 $Fe-N_5$ 活性位点，这些位点能够提高中间体的活化程度并降低反应决速步骤的能垒，从而加速 ORR 和 OER 过程。

Wang 等[194]采用精细的多壳层协同配位策略，在 N、P 和 S 的三元共掺杂的中空碳纳米笼中成功构建了高配位的 $Fe-N_4SP$ 位点。DFT 计算表明高配位的 $Fe-N_4SP$ 可以打破 $Fe-N_4$ 的电子对称性，降低 d 带中心并提高自旋极化，有助于 *OH 中间体的脱附。$Fe-N_4SP$/NPS-HC 催化剂在碱性介质中展示了 0.912 V 的半波电位，在酸性介质中达到了 0.814 V 的半波电位，并在锌-空气电池系统中实现了 320 h 的超长耐久性，显示了出色的 ORR 活性。这项工作深入揭示了配位环境和自旋态对 ORR 催化性能的影响，为在电子层面设计和优化高效单原子催化剂提供了宝贵的理论与实践指导。

8.6.2 钴单原子催化剂

Zhang 等采取了静电纺丝的技术手段，同时实现了钴的原子级分散和碳纳米管连接的氮掺杂多孔碳纳米纤维（NCF）的构建[195]，得到的产物是 Co SA/NCF。$Co-N_4$ 位点具有出色的 ORR/OER 催化活性，NCF 的多孔结构增加了活性位点的数量，碳纳米管则可以增强多孔纤维的柔性和机械强度。Co SA/NCF 还被成功用作无黏合剂的空气阴极材料，在水系和全固态柔性锌-空气电池中均表现出出色的能量密度和超长的耐用性。

Xiong 等[196]在褶皱的氮掺杂石墨烯上锚定钴原子位点作为正极材料，并用二甲基亚砜有效调节了有机水凝胶电解质中的氢键网络。在这种结构设计中，高度褶皱的石墨烯在 $Co-N_4$ 位点周围形成了大的电荷梯度，有效加强了含氧中间体的吸附，促进了电荷快速传输。构建的准固态锌-空气电池在电流密度高达 100 $mA·cm^{-2}$ 下能保持长达 50 h 的循环稳定性，并且极低温度下（–60℃）以 0.5 $mA·cm^{-2}$ 的电流密度运行超过 300 h，实现了超过 90%的容量保持率，展示了 –60～60℃的宽工作温度范围。

与单金属原子活性位点相比，双金属原子活性位点不仅可以促进氧气的吸附，而且可以提高活性位点的数量，从而进一步提升 ORR 活性。Zhu 等开发了一种采用软模板引导的层间限制策略合成了双单原子催化剂（Fe-Co DSAC）[197]。铁单原子和钴单原子分别通过与氮原子和硫原子的配位稳定在二维碳纳米片上，形成 FeN_4S_1 和 CoN_4S_1 的构型。Fe 和 Co 双金属活性中心的协同效应可以降低中间体的吸附/解吸的反应能垒，增强 ORR 反应活性。Fe-Co DSAC 表现出了优异的 ORR 电催化活性，其半波电位为 0.86 V，用作锌-空气正极材料后具有 1.51 V 的高开路电压和 152.8 $mW·cm^{-2}$ 的大功率密度，性能优于 Fe-NSC 和 Co-NSC 单金属催化剂。

8.6.3 其他金属单原子催化剂

在锌-空气电池研究领域，除了广泛研究的铁单原子催化剂外，铜、镍等过渡金属单原子催化剂也展示了巨大的潜力。Chen 等采用了自模板策略，成功地将 Cu 和 Fe 双金属原子活性位点嵌入 MOF 衍生的多孔碳纳米片中（Cu/Fe/N-CNS），合成过程如图 8.15 所示[198]。使用三聚氰胺作为二维层状自模板和氮源，能够有效调控氮的掺杂，从而在二维多孔碳基质中均匀地锚定 Cu-N 和 Fe-N 活性位点。

Cu/Fe/N-CNS 展示了卓越的 ORR 活性，在碱性溶液中的半波电位达到 0.91 V，优于商用 Pt/C 催化剂。DFT 计算表明，与 Cu-N 活性位点相比，Cu/Fe/N-CNS 中的 Fe-N 活性位点更有利于激活含 O—O 的中间产物，这对于进一步提升碱性溶液中的 ORR 活性至关重要。

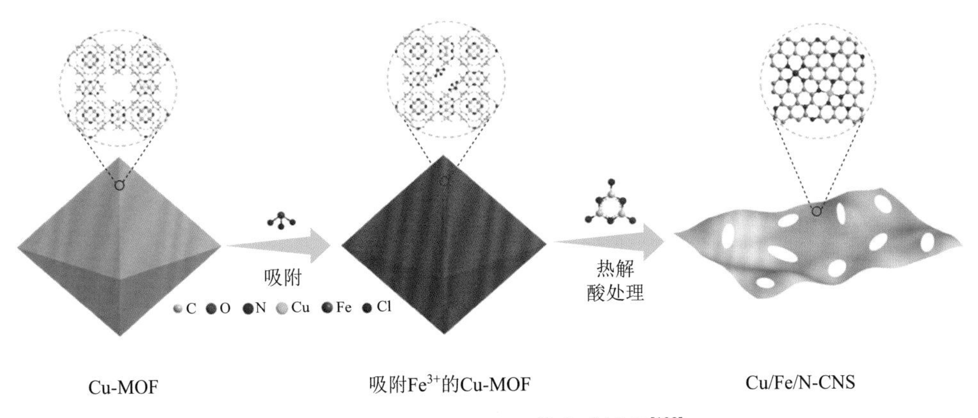

图 8.15　Cu/Fe/N-CNS 的合成过程[198]

稀土元素铈（Ce）作为最丰富的稀土元素之一，由于其特殊的电子结构（$4f^15d^16s^2$），在物理和化学方面受到了广泛的关注，目前已被研究用于氧还原反应。Ce 最常见的形态是二氧化铈（CeO_2），其表面丰富的氧空位缺陷有助于稳定金属离子实现单原子分散。近年来，研究发现 CeO_2 中存在大量氧空位和 Ce^{3+}/Ce^{4+}氧化还原对，能有效改变金属中心的电荷分布。Shao 等提出了一种新型的 Ce-N-C 单原子催化剂[199]，该催化剂在氮掺杂的多孔碳纳米线上富含单原子铈位点（SACe-N/PC），具有 8.55 wt%的高铈含量。在碱性介质中展现了 0.88 V 的高 ORR 半波电位（图 8.16），在酸性电解质中达到 0.75 V，与广泛研究的 Fe-N-C 催化剂相当。此外，DFT 计算表明，吸附了羟基物种的铈单原子可以显著降低反应路径中决速步骤（*OH 解吸）的能垒，从而提升 ORR 反应活性。最后，使用 SACe-N/PC 作为氧电极组装的锌-空气电池展示了出色的催化活性和稳定性。

在当前的性能评估中，锌-空气电池的表现仍然落后于最新的锂离子电池。锌-空气电池面临的关键挑战包括固态电解质中聚合物凝胶材料的导电性差和离子液体的成本高昂。此外，在准中性电解质环境下电池机制的不明确性、高负载量单原子催化剂的合成难题以及混合锌-电池设计的复杂性，也严重阻碍了其技术进步。为了推动可充电锌-空气电池的广泛应用，未来的研究应当着重关注开展替代电解质的系统实验、进行合理的催化剂工程设计、精确的数学建模以及发展低成本高效的制造技术。

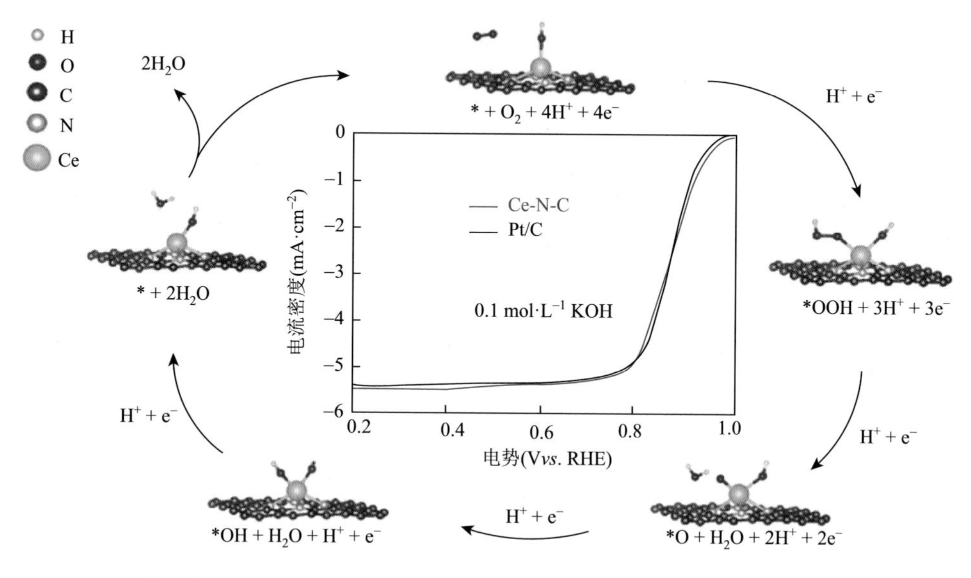

图 8.16　碱性介质中的圆盘电流曲线以及 Ce-N-C 活性位点上 ORR 催化机制示意图[199]

总结与展望

随着全球能源需求的持续增长和可持续发展战略的推进，发展储能技术，尤其是先进的电池技术变得尤为重要。在电子设备和电动汽车飞速发展的推动下，目前广泛使用的锂离子电池的平均能量密度约为 250 $W\cdot h\cdot kg^{-1}$，而即便是技术最先进的锂离子电池，其能量密度也只能达到大约 400 $W\cdot h\cdot kg^{-1}$[200, 201]。这种较低的能量密度已逐渐无法满足日益增长的需求[202-207]。因此，迫切需要开发出具有更高能量密度的能量储存与转化系统。在众多研究领域中，单原子催化剂因其卓越的催化性能和高效的原子利用率，在电池技术中展示了巨大的潜力。本章深入探讨了近年来单原子催化材料在能源存储领域的应用进展，主要包括锂-空气电池、锂金属电池、锂硫电池、钠离子电池、钠硫电池和锌-空气电池等一系列新型二次可充电电池。单原子催化剂的研究正朝着提高电池性能的方向发展，特别是通过优化催化剂的电子结构和表面活性位点来提升电池的能量密度、循环稳定性和充放电效率。尽管如此，其催化机理仍需进一步明确。目前，大多数研究依靠 DFT 理论计算揭示这些机理。展望未来，期待能结合丰富的实验数据和机器学习技术，深化对单原子催化剂催化机理的理解，从而推动其设计和应用的进一步发展。

此外，要在实际应用中充分发挥单原子催化剂的优势，关键在于确保足够的单原子负载量及在催化过程中保持活性位点的稳定性。为了实现这些催化剂从实验室到实际应用的成功转移，迫切需要开发既简单又经济的大规模生产方法。这将要求开发通用而高效的制备策略，以实现单原子催化剂的规模化应用，同时保持高性能。

随着材料科学、计算模拟和实验技术的不断进步，可以预见，单原子催化剂将在能量转换和存储领域扮演更加关键的角色。此外，推动跨学科合作的加强将是加速单原子催化技术从实验室到工业应用的关键。通过设计创新的合成策略和利用先进的表征技术，未来的研究能够在分子层面精确控制催化剂的活性和选择性，从而开启催化科学的新篇章。例如，在研究锂/钠硫电池时，可以通过原位透射电子显微镜观察多硫化物在电化学反应过程中的形态变化（如成核和生长过程）。同时，原位 X 射线衍射技术能够在电池放电和充电过程中明确相结构的变化。此外，DFT 计算提供了更多细节，如多硫化物在锂/钠硫电池中 SAC 界面上的吸附和脱附行为。因此，通过原位表征和 DFT 计算可以有效阐释 SAC 催化的反应机制。总体而言，单原子催化材料的机遇与挑战并存，精确控制合成技术对于开发高性能单原子催化剂至关重要。除了本章讨论的储能体系外，单原子催化材料还可能扩展到更多的电化学系统中。未来的研究将进一步探索这些材料的新合成方法、稳定性问题以及在实际应用中的表现，以实现它们在储能领域的商业化应用。

参考文献

[1] Tarascon J M，Armand M. Issues and challenges facing rechargeable lithium batteries. Nature，2001，414（6861）：359-367.

[2] Matter J M，Stute M，Snæbjörnsdottir S Ó，et al. Rapid carbon mineralization for permanent disposal of anthropogenic carbon dioxide emissions. Science，2016，352（6291）：1312-1314.

[3] Friedlingstein P，Andrew R M，Rogelj J，et al. Persistent growth of CO_2 emissions and implications for reaching climate targets. Nature Geoscience，2014，7（10）：709-715.

[4] Wang W，Tadé M O，Shao Z. Research progress of perovskite materials in photocatalysis-and photovoltaics-related energy conversion and environmental treatment. Chemical Society Reviews，2015，44（15）：5371-5408.

[5] Lu L，Yang H，Burnett J. Investigation on wind power potential on Hong Kong islands—an analysis of wind power and wind turbine characteristics. Renewable Energy，2002，27（1）：1-12.

[6] Thinakallu R R M K，Srihari P V，Sahas，et al. Experimental studies of W-Al_2O_3 composite thin films for solar absorptance. Indian Journal of Physics，2021，95（11）：2463-2470.

[7] Chow T T. A review on photovoltaic/thermal hybrid solar technology. Applied Energy，2010，87（2）：365-379.

[8] Tachan Z，Rühle S，Zaban A. Dye-sensitized solar tubes：A new solar cell design for efficient current collection and improved cell sealing. Solar Energy Materials and Solar Cells，2010，94（2）：317-322.

[9] Nazeeruddin M K，Baranoff E，Grätzel M. Dye-sensitized solar cells：A brief overview. Solar Energy，2011，85（6）：1172-1178.

[10] Duh Y S，Lin K H，Kao C S. Experimental investigation and visualization on thermal runaway of hard prismatic lithium-ion batteries used in smart phones. Journal of Thermal Analysis and Calorimetry，2018，132（3）：1677-1692.

[11] Galushkin N E, Yazvinskaya N N, Galushkin D N. Mechanism of thermal runaway in lithium-ion cells. Journal of the Electrochemical Society, 2018, 165 (7): A1303.

[12] Goodenough J B, Park K S. The Li-ion rechargeable battery: A perspective. Journal of the American Chemical Society, 2013, 135 (4): 1167-1176.

[13] Armand M, Tarascon J M. Building better batteries. Nature, 2008, 451 (7179): 652-657.

[14] Goodenough J B, Kim Y. Challenges for rechargeable Li batteries. Chemistry of Materials, 2010, 22(3): 587-603.

[15] van Noorden R. The rechargeable revolution: A better battery. Nature, 2014, 507 (7490): 26-28.

[16] Abraham K M, Jiang Z. A polymer electrolyte-based rechargeable lithium/oxygen battery. Journal of the Electrochemical Society, 1996, 143 (1): 1.

[17] Larcher D, Tarascon J M. Towards greener and more sustainable batteries for electrical energy storage. Nature Chemistry, 2015, 7 (1): 19-29.

[18] Ratnakumar B V, Smart M C, Kindler A, et al. Lithium batteries for aerospace applications: 2003 mars exploration rover. Journal of Power Sources, 2003, 119-121: 906-910.

[19] Arbabzadeh M, Johnson J X, Keoleian G A, et al. Twelve principles for green energy storage in grid applications. Environmental Science & Technology, 2016, 50 (2): 1046-1055.

[20] Pellow M A, Emmott C J M, Barnhart C J, et al. Hydrogen or batteries for grid storage? A net energy analysis. Energy & Environmental Science, 2015, 8 (7): 1938-1952.

[21] Bilich A, Langham K, Geyer R, et al. Life cycle assessment of solar photovoltaic microgrid systems in off-grid communities. Environmental Science & Technology, 2017, 51 (2): 1043-1052.

[22] Liu W, Oh P, Liu X, et al. Nickel-rich layered lithium transition-metal oxide for high-energy lithium-ion batteries. Angewandte Chemie International Edition, 2015, 54 (15): 4440-4457.

[23] Manthiram A, Knight J C, Myung S T, et al. Nickel-rich and lithium-rich layered oxide cathodes: Progress and perspectives. Advanced Energy Materials, 2016, 6 (1): 1501010.

[24] Lu J, Li L, Park J B, et al. Aprotic and aqueous Li-O_2 batteries. Chemical Reviews, 2014, 114 (11): 5611-5640.

[25] Li Y, Wang J, Li X, et al. Superior energy capacity of graphene nanosheets for a nonaqueous lithium-oxygen battery. Chemical Communications, 2011, 47 (33): 9438-9440.

[26] Cheng X B, Zhang R, Zhao C Z, et al. Toward safe lithium metal anode in rechargeable batteries: A review. Chemical Reviews, 2017, 117 (15): 10403-10473.

[27] Boyle D T, Kong X, Pei A, et al. Transient voltammetry with ultramicroelectrodes reveals the electron transfer kinetics of lithium metal anodes. ACS Energy Letters, 2020, 5 (3): 701-709.

[28] Jin S, Ye Y, Niu Y, et al. Solid-solution-based metal alloy phase for highly reversible lithium metal anode. Journal of the American Chemical Society, 2020, 142 (19): 8818-8826.

[29] Chen X R, Zhao B C, Yan C, et al. Review on Li deposition in working batteries: From nucleation to early growth. Advanced Materials, 2021, 33 (8): 2004128.

[30] Peled E, Gorenshtein A, Segal M, et al. Rechargeable lithium sulfur battery (extended abstract). Journal of Power Sources, 1989, 26 (3): 269-271.

[31] Slater M D, Kim D, Lee E, et al. Sodium-ion batteries. Advanced Functional Materials, 2013, 23 (8): 947-958.

[32] Oshima T, Kajita M, Okuno A. Development of sodium-sulfur batteries. International Journal of Applied Ceramic Technology, 2004, 1 (3): 269-276.

[33] Kundu D, Talaie E, Duffort V, et al. The emerging chemistry of sodium ion batteries for electrochemical energy storage. Angewandte Chemie International Edition, 2015, 54 (11): 3431-3448.

[34] Zhong Y，Xu X，Wang W，et al. Recent advances in metal-organic framework derivatives as oxygen catalysts for zinc-air batteries. Batteries & Supercaps，2019，2（4）：272-289.

[35] Zhang Y，Wang J，Alfred M，et al. Recent advances of micro-nanofiber materials for rechargeable zinc-air batteries. Energy Storage Materials，2022，51：181-211.

[36] Wang Q，Kaushik S，Xiao X，et al. Sustainable zinc-air battery chemistry：Advances，challenges and prospects. Chemical Society Reviews，2023，52（17）：6139-6190.

[37] Qiao B，Wang A，Yang X，et al. Single-atom catalysis of CO oxidation using Pt_1/FeO_x. Nature Chemistry，2011，3（8）：634-641.

[38] Pei A，Xie R，Zhang Y，et al. Effective electronic tuning of Pt single atoms via heterogeneous atomic coordination of(Co，Ni)$(OH)_2$ for efficient hydrogen evolution. Energy & Environmental Science，2023，16（3）：1035-1048.

[39] Aggarwal P，Sarkar D，Awasthi K，et al. Functional role of single-atom catalysts in electrocatalytic hydrogen evolution：Current developments and future challenges. Coordination Chemistry Reviews，2022，452：214289.

[40] Chen Y，Ding R，Li J，et al. Highly active atomically dispersed platinum-based electrocatalyst for hydrogen evolution reaction achieved by defect anchoring strategy. Applied Catalysis B：Environmental，2022，301：120830.

[41] Zhang R，Liu W，Zhang F M，et al. COF-C_4N nanosheets with uniformly anchored single metal sites for electrocatalytic OER：From theoretical screening to target synthesis. Applied Catalysis B：Environmental，2023，325：122366.

[42] Kim C，Min H，Kim J，et al. Boosting electrochemical methane conversion by oxygen evolution reactions on Fe-N-C single atom catalysts. Energy & Environmental Science，2023，16（7）：3158-3165.

[43] Liu Y，Zhang S，Jiao C，et al. Axial phosphate coordination in Co single atoms boosts electrochemical oxygen evolution. Advanced Science，2023，10（5）：2206107.

[44] Lv C，Huang K，Fan Y，et al. Electrocatalytic reduction of carbon dioxide in confined microspace utilizing single nickel atom decorated nitrogen-doped carbon nanospheres. Nano Energy，2023，111：108384.

[45] Zhu M N，Jiang H，Zhang B W，et al. Nanosecond laser confined bismuth moiety with tunable structures on graphene for carbon dioxide reduction. ACS Nano，2023，17（9）：8705-8716.

[46] Cao S，Wei S，Wei X，et al. Can N，S cocoordination promote single atom catalyst performance in CO_2RR? Fe-N_2S_2 porphyrin versus Fe-N_4 porphyrin. Small，2021，17（29）：2100949.

[47] Wang A，Li J，Zhang T. Heterogeneous single-atom catalysis. Nature Reviews Chemistry，2018，2（6）：65-81.

[48] Liu L，Corma A. Metal catalysts for heterogeneous catalysis：From single atoms to nanoclusters and nanoparticles. Chemical Reviews，2018，118（10）：4981-5079.

[49] Ji S，Chen Y，Wang X，et al. Chemical synthesis of single atomic site catalysts. Chemical Reviews，2020，120（21）：11900-11955.

[50] Cao S，Tao F，Tang Y，et al. Size-and shape-dependent catalytic performances of oxidation and reduction reactions on nanocatalysts. Chemical Society Reviews，2016，45（17）：4747-4765.

[51] Wu H，Li H，Zhao X，et al. Highly doped and exposed Cu(Ⅰ)-N active sites within graphene towards efficient oxygen reduction for zinc-air batteries. Energy & Environmental Science，2016，9（12）：3736-3745.

[52] Pei G X，Liu X Y，Wang A，et al. Ag alloyed Pd single-atom catalysts for efficient selective hydrogenation of acetylene to ethylene in excess ethylene. ACS Catalysis，2015，5（6）：3717-3725.

[53] Li X，Bi W，Zhang L，et al. Single-atom Pt as Co-catalyst for enhanced photocatalytic H_2 evolution. Advanced Materials，2016，28（12）：2427-2431.

[54] Lin J，Wang A，Qiao B，et al. Remarkable performance of Ir_1/FeO_x single-atom catalyst in water gas shift reaction.

Journal of the American Chemical Society，2013，135（41）：15314-15317.

[55] Pan Y，Liu S，Sun K，et al. A bimetallic Zn/Fe polyphthalocyanine-derived single-atom Fe-N_4 catalytic site：A superior trifunctional catalyst for overall water splitting and Zn-Air batteries. Angewandte Chemie International Edition，2018，57（28）：8614-8618.

[56] Yang L，Shi L，Wang D，et al. Single-atom cobalt electrocatalysts for foldable solid-state Zn-air battery. Nano Energy，2018，50：691-698.

[57] Manthiram A，Fu Y，Su Y S. Challenges and prospects of lithium-sulfur batteries. Accounts of Chemical Research，2013，46（5）：1125-1134.

[58] Lee J S，Tai K S，Cao R，et al. Metal-air batteries with high energy density：Li-air versus Zn-air. Advanced Energy Materials，2011，1（1）：34-50.

[59] Gao J，Cai X，Wang J，et al. Recent progress in hierarchically structured O_2-cathodes for Li-O_2 batteries. Chemical Engineering Journal，2018，352：972-995.

[60] Sandhu S S，Fellner J P，Brutchen G W. Diffusion-limited model for a lithium/air battery with an organic electrolyte. Journal of Power Sources，2007，164（1）：365-371.

[61] Chang Z，Xu J，Zhang X. Recent progress in electrocatalyst for Li-O_2 batteries. Advanced Energy Materials，2017，7（23）：1700875.

[62] Hou Y，Wang J，Liu L，et al. Mo_2C/CNT：An efficient catalyst for rechargeable Li-CO_2 batteries. Advanced Functional Materials，2017，27（27）：1700564.

[63] Ge B，Sun Y，Guo J，et al. A Co-doped MnO_2 catalyst for Li-CO_2 batteries with low overpotential and ultrahigh cyclability. Small，2019，15（34）：1902220.

[64] McCloskey B D，Speidel A，Scheffler R，et al. Twin problems of interfacial carbonate formation in nonaqueous Li-O_2 batteries. The Journal of Physical Chemistry Letters，2012，3（8）：997-1001.

[65] Xia C，Kwok C Y，Nazar L F. A high-energy-density lithium-oxygen battery based on a reversible four-electron conversion to lithium oxide. Science，2018，361（6404）：777-781.

[66] Cai Y，Hou Y，Lu Y，et al. Recent progress on catalysts for the positive electrode of aprotic lithium-oxygen batteries. Inorganics，2019，7（6）：69.

[67] Zhang S S，Foster D，Read J. Discharge characteristic of a non-aqueous electrolyte Li/O_2 battery. Journal of Power Sources，2010，195（4）：1235-1240.

[68] Suryatna A，Raya I，Thangavelu L，et al. A review of high-energy density lithium-air battery technology：Investigating the effect of oxides and nanocatalysts. Journal of Chemistry，2022，2022：2762647.

[69] Yan C，Li H，Ye Y，et al. Coordinatively unsaturated nickel-nitrogen sites towards selective and high-rate CO_2 electroreduction. Energy & Environmental Science，2018，11（5）：1204-1210.

[70] Zhang H，Zuo S，Qiu M，et al. Direct probing of atomically dispersed Ru species over multi-edged TiO_2 for highly efficient photocatalytic hydrogen evolution. Science Advances，6（39）：eabb9823.

[71] Zhang L，Liu D，Muhammad Z，et al. Single nickel atoms on nitrogen-doped graphene enabling enhanced kinetics of lithium-sulfur batteries. Advanced Materials，2019，31（40）：1903955.

[72] Shi Q，Zhu C，Du D，et al. Robust noble metal-based electrocatalysts for oxygen evolution reaction. Chemical Society Reviews，2019，48（12）：3181-3192.

[73] Zhao W，Wang J，Yin R，et al. Single-atom Pt supported on holey ultrathin g-C_3N_4 nanosheets as efficient catalyst for Li-O_2 batteries. Journal of Colloid and Interface Science，2020，564：28-36.

[74] Tang C，Sun P，Xie J，et al. Two-dimensional IrO_2/MnO_2 enabling conformal growth of amorphous Li_2O_2 for high-

performance Li-O_2 batteries. Energy Storage Materials，2017，9：206-213.

[75] Zhang T，Zou B，Bi X，et al. Selective growth of a discontinuous subnanometer Pd film on carbon defects for Li-O_2 batteries. ACS Energy Letters，2019，4（12）：2782-2786.

[76] Zhang P，Ding M，Li X，et al. Challenges and strategy on parasitic reaction for high-performance nonaqueous lithium-oxygen batteries. Advanced Energy Materials，2020，10（40）：2001789.

[77] Wang H，Wang X，Li M L，et al. Porous materials applied in nonaqueous Li-O_2 batteries：Status and perspectives. Advanced Materials，2020，32（44）：2002559.

[78] Li F，Li M L，Wang H F，et al. Oxygen vacancy-mediated growth of amorphous discharge products toward an ultrawide band light-assisted Li-O_2 batteries. Advanced Materials，2022，34（10）：2107826.

[79] Zheng J，Zhang W，Wang R，et al. Single-atom Pd-N_4 catalysis for stable low-overpotential lithium-oxygen battery. Small，2023，19（10）：2204559.

[80] Lu Y C，Gasteiger H A，Yang S H. Catalytic activity trends of oxygen reduction reaction for nonaqueous Li-air batteries. Journal of the American Chemical Society，2011，133（47）：19048-19051.

[81] Wang G，Tu F，Xie J，et al. High-performance Li-O_2 batteries with controlled Li_2O_2 growth in graphene/Au-nanoparticles/Au-nanosheets sandwich. Advanced Science，2016，3（10）：1500339.

[82] Wu G，More K L，Johnston C M，et al. High-performance electrocatalysts for oxygen reduction derived from polyaniline，iron，and cobalt. Science，2011，332（6028）：443-447.

[83] Proietti E，Jaouen F，Lefèvre M，et al. Iron-based cathode catalyst with enhanced power density in polymer electrolyte membrane fuel cells. Nature Communications，2011，2（1）：416.

[84] Shui J L，Karan N K，Balasubramanian M，et al. Fe/N/C composite in Li-O_2 battery：Studies of catalytic structure and activity toward oxygen evolution reaction. Journal of the American Chemical Society，2012，134（40）：16654-16661.

[85] Wang P，Ren Y，Wang R，et al. Atomically dispersed cobalt catalyst anchored on nitrogen-doped carbon nanosheets for lithium-oxygen batteries. Nature Communications，2020，11（1）：1576.

[86] Song L N，Zhang W，Wang Y，et al. Tuning lithium-peroxide formation and decomposition routes with single-atom catalysts for lithium-oxygen batteries. Nature Communications，2020，11（1）：2191.

[87] Lian Z，Lu Y，Ma S，et al. Metal atom-doped Co_3O_4 nanosheets for Li-O_2 battery catalyst：Study on the difference of catalytic activity. Chemical Engineering Journal，2022，445：136852.

[88] Fang Y，Zeng Y，Jin Q，et al. Nitrogen-doped amorphous Zn-carbon multichannel fibers for stable lithium metal anodes. Angewandte Chemie International Edition，2021，60（15）：8515-8520.

[89] Huang S，Lu S，Lv Y，et al. Single-atomic Zn-(C/N/O)lithiophilic sites induced stable lithium plating/stripping in anode-free lithium metal battery. Nano Research，2023，16（8）：11473-11485.

[90] Li X，Han G，Lou S，et al. Tailoring lithium-peroxide reaction kinetics with CuN_2C_2 single-atom moieties for lithium-oxygen batteries. Nano Energy，2022，93：106810.

[91] Bai T，Li D，Xiao S，et al. Recent progress on single-atom catalysts for lithium-air battery applications. Energy & Environmental Science，2023，16（4）：1431-1465.

[92] Yu X，Manthiram A. Recent advances in lithium-carbon dioxide batteries. Small，2020，1（2）：2000027.

[93] Appel A M，Bercaw J E，Bocarsly A B，et al. Frontiers，opportunities，and challenges in biochemical and chemical catalysis of CO_2 fixation. Chemical Reviews，2013，113（8）：6621-6658.

[94] Huang J，Hörmann N，Oveisi E，et al. Potential-induced nanoclustering of metallic catalysts during electrochemical CO_2 reduction. Nature Communications，2018，9（1）：3117.

[95] Chou S L，Dou S X. Boosting up the Li-CO_2 battery by the ultrathin RuRh nanosheet. Matter，2020，2（6）：1356-1358.

[96] Mu X，Pan H，He P，et al. Li-CO_2 and Na-CO_2 batteries：Toward greener and sustainable electrical energy storage. Advanced Materials，2020，32（27）：1903790.

[97] Lv J J，Jouny M，Luc W，et al. A highly porous copper electrocatalyst for carbon dioxide reduction. Advanced Materials，2018，30（49）：1803111.

[98] Sato S，Morikawa T，Kajino T，et al. A highly efficient mononuclear iridium complex photocatalyst for CO_2 reduction under visible light. Angewandte Chemie International Edition，2013，52（3）：988-992.

[99] Liu B，Sun Y，Liu L，et al. Recent advances in understanding Li-CO_2 electrochemistry. Energy & Environmental Science，2019，12（3）：887-922.

[100] Qiao Y，Xu S，Liu Y，et al. Transient，in situ synthesis of ultrafine ruthenium nanoparticles for a high-rate Li-CO_2 battery. Energy & Environmental Science，2019，12（3）：1100-1107.

[101] Lin J，Ding J，Wang H，et al. Boosting energy efficiency and stability of Li-CO_2 batteries via synergy between Ru atom clusters and single-atom Ru-N_4 sites in the electrocatalyst cathode. Advanced Materials，2022，34（17）：2200559.

[102] Rho Y，Kim B，Shin K，et al. Atomically miniaturized bi-phase IrO_x/Ir catalysts loaded on N-doped carbon nanotubes for high-performance Li-CO_2 batteries. Journal of Materials Chemistry A，2022，10（37）：19710-19721.

[103] Hu C，Gong L，Xiao Y，et al. High-performance，long-life，rechargeable Li-CO_2 batteries based on a 3D holey graphene cathode implanted with single iron atoms. Advanced Materials，2020，32（16）：1907436.

[104] Liu Y，Zhao S，Wang D，et al. Toward an understanding of the reversible Li-CO_2 batteries over metal-N_4-functionalized graphene electrocatalysts. ACS Nano，2022，16（1）：1523-1532.

[105] Lin D，Liu Y，Cui Y. Reviving the lithium metal anode for high-energy batteries. Nature Nanotechnology，2017，12（3）：194-206.

[106] Zheng J，Kim M S，Tu Z，et al. Regulating electrodeposition morphology of lithium：Towards commercially relevant secondary Li metal batteries. Chemical Society Reviews，2020，49（9）：2701-2750.

[107] Lu C，Fang R，Chen X. Single-atom catalytic materials for advanced battery systems. Advanced Materials，2020，32（16）：1906548.

[108] Zhang R，Chen X R，Chen X，et al. Lithiophilic sites in doped graphene guide uniform lithium nucleation for dendrite-free lithium metal anodes. Angewandte Chemie International Edition，2017，56（27）：7764-7768.

[109] Sun Y，Zhou J，Ji H，et al. Single-atom iron as lithiophilic site to minimize lithium nucleation overpotential for stable lithium metal full battery. ACS Applied Materials & Interfaces，2019，11（35）：32008-32014.

[110] Liu H，Chen X，Cheng X B，et al. Uniform lithium nucleation guided by atomically dispersed lithiophilic CoN_x sites for safe lithium metal batteries. Small Methods，2019，3（9）：1800354.

[111] Liu J，Bao Z，Cui Y，et al. Pathways for practical high-energy long-cycling lithium metal batteries. Nature Energy，2019，4（3）：180-186.

[112] van Noorden R. Sulphur back in vogue for batteries. Nature，2013，498（7455）：416-417.

[113] Li G，Wang S，Zhang Y，et al. Revisiting the role of polysulfides in lithium-sulfur batteries. Advanced Materials，2018，30（22）：1705590.

[114] Lei D，Shi K，Ye H，et al. Progress and perspective of solid-state lithium-sulfur batteries. Advanced Functional Materials，2018，28（38）：1707570.

[115] Chung S H，Chang C H，Manthiram A. A carbon-cotton cathode with ultrahigh-loading capability for statically and

dynamically stable lithium-sulfur batteries. ACS Nano，2016，10（11）：10462-10470.

[116] Fang R，Zhao S，Hou P，et al. 3D interconnected electrode materials with ultrahigh areal sulfur loading for Li-S batteries. Advanced Materials，2016，28（17）：3374-3382.

[117] Agostini M，Hwang J Y，Kim H M，et al. Minimizing the electrolyte volume in Li-S batteries：A step forward to high gravimetric energy density. Advanced Energy Materials，2018，8（26）：1801560.

[118] Rana M，Ahad S A，Li M，et al. Review on areal capacities and long-term cycling performances of lithium sulfur battery at high sulfur loading. Energy Storage Materials，2019，18：289-310.

[119] Qi Q，Lv X，Lv W，et al. Multifunctional binder designs for lithium-sulfur batteries. Journal of Energy Chemistry，2019，39：88-100.

[120] Li T，Bai X，Gulzar U，et al. A comprehensive understanding of lithium-sulfur battery technology. Advanced Functional Materials，2019，29（32）：1901730.

[121] Wang T，He J，Cheng X B，et al. Strategies toward high-loading lithium-sulfur batteries. ACS Energy Letters，2023，8（1）：116-150.

[122] Zheng D，Wang G，Liu D，et al. The progress of Li-S batteries-understanding of the sulfur redox mechanism：Dissolved polysulfide ions in the electrolytes. Advanced Materials Technologies，2018，3（9）：1700233.

[123] de Luna Y，Abdullah M，Dimassi S N，et al. All-solid lithium-sulfur batteries：Present situation and future progress. Ionics，2021，27（12）：4937-4960.

[124] Cheng M，Yan R，Yang Z，et al. Polysulfide catalytic materials for fast-kinetic metal-sulfur batteries：Principles and active centers. Advanced Science，2022，9（2）：2102217.

[125] Yang Y，Yang H，Wang X，et al. Multivalent metal-sulfur batteries for green and cost-effective energy storage：Current status and challenges. Journal of Energy Chemistry，2022，64：144-165.

[126] Li T，Bai X，Gulzar U，et al. A comprehensive understanding of lithium-sulfur battery technology. Advanced Functional Materials，2019，29（32）：1901730.

[127] Zhou L，Danilov D L，Eichel R A，et al. Host materials anchoring polysulfides in Li-S batteries reviewed. Advanced Energy Materials，2021，11（15）：2001304.

[128] Wu Q，Zhou X，Xu J，et al. Carbon-based derivatives from metal-organic frameworks as cathode hosts for Li-S batteries. Journal of Energy Chemistry，2019，38：94-113.

[129] Ould Ely T，Kamzabek D，Chakraborty D，et al. Lithium-sulfur batteries：State of the art and future directions. ACS Applied Energy Materials，2018，1（5）：1783-1814.

[130] Chen H，Wu Z，Zheng M，et al. Catalytic materials for lithium-sulfur batteries：Mechanisms，design strategies and future perspective. Materials Today，2022，52：364-388.

[131] al Salem H，Babu G，Rao V C，et al. Electrocatalytic polysulfide traps for controlling redox shuttle process of Li-S batteries. Journal of the American Chemical Society，2015，137（36）：11542-11545.

[132] Xiao R，Chen K，Zhang X，et al. Single-atom catalysts for metal-sulfur batteries：Current progress and future perspectives. Journal of Energy Chemistry，2021，54：452-466.

[133] Zhao M，Li B Q，Peng H J，et al. Lithium-sulfur batteries under lean electrolyte conditions：Challenges and opportunities. Angewandte Chemie International Edition，2020，59（31）：12636-12652.

[134] Fan F Y，Pan M S，Lau K C，et al. Solvent effects on polysulfide redox kinetics and ionic conductivity in lithium-sulfur batteries. Journal of the Electrochemical Society，2016，163（14）：A3111.

[135] Fan F Y，Chiang Y M. Electrodeposition kinetics in Li-S batteries：Effects of Low electrolyte/sulfur ratios and deposition surface composition. Journal of the Electrochemical Society，2017，164（4）：A917.

[136] Fan F Y, Carter W C, Chiang Y. Mechanism and kinetics of Li_2S precipitation in lithium-sulfur batteries. Advanced Materials，2015，27（35）：5203-5209.

[137] Cheng X B，Yan C，Huang J Q，et al. The gap between long lifespan Li-S coin and pouch cells：The importance of lithium metal anode protection. Energy Storage Materials，2017，6：18-25.

[138] Kong L, Jin Q, Huang J Q, et al. Nonuniform redistribution of sulfur and lithium upon cycling: Probing the origin of capacity fading in lithium-sulfur pouch cells. Energy Technology，2019，7（12）：1900111.

[139] Wang H，Zhang W，Xu J，et al. Advances in polar materials for lithium-sulfur batteries. Advanced Functional Materials，2018，28（38）：1707520.

[140] Lim W G，Kim S，Jo C，et al. A comprehensive review of materials with catalytic effects in Li-S batteries: Enhanced redox kinetics. Angewandte Chemie International Edition，2019，58（52）：18746-18757.

[141] Zhang Z W，Peng H J，Zhao M，et al. Heterogeneous/homogeneous mediators for high-energy-density lithium-sulfur batteries：Progress and prospects. Advanced Functional Materials，2018，28（38）：1707536.

[142] Liu J, Wang M, Xu N, et al. Progress and perspective of organosulfur polymers as cathode materials for advanced lithium-sulfur batteries. Energy Storage Materials，2018，15：53-64.

[143] Chen W J，Li B Q，Zhao C X，et al. Electrolyte regulation towards stable lithium-metal anodes in lithium-sulfur batteries with sulfurized polyacrylonitrile cathodes. Angewandte Chemie International Edition，2020，59（27）：10732-10745.

[144] Li Q, Yang H, Naveed A, et al. Duplex component additive of tris (trimethylsilyl) phosphite-vinylene carbonate for lithium sulfur batteries. Energy Storage Materials，2018，14：75-81.

[145] Liang J, Sun Z H, Li F, et al. Carbon materials for Li-S batteries: Functional evolution and performance improvement. Energy Storage Materials，2016，2：76-106.

[146] Yeon J S，Yun S，Park J M，et al. Surface-modified sulfur nanorods immobilized on radially assembled open-porous graphene microspheres for lithium-sulfur batteries. ACS Nano，2019，13（5）：5163-5171.

[147] Zhang L, Liu D, Muhammad Z, et al. Single nickel atoms on nitrogen-doped graphene enabling enhanced kinetics of lithium-sulfur batteries. Advanced Materials，2019，31（40）：1903955.

[148] Shi H，Ren X，Lu J，et al. Dual-functional atomic zinc decorated hollow carbon nanoreactors for kinetically accelerated polysulfides conversion and dendrite free lithium sulfur batteries. Advanced Energy Materials，2020，10（39）：2002271.

[149] Shao Q, Xu L, Guo D, et al. Atomic level design of single iron atom embedded mesoporous hollow carbon spheres as multi-effect nanoreactors for advanced lithium-sulfur batteries. Journal of Materials Chemistry A, 2020, 8（45）：23772-23783.

[150] Ma C, Zhang Y, Feng Y, et al. Engineering Fe-N coordination structures for fast redox conversion in lithium-sulfur batteries. Advanced Materials，2021，33（30）：2100171.

[151] Wang P, Xi B, Zhang Z, et al. Atomic tungsten on graphene with unique coordination enabling kinetically boosted lithium-sulfur batteries. Angewandte Chemie International Edition，2021，60（28）：15563-15571.

[152] Liu Z，Zhou L，Ge Q，et al. Atomic iron catalysis of polysulfide conversion in lithium-sulfur batteries. ACS Applied Materials & Interfaces，2018，10（23）：19311-19317.

[153] Du Z，Chen X，Hu W，et al. Cobalt in nitrogen-doped graphene as single-atom catalyst for high-sulfur content lithium-sulfur batteries. Journal of the American Chemical Society，2019，141（9）：3977-3985.

[154] Andritsos E I, Lekakou C, Cai Q. Single-atom catalysts as promising cathode materials for lithium-sulfur batteries. The Journal of Physical Chemistry C，2021，125（33）：18108-18118.

[155] Zhang Z，Wang G，Lai Y，et al. Nitrogen-doped porous hollow carbon sphere-decorated separators for advanced lithium-sulfur batteries. Journal of Power Sources，2015，300：157-163.

[156] Zhang K，Chen Z，Ning R，et al. Single-atom coated separator for robust lithium-sulfur batteries. ACS Applied Materials & Interfaces，2019，11（28）：25147-25154.

[157] de la Llave E，Borgel V，Park K J，et al. Comparison between Na-ion and Li-ion cells：Understanding the critical role of the cathodes stability and the anodes pretreatment on the cells behavior. ACS Applied Materials & Interfaces，2016，8（3）：1867-1875.

[158] Zu C X，Li H. Thermodynamic analysis on energy densities of batteries. Energy & Environmental Science，2011，4（8）：2614-2624.

[159] Mosallanejad B，Malek S S，Ershadi M，et al. Cycling degradation and safety issues in sodium-ion batteries：Promises of electrolyte additives. Journal of Electroanalytical Chemistry，2021，895：115505.

[160] Ellis B L，Nazar L F. Sodium and sodium-ion energy storage batteries. Current Opinion in Solid State and Materials Science，2012，16（4）：168-177.

[161] Liu Q，Zhao X，Yang Q，et al. The Progress in the electrolytes for solid state sodium-ion battery. Advanced Materials Technologies，2023，8（7）：2200822.

[162] Åvall G，Mindemark J，Brandell D，et al. Sodium-ion battery electrolytes：Modeling and simulations：Advanced Energy Materials，2018，8（17）：1703036.

[163] Wang B，Wang X，Liang C，et al. An all-prussian-blue-based aqueous sodium-ion battery. ChemElectroChem，2019，6（18）：4848-4853.

[164] Palomares V，Casas-Cabanas M，Castillo-Martínez E，et al. Update on Na-based battery materials. A growing research path. Energy & Environmental Science，2013，6（8）：2312-2337.

[165] Li Y，Wu F，Li Y，et al. Ether-based electrolytes for sodium ion batteries. Chemical Society Reviews，2022，51（11）：4484-4536.

[166] Wang X，Roy S，Shi Q，et al. Progress in and application prospects of advanced and cost-effective iron（Fe）-based cathode materials for sodium-ion batteries. Journal of Materials Chemistry A，2021，9（4）：1938-1969.

[167] Lee J M，Singh G，Cha W，et al. Recent advances in developing hybrid materials for sodium-ion battery anodes. ACS Energy Letters，2020，5（6）：1939-1966.

[168] Tian Y，Zeng G，Rutt A，et al. Promises and challenges of next-generation "Beyond Li-ion" batteries for electric vehicles and grid decarbonization. Chemical Reviews，2021，121（3）：1623-1669.

[169] Hwang J Y，Myung S T，Sun Y K. Sodium-ion batteries：Present and future. Chemical Society Reviews，2017，46（12）：3529-3614.

[170] Zhao L，Zhang T，Li W，et al. Engineering of sodium-ion batteries：Opportunities and challenges. Engineering，2023，24：172-183.

[171] Adelhelm P，Hartmann P，Bender C L，et al. From lithium to sodium：Cell chemistry of room temperature sodium-air and sodium-sulfur batteries. Beilstein Journal of Nanotechnology，2015，6：1016-1055.

[172] Li Y，Kong M，Hu J，et al. Carbon-microcuboid-supported phosphorus-coordinated single atomic copper with ultrahigh content and its abnormal modification to Na storage behaviors. Advanced Energy Materials，2020，10（19）：2000400.

[173] Lv Y，He Q，He X，et al. Nitrogen and atomic Ni co-doped carbon material for sodium ion storage. Chemical Communications，2020，56（38）：5182-5185.

[174] Lu Z，Wang J，Feng W，et al. Zinc single-atom-regulated hard carbons for high-rate and low-temperature sodium-

ion batteries. Advanced Materials，2023，35（26）：2211461.

[175] Wang Y X，Zhang B，Lai W，et al. Room-temperature sodium-sulfur batteries：A comprehensive review on research progress and cell chemistry. Advanced Energy Materials，2017，7（24）：1602829.

[176] Li L，Seng K H，Li D，et al. SnSb@carbon nanocable anchored on graphene sheets for sodium ion batteries. Nano Research，2014，7（10）：1466-1476.

[177] Wei S，Xu S，Agrawral A，et al. A stable room-temperature sodium-sulfur battery. Nature Communications，2016，7（1）：11722.

[178] Hueso K B，Armand M，Rojo T. High temperature sodium batteries：Status，challenges and future trends. Energy & Environmental Science，2013，6（3）：734-749.

[179] Zhao L，Tao Y，Zhang Y，et al. A critical review on room-temperature sodium-sulfur batteries：From research advances to practical perspectives. Advanced Materials，2024，2402337.

[180] Zhang B W，Sheng T，Liu Y D，et al. Atomic cobalt as an efficient electrocatalyst in sulfur cathodes for superior room-temperature sodium-sulfur batteries. Nature Communications，2018，9（1）：4082.

[181] Zhang E，Hu X，Meng L，et al. Single-atom yttrium engineering Janus electrode for rechargeable Na-S batteries. Journal of the American Chemical Society，2022，144（41）：18995-19007.

[182] Fu J，Cano Z P，Park M G，et al. Electrically rechargeable zinc-air batteries：Progress，challenges，and perspectives. Advanced Materials，2017，29（7）：1604685.

[183] Zhong L，Jiang C，Zheng M，et al. Wood carbon based single-atom catalyst for rechargeable Zn-air batteries. ACS Energy Letters，2021，6（10）：3624-3633.

[184] Jiang H，Xia J，Jiao L，et al. Ni single atoms anchored on N-doped carbon nanosheets as bifunctional electrocatalysts for urea-assisted rechargeable Zn-air batteries. Applied Catalysis B：Environmental，2022，310：121352.

[185] Li Y，Dai H. Recent advances in zinc-air batteries. Chemical Society Reviews，2014，43（15）：5257-5275.

[186] Iqbal A，El-Kadri O M，Hamdan N M. Insights into rechargeable Zn-air batteries for future advancements in energy storing technology. Journal of Energy Storage，2023，62：106926.

[187] Leong K W，Wang Y，Ni M，et al. Rechargeable Zn-air batteries：Recent trends and future perspectives. Renewable and Sustainable Energy Reviews，2022，154：111771.

[188] Tsehaye M T，Alloin F，Iojoiu C，et al. Membranes for zinc-air batteries：Recent progress，challenges and perspectives. Journal of Power Sources，2020，475：228689.

[189] Mechili M，Vaitsis C，Argirusis N，et al. Research progress in transition metal oxide based bifunctional electrocatalysts for aqueous electrically rechargeable zinc-air batteries. Renewable and Sustainable Energy Reviews，2022，156：111970.

[190] Lee S，Choi J，Kim M，et al. Material design and surface chemistry for advanced rechargeable zinc-air batteries. Chemical Science，2022，13（21）：6159-6180.

[191] Dai Y，Yu J，Cheng C，et al. Mini-review of perovskite oxides as oxygen electrocatalysts for rechargeable zinc-air batteries. Chemical Engineering Journal，2020，397：125516.

[192] Chen Y，Ji S，Zhao S，et al. Enhanced oxygen reduction with single-atomic-site iron catalysts for a zinc-air battery and hydrogen-air fuel cell. Nature Communications，2018，9（1）：5422.

[193] Li L，Chen Y J，Xing H R，et al. Single-atom $Fe-N_5$ catalyst for high-performance zinc-air batteries. Nano Research，2022，15（9）：8056-8064.

[194] Liu J，Chen W，Yuan S，et al. High-coordination $Fe-N_4SP$ single-atom catalysts via the multi-shell synergistic effect for the enhanced oxygen reduction reaction of rechargeable Zn-air battery cathodes. Energy & Environmental Science，

2024，17（1）：249-259.

[195] Han Y，Duan H，Zhou C，et al. Stabilizing cobalt single atoms via flexible carbon membranes as bifunctional electrocatalysts for binder-free zinc-air batteries. Nano Letters，2022，22（6）：2497-2505.

[196] Wang Q，Feng Q，Lei Y，et al. Quasi-solid-state Zn-air batteries with an atomically dispersed cobalt electrocatalyst and organohydrogel electrolyte. Nature Communications，2022，13（1）：3689.

[197] Wu Y，Ye C，Yu L，et al. Soft template-directed interlayer confinement synthesis of a Fe-Co dual single-atom catalyst for Zn-air batteries. Energy Storage Materials，2022，45：805-813.

[198] Wang M，Gao P，Li D，et al. Cu/Fe dual atoms catalysts derived from Cu-MOF for Zn-air batteries. Materials Today Energy，2022，28：101086.

[199] Li J C，Qin X，Xiao F，et al. Highly dispersive cerium atoms on carbon nanowires as oxygen reduction reaction electrocatalysts for Zn-air batteries. Nano Letters，2021，21（10）：4508-4515.

[200] Ogasawara T，Débart A，Holzapfel M，et al. Rechargeable Li_2O_2 electrode for lithium batteries. Journal of the American Chemical Society，2006，128（4）：1390-1393.

[201] Kwak W J，Rosy，Sharon D，et al. Lithium–oxygen batteries and related systems：Potential，status，and future. Chemical Reviews，2020，120.

[202] Xu Z，Chau S N，Chen X，et al. Assessing progress towards sustainable development over space and time. Nature，2020，577（7788）：74-78.

[203] Schulte L A，Dale B E，Bozzetto S，et al. Meeting global challenges with regenerative agriculture producing food and energy. Nature Sustainability，2022，5（5）：384-388.

[204] Tang L，Qu J，Mi Z，et al. Substantial emission reductions from Chinese power plants after the introduction of ultra-low emissions standards. Nature Energy，2019，4（11）：929-938.

[205] Qian H，Xu S，Cao J，et al. Air pollution reduction and climate co-benefits in China’s industries. Nature Sustainability，2021，4（5）：417-425.

[206] Ma T，Sun S，Fu G，et al. Pollution exacerbates China’s water scarcity and its regional inequality. Nature Communications，2020，11（1）：650.

[207] Welsby D，Price J，Pye S，et al. Unextractable fossil fuels in a 1.5 ℃ world. Nature，2021，597（7875）：230-234.

第9章

单原子催化材料的理论设计

在催化科学领域，SAC 的理论设计已经成为一个充满挑战与创新的研究方向。随着纳米技术和计算化学的进步，单原子催化材料已实现从理论预测到实验室制备的转变，显示出广泛的应用前景。单原子催化剂因其能提供精确控制的活性位点和优化的电子结构，极大地提高了化学反应的选择性和效率。通过理论设计，不仅能更深入地理解单原子催化剂的工作原理，还能指导其实验合成与应用。单原子催化剂的理论设计在能源转换、环境治理和精细化工等领域显现出独特的价值，它不仅降低了试错的成本和时间，还系统地开拓了催化剂性能的新领域。因此，深入研究单原子催化材料的理论设计对于科学研究和高效、环保的工业应用具有极其重要的意义。随着理论和实验方法的进一步融合，预计单原子催化技术将在全球科技创新和工业改革中扮演核心角色。

本章节旨在全面展示单原子催化剂在逆向设计、优化设计和高通量筛选方面的应用，以便深入理解这些先进方法在催化剂开发中的关键作用。这些方法的应用，不仅能够开发出具有定制化催化活性和选择性的单原子催化剂，还能大幅提升研究的效率和成果。

9.1 特定电子和光电子性质的逆向工程设计

逆向工程方法是指从预期的电子和光电子性质出发，逆向推导出催化材料的理想结构和组成。这一过程的成功依靠精确的理论模型和先进的计算技术，从而实现在原子层面上设计具有最佳性能的催化剂[1-3]。此方法不仅促进了新型催化剂的预测和设计，而且对催化科学领域产生了深远影响。在单原子催化剂的研究领域中，逆向工程设计正成为影响催化剂性能的关键方法。此工程通过精确调控活性金属中心及其周围的配体类型、电子结构和空间构型，从而优化 SAC 的催化行为。

逆向工程设计已在 ORR、CO_2RR 和氮气固定等关键单原子催化过程中展现出显著成果[4-6]。目前其应用正在向更加复杂的化学反应扩展，包括异构化、多相催化和光催化反应。结合先进的表征技术和创新的合成方法，逆向工程设计不仅有望开发出新型的高效 SAC，也将推动催化科学的发展。此领域的进步预计将在可持续能源和绿色化学等领域引发重大变革，为解决全球能源和环境问题提供新的解决方案。接下来将对几种常见的逆向工程设计方案进行解读。

9.1.1　缺陷设计

在催化科学中，材料缺陷通常指晶体结构的不规则性，如空位或错位等。这些缺陷显著影响催化反应，主要是通过改变材料表面的电子特性和吸附行为，从而调整催化剂的活性、选择性和稳定性[7-9]。在单原子催化剂的设计领域，有目的地引入缺陷是调整催化性能的一种逆向工程的关键策略。通过精确控制单原子催化剂中的缺陷类型和密度，可以增强单原子催化剂的稳定性，防止催化过程中活性位点的聚集或迁移。此外，通过缺陷设计研究人员能够优化其特定的催化性能。例如，向载体中引入特定的空位，可以改善催化剂活性位点的电子环境，增强其催化活性和选择性[10]。

因此，单原子催化剂中的缺陷设计不仅是调整催化性能的有效方式，也是提升其工业应用价值的关键技术。通过对缺陷的精细调控，可以在更广泛的化学反应中提高催化剂的效率和经济性。接下来，将详细探讨缺陷如何影响催化剂的稳定性和性能，以及这些影响如何被有效利用来优化催化过程。

1. 缺陷提高 SAC 稳定性

单原子催化剂在合成过程中易发生颗粒团聚，活性位点依赖于金属原子物种与载体相邻原子间的强相互作用，这种作用受孤立金属原子与载体周围原子的配位环境影响[11]。载体中的缺陷能够调节电子结构和配位环境，形成空位和不饱和配位点，为单原子金属在不同载体上的分散提供锚定点[12, 13]。特别是金属氧化物和碳材料中的缺陷，被证明是有效的锚定位点，有助于捕获金属单原子并防止其聚集[14]。

在单原子催化材料领域中，氧空位缺陷在金属氧化物载体中被证实是锚定金属单原子的理想位点[15, 16]。氧空位不仅增强了金属单原子在载体上的稳定性，而且通过改变周围金属离子的电子环境，显著影响催化活性[17, 18]。这种改变通常涉及电荷重新分配和局部电子密度的增加，有助于提高催化剂对反应物的吸附能力和催化转化效率。此外，氧空位还可以改善电荷转移过程，促进反应过程中的电子和质子交换，进一步优化催化性能[19]。例如，Zhang 等使用 DFT 系统地计算了单个 Pt 吸附原子在存在氧空位的锐钛矿 TiO_2 的（001）和（101）表面和金红石 TiO_2 的（100）、（011）、（110）表面的吸附能[20]，以及 Pt 原子的 d 带中心。计算结果表明了氧空位对锐钛矿和金红石 TiO_2 表面吸附 Pt 原子的影响。如图 9.1 所示，氧空位的引入会使 TiO_2 吸附单个 Pt 原子的吸附能增加，可以将 Pt 原子更稳定地吸附在 TiO_2 表面。引入氧空位后，Pt 原子的 d 带中心向费米能级移动，这提高了 Pt/TiO_2 单原子催化剂的吸附能，使表面吸附能高于 Pt 的内聚能，从而增强 Pt 原子在 TiO_2 上的热力学稳定性。此项研究表明，在设计和制备单原子催化剂时，通过在金属氧化物载体中有意制造氧空位，可以极大地增强催化剂的化学稳定性和活性，这为解决许多催化挑战提供了新的策略和可能性。

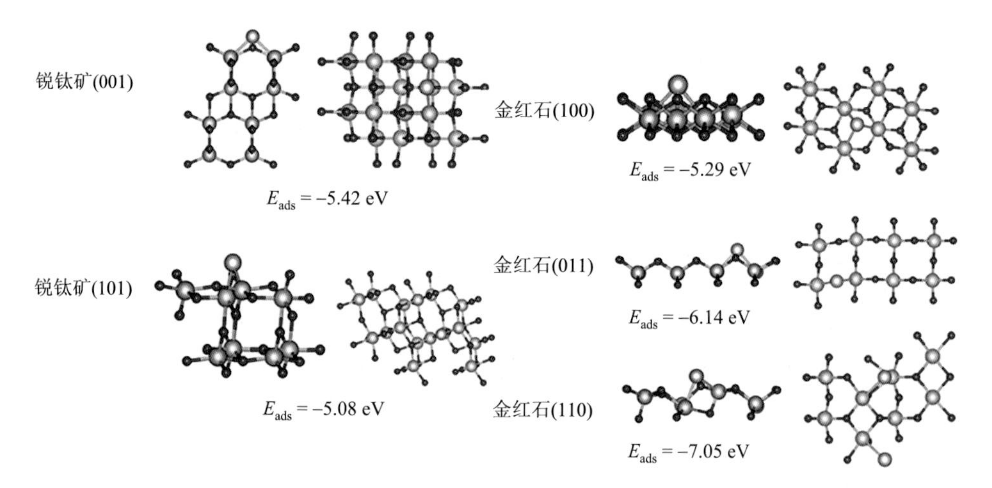

图 9.1 锐钛矿（001）、（101）和金红石（100）、（011）、（110）最稳定的 Pt/TiO_2 氧空位结构的吸附能 E_{ads}

Ti、O 和 Pt 分别表示为蓝色、红色和灰色[20]

不同的碳材料（如石墨烯、碳纳米管、活性炭等）具有不同的晶格结构和化学环境，这直接影响空位的形成能和稳定性[21]。例如，在石墨烯中，空位会打断 π-电子系统，造成局部的电子重排和应力集中，这可能导致空位附近的碳原子重新排列，从而影响空位的稳定性[22-24]。基于 MOF 的缺陷工程技术，He 等开发了一种通用的合成策略[25]，用于生成一系列过渡金属单原子催化剂 M SAs/NC（M = Co，Cu，Mn）。通过向 MOF 结构中故意引入缺陷，增加了金属位点间的原子距离，有效抑制了金属聚集，从而实现了单原子金属产率约 70%的提升。同时，这种方法还便于调整金属位点的配位结构。优化处理后的 Co SAs/NC-800（800 代表热解温度）催化剂在硝基芳烃选择性加氢反应中表现出卓越的活性和重复使用性，优于多种现有的非贵金属催化剂。相较于无缺陷 MOF，其单原子产率提高了大约 70%。因此，理解并控制碳材料中空位的稳定性对于开发和优化碳基催化剂是至关重要的，这对提高其在各种化学反应中的性能和应用价值具有显著影响。

2. 缺陷对 SAC 催化性能的影响

在单原子催化剂的性能优化中，载体中的缺陷（如空位[26, 27]、晶界[28]等）也是一个关键的调控因素。这些缺陷通过影响金属中心的局部电子密度，对单原子催化剂的催化性能产生显著影响。

在碳材料中，空位对其物理/化学性能具有显著影响，尤其在电子、催化和电化学领域表现突出[29]。空位通过引入局部电荷和改变电子密度，影响材料的导电性[30, 31]。同时，空位也改善了材料的吸附性能。例如 Jiang 等通过 DFT 计算系统地研究了预吸附行为和 FeN_4 位点缺陷对 Fe-NC 材料 ORR 活性的调控机制[32]。研究发现，预吸附的*OH 通过调节 $Fe(OH)N_4$ 位点（特别是 Fe 的 d_{z^2} 和 d_{yz} 轨道之间）和后续*OH 中间体之间的电子分布，降低了 Fe 中心的吸附能力，从而提高了 ORR 活性。如图 9.2 所示，Fe 的 d_{xz} 和 d_{yz} 轨道与 O 的 p_x、p_y 轨道杂化产生两个简并的全填充 π 键轨道和两个简并的半填充 π^*反键轨道，Fe 的 d_{z^2} 与 O 的 $p_z + s$ 轨道杂化产生一个全填充 σ 键轨道和一个半填充 σ^*反键轨道，这极大地调节了 Fe 中心对反应中间体的吸附能力。此项工作揭示了 $Fe(d_{xz})$-$O(p_x)$、$Fe(d_{yz})$-$O(p_y)$和 $Fe(d_{z^2})$-$O(p_z + s)$轨道的杂化是 Fe-NC 单原子催化剂 ORR 活性的起源。

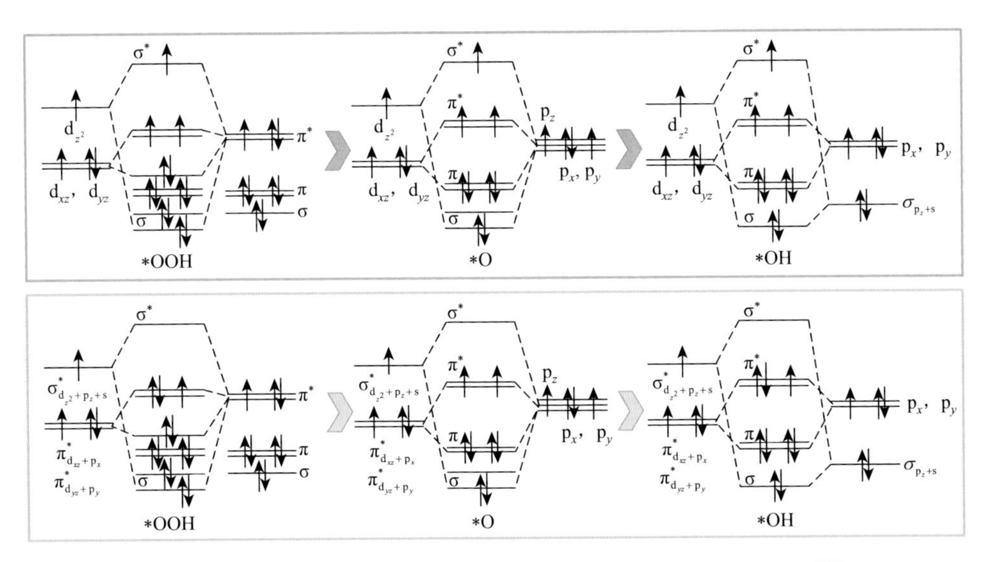

图 9.2　ORR 中间体与无吸附和预吸附 FeN_4 位点的轨道相互作用[32]

此外，碳材料的固有缺陷，如空位和纳米孔，对 M-N_x 配位环境的调节有着至关重要的作用[33]。空位周围的碳原子因未饱和电子而具有较高化学活性，能够增强材料在氧还原反应等催化反应中的催化效率。Yao 等[22]成功开发了富含本征碳缺陷的 Cu 单原子催化剂（Cu SAC），通过调整盐的添加量实现了对碳缺陷程度的精确控制，特别是在高盐条件下可以有效促进碳缺陷的形成。所得 Cu SAC 展现出较大的比表面积和高度多孔的结构，且碳缺陷程度可控。这些特征的结合使 Cu SAC 在氧还原反应中展示出卓越的活性和长期稳定性。在碱性介质中的 ORR 测试表明，Cu SAC 具有 0.897 V 的半波电位（*vs.* RHE），极限电流密度达到 6.5 $mA \cdot cm^{-2}$，并且其转换频率是传统 Pt/C 催化剂的 10 倍。密度泛函理论计算指出，优化程度和位置的本征碳缺陷能够显著调节*OOH 吸附中间体中 O—O 键的电荷密度，降低解离能，从而提高催化效率（图 9.3）。然而，研究同时发现，过多的空位可能削弱材料的结构稳定性，影响其机械性能。因此，精确控制空位的数量和分布是关键，在保持结构稳定性的同时，优化碳材料的电子、催化和吸附性能，满足特定的需求。

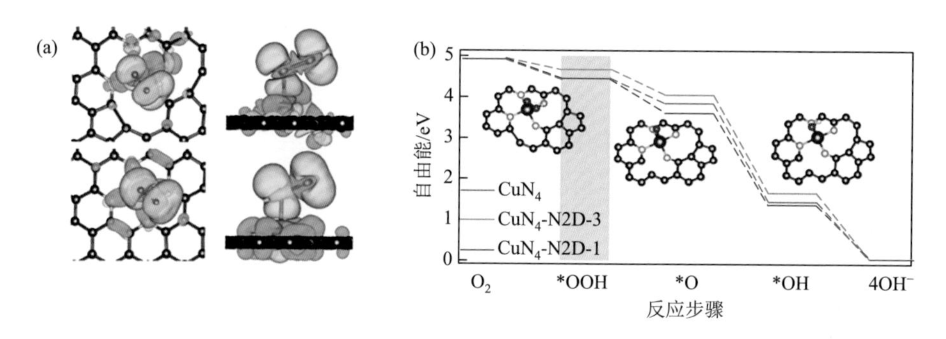

图 9.3 富含缺陷 Cu SAC 的 ORR 反应途径模拟

（a）ORR 的自由能图；（b）CuN_4-N2D-1（上）和 CuN_4（下）构型朝向*OOH 中间体的电荷密度差[22]；CuN_4：铜原子以四个氮原子配位的形式存在；CuN_4-N2D-3、CuN_4-N2D-1：铜原子以四个氮原子配位的形式存在，N2D-3、N2D-1 表示不同缺陷位点

单原子催化剂的缺陷设计也存在挑战，缺陷工程的复杂性导致理论模拟与实际应用之间常常存在偏差，尤其是在精确控制缺陷类型和分布方面。计算成本也是一个重要因素，因为高精度的模拟需求高性能计算资源。针对这些挑战，未来发展的方向包括发展更精确的多尺度模型和高效的计算方法，以便更好地模拟复杂的缺陷动力学和对单原子催化活性的影响。此外，将机器学习和人工智能技术应用于缺陷工程，可以优化缺陷设计过程，快速识别最有利的缺陷配置。同时，研究应强化实验与理论模型的整合，确保缺陷工程的实用性和效果预测的准确性。通过这些方法，缺陷工程的理论设计将能更有效地促进新型高性能单原子催化剂的开发，以应对能源转换和环境净化等关键技术挑战。

9.1.2 元素掺杂

杂原子的掺杂指的是在单原子催化剂的结构中，引入一种或多种与原有材料化学性质不同的原子，从而实现特定的催化性能提升。通过精确引入非金属或金属杂原子，如氮、硫、磷或过渡金属等，可以改变催化中心的电子结构和电荷分布，进而优化局部化学环境[34-37]。这种杂原子掺杂不仅可以在载体上提供新的活性位点，影响反应物的吸附和反应路径，还可以显著提高催化剂的电子特性和导电性，增强整体催化活性[38, 39]。通过理论设计来调控杂原子的掺杂，反映了在催化剂微观结构上的精确控制，强调了目标导向设计在催化科学中的重要性，从而使单原子催化剂的设计与优化更为科学和高效。

在单原子催化剂中，直接与中心金属原子结合的原子层被称为第一配位壳层。与第一配位壳层中的原子形成化学键但不与中心金属原子成键的原子被认为是在第二配位壳层中。同样，高配位壳层原子是指与第二个壳层和/或更高编号壳层中的原子键合的原子[40]。由于杂原子容易与金属原子配位，因此最典型的控制方法是将多个杂原子掺杂到第一配位壳中，与单个金属原子形成直接配位键。在碳基单原子催化剂中添加杂原子（如 P、S、O、F、N 或 B）是增强其催化能力的有效方法。

氮原子掺杂是一种常见且有效的杂原子掺杂策略，用于改善和优化碳材料及其催化性能[41, 42]。将氮原子引入碳材料中，能够调整电子结构，提供额外的电子或形成空穴，进而增强材料的导电性和电化学活性[43, 44]。此外，氮掺杂可以增加材料的活性位点，提高其催化活性。例如 Shin 等[45]通过 DFT 计算证明，在 Ru-SAC/NDG（NDG 是一种由吡啶、石墨和吡咯单独或者组合使用组成的材料）中掺杂 N 原子可以提高其催化 NO_3^- 还原反应（NO_3^- reduction reaction，NO_3RR）的效率。通过筛选发现 Ru-SAC/$PD_{2c}G_n$ 和 Ir-SAC/$PD_{2c}G_n$ 系统具有较高的 NO_3RR 催化活性。如图 9.4 所示，Ru-SAC/$PD_{2c}G_4$ 和 Ir-SAC/$PD_{2c}G_1$ 的催化 NO_3RR 的能量势垒分别为 0.57eV 和 0.65eV。随着石墨烯中掺杂的 N 原子数量增加，Ru-SAC/$PD_{2c}G_n$ 体系的 NO_3RR 效率有所提高，但 Ir-SAC/$PD_{2c}G_n$ 体系的效率却有所下降。因此，氮原子掺杂可以有效调节碳材料的催化活性。

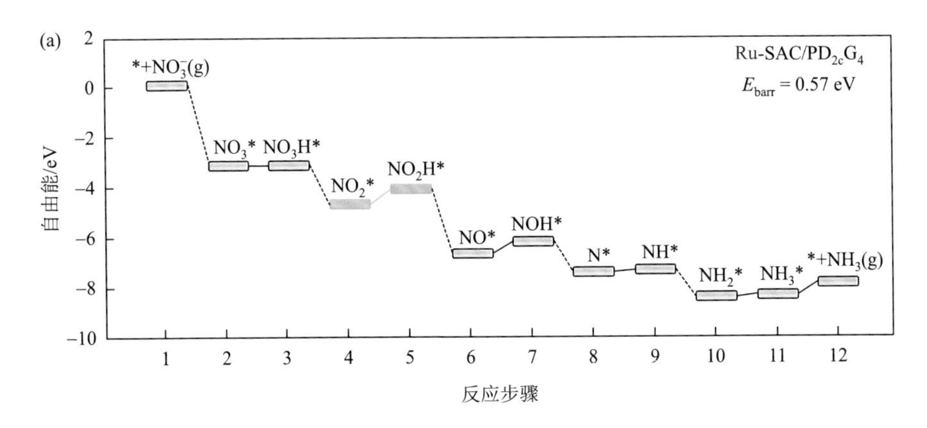

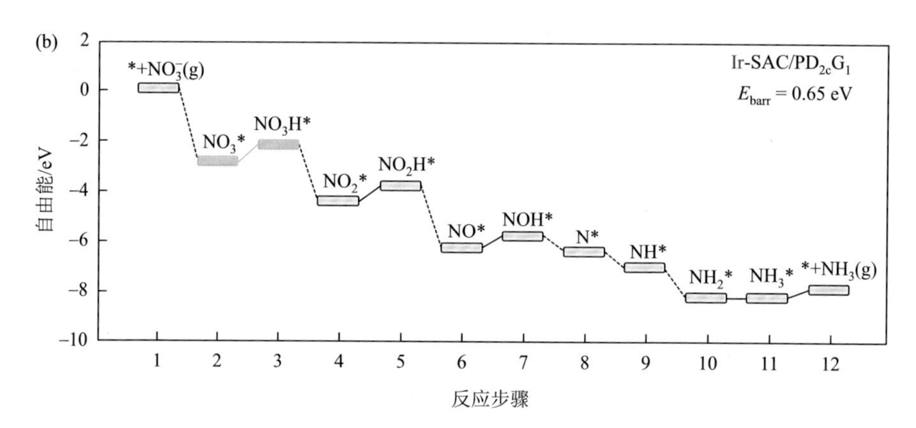

图 9.4 (a) Ru-SAC/$PD_{2c}G_4$和(b) Ir-SAC/$PD_{2c}G_1$上 NO_3RR 的自由能图[45]

Ru-SAC/$PD_{2c}G_4$为 Ru 原子负载在 $PD_{2c}G_4$[吡啶和石墨组成的载体]的单原子催化剂；Ir-SAC/$PD_{2c}G_1$为 Ru 原子负载在 $PD_{2c}G_1$[吡啶和石墨组成的载体]的单原子催化剂

与氮原子相比，硫（S）原子的较低电负性使其通过形成 M—S 键有效调节单原子催化剂的电子结构[46, 47]。Sun 等[48]通过硫原子掺杂，成功开发了具有多样配位环境的 Co 单原子催化剂[图 9.5（a）]，其在碱性介质中显示出杰出的氧还原反应性能。密度泛函理论计算揭示了 Co 原子邻近的硫和氮原子协同作用对其电子密度的调节，这种协同调节优化了电催化反应中间体的吸附自由能，从而显著提高了 ORR 活性。尤其值得注意的是，Co-S_2N_2配位的单原子催化剂在性能上显著超越了 Co-N_4和 Co-S_2型催化剂。此外，在 Ni 单原子催化剂（Ni SAC）催化 CO_2电还原的研究中，硫原子的引入也发挥了显著作用[49]。研究发现，S 掺杂带来的不饱和配位结构对调节金属活性中心周围的电子环境尤为关键。S 原子由于其较大的原子半径和较低的电负性，它的引入不仅调节了局部电子密度，还改变了催化剂的电子结构。这种变化导致 Ni SAC 的活性和选择性显著提升，尤其在还原反应中表现出了极佳的性能[图 9.5（b）～（d）]。因此，S 掺杂被证实是一种有效的用以增强单原子催化剂的催化活性和提高反应效率的策略。

与硫原子类似，磷（P）原子的较低电负性也为单原子催化剂提供了优化途径。通过改变 SAC 的配位环境，P 掺杂能够优化反应中间体在活性位点的吸附过程，从而提升催化活性[50, 51]。Xie 等[52]设计了一种 Cu-N_4位点锚定并由磷调制的氮化碳（Cu ACs/PCN）光催化剂，用于调节 CO_2还原反应路径中的中间能级，以促进乙烯（C_2H_4）的生成。理论计算表明，Cu ACs/PCN 在 C_2H_4形成过程中的中间能级比未掺杂 P 的 Cu-N_4位点低，且在多数分步反应中显示出降低的能量势垒。实验结果进一步证实了掺杂 P 的 Cu ACs/PCN 在提高 C_2H_4产物选择性方面的显著效果。在 Cu ACs/PCN 上，C_2H_4的产物选择性达到 53.14%，产量为 30.51 μmol·g^{-1}。该研究证实了磷掺杂单原子催化剂可以在原子尺度上精细调控催化剂的电子环

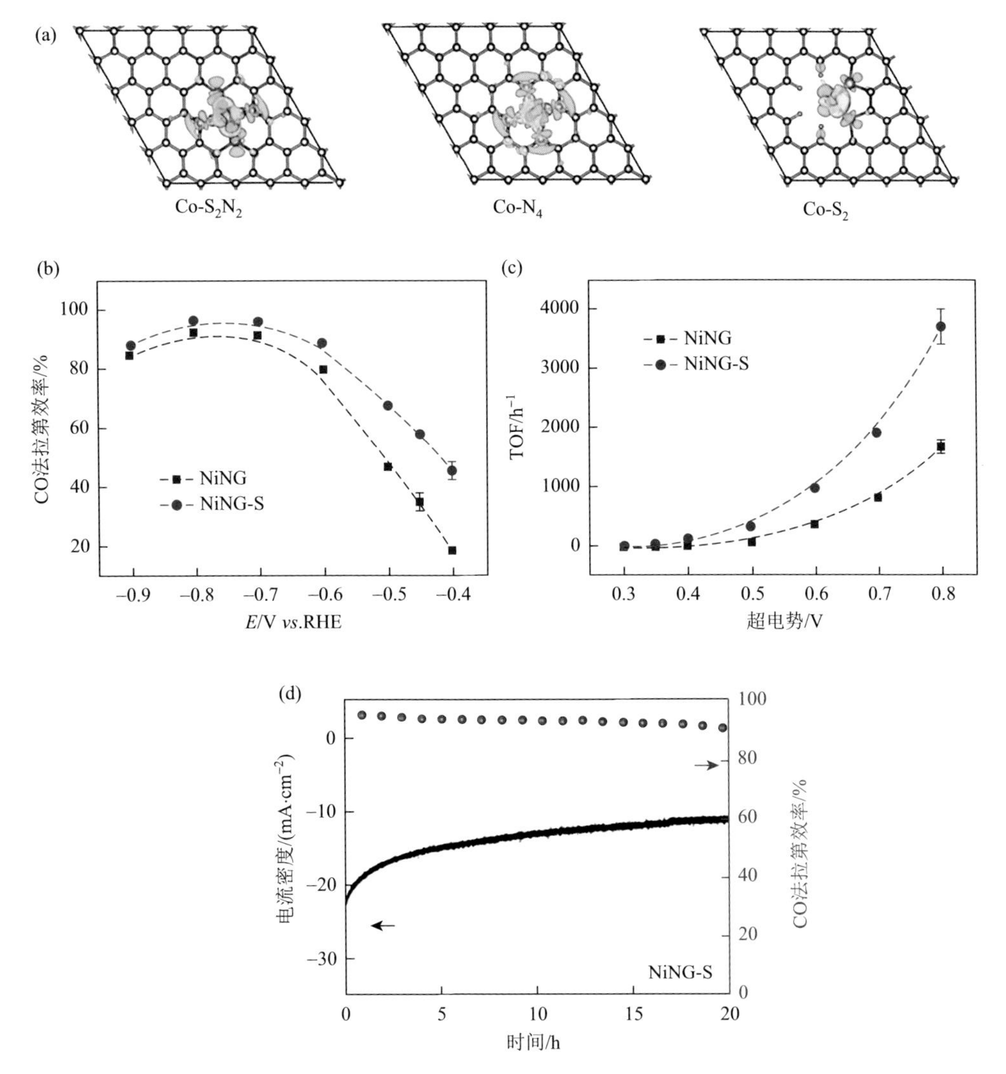

图 9.5　（a）$Co-S_2N_2$、$Co-N_4$ 和 $Co-S_2$ 的电荷密度差（黄色和青色区域分别代表电荷密度耗尽和积累）[48]；（b）CO 的法拉第效率；（c）不同外加电势下的 TOF（转换频率）；（d）NiNG-S 在−0.8 V 下的稳定性测试[49]

$Co-S_2N_2$ 为钴原子以两个硫原子和两个氮原子配位的形式存在；$Co-N_4$ 为钴原子以四个氮原子配位的形式存在；$Co-S_2$ 为钴原子以两个硫原子配位和两个空位的形式存在；E/V vs. RHE 为相对于可逆氢电极 RHE 的电势；NiNG 为不饱和 NiN_2 结构；NiNG-S 为 N、S 双杂原子锚定 Ni 催化剂

境，这不仅能够提高催化剂的活性和选择性，还可以增强其在各种化学转化中的应用潜力。

硼（B）原子由于其空轨道易于影响周围原子的电子密度，因而经常被用于调节催化剂的配位环境[53, 54]。Dai 等[55]通过理论模拟研究了 $Cu-N_xB_y$ 体系中不同硼浓度位点的热力学变化趋势及其对中间体吸附的影响。模拟结果如图 9.6 所示，向 $Cu-N_4$ 配位结构中引入硼原子能够显著促进*CO 和*CHO 中间体的键合能力。基于这一理论预测，实验上使用硼掺杂剂（BNC-Cu）调节孤立铜位点的邻近结构。BNC-Cu 在 −1.46 V*vs.* RHE 条件下表现出 73%的 CH_4 法拉第效率和 −292 $mA \cdot cm^{-2}$ 的 CH_4 部分电流密度（j_{CH_4}）。这些结果验证了硼掺杂在提高二氧化碳电还原反应性能方面的有效性，展示了通过调节单原子催化剂电子结构来优化催化性能的潜力。硼掺杂的碳材料通过独特的化学和物理性质改进，极大地增强了其在催化剂领域的应用潜力，为研究高效和环保的催化解决方案提供了重要的材料基础。

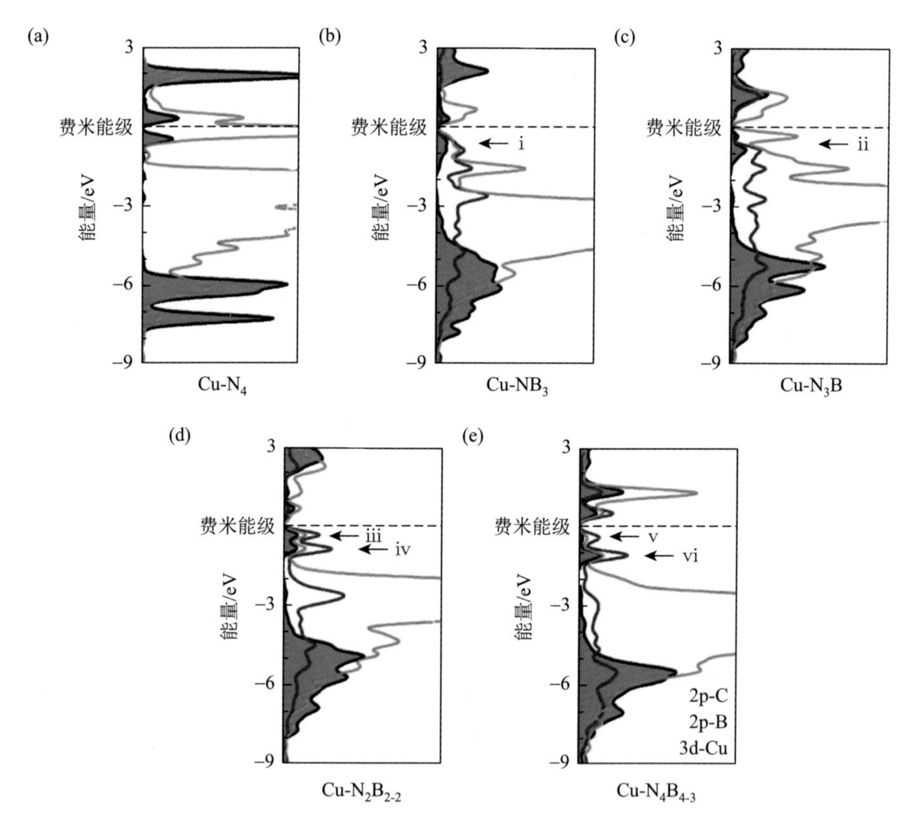

图 9.6 （a）$Cu-N_4$、（b）$Cu-NB_3$、（c）$Cu-N_3B$、（d）$Cu-N_2B_{2-2}$ 和（e）$Cu-N_4B_{4-3}$ 吸附*CHO 的 PDOS，其中 3d-Cu、2p-C（*CHO 的 C 原子）和 2p-B 的电子态分别用橙色、灰色和蓝色表示[55]

$Cu-N_4$、$Cu-NB_3$、$Cu-NB_3$、$Cu-N_2B_2$ 和 $Cu-N_4B_4$ 为不同硼浓度的 $Cu-N_xB_y$ 结构

虽然杂原子掺杂的理论设计在催化剂开发方面取得了显著进展，但仍面临一系列挑战，如高昂的计算资源需求、模型精确性的限制、掺杂效果的复杂可预测性以及工业应用的缩放问题。面对这些局限，未来发展的方向包括利用高性能计

算和算法优化提升计算效率，发展多尺度模型和集成模拟以提供全面的预测，以及结合机器学习技术加速数据处理和材料优化。此外，将可持续性和经济性评估纳入理论设计中，可评估杂原子掺杂的单原子催化材料的环境影响和经济效益，促进其在实际应用中的可持续发展。通过这些集成和创新的方法，杂原子掺杂的理论设计将更有效地支撑新型单原子催化剂的开发，为全球面临的能源和环境挑战提供切实可行的解决方案。

9.1.3　轴向配位工程

轴向配位工程是指优化金属原子上下方向（轴向）的原子或配体的工程，这通常涉及金属原子与上下两侧配体的相互作用。在单原子催化剂的逆向工程设计中，轴向配位工程作为构型设计的一种发挥着关键作用。通过向单原子催化剂的 M-N_4 平面结构中引入垂直方向或非共面的额外配体[56, 57]，预期将打破电子分布的对称性，进而有效地改变中心原子活性位点的电子结构[58]。这种结构调整优化了吸附行为，并降低了反应中间体的能量势垒[59]。引入的轴向配体不仅提供额外的吸附位点，还与 M-N_4 协同作用，影响催化位点的反应路径，从而使反应在能量上更为有利。

此外，由于电子推拉效应和空间位阻效应，轴向的第五个配体可以调节催化位点与反应中间体的结合强度，从而增强单原子催化剂的活性[60]。轴向配位工程在调整单原子催化剂的局域配位结构及电子结构方面已显示出巨大的潜力。目前已经有多种配体，包括氮配体[61-63]（如 N、NH_2、N 杂环化合物等）、卤素配体[64]（如 Cl、Br、I）、氧配体[65, 66]（如 O、OH 等）、碳配体[67]（如 C、CNT、石墨烯等）以及金属配体（如 PtO_2、Te 纳米簇等），被广泛研究并应用于单原子的轴向配位。轴向配体主要从以下三个方面发挥作用[68]：①将单原子活性位点稳定地锚定在电极表面；②作为电子传递的分子导线，促进电极与单原子中心之间的电子迁移；③通过改变金属单原子中心的电子结构，调控其催化活性。图 9.7 系统总结展示了目前已被开发的各种轴向配体，其中，图 9.7（a）展示了 MN_4 与一个轴向配体 X 的配位（X-MN_4）；图 9.7（b）展示了 MN_4 与两个相反方向的轴向配体 X_1 和 X_2 的配位（X_1-MN_4-X_2）；图 9.7（c）展示了 MN_4 与一个由配体构成的轴向基团 X_1-X_2 的配位（X_1-X_2-MN_4）；图 9.7（d）展示了 MN_4 同时与一个轴向基团配体 X_1-X_2 和一个相反方向的轴向配体 X_3 的配位（X_1-X_2-MN_4-X_3）；图 9.7（e）展示了 MN_4 与两个相同方向的轴向配体 X_1 和 X_2 的配位（X_1/X_2-MN_4）；图 9.7（f）展示了 MN_4 与两个相同方向的轴向配体 X_1 和 X_2 的配位及一个相反方向的轴向配体 X_3 的配位（X_1/X_2-MN_4-X_3）；图 9.7（g）展示了 MN_4 与一个轴向吡啶配体 Py 的配位（Py-MN_4）；图 9.7（h）展示了 MN_4 同时与一个轴向吡啶配体 Py 的配位和一个相反方向轴向配体 X 的配位（Py-MN_4-X）；图 9.7（i）展示了 MN_4 与一个

轴向金属团簇配体 $M_{cluster}$ 的配位（$M_{cluster}$-MN_4）；图 9.7（j）展示了 MN_4 同时一个轴向金属团簇配体 $M_{cluster}$ 和一个相反方向轴向配体 X 的配位（$M_{cluster}$-MN_4-X）[69]。

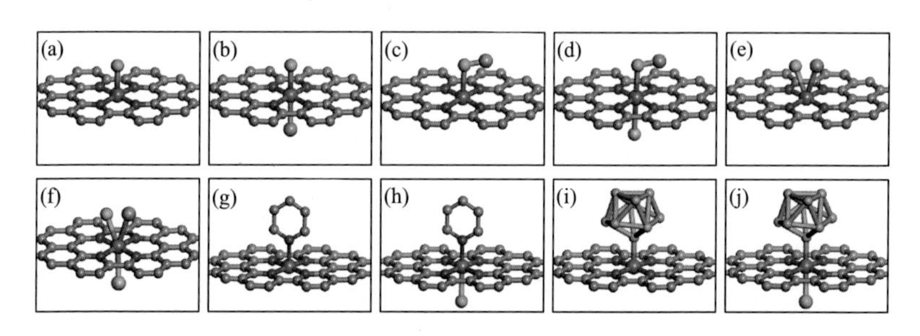

图 9.7 轴向配体（用字母 X 表示）协调的 MN_4 SAC 的代表性配位

（a）具有一个轴向配体（X-MN_4）；（b）具有两个相反方向的轴向配体（X_1-MN_4-X_2）；（c）具有一个轴基配体（X_1-X_2-MN_4）；（d）具有一个轴向配体和一个相反方向轴向基团配体（X_1-X_2-MN_4-X_3）；（e）具有相同方向的两个轴向配体（X_1/X_2-MN_4）；（f）具有两个相同方向的轴向配体和一个相反方向轴向配体（X_1/X_2-MN_4-X_3）；（g）具有一个轴向吡啶配体（Py-MN_4）；（h）具有一个轴向吡啶配体和一个相反方向轴向配体（Py-MN_4-X）；（i）具有一个轴向金属团簇配体（$M_{cluster}$-MN_4）；（j）具有一个轴向金属团簇配体和一个相反方向轴向配体（$M_{cluster}$-MN_4-X）[69]

氯原子（Cl）由于其与过渡金属的显著配位能力，能有效形成基于 M-N_4 的五配位结构。Hu 等[70]的研究表明，通过热解 4, 5-二氯咪唑修饰的 Zn/Fe-双金属三唑盐骨架，成功实现 Fe 原子在氮掺杂碳基质中的均匀分散，形成 FeN_4Cl_1/NC 单原子结构。FeN_4Cl_1/NC 单原子催化剂在氧还原反应中表现出显著的催化活性。密度泛函理论计算结果表明，Cl 原子对于调节 Fe 中心对 OH 基团的吸附自由能起到关键作用。同时，Huang 等[71]构建的五配位结构模型，包括 Co-N_4Cl、Co-CN_3Cl 和 Co-C_4Cl 等结构单元，为 OER 中单原子催化剂的性能研究提供了新的视角。研究发现，不同配位数下的 N 和 Cl 原子导致 Co $3d_{yz}$—O $2p_y$ 与 Co $3p_{xz}$—O $2p_x$ 间的相互作用存在差异，进而影响 Co═O*键的强度（图 9.8），使这些 Co 单原子中心在 OER 过程中呈现出不同的 RDS。氯原子的轴向工程，可以在分子层面精确调控单原子催化剂的催化性能，使其在多种化学反应中显示出优异的活性和特异性。

含氧配体（如 O、OH 等）作为 M-N-C 构型单原子催化剂中的轴向配位基团，对调节催化剂电子结构至关重要[72]。这种调整通过影响中间体与活性位点间的结合能，有效提升了单个金属原子的催化活性。Wang 等[73]展示了一种具有轴向氧配体（O-Zr-NC）的 Zr 单原子催化剂（Zr SAC），其五配位结构通过降低锆的 d 带中心并减弱氧中间体的吸附能，显著提高了 Zr SAC 在氧还原反应中的催化活性，并使其能够与铂催化剂的性能相媲美。此外，Zhang 等[60]利用富含氧和氮的等轴金属有机骨架-3（IRMOF-3）构建了轴向氧配位至 Fe-N_4 活性位点的催化剂，相较于传统 Fe-N_4 结构，这种新型的轴向氧配位的 Fe-N_4（O-Fe-N-C）催化剂在二氧化碳还原反应中表现出优异的活性，包括在–0.50 V *vs.* RHE 时的高法拉第效

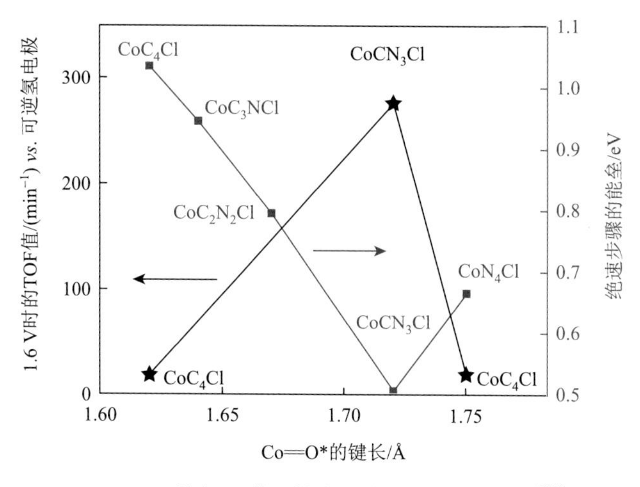

图 9.8　不同 Co 基活性中心模型的 OER 性能[70]

率（95%）和 30 h 的长期稳定性。氧原子的轴向工程在单原子催化剂的性能提升中展现出独特而重要的作用，不仅能够优化催化性能，还可以提升应用的广泛性和效率。这一策略的持续发展将进一步推动催化科学的前沿研究和工业应用。

如图 9.9 所示，Ma 等[74]使用密度泛函理论计算揭示了轴向配体[—OH、—F、—Cl、$—CH_3$、$—SCH_2CH_3$、$—P(C_6H_5)_3$、—COOH、$—NH_2$、$—C≡CC_6H_5$，$—C_6H_7O_7$、$—NHC^{Me}$]对 Fe/Co/Ni 单原子催化剂 CO_2RR 性能的影响。这些配体本质上也可以成为金属 SAC 的潜在良好稳定剂和改性剂，但它们在 M-NC SAC 中的作用很少被探索。研究表明，轴向配体的存在可以显著影响*COOH 和*CO 等中间体的吸附行为，而中间体吸附的调节可直接影响 CO_2RR 热力学和选择性。研究结果同时证明，配体诱导的金属中心电子和磁性的变化是反应热力学和选择性改变的根本原因。该研究结果为 CO_2RR 的轴向配体效应提供了深刻的理解，并为后续选择合适的轴向配体优化电催化剂性能提供了有价值的指导。

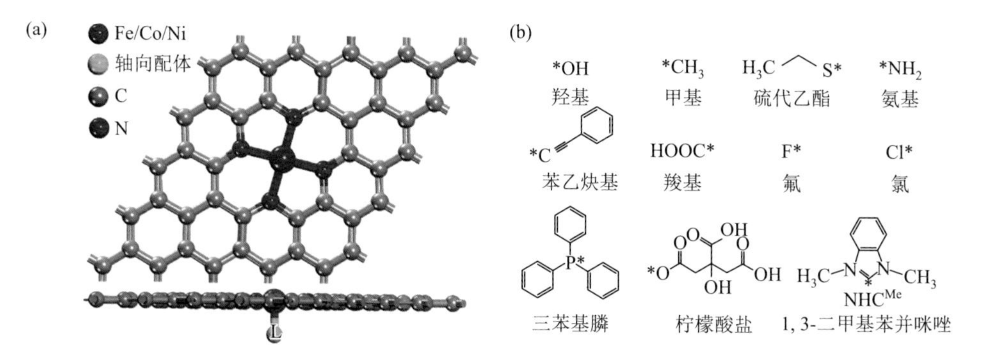

图 9.9　（a）$Fe/Co/Ni-N_4L/Gra$ 电催化剂金属中心轴向配体配位示意图；（b）选定的 11 个配体[74]

$Fe/Co/Ni-N_4L/Gra$ 为 N 掺杂石墨烯中 Fe/Co/Ni 轴向配位催化剂

总而言之，轴向配位工程能够有效地提升单原子催化剂的性能，提供高单原子密度，实现有利的电子结构调整以及快速的传质过程。这一策略不仅增强了催化活性和选择性，还显著提高了反应物质的传输效率。其另一大优势在于能够提高催化剂的稳定性和耐用性，进而可以在多样化的化学反应中扩展 SAC 的应用潜力，为高效催化剂的设计提供新的途径。

9.1.4 异质结构建

异质结（heterojunction）是指由两种或两种以上不同材料组成的结构，这些材料可以是不同的半导体、金属或者半导体和绝缘体的组合。异质结在单原子催化剂中可以实现独特的物理和化学性质[75]。通过引入新的活性位点或调整现有位点的电子特性，异质结能够显著提高单原子催化剂的反应速率和效率[76, 77]，为高效单原子催化剂的设计和应用提供新的途径。通过将单原子活性中心与不同的载体或助催化剂结合，形成的异质结还可以兼顾催化剂的稳定性和反应的选择性。

异质结的一大优势在于可以促进电子在单原子催化剂界面间的高效传输，降低电荷转移阻力，提高反应速率[78]，目前已被广泛应用在电催化领域。Li 等[79]提出了一种创新的异质结设计，利用 Ca_2N 或 Y_2C 这类电子化合物底物来增强石墨烯基单原子催化剂（Gr SAC）的催化活性（图 9.10）。通过第一性原理密度泛函理论计算，Li 等发现了电子化合物底物在 HER 和氧还原反应活性中的决定性作用。电子化合物衬底与石墨烯层间形成的异质结促进了显著的从前者到后者的电荷转移。电荷转移后的单个金属原子在 d 轨道上获得了更多电子，这有效调节了 HER 和 ORR 的吉布斯自由能。电荷转移和吸附能之间的强相关性表明，电荷转移对 2D 电子化合物/石墨烯基异质结单原子催化剂（2D EGH-SAC）至关重要。这种设计原理为快速开发高性能单原子电催化剂提供了新的途径。

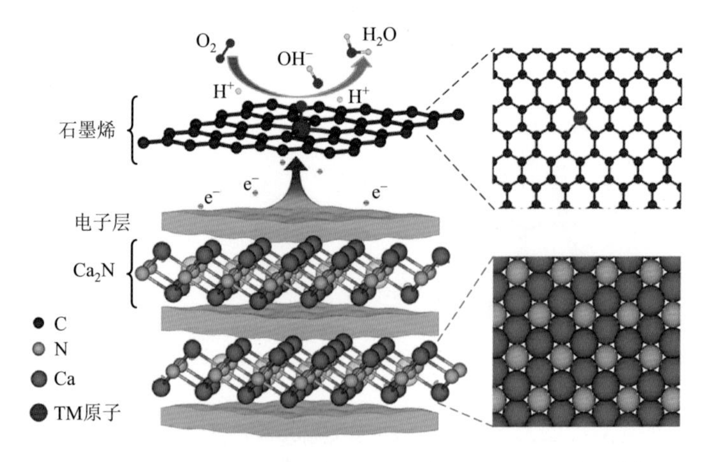

图 9.10　Ca_2N 和石墨烯基 SAC 异质结的 ORR 示意图[79]

异质结在单原子催化剂设计中的另一大显著优势在于其能够大幅增加催化剂的负载量和活性位点暴露数量[80]。这种结构通过提供更大的表面积和更高的孔隙率，促使反应物与活性位点有效接触，提升有效活性位点数量，从而提升单原子催化剂的催化效率。Lyu 等[81]运用 Mo 基矿物水凝胶作为前体，成功设计并合成了无碳的单铁原子分散异质结 Mo 纳米片（Fe/SAs@Mo-based-HNSs），旨在提升 HER 的催化性能。研究证实，采用一步低温磷化工艺制备的 Fe/SAs@Mo-based-HNSs 具有丰富的活性位点，并在 HER 中显示出极佳的电催化活性和长期耐久性，其在 10 $mA \cdot cm^{-2}$ 电流密度下仅有 38.5 mV 的超电势，Tafel 斜率为 35.6 $mV \cdot dec^{-1}$［图 9.11（a）、（b）］。

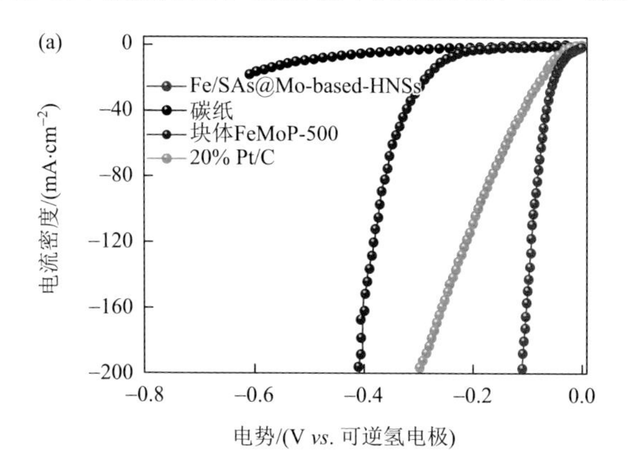

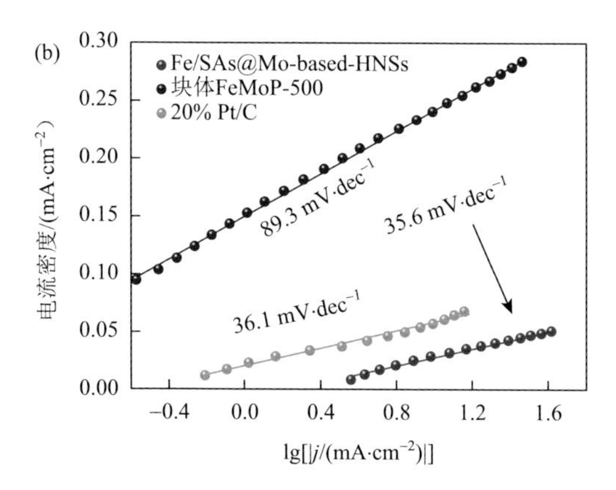

图 9.11　（a）扫描速率为 5 $mV \cdot s^{-1}$ 时的极化曲线；（b）Tafel 图[81]

Fe/SAs@Mo-based-HNSs 为铁原子分散异质结 Mo 纳米片；块体 FeMoP-500 为 500℃热解产生的 Fe 盐和 PMo 的简单混合物；20% Pt/C 为质量分数 20%的商业铂碳催化剂；Fe/SAs@Mo-based-HNSs、块体 FeMoP-500 和 20% Pt/C 的 Tafel 斜率分别为 35.6 $mV \cdot dec^{-1}$、89.3 $mV \cdot dec^{-1}$ 和 36.1 $mV \cdot dec^{-1}$；$lg[|j/(mA \cdot cm^{-2})|]$为电流密度的对数，单位为 $mA \cdot cm^{-2}$

更为显著的是，在 200 $mA \cdot cm^{-2}$ 的高电流密度下持续工作 600 h，催化剂的极化电势和极化曲线均保持稳定。Fe/SAs@Mo-based-HNS 的高催化活性和稳定性源于其单原子分散的异质结。由于具有较大的活性表面积和高孔隙率，以及富含的分散的 Fe 单原子，Fe/SAs@Mo-based-HNS 展现出高效的 H_2O 吸附能力和适宜的 H*吸附/解吸能力，从而具备高催化效率。这项研究不仅提供了一种高效的 HER 催化剂，还为设计和制备高性能电催化材料提供了宝贵的设计原则和合成策略。

此外，异质结还能够有效分离光生产的电子-空穴对，降低它们的复合概率，从而提高单原子催化剂的光催化效率[82, 83]。Son 等[84]成功开发了一种基于 Pt 单原子催化剂（Pt SAC）锚定于 CuO/Cu 泡沫的高效稳定太阳能-氢转换光电极。在测试中，Pt SACs/CuO/Cu 泡沫光电极的 HER 性能达到 59.2 $\mu mol \cdot h^{-1} \cdot cm^{-2}$，分别是 CuO/Cu 片和 CuO/Cu 泡沫光电极的 12.4 倍和 1.7 倍。研究发现，该异质结具有较好的表面体积比，可有效抑制载流子复合，从而增强了光电极的催化活性。

异质结的理论设计为单原子催化剂开发带来了突破性进展，但仍存在一些独特的局限性。首先，模拟复杂异质界面的理论模型目前尚不充足，往往难以精确捕捉不同材料间复杂的电子和化学相互作用。此外，当前的计算模型在处理大规模异质结时，计算成本高昂，且对计算资源的需求巨大。优化现有的理论模型、提高计算效率和降低资源消耗将是解决上述局限性的关键。通过实验与理论的紧密结合，可以更系统地探索不同材料的组合潜力，实现在实验室条件下的快速原型开发和测试。这样的策略将加速从基础研究到实际应用的转化，为能源转换和环境净化等领域带来更多创新的解决方案。

9.2 反应优化设计

在单原子催化剂领域的研究进展中，反应优化设计是一个关键的方向。反应优化设计是一种利用计算方法和理论分析改善和优化化学反应过程的策略。这一设计策略涉及对单原子位点的电子结构进行精准调节，以改善其催化活性和选择性。通过调整单原子位点周围的配体环境，可以有效地调节单原子位点的电子密度和能级，从而影响其催化反应的途径。单原子催化剂的性能还受到载体特性的显著影响。载体不仅为单原子位点提供稳定的支撑，还影响催化剂的电子特性和反应环境。优化载体的物理化学性质，如提高比表面积、调整孔径分布和提升化学稳定性，可以增强活性位点的分散性和催化效率。

反应优化设计通常涉及理论计算和实验验证的结合，密度泛函理论等计算方法用于预测电子结构变化对催化活性的影响，而实验验证则用于实际测试和调整催化剂设计。因此，单原子催化剂的反应优化设计集成了化学、物理和材料科学领域的知识，旨在全面提升催化剂的性能。

9.2.1　活性设计

单原子催化剂在现代催化科学中受到极大关注，尤其是其在提高反应活性方面的潜力。为了准确评估并优化单原子催化剂的活性，研究者常依赖线性关系和火山图等理论工具。线性关系（slinear relationship）在多相催化领域中定义了一种现象，即吸附物的中间体在催化剂表面的吸附能与关键中间体呈现线性相关[85-87]。根据线性关系可绘制火山图，预测单原子催化剂活性和选择性[88, 89]。此外，理论设计利用这些线性关系可以通过计算化学方法预测和调整催化剂结构，进一步在实验制备之前筛选出最佳的候选催化剂。因此，线性关系不仅是理解催化机制的关键，也是优化催化剂设计和提高工业应用效率的基础。

结合火山图等可视化工具的理论计算能够直观地揭示催化活性与关键参数间的联系，为催化剂性能的提升提供清晰的导向[90, 91]。Zhang 等[92]利用密度泛函理论计算，系统地研究了轴向配位对各种 SAC 的吸附和 ORR 催化性能的影响。如图 9.12（a）所示，ΔG_{*OOH} 和 ΔG_{*OH} 之间的线性关系为 $\Delta G_{*OOH} = 0.87\Delta G_{*OH} + 3.2$，同时，由于*O/*OH 的成键方式不同以及双键*O 对吸附位点的高敏感性，*O/*OH（$R^2 = 0.84$）的线性关系不如*OH/*OOH（$R^2 = 0.93$），拟合得到的*O/*OH 的线性关系为：$\Delta G_{*O} = 1.57\Delta G_{*OH} + 0.9$。这些线性拟合表明，*OH 的吸附能可以作为描述吸附变化对催化活性影响的描述符，并得到 ORR 的自由能变化与相互之间的火山形关系[图 9.12（b）]。

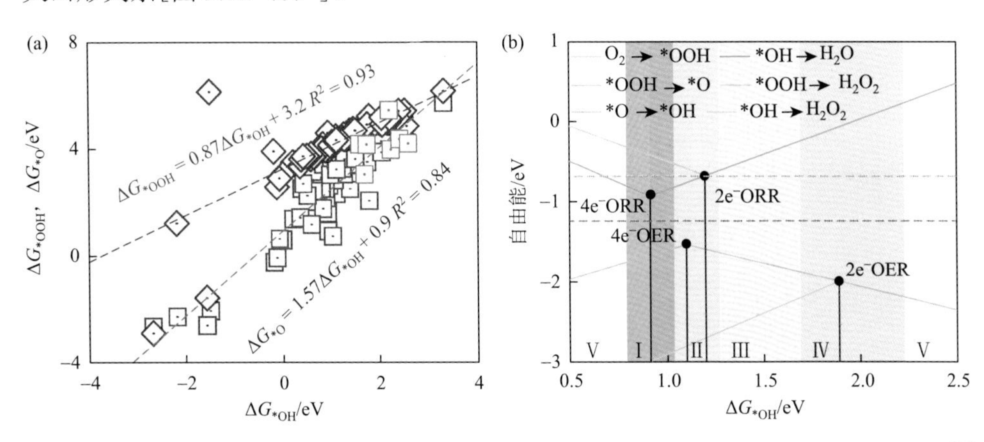

图 9.12　（a）ΔG_{*OH} 对 ΔG_{*OOH} 和 ΔG_{*O} 的线性关系；（b）基于 ORR 自由能的 SAC 火山曲线[92]

ΔG_{*OH}，ΔG_{*OOH} 和 ΔG_{*O} 代表不同中间体的能量

Lu 及其团队[93]设计了两种以氮、硫和氮、磷为共配位原子的 Fe 单原子催化剂（Fe SAC），并通过密度泛函理论计算研究了这些催化剂在氧还原反应和

析氧反应中的电催化性能。该项研究中，通过分析*OH、*O、*OOH 和$*O_2$的吸附能量之间的关系，绘制了*OH 中间体吸附能与 ORR 和 OER 超电势之间的火山图[图 9.13（a）]。$FePN_3$催化剂的*OH 吸附能为 0.68 eV，位于 ORR 火山图中的顶端，显示出该体系最优的 η_{ORR}（ORR 的超电势）。同样，$FeSN_3$催化剂在 OER 火山图中处于顶峰位置，其*OH 吸附能为 0.81 eV，具有体系最优的 η_{OER}（OER 的超电势）。这种研究方法不仅显著提高了催化剂开发的效率，同时还为发现和设计新型的高效催化剂奠定了坚实的理论基础。因此，DFT 计算及其与火山图的结合在现代催化剂研究中发挥着至关重要的作用，是提升催化效能和探索创新解决方案的关键技术。

然而，这种线性关系同时也限制了催化剂活性位点对中间体吸附能的独立调节，影响了对单原子催化剂表面反应路径的精细控制，从而对单原子催化剂的整体活性产生制约[94, 95]。为克服这一挑战，研究者正在探索突破线性关系限制的方法，Wang 等[96]总共构建了 36 个 Fe-卟啉中含有 $FeXY_iN_{3-i}$（X、Y = B，C，O，P，S；i = 0，1）的单原子催化剂模型，计算发现线性关系 $\Delta G_{*OOH} = 0.84\Delta G_{*OH} + 3.27$ eV 的斜率从 1 降低到了 0.84，并且 $\Delta G_{*OOH}-\Delta G_{*OH}$ 不再是常数[图 9.13（b）]。这些发现显示该模型明显打破了*OH 和*OOH 中间体吸附自由能之间的线性关系，实现了在 FeC_2N_2-Ⅱ（0.17 V）和 $FeCSN_2$-Ⅱ（0.33 V）中比理论极限（0.37 V）更小的 OER 超电势。研究证实，该现象是由于配位环境的改变影响了 Fe 3d 轨道的自旋构型，降低了分子轨道的键序，从而减弱了*O 中间体的吸附强度，并优化了 OER 的活性。这些创新发现有效地实现了更精确的催化剂性能调控，推动了 SAC 催化领域的发展。

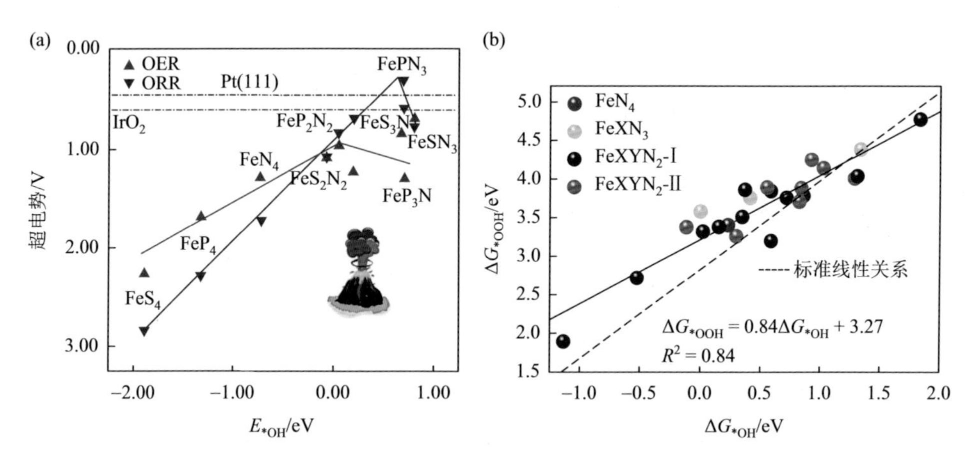

图 9.13 （a）*OH 中间吸附能与 ORR 和 OER 中超电势的火山图[93]；（b）ΔG_{*OH} 和 ΔG_{*OOH} 的关系

虚线表示标准线性关系 $\Delta G_{*OOH} = \Delta G_{*OH} + 3.20$ eV[96]

在单原子催化剂的活性设计中，通过精确操控催化剂的微观电子结构和表面活性位点的配置，可以显著提高催化剂的活性。活性设计涉及使用先进的理论模型和计算方法来预测和优化催化剂的电子属性和反应动力学。通过这些计算模型，科学家能够在原子层面上调整催化剂结构，以达到最佳的活性。此外，实验与理论的结合允许研究者验证模型预测并进一步调整催化剂的设计。这种活性设计不仅提升了催化效率，还有助于降低能源消耗和提高化学过程的绿色可持续性。然而，活性设计仍存在挑战，包括确保催化剂的稳定性和处理复杂反应条件下的性能变化。未来的发展方向将侧重于通过机器学习和人工智能技术进一步优化设计流程，以及开发更稳定和成本效益更高的催化材料。

9.2.2　选择性设计

在单原子催化剂的设计中，通过运用先进的理论模型可以显著影响催化剂选择性，从而优化催化剂的性能。理论设计主要侧重于精确调控催化剂的电子结构和表面活性位点。通过对催化剂活性中心的原子尺度调整，可以极大地影响反应路径和能量障碍。通过理论设计改变反应路径及选择性，从而有助于生成目标产物，提高产物的纯度。

CO_2RR 是一个涉及多个质子-电子对转移步骤的复杂过程，这增加了反应路径的多样性，导致产物选择性降低。通过理论设计，研究人员可以深入了解催化剂表面上的电子结构和反应机制，进而调控反应的选择性[97-99]。具体来说，可以利用理论计算改变载体和单原子种类，从而促进特定反应路径的进行。例如，Ren 等[100]将不同的过渡金属原子锚定在石墨炔（GDY）和多孔石墨炔（HGY）上，并探究了其催化 CO_2 还原的性能。对于铁原子锚定在 HGY 上（Fe/HGY），最有利的 CO_2 还原反应路径为 CO_2→*OCHO→*HCOOH→*H_2COOH→*CH_2O→*CH_3O→ *CH_3OH→*OH + CH_4→*H_2O。在这个过程中，*OCHO→*HCOOH 是电势决定步骤（potential determining step，PDS），极限电势为 0.5 V。相比之下，当铁原子锚定在 GDY 上（Fe/GDY）时，CO_2 还原的反应路径发生了变化，从*OCHO→*HCOOH→*CHO 变为*OCHO→*HCOOH→* H_2COOH，这个变化导致最大自由能减少了 0.37 eV，极大地降低了反应的超电势。通过选择不同的载体材料，可以有效地调节 CO_2 还原反应的路径和产物。这对于设计高效的 CO_2 还原催化剂和理解 CO_2 转化机制具有重要意义。

氧还原反应是燃料电池和金属-空气电池的关键反应，主要通过两种机制进行：$2e^-$途径和 $4e^-$途径。在 $2e^-$途径中，氧分子被还原为 H_2O_2，而在 $4e^-$途径中，氧分子被完全还原为水[101]。这两种途径对于电化学反应的效率和产品的选择具有决定性影响[26]。Wei 等[102]设计了十种 Pd 单原子催化剂（Pd SAC），并研究了其在 ORR 中的性能。利用*OOH 和*O（或*OH）之间的线性比例关系，构建了火山图描述这些催化剂在 2e⁻和 4e⁻ ORR 途径中的催化活性和选择性（图 9.14）。该研究为通过精确控制电极上的电势优化催化剂的氧还原活性提供了宝贵的指导。研究证明理论设计可以有效地调整单原子催化剂氧还原反应的途径，使其更倾向于发生 4e⁻途径或 2e⁻途径，从而调节 ORR 的产物。

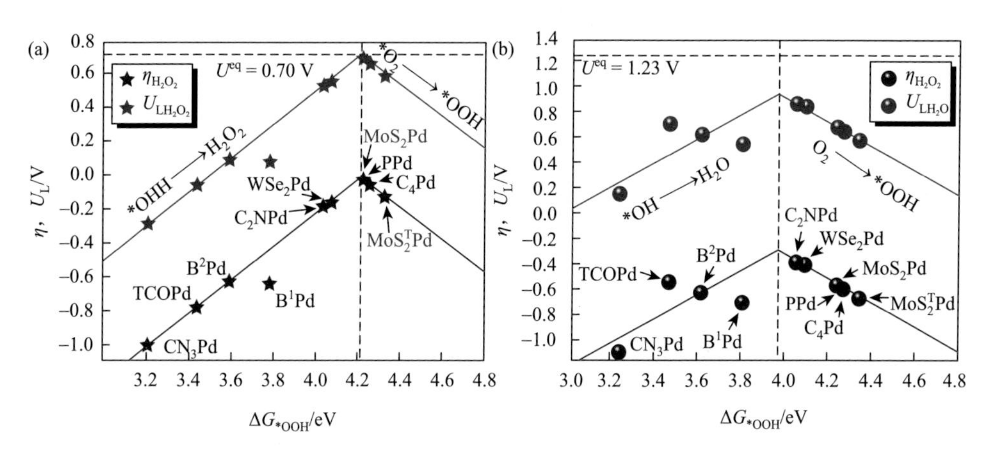

图 9.14　(a) H_2O_2 的极限电势和超电势作为*OOH 吸附自由能的函数；(b) H_2O 的极限电势和超电势作为*OOH 吸附自由能的函数[102]

η 为超电势；U_L 为限制电压

在单原子催化剂的设计中，选择性的优化是通过精确控制催化剂的电子结构和表面活性位点实现的。这种设计不仅有助于促进目标反应，还可以有效抑制非目标反应，从而显著提高产物的选择性。通过理论模型的应用，研究人员能够预测不同反应条件下催化剂的行为，使催化剂设计更加科学和系统化，这不仅能够提升催化效率和产物纯度，还能在化学制造过程中实现更高的资源效率和环境友好性。

9.3　高通量筛选

在单原子催化剂的研究和开发中，高通量筛选（high throughput screening, HTS）技术扮演着关键角色。HTS 是指用最少的资源、最快的速度，大量计算体系的各种性质，从而达到探究、预测材料性质的一种科学研究手法。HTS 的主要优势在于显著加快实验筛选流程，通过并行化的大规模实验减短从概念阶段到实验验证的时间[103, 104]。此外，HTS 在催化剂研究中的应用不仅局限于筛选过程，还包括评估催化剂的活性、选择性和稳定性等多种属性，为催化剂的全面评价和优化提供坚实的数据基础。HTS 可以促进科学创新，使研究人员能够探索广泛的化学组合和实验条件，进而推动新型催化剂和反应路径的发现。同时，HTS 产生的大量数据为机器学习和人工智能算法在催化剂研究中的应用提供了丰富的资源，加快了单原子催化剂筛选和优化过程[105]。例如，Sun 等[106]结合了密度泛函理论计算与机器学习技术（图 9.15），成功开发了超电势和嵌入能预测模型，其均方根误差分别为 0.21 和 0.48，决定系数均为 0.96。通过这两个模型的特征重要性分析，半量化地评估了不同特征对催化剂活性和稳定性的贡献，从而为理解单原子催化剂的行为提供了新的见解。利用这些模型，仅需几秒钟就完成了 896 个结构的性能筛选，这比传统的 DFT 计算快了数个数量级，同时大幅缩减了候选结构的范围。HTS 的灵活性使其在多个学科中均有应用，促进了跨学科的研究合作。

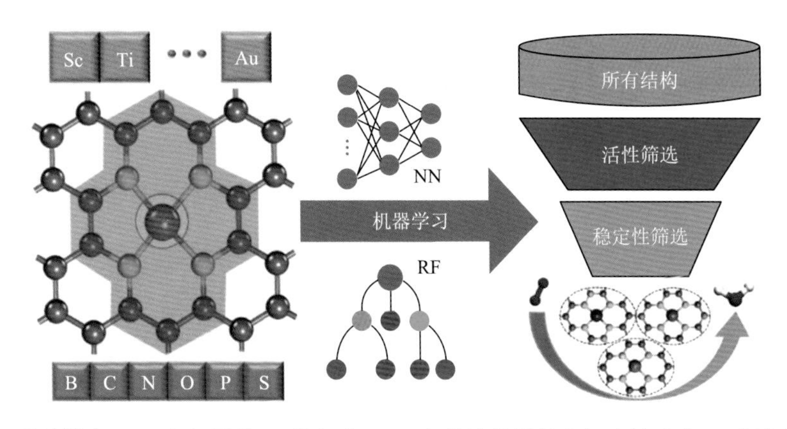

图 9.15　通过结合 DFT 和机器学习，从包含 1344 个结构的样品空间中筛选出 30 个潜在的 SAC 作为 ORR 的潜在高级电催化剂[106]

NN 为神经网络方法；RF 为随机森林方法

HTS 通过对实验设计的精细调整和优化，使研究人员能够更深入地探究催化过程和机制。因此，HTS 以其多方面的优势，在提升单原子催化剂研究的效率和深度方面发挥着至关重要的作用，成为现代科研领域的关键工具。

9.3.1　反应描述符构建

反应描述符是与催化活性密切相关的关键物理或化学属性，用于指导催化剂性能的预测与优化[107, 108]。通过揭示催化过程中关键中间体的吸附能等参数，研究人员能够精确预测 SAC 的催化活性。此外，反应描述符的应用有助于深入解析催化机制，并指导催化剂的设计，提升其催化效率和选择性。反应描述符还为评估和比较不同催化剂提供了一种标准化方法，从而加快高效催化剂的筛选过程[109, 110]。因此，反应描述符在单原子催化剂的发展中发挥着至关重要的作用，既促进了对催化过程的深入理解，也推动了催化剂设计和应用的创新。

Liu 等[111]利用 DFT 计算、恒定电势计算和微动力学模型研究了掺杂 S、P 和 B 的 Fe-N-C 单原子催化剂在氧还原反应中的活性。研究显示，这些杂原子在配位壳层中显著调节了几个关键电子结构参数，包括铁原子与氧之间的键长（$L_{Fe—O}$）、上下自旋 d 带中心之间的差值（Δd）、d 轨道的中心位置及铁原子的价态（图 9.16）。因此，选用这些参数作为结构描述符，以准确预测 ORR 活性。研究发现第一配位壳层的磷与第二配位壳层的硫之间存在协同效应，使 $L_{Fe—O}$ 适中且 Δd 适宜，从而极大地提高了 ORR 活性。Liu 的研究不仅为理解和预测 Fe-N-C SAC 在 ORR 中的活性趋势提供了新的视角，还为合理设计这类催化剂提供了理论依据，推动了反应描述符在催化领域的应用和发展。

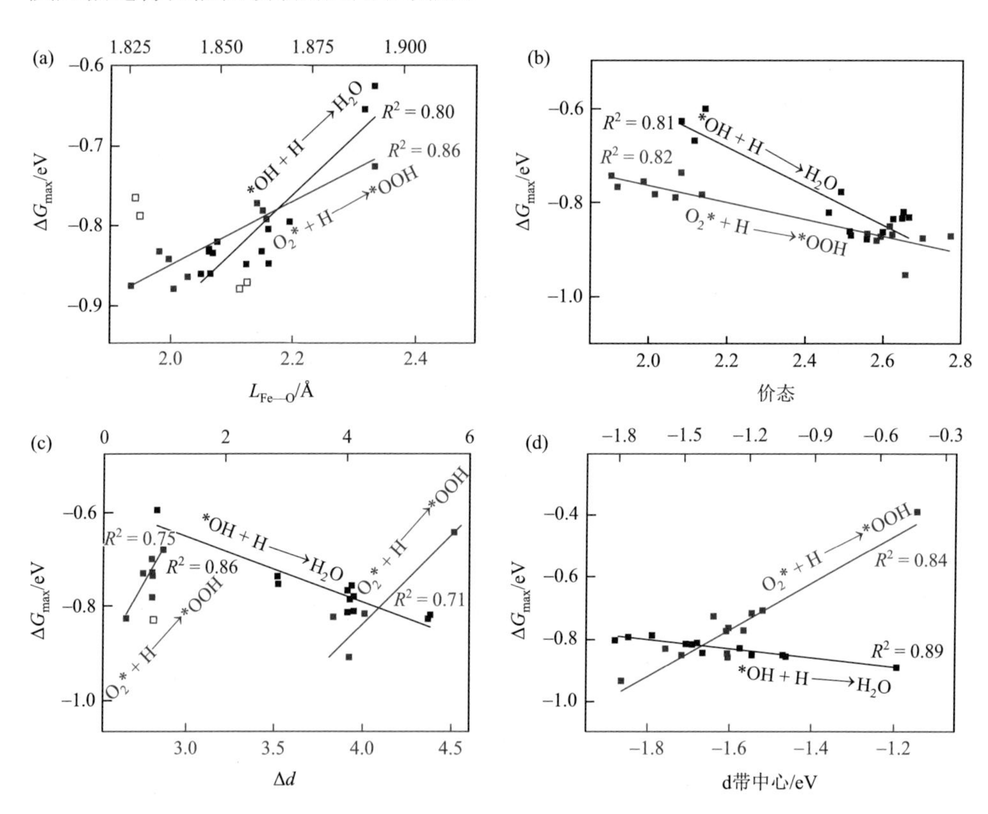

图 9.16 反应描述符与 ORR 活性之间存在线性关系

（a）$L_{Fe—O}$；（b）Fe 单原子的价态；（c）Δd；（d）Fe 单原子的 d 轨道中心与 ΔG_{max} 的线性关系[111]；$L_{Fe—O}$ 为 Fe—O 键的长度；Δd 为上下自旋 d 带中心之间的差值；ΔG_{max} 为限速步骤的能垒

Zhong 等[112]通过大量的理论计算表明，电子自旋磁矩可作为 Fe 单原子催化剂在氧还原反应中的线性关系描述符[图 9.17（a）]。研究指出，C_2N-Fe 的催化活性与其在 ORR 中与 O_2 分子相互作用时引起的 Fe + O_2 自旋磁矩变化之间存在近似线性关系。这种自旋磁矩的变化反映了从 Fe 到 O_2 的电子转移，进而增强了 C_2N-Fe 对 ORR 的催化活性。因此，电子自旋磁矩成为评价 Fe 单原子催化剂性能的有力描述符。Cao 等[113]构建了 TM/N_4C 型单原子电催化剂（TM = 3d、4d 或 5d 金属原子）的显式溶剂化模型。研究发现，催化剂上*H 负电荷与极性水分子偶极间的电荷-偶极相互作用显著，且随*H 负电荷增加，重新定向的水分子数量也增加。这说明，依赖传统氢吸附自由能（ΔG_{*H}）评价 Volmer 反应可能导致定性误解。基于此，将氢吸附态的电荷量作为动力学描述符，可以极大提升 TM/N_xC 材料在酸性条件下 HER 活性的预测精度。此外，Cao 等还建立了热力学和动力学描述之间的火山形关系模型[图 9.17（b）]，从而验证了传统火山形曲线在不同单原子电催化剂上的适用性。

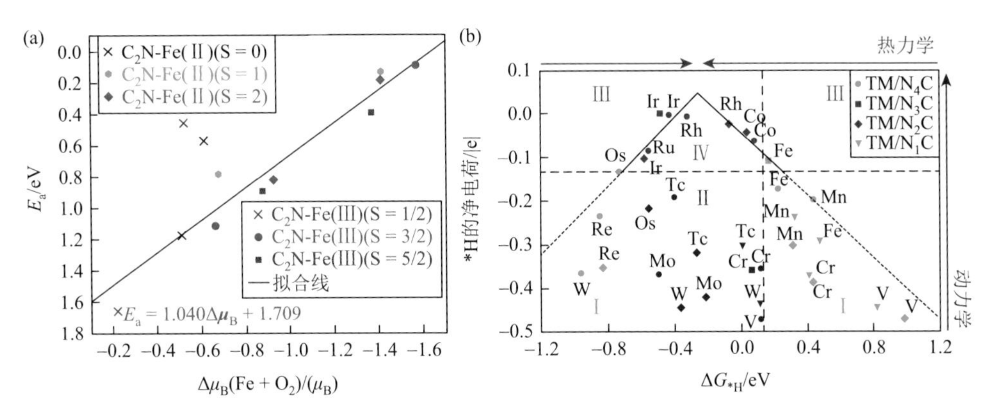

图 9.17 （a）Fe + O_2 的电子自旋矩 $\Delta\mu_B$ 变化与不同自旋态 C_2N-Fe SAC 上氧还原反应速率决定步骤能垒之间的相关性，决定系数 $R^2 = 0.894$[112]；（b）不同 TM/N_xC 上酸性 HER 活性的理论评估[113]

区域Ⅰ、Ⅱ、Ⅲ和Ⅳ分别表示 TM/N_xC 上的 HER 同时受热力学和动力学限制、仅受动力学限制、仅受热力学限制和高活性区域。[113]S 为不同价态 Fe 原子负载在 C_2N 上[如 C_2N-Fe（Ⅱ）]不同自旋状态；E_a：活化能；$\Delta\boldsymbol{\mu}_B$：磁矩；Fe + O_2：Fe 和 O_2 的自旋矩在氧吸附前后的变化；TM/N_xC：不同氮掺杂的过渡金属单原子催化剂

Wang 等[114]构建了 M-N_4-C 和 M-N_4O-C（M 为 23 种金属原子）单原子催化剂，通过研究发现，电催化 CO_2 还原的路径和活性与所选金属的 d 壳层电子数和电负性密切相关。此外，轴向氧原子的加入可改变电子结构和极限电势跃阶，从而使 M-N_4O-C 的催化活性与 M-N_4-C 有所不同。基于此，提出了一个以最外层 d 壳层电子数、电负性、配位原子和键长为基础的描述符（φ），该描述符可以有效地预测单原子催化剂的催化活性。值得一提的是，此描述符与*OH 和*CHO 中间体的自由能变化呈线性相关（图 9.18）。

描述符在单原子催化剂设计中发挥核心作用，可用于预测催化活性和选择性，同时有效筛选高性能材料并优化研究流程。此外，描述符也能够揭示催化反应机

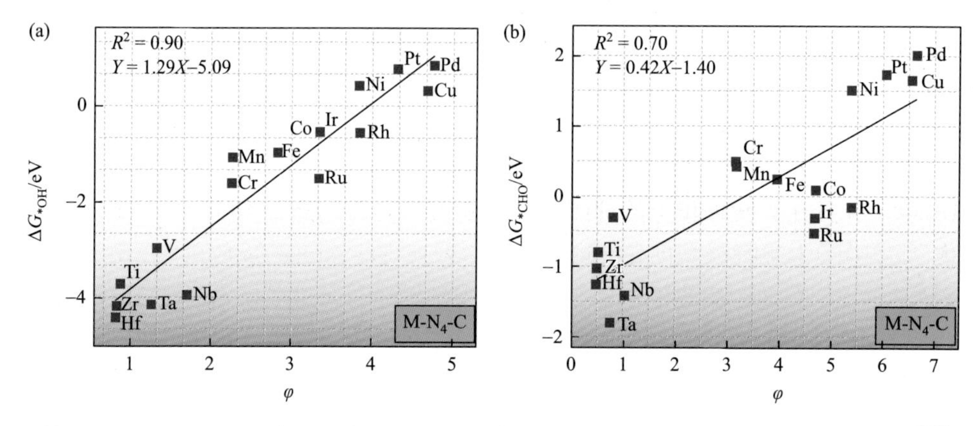

图 9.18 （a）M-N_4-C 上*OH 和（b）*CHO 中间体的自由能变化作为描述符 φ 的函数[114]

M-N_4-C 为四个氮原子配位的单原子催化剂

理，指导新型催化剂的合成。在人工智能和机器学习应用中，描述符作为关键输入，有助于从海量数据中识别新的催化剂和反应路径。总而言之，描述符对于调整反应条件以确保最佳催化效率至关重要，能够极大提升研究效率和新材料的发现能力。

9.3.2 机器学习模型辅助设计

许多理论和实验研究中已经使用多种活性描述符，用于探索单原子催化剂的结构-活性关系，如基于能量的描述符和电子描述符等。尽管这些描述符在预测活性方面非常有效，但是，调节相应的能量或电子参数以设计理想的催化剂在实验中仍具有挑战性。为了最大化描述符的可利用性，最佳的描述符应该从活性位点的本征属性中获得。此外，这些属性需要可以很容易地从基于局部结构的可用数据库中获得。然而，开发能够全面理解复杂系统的结构-活动关系的本征描述符，仍然是一个巨大的挑战[101, 115]。为了进一步扩展本征描述符的使用范围，机器学习（machine learning，ML）的方法被开发出来用以加速单原子催化剂的高通量筛选，并验证重要特性的识别[116]。

机器学习，作为人工智能和计算机科学的一个关键分支，致力于通过数据和算法模拟人类学习过程，以逐步提高系统的性能和准确性。这一技术已经被广泛应用于催化科学等多个领域。在催化领域中，ML 能显著缩短单原子催化剂的高通量筛选时间，加快了催化剂的开发与优化过程。此外，机器学习已被证实能够有效地构建可解释的描述符，这些描述符有助于深入理解单原子催化剂的工作机理和改进催化性能的关键因素，从而推动催化科学的进一步发展[117]。

机器学习在预测催化剂的活性、选择性、稳定性等性能方面发挥着重要作用。ML 包含多种算法，包括支持向量机（support vector machine，SVM）、随机森林

（random forest，RF）、梯度回归（gradient boosting，GB）、K 最近邻（K-nearest neighbor，KNN）、决策树（decision tree，DT）、随机梯度下降（stochastic gradient descent，SGD）以及神经网络（neural network，NN）等。这些方法各有优势，合理运用能够有效提高预测的准确性和效率[33]。支持向量机在处理高维数据方面表现出色，并且在大数据集上的训练时间较长且对参数选择敏感[118, 119]；随机森林能够高效处理大量特征和自动处理缺失值，但在内存消耗和预测速度上可能不够高效[120, 121]；梯度回归通常提供更高的准确率，但训练过程慢且对过拟合较为敏感[122]；K 最近邻简单且易于实现，但计算成本高且对数据不平衡敏感[123, 124]；决策树易于理解和实现，但容易过拟合且对于连续字段处理不理想[125]；随机梯度下降适用于大规模数据处理，但需要精细的参数调整[126]；最后，神经网络尤其在深度学习应用中表现强大，能从数据中自学特征，但训练资源消耗大且设计复杂[127]。选择合适的机器学习方法依赖于具体问题的需求、数据的特性及计算资源的可用性，适当地选择和调优是确保这些工具有效的关键。

在电催化剂的筛选领域，特别是催化氧还原反应产生 H_2O_2 的催化剂中，高通量筛选法发挥着重要作用。Li 等[128]的研究集中在含氮石墨烯（N-G）载体负载的单原子催化剂上，这些 SAC 已在实验室中被广泛合成。他们通过机器学习技术发现了最优的特征集合预测这些催化剂的性能（图 9.19）。这种方法的有效性体现在 ML 模型的性能得分超过 0.9，表明了该机器学习算法在筛选高效催化剂方面的高效性。在对模型的进一步验证中，Li 等将配位配体替换为硼元素，并与通过密度泛函理论计算得到的 SISSO（sure independence screening and sparsifying operator）描述符的结构结果进行了比较。比较发现，使用这些最优特征集的训练集上，准确率高达 0.98，从而进一步强调了所获得描述符的预测能力。

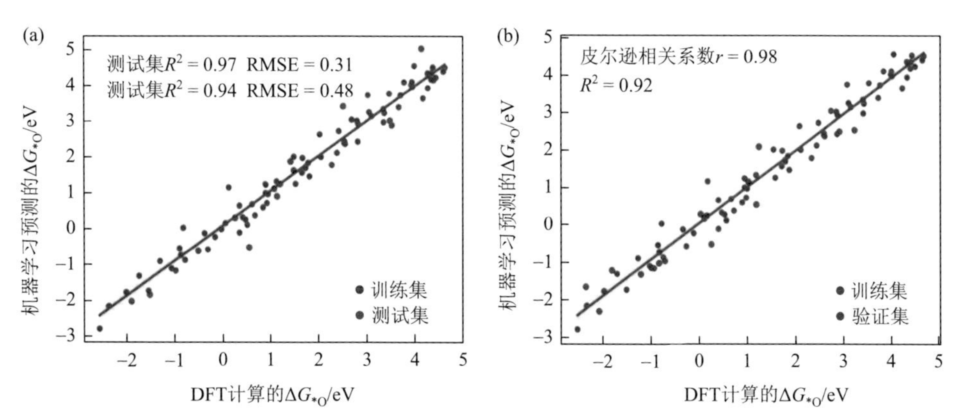

图 9.19　（a）利用所选特征对 ΔG_{*O} 目标性质构建的模型进行验证；（b）通过 SISSO 和 DFT 计算得到 ΔG_{*O} 的目标性质[128]

SISSO 为数据驱动方法；RMSE 为均方根误差

通过准确的描述符，ML 模型也能够更准确地预测材料的性能，有助于快速筛选和识别高效催化剂。Zhang 等[129]利用 ML 的随机森林方法筛选 $2e^-$ ORR 电催化剂，从而扩大了 SAC 的筛选范围，并能够做到系统比较不同 ML 算法的性能。通过利用 ML 模型预测的 ΔG（O*）和限制电压（U_L），从 690 种候选 SAC 中筛选出 4 种能够在 $2e^-$ ORR 路径上产生 H_2O_2 的高选择性和高活性电催化剂。通过进一步的 DFT 计算验证，发现 Zn@Pc-N_3C_1 和 Au@Pd-N_4 的 U_L 值分别为 0.48 V 和 0.65 V，超过了已知的标准值（$U_{LPd\,Hg_4}=0.46$ V）。这一结果证实了 ML 技术在筛选高选择性和高活性的 SAC 方面的有效性和可靠性。

同时，ML 也能够揭示数据中不易观察到的模式和关系，进而开发一个简单且可解释的描述符。Lin 等[130]通过计算活性位点和中间体的电子和几何特征、中间体的吸附能和 NRR 性能，建立了 SAC 模型的数据集。如图 9.20（a）所示，在训练集中，3～5d 过渡金属被掺杂到石墨烯中，N 原子取代数从 0 变化到 4（TM-NC，NC = C_3，C_2N，CN_2，N_3，C_4，C_3N，C_2N_2，CN_3，N_4）。研究使用了一个测试集来验证所定义的简单描述符对催化活性的预测能力，这些描述符涵盖了 C、N、P、B、O 的混合协调环境。通过预测发现，Q（电荷量）、d_{N_2}（氮气中氮氮三键键长）和 ΔG（*NNH）之间存在强烈的正相关关系，表明活性位点的电子特征与其内在特性密切相关。进一步验证表明[图 9.20（b）]，该描述符具有出色的预测精度。特别是 N≡N 键长被发现是反应自由能的一个关键决定因素，显示出与所有 TM-NC 单原子催化剂的氮还原反应活性之间存在火山形关系。在相同的维度和复杂度（1D，phi = 2）条件下，Lin 等定义的描述符的均方根误差（root mean square error，RMSE）值明显优于通过机器学习训练得到的描述符（从 0.35 eV 减少到 0.16 eV）。这一结果不仅凸显了所选择描述符的有效性，也强调了其在预测催化剂性能方面的高度准确性。

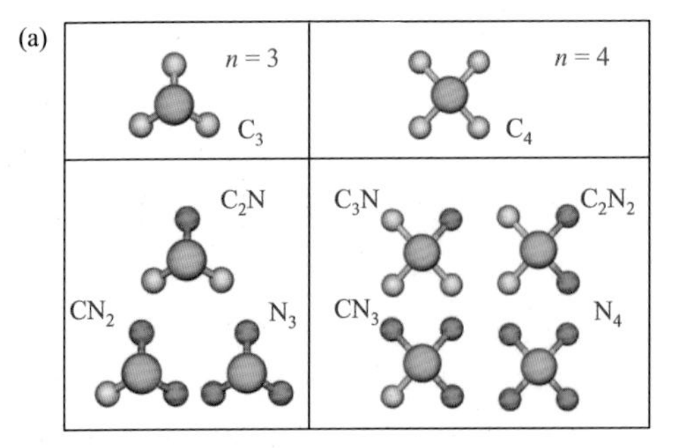

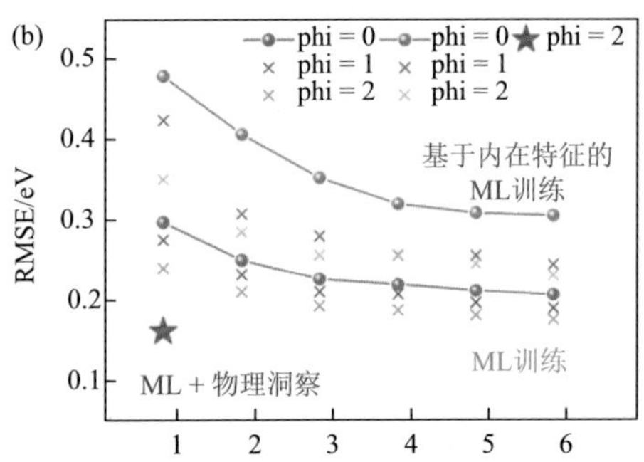

图 9.20 （a）训练集中的 SAC 模型，具有 3-5d 中心金属和基于 N/C 的配位环境：TM-C_3、TM-C_2N、TM-CN_2、TM-N_3、TM-C_4、TM-C_3N、TM-C_2N_2、TM-CN_3、TM-N_4；（b）通过 SISSO 获得具有不同维度和复杂性的最佳机器学习描述符的 RMSE，以及通过两步法提出的描述符[130]

RMSE 为均方根误差；phi 为不同维度和复杂性

总而言之，机器学习不仅加快了单原子催化剂的筛选和优化过程，还提升了对催化机制的理解，并促进了新型催化剂的发现。通过结合实验数据和理论模型，ML 技术正在成为推动单原子催化剂研究和应用的关键力量，展望未来，其在催化科学领域的影响力将持续增长。

总结与展望

本章全面探讨了单原子催化剂在催化科学领域中的理论设计及其对推动催化效率和选择性提升的重要作用。单原子催化剂因具有独特的原子级精确性和卓越的性能，特别在氧化还原反应等关键领域中表现出的极高的活性和效率，已成为科研的热点。本章首先介绍了逆向工程设计，这一方法基于预期的电子和光电子性质，逆向推导催化剂的理想结构和组成。逆向工程利用精确的理论模型和先进的计算技术，在原子层面上设计具有最佳性能的催化剂，极大地推动了催化剂设计的创新。此外，该方法在优化单原子催化剂特定的催化行为中显示出显著成效，尤其在氧还原反应、二氧化碳还原反应等过程中，通过精细调控活性金属中心及其周围的配体类型和电子结构，显著提升了催化效率和选择性。接下来，深入讨论了反应优化设计及其与高通量筛选结合的策略和如何通过这些方法增强催化效率和选择性。高通量筛选技术的应用，特别是在筛选和评估大量潜在催化剂配置方面，显著提高了研发效率。通过结合理论计算和实验验证，展示了如何精确调节单原子位点的电子结构来优化催化剂的活性和稳定性，进一步增强了这些策略在催化剂设计中的实用性和有效性。

随着材料科学、计算化学和机器学习技术的进一步发展，单原子催化剂的设计和应用将实现更多突破。特别是机器学习的集成领域，预计将极大地提高催化剂性能预测和优化的速度和准确性。这些技术的进步将使单原子催化剂在解决能源转换、环境治理和化学制造等全球关键问题中发挥更大的作用。通过不断优化催化剂的设计和合成方法，以及利用高通量技术和机器学习的结合，单原子催化剂的研究和应用前景光明，有望为实现更高效的能源使用和更绿色的化学过程提供强有力的技术支持。

参考文献

[1] Hammes-Schiffer S，Galli G. Integration of theory and experiment in the modelling of heterogeneous electrocatalysis. Nature Energy，2021，6（7）：700-705.

[2] Fu C F，Wu X，Yang J. Material design for photocatalytic water splitting from a theoretical perspective. Advanced Materials，2018，30（48）：1802106.

[3] Eslamibidgoli M J，Huang J，Kadyk T，et al. How theory and simulation can drive fuel cell electrocatalysis.

Electrocatalysis，2016，29：334-361.

[4] Ji Y，Li Y，Dong H，et al. Ruthenium single-atom catalysis for electrocatalytic nitrogen reduction unveiled by grand canonical density functional theory. Journal of Materials Chemistry A，2020，8（39）：20402-20407.

[5] Shi Q，Zhu C，Du D，et al. Robust noble metal-based electrocatalysts for oxygen evolution reaction. Chemical Society Reviews，2019，48（12）：3181-3192.

[6] Hossain M D，Liu Z，Zhuang M，et al. Rational design of graphene-supported single atom catalysts for hydrogen evolution reaction. Advanced Energy Materials，2019，9（10）：1803689.

[7] Jia H，Duan C，Kevlishvili I，et al. Computational discovery of codoped single-atom catalysts for methane-to-methanol conversion. ACS Catalysis，2024：2992-3005.

[8] Ding W，Yuan S，Yang Y，et al. Defect engineering：The role of cationic vacancies in photocatalysis and electrocatalysis. Journal of Materials Chemistry A，2023，11（44）：23653-23682.

[9] Xie C，Yan D，Li H，et al. Defect chemistry in heterogeneous catalysis：Recognition，understanding，and utilization. ACS Catalysis，2020，10（19）：11082-11098.

[10] Jiang K，Wang H. Electrocatalysis over graphene-defect-coordinated transition-metal single-atom catalysts. Chem，2018，4（2）：194-195.

[11] Bai X，Zhao X，Zhang Y，et al. Dynamic stability of copper single-atom catalysts under working conditions. Journal of the American Chemical Society，2022，144（37）：17140-17148.

[12] Su Y Q，Wang Y，Liu J X，et al. Theoretical approach to predict the stability of supported single-atom catalysts. ACS Catalysis，2019，9（4）：3289-3297.

[13] Mochizuki C，Inomata Y，Yasumura S，et al. Defective NiO as a stabilizer for Au single-atom catalysts. ACS Catalysis，2022，12（10）：6149-6158.

[14] Zhang Y，Guo L，Tao L，et al. Defect-based single-atom electrocatalysts. Small Methods，2019，3（9）：1800406.

[15] Wang Y，Chen Z，Han P，et al. Single-atomic Cu with multiple oxygen vacancies on ceria for electrocatalytic CO_2 reduction to CH_4. ACS Catalysis，2018，8（8）：7113-7119.

[16] Wu J，Gao J，Lian S，et al. Engineering the oxygen vacancies enables Ni single-atom catalyst for stable and efficient C—H activation. Applied Catalysis B：Environmental，2022，314：121516.

[17] Wei X，Chen C，Fu X Z，et al. Oxygen vacancies-rich metal oxide for electrocatalytic nitrogen cycle. Advanced Energy Materials，2024，14（1）：2303027.

[18] Zhu K，Shi F，Zhu X，et al. The roles of oxygen vacancies in electrocatalytic oxygen evolution reaction. Nano Energy，2020，73：104761.

[19] Zhang L，Zhao X，Yuan Z，et al. Oxygen defect-stabilized heterogeneous single atom catalysts：Preparation，properties and catalytic application. Journal of Materials Chemistry A，2021，9（7）：3855-3879.

[20] Zhang Y，Wang Y，Su K，et al. The influence of the oxygen vacancies on the Pt/TiO_2 single-atom catalyst—a DFT study. Journal of Molecular Modeling，2022，28（6）：175.

[21] Yang B，Li X，Zhang Q，et al. Ultrathin porous carbon nitride nanosheets with well-tuned band structures via carbon vacancies and oxygen doping for significantly boosting H_2 production. Applied Catalysis B：Environmental，2022，314：121521.

[22] Yao X，Zhu Y，Xia T，et al. Tuning carbon defect in copper single-atom catalysts for efficient oxygen reduction. Small，2023，19：e2301075.

[23] Gu Z，Cui Z，Wang Z，et al. Carbon vacancies and hydroxyls in graphitic carbon nitride：Promoted photocatalytic NO removal activity and mechanism. Applied Catalysis B：Environmental，2020，279：119376.

[24] Ding X，Gao R，Chen Y，et al. Carbon vacancies in graphitic carbon nitride-driven high catalytic performance of Pd/CN for phenol-selective hydrogenation to cyclohexanone. ACS Catalysis，2024，14（5）：3308-3319.

[25] He J，Li N，Li Z G，et al. Strategic defect engineering of metal-organic frameworks for optimizing the fabrication of single-atom catalysts. Advanced Functional Materials，2021，31（41）：2103597.

[26] Zheng Y，Wang Q，Yang Q，et al. Boosting the hydroformylation activity of a Rh/CeO_2 single-atom catalyst by tuning surface deficiencies. ACS Catalysis，2023，13（11）：7243-7255.

[27] Rong X，Wang H J，Lu X L，et al. Controlled synthesis of a vacancy-defect single-atom catalyst for boosting CO_2 electroreduction. Angewandte Chemie International Edition，2020，59（5）：1961-1965.

[28] Zhao Y，Chen Y，Ou P，et al. Basal plane activation via grain boundaries in monolayer MoS_2 for carbon dioxide reduction. ACS Catalysis，2023，13（19）：12941-12951.

[29] Li L，Liu X，Wang J，et al. Atomically dispersed Co in a cross-channel hierarchical carbon-based electrocatalyst for high-performance oxygen reduction in Zn-air batteries. Journal of Materials Chemistry A，2022，10（36）：18723-18729.

[30] Luo Y，Wang Y，Zhang H，et al. High-loading as single-atom catalysts harvested from wastewater towards efficient and sustainable oxygen reduction. Energy & Environmental Science，2024，17（1）：123-133.

[31] Huo J，Lu L，Shen Z，et al. A rational synthesis of single-atom iron-nitrogen electrocatalysts for highly efficient oxygen reduction reaction. Journal of Materials Chemistry A，2020，8（32）：16271-16282.

[32] Jiang R，Qiao Z，Xu H，et al. Defect engineering of Fe-N-C single-atom catalysts for oxygen reduction reaction. Chinese Journal of Catalysis，2023，48：224-234.

[33] Rebarchik M，Bhandari S，Kropp T，et al. Insights into the oxygen evolution reaction on graphene-based single-atom catalysts from first-principles-informed microkinetic modeling. ACS Catalysis，2023，13（8）：5225-5235.

[34] Fan M，Cui J，Wu J，et al. Improving the catalytic activity of carbon-supported single atom catalysts by polynary metal or heteroatom doping. Small，2020，16（22）：1906782.

[35] Liu J，Wang D，Huang K，et al. Iodine-doping-induced electronic structure tuning of atomic cobalt for enhanced hydrogen evolution electrocatalysis. ACS Nano，2021，15（11）：18125-18134.

[36] Lai W H，Miao Z，Wang Y X，et al. Atomic-local environments of single-atom catalysts：Synthesis，electronic structure，and activity. Advanced Energy Materials，2019，9（43）：1900722.

[37] Cao F，Ni W，Zhao Q，et al. Precisely manipulating the local coordination of cobalt single-atom catalyst boosts selective hydrogenation of nitroarenes. Applied Catalysis B：Environment and Energy，2024，346：123762.

[38] Yu Y，Zhu Z，Huang H. Surface engineered single-atom systems for energy conversion. Advanced Materials，2024：2311148.

[39] Anand R，Nissimagoudar A S，Umer M，et al. Late transition metal doped mxenes showing superb bifunctional electrocatalytic activities for water splitting via distinctive mechanistic pathways. Advanced Energy Materials，2021，11（48）：2102388.

[40] Qi Z，Zhou Y，Guan R，et al. Tuning the coordination environment of carbon-based single-atom catalysts via doping with multiple heteroatoms and their applications in electrocatalysis. Advanced Materials，2023，35（38）：2210575.

[41] Rho Y J，Kim B，Shin K，et al. Atomically miniaturized bi-phase IrO_x/Ir catalysts loaded on N-doped carbon nanotubes for high-performance Li-CO_2 batteries. Journal of Materials Chemistry A，2022，10（37）：19710-19721.

[42] Zeng Y，Almatrafi E，Xia W，et al. Nitrogen-doped carbon-based single-atom Fe catalysts：Synthesis，properties，

and applications in advanced oxidation processes. Coordination Chemistry Reviews，2023，475：214874.

[43] Yang Y，Zhao C，Qiao X，et al. Regulating the coordination environment of Ru single-atom catalysts and unravelling the reaction path of acetylene hydrochlorination. Green Energy & Environment，2023，8（4）：1141-1153.

[44] Meng J，Li J，Liu J，et al. Universal approach to fabricating graphene-supported single-atom catalysts from doped ZnO solid solutions. ACS Central Science，2020，6（8）：1431-1440.

[45] Shin D Y，Lim D H. DFT investigation into efficient transition metal single-atom catalysts supported on N-doped graphene for nitrate reduction reactions. Chemical Engineering Journal，2023，468：143466.

[46] Zhang W，Li M，Luo J，et al. Modulating the coordination environment of Co single-atom catalysts through sulphur doping to efficiently enhance peroxymonosulfate activation for degradation of carbamazepine. Chemical Engineering Journal，2023，474：145377.

[47] Zhang Q，Huang W，Hong J M，et al. Deciphering acetaminophen electrical catalytic degradation using single-form S doped graphene/Pt/TiO_2. Chemical Engineering Journal，2018，343：662-675.

[48] Sun T，Zang W，Yan H，et al. Engineering the coordination environment of single cobalt atoms for efficient oxygen reduction and hydrogen evolution reactions. ACS Catalysis，2021，11（8）：4498-4509.

[49] Jia C，Tan X，Zhao Y，et al. Sulfur-dopant-promoted electroreduction of CO_2 over coordinatively unsaturated Ni-N_2 moieties. Angewandte Chemie International Edition，2021，60（43）：23342-23348.

[50] Patel M A，Luo F，Khoshi M R，et al. P-doped porous carbon as metal free catalysts for selective aerobic oxidation with an unexpected mechanism. ACS Nano，2016，10（2）：2305-2315.

[51] Zhao H，Hu Z P，Zhu Y P，et al. P-doped mesoporous carbons for high-efficiency electrocatalytic oxygen reduction. Chinese Journal of Catalysis，2019，40（9）：1366-1374.

[52] Xie W，Li K，Liu X H，et al. P-mediated Cu-N_4 sites in carbon nitride realizing CO_2 photoreduction to C_2H_4 with selectivity modulation. Advanced Materials，2023，35（3）：2208132.

[53] Wu L，Zhang L，Liu S，et al. Promoting ambient ammonia electrosynthesis on modulated $Cu^{\delta+}$catalysts by B-doping. Journal of Materials Chemistry A，2023，11（11）：5520-5526.

[54] Mao Z，Ding C，Liu X，et al. Interstitial B-doping in Pt lattice to upgrade oxygen electroreduction performance. ACS Catalysis，2022，12（15）：8848-8856.

[55] Dai Y，Li H，Wang C，et al. Manipulating local coordination of copper single atom catalyst enables efficient CO_2-to-CH_4 conversion. Nature Communications，2023，14（1）：3382.

[56] Qin Y，Guo C，Ou Z，et al. Regulating single-atom Mn sites by precisely axial pyridinic-nitrogen coordination to stabilize the oxygen reduction. Journal of Energy Chemistry，2023，80：542-552.

[57] Guo J，Yan X，Liu Q，et al. The synthesis and synergistic catalysis of iron phthalocyanine and its graphene-based axial complex for enhanced oxygen reduction. Nano Energy，2018，46：347-355.

[58] Pan M，Li J，Zhang X，et al. Axially coordinated Co-N_4 sites for the electroreduction of nitrobenzene. Journal of Materials Chemistry A，2023，11（10）：5095-5103.

[59] Yang Y，Wang H，Tan X，et al. Boosting electrochemical nitrogen reduction via axial coordination engineering on single-iron-atom catalysts. Advanced Functional Materials，2024，34：2403535.

[60] Zhang T，Han X，Liu H，et al. Site-specific axial oxygen coordinated FeN_4 active sites for highly selective electroreduction of carbon dioxide. Advanced Functional Materials，2022，32（18）：2111446.

[61] Fu H，Wei J，Chen G，et al. Axial coordination tuning Fe single-atom catalysts for boosting H_2O_2 activation. Applied Catalysis B：Environmental，2023，321：122012.

[62] Yang B，Li X，Cheng Q，et al. A highly efficient axial coordinated CoN_5 electrocatalyst via pyrolysis-free strategy for alkaline polymer electrolyte fuel cells. Nano Energy，2022，101：107565.

[63] Lyu H，Zhao J，Shen B，et al. Response of axial nitrogen coordination engineering to cobalt based molecular environmental catalysts for selective reduction of CO_2. Chemical Engineering Journal，2023，465：142858.

[64] Li M，Wang M，Liu D，et al. Atomically-dispersed NiN_4-Cl active sites with axial Ni-Cl coordination for accelerating electrocatalytic hydrogen evolution. Journal of Materials Chemistry A，2022，10（11）：6007-6015.

[65] Fang Z，Li N，Zhao Z，et al. Bio-inspired strategy to enhance catalytic oxidative desulfurization by O-bridged diiron perfluorophthalocyanine axially coordinated with 4-mercaptopyridine. Chemical Engineering Journal，2022，433：133569.

[66] Wang Z，Han Y，Li B，et al. Regulation of electrocatalytic behavior by axial oxygen enhances the catalytic activity of CoN_4 sites for CO_2 reduction. Small，2023，19（34）：2301797.

[67] Liu Y，Mccrory C C L. Modulating the mechanism of electrocatalytic CO_2 reduction by cobalt phthalocyanine through polymer coordination and encapsulation. Nature Communications，2019，10（1）：1683.

[68] Ni Y，Xie W，Chen J. Revealing insights into the axial coordination effect of M-N_4 catalysts on electrocatalytic activity towards the oxygen reduction reaction. Journal of Materials Chemistry A，2023，11（42）：23080-23086.

[69] Zhang L，Jin N，Yang Y，et al. Advances on axial coordination design of single-atom catalysts for energy electrocatalysis：A review. Nano-Micro Letters，2023，15（1）：228.

[70] Hu L，Dai C，Chen L，et al. Metal-triazolate-framework-derived FeN_4Cl_1 single-atom catalysts with hierarchical porosity for the oxygen reduction reaction. Angewandte Chemie International Edition，2021，60（52）：27324-27329.

[71] Huang Q，Wang B，Ye S，et al. Relation between water oxidation activity and coordination environment of C，N-coordinated mononuclear Co catalyst. ACS Catalysis，2022，12（1）：491-496.

[72] Jin Q，Wang C，Guo Y，et al. Axial oxygen ligands regulating electronic and geometric structure of Zn-N-C sites to boost oxygen reduction reaction. Advanced Science，2023，10（24）：2302152.

[73] Wang X，An Y，Liu L，et al. Atomically dispersed pentacoordinated-zirconium catalyst with axial oxygen ligand for oxygen reduction reaction. Angewandte Chemie International Edition，2022，61（36）：e202209746.

[74] Ma M，Tang Q. Axial coordination modification of M-N_4 single-atom catalysts to regulate the electrocatalytic CO_2 reduction reaction. Journal of Materials Chemistry C，2022，10（42）：15948-15956.

[75] Lu J，Gu S，Li H，et al. Review on multi-dimensional assembled S-scheme heterojunction photocatalysts. Journal of Materials Science & Technology，2023，160：214-239.

[76] Wang L，Zhu B，Zhang J，et al. S-scheme heterojunction photocatalysts for CO_2 reduction. Matter，2022，5（12）：4187-4211.

[77] He C，Liu Q，Wang H，et al. Regulating reversible oxygen electrocatalysis by built-in electric field of heterojunction electrocatalyst with modified d-band. Small，2023，19（15）：2207474.

[78] Kong J，Lai X，Rui Z，et al. Multichannel charge separation promoted ZnO/P_25 heterojunctions for the photocatalytic oxidation of toluene. Chinese Journal of Catalysis，2016，37（6）：869-877.

[79] Li W，Liu C，Gu C，et al. Interlayer charge transfer regulates single-atom catalytic activity on electride/graphene 2D heterojunctions. Journal of the American Chemical Society，2023，145（8）：4774-4783.

[80] Cui Y，Tan X，Xiao K，et al. Tungsten oxide/carbide surface heterojunction catalyst with high hydrogen evolution activity. ACS Energy Letters，2020，5（11）：3560-3568.

[81] Lyu F，Zeng S，Jia Z，et al. Two-dimensional mineral hydrogel-derived single atoms-anchored heterostructures for

ultrastable hydrogen evolution. Nature Communications，2022，13（1）：6249.

[82] Low J，Yu J，Jaroniec M，et al. Heterojunction photocatalysts. Advanced Materials，2017，29（20）：1601694.

[83] Dhakshinamoorthy A，Li Z，Yang S，et al. Metal-organic framework heterojunctions for photocatalysis. Chemical Society Reviews，2024，53（6）：3002-3035.

[84] Son H，Lee J H，Uthirakumar P，et al. Platinum single-atom catalysts anchored on a heterostructure cupric oxide/copper foam for accelerating photoelectrochemical hydrogen evolution reaction. Nano Energy，2023，117：108904.

[85] Guan X，Song E，Gao W. Modulating the catalytic properties of bimetallic atomic catalysts：Role of dangling bonds and charging. ChemSusChem，2023，16（10）：e202202267.

[86] Wang X，Lan G，Cheng Z，et al. Carbon-supported ruthenium catalysts prepared by a coordination strategy for acetylene hydrochlorination. Chinese Journal of Catalysis，2020，41（11）：1683-1691.

[87] Li Q，Kudo A，Ma J，et al. Tuning electrocatalytic activities of dealloyed nanoporous catalysts by macroscopic strain engineering. Nano Letters，2024，24（18）：5543-5549.

[88] Wang X，He Q，Song L，et al. Breaking the volcano-plot limits for Pt-based electrocatalysts by selective tuning adsorption of multiple intermediates. Journal of Materials Chemistry A，2019，7（22）：13635-13640.

[89] Kolb M J，Calle-Vallejo F. The bifunctional volcano plot：Thermodynamic limits for single-atom catalysts for oxygen reduction and evolution. Journal of Materials Chemistry A，2022，10（11）：5937-5941.

[90] Exner K S. Beyond the thermodynamic volcano picture in the nitrogen reduction reaction over transition-metal oxides：Implications for materials screening. Chinese Journal of Catalysis，2022，43（11）：2871-2880.

[91] Wang J，Xu R，Sun Y，et al. Identifying the Zn-Co binary as a robust bifunctional electrocatalyst in oxygen reduction and evolution reactions via shifting the apexes of the volcano plot. Journal of Energy Chemistry，2021，55：162-168.

[92] Zhang C，Dai Y，Sun Q，et al. Strategy to weaken the oxygen adsorption on single-atom catalysts towards oxygen-involved reactions. Materials Today Advances，2022，16：100280.

[93] Lu X，Li J，Cao S，et al. Constructing N，S and N，P Co-coordination in Fe single-atom catalyst for high-performance oxygen redox reaction. ChemSusChem，2023，16（17）：e202300637.

[94] Lee D G，Kim S H，Lee H H，et al. Breaking the linear scaling relationship by a proton donor for improving electrocatalytic oxygen reduction kinetics. ACS Catalysis，2021，11（20）：12712-12720.

[95] Li X，Duan S，Sharman E，et al. Exceeding the volcano relationship in oxygen reduction/evolution reactions using single-atom-based catalysts with dual-active-sites. Journal of Materials Chemistry A，2020，8（20）：10193-10198.

[96] Wang S，Huang B，Dai Y，et al. Tuning the coordination microenvironment of central Fe active site to boost water electrolysis and oxygen reduction activity. Small，2023，19（2）：2205111.

[97] Shang Z，Feng X，Chen G，et al. Recent advances on single-atom catalysts for photocatalytic CO_2 reduction. Small，2023，19（48）：2304975.

[98] Hursán D，Samu A A，Janovák L，et al. Morphological attributes govern carbon dioxide reduction on N-doped carbon electrodes. Joule，2019，3（7）：1719-1733.

[99] Yu J，Wang J，Ma Y，et al. Recent progresses in electrochemical carbon dioxide reduction on copper-based catalysts toward multicarbon products. Advanced Functional Materials，2021，31（37）：2102151.

[100] Ren M，Guo X，Zhang S，et al. Design of graphdiyne and holey graphyne-based single atom catalysts for CO_2 reduction with interpretable machine learning. Advanced Functional Materials，2023，33（48）：2213543.

[101] Liu J，Jiao M，Lu L，et al. High performance platinum single atom electrocatalyst for oxygen reduction reaction.

Nature Communications，2017，8（1）：15938.
[102] Wei Z，Deng B，Chen P，et al. Palladium-based single atom catalysts for high-performance electrochemical production of hydrogen peroxide. Chemical Engineering Journal，2022，428：131112.
[103] Chen Z W，Chen L，Gariepy Z，et al. High-throughput and machine-learning accelerated design of high entropy alloy catalysts. Trends in Chemistry，2022，4（7）：577-579.
[104] Renom-Carrasco M，Lefort L. Ligand libraries for high throughput screening of homogeneous catalysts. Chemical Society Reviews，2018，47（13）：5038-5060.
[105] Isbrandt E S，Sullivan R J，Newman S G. High throughput strategies for the discovery and optimization of catalytic reactions. Angewandte Chemie International Edition，2019，58（22）：7180-7191.
[106] Sun H，Li Y，Gao L，et al. High throughput screening of single atomic catalysts with optimized local structures for the electrochemical oxygen reduction by machine learning. Journal of Energy Chemistry，2023，81：349-357.
[107] Zhao Z J，Gong J. Catalyst design via descriptors. Nature Nanotechnology，2022，17（6）：563-564.
[108] Li Z，Chen Y，Xie Z，et al. Rational design of the catalysts for the direct conversion of methane to methanol based on a descriptor approach. Catalysts，2023，13（8）.
[109] Zhao Z J，Liu S，Zha S，et al. Theory-guided design of catalytic materials using scaling relationships and reactivity descriptors. Nature Reviews Materials，2019，4（12）：792-804.
[110] Xu H，Cheng D，Cao D，et al. Revisiting the universal principle for the rational design of single-atom electrocatalysts. Nature Catalysis，2024，7（2）：207-218.
[111] Liu J，Zhu J，Xu H，et al. Rational design of heteroatom-doped Fe-N-C single-atom catalysts for oxygen reduction reaction via simple descriptor. ACS Catalysis，2024，14（9）：6952-6964.
[112] Zhong W，Qiu Y，Shen H，et al. Electronic spin moment as a catalytic descriptor for fe single-atom catalysts supported on C_2N. Journal of the American Chemical Society，2021，143（11）：4405-4413.
[113] Cao H，Wang Q，Zhang Z，et al. Engineering single-atom electrocatalysts for enhancing kinetics of acidic volmer reaction. Journal of the American Chemical Society，2023，145（24）：13038-13047.
[114] Wang J，Zheng M，Zhao X，et al. Structure-performance descriptors and the role of the axial oxygen atom on M-N_4-C single-atom catalysts for electrochemical CO_2 reduction. ACS Catalysis，2022，12（9）：5441-5454.
[115] Ishioka S，Fujiwara A，Nakanowatari S，et al. Designing catalyst descriptors for machine learning in oxidative coupling of methane. ACS Catalysis，2022，12（19）：11541-11546.
[116] Fu H，Li K，Zhang C，et al. Machine-learning-assisted optimization of a single-atom coordination environment for accelerated fenton catalysis. ACS Nano，2023，17（14）：13851-13860.
[117] Steinmann S N，Wang Q，Seh Z W. How machine learning can accelerate electrocatalysis discovery and optimization. Materials Horizons，2023，10（2）：393-406.
[118] Rezvani S，Wang X，Pourpanah F. Intuitionistic fuzzy twin support vector machines. IEEE Transactions on Fuzzy Systems，2019，27（11）：2140-2151.
[119] Liu L，Chu M，Gong R，et al. An improved nonparallel support vector machine. IEEE Transactions on Neural Networks and Learning Systems，2021，32（11）：5129-5143.
[120] Özsoysal S，Oral B，Yildirim R. Analysis of photocatalytic CO_2 reduction over MOFs using machine learning. Journal of Materials Chemistry A，2024，12（10）：5748-5759.
[121] Kapse S，Janwari S，Waghmare U V，et al. Energy parameter and electronic descriptor for carbon based catalyst predicted using QM/ML. Applied Catalysis B：Environmental，2021，286：119866.
[122] Wang Y，Huang X，Fu H，et al. Theoretically revealing the activity origin of the hydrogen evolution reaction on

carbon-based single-atom catalysts and finding ideal catalysts for water splitting. Journal of Materials Chemistry A，2022，10（45）：24362-24372.

[123] Akram-Ali-Hammouri Z，Fernández-Delgado M，Cernadas E，et al. Fast support vector classification for large-scale problems. IEEE Transactions on Pattern Analysis and Machine Intelligence，2022，44（10）：6184-6195.

[124] Mehrabi-Kalajahi S，Moghaddam A O，Hadavimoghaddam F，et al. Entropy-stabilized metal oxide nanoparticles supported on reduced graphene oxide as a highly active heterogeneous catalyst for selective and solvent-free oxidation of toluene：A combined experimental and numerical investigation. Journal of Materials Chemistry A，2022，10（27）：14488-14500.

[125] Hernández V A S，Monroy R，Medina-Pérez M A，et al. A practical tutorial for decision tree induction：Evaluation measures for candidate splits and opportunities. ACM Computing Surveys，2021，54（1）1-38.

[126] Zhang Z，Hong Y，Hou B，et al. Accelerated discoveries of mechanical properties of graphene using machine learning and high-throughput computation. Carbon，2019，148：115-123.

[127] Huang M，Wang S，Zhu H. A comprehensive machine learning strategy for designing high-performance photoanode catalysts. Journal of Materials Chemistry A，2023，11（40）：21619-21627.

[128] Li W，Feng G，Wang S，et al. Accelerating high-throughput screening of hydrogen peroxide production via DFT and machine learning. Journal of Materials Chemistry A，2023，11（28）：15426-15436.

[129] Zhang X，Liu J，Li R，et al. Machine learning screening of high-performance single-atom electrocatalysts for two-electron oxygen reduction reaction. Journal of Colloid and Interface Science，2023，645：956-963.

[130] Lin X，Wang Y，Chang X，et al. High-throughput screening of electrocatalysts for nitrogen reduction reactions accelerated by interpretable intrinsic descriptor. Angewandte Chemie International Edition，2023，62（19）：e202300122.

第10章 单原子催化材料的潜在应用探索

在前面的章节中，详细介绍了单原子催化材料的性质和催化原理。相较于其他催化体系，单原子催化材料具有一系列显著优势：首先，它们展现出极高的催化活性和选择性，特别是在化学反应的加速和方向控制方面，这使它们非常适合用于精细化学品的合成、环境净化以及能源转换等领域；其次，相比于传统的催化剂，单原子催化材料的高原子利用率和独特的电子结构，能够在较低的温度和压力下实现高效的催化效果，使它们在提高反应效率、降低能耗方面具备了显著的优势。这一特点使单原子催化材料在实现绿色可持续化学反应方面发挥着重要的作用，有助于推动化工行业的可持续发展。此外，单原子催化材料还因其特殊的物理化学性质而在高效能源器件的开发中展现出巨大的应用潜力。例如，在燃料电池领域，单原子催化材料可以作为高效的电极催化剂，提高燃料电池的能量转换效率；在超级电容器方面，单原子催化材料则可以用作电极材料，提升电容器的储能性能。这些应用不仅拓宽了单原子催化材料的应用领域，也为高效能源器件的发展带来了新的机遇。

在接下来的小节中，将详细探讨单原子催化材料如何在多个尖端科技领域中推动技术的创新与进步：单原子催化材料在仿生药物开发中扮演关键角色，特别是在提高药物合成效率和选择性以及设计智能药物释放系统以响应生理环境变化方面的应用；在电化学生物传感器领域，这些材料通过其高灵敏度和快速响应性，提高了传感器的稳定性和准确性，使其能够有效地检测病原体、生物标志物和环境污染物；在基因编辑领域，这些材料提高了 CRISPR-Cas9 等技术的编辑效率和精确度，为精准医疗和基因疗法开辟了新的可能性；单原子催化材料也正在改变交通航天动力系统，通过提高燃料电池和推进系统的能效，降低能耗，提升整体性能；此外，这些材料在水和空气净化装置中通过有效去除有害化学物质和重金属来提高环境质量；同时，单原子催化材料以其独特的化学和物理特性，在气体捕获、分离与储存领域发挥了关键作用；再者，也在可穿戴柔性电子设备中成功增强了设备的柔性和耐用性。最后，在可再生能源领域，单原子催化材料通过优化太阳能吸收和转换过程提高了光伏器件的光电转换效率。这些应用不仅拓宽了单原子催化材料的应用领域，也为高效能源器件的发展带来了新的机遇。

10.1 仿生药物

仿生药物是指模仿自然生物系统，如细胞、蛋白质、酶或生物分子等结构和功能，设计和开发的药物。这种药物的开发基于对生物体内自然过程的深入理解，旨在利用自然界进化出的机制来解决医疗问题。从结果上看，自然界选择了特定的金属离子（如铁、镍、锰等）作为核心活性中心，将其嵌入蛋白质结构中，形成了多种金属酶。这些酶在温和的条件下能够促进一系列复杂的生物化学反应，包括 C—H 键的活化、氮气的还原等。这类反应通常依赖于一系列复杂的生物催化剂来实现。这些复杂的生物催化剂能够在细胞内特定的环境中同时进行氧化反应和还原反应，并且不会影响各自的催化效率和选择性。例如，在植物进行光合作用的过程中，光敏化剂（如叶绿素）能够捕获太阳光能，并同时将二氧化碳和水转换成碳水化合物（二氧化碳 + 水 + 太阳能 ⟶ 碳水化合物 + 氧气）。在这一过程的光反应阶段，金属酶负责将水分解，释放电子，产生氧气和质子。而在暗反应中，利用光反应产生的腺苷三磷酸（adenosine triphosphate，ATP）和烟酰胺腺嘌呤二核苷酸磷酸（nicotinamide adenine dinucleotide phosphate，NADP），将二氧化碳固定并还原成碳水化合物（如葡萄糖）或其他有机物。这一系列反应展示了即使在温和的环境条件下，也能够在生物催化剂系统中实现本质上互不兼容的氧化和还原反应，这主要得益于生物酶在细胞内高度有序的空间组织和非直接的反应路径[1]。单原子催化剂在许多化学和生物反应中具有优异的催化活性，被认为是天然酶的潜在替代品。而单原子仿生药物作为一种新兴的纳米药物，正是利用了单个原子或者单原子团簇模拟生物体内酶的催化活性，用于治疗各种疾病。这类药物结合了仿生学和纳米技术的最新进展，旨在提高药物的疗效并减少副作用。

牛皮癣是一种常见的炎症性疾病，复发率（90%）极高，全世界约 3%的人口患有牛皮癣。活性氧（reactive oxygen species，ROS）的过度产生在牛皮癣疾病的发展中扮演了至关重要的角色。具有广谱 ROS 清除能力的仿生铁单原子催化剂（FeN_4O_2 SAC）能够通过修复相关基因来治疗牛皮癣并预防其复发。FeN_4O_2 SAC 基于原子级分散的 Fe 活性结构，展示出了多种酶模拟活性，这些活性类似于天然的抗氧化酶、铁超氧化物歧化酶、人体红细胞过氧化氢酶和抗坏血酸过氧化物酶[2]。另外，在人体深层部位感染的情况下，具有高繁殖能力和强黏附性的细菌群落容易在深层伤口表面形成生物膜，这比通常情况下的菌群更难被消除，并会导致抗生素治疗效果不佳。相对于传统抗生素和以往的纳米酶，单原子纳米酶由于其金属原子的原子分散特性，实现了最大的原子利用率，并显著增强了类酶活性，能够高效催化产生溶解细菌细胞结构的物质（如活性氧），并在深层组织中发挥作用[3]（图 10.1）。脓毒症是一种由感染引起的具有高发病率和死亡率的全身炎症反应综合征。在脓毒症中，激活的先天免疫系统导致肿瘤坏死因子和促炎细胞因子的大量产生，从而致使线粒体功能障碍。最终，线粒体呼吸链泛醌位点的电子泄漏产生大量$\cdot O_2^-$。生理条件下，$\cdot O_2^-$被超氧化物歧化酶及时消除，以维持氧化还原稳态。然而，因脓毒症产生的过量$\cdot O_2^-$远远超过体内可清除的数量，进而引起氧化应激并转化为更有害的活性氧和氮。因此，在脓毒症早期，当系统性细菌负荷部分被控制时，需要外源性抗氧化剂来帮助减少过量的$\cdot O_2^-$以避免氧化损伤。通过去除过量的活性氧和氮并进行早期抗氧化干预有利于脓毒症的预防和治疗。然而，传统抗氧化剂由于活性和可持续性的不足，无法改善患者的治疗结果。为此，通过模仿天然纯铜超氧化物歧化酶的电子和结构特征，研究人员合成了一种具有配位不饱和原子分散的 $Cu\text{-}N_4$ 位点的单原子纳米酶，用于有效治疗脓毒症[4]。

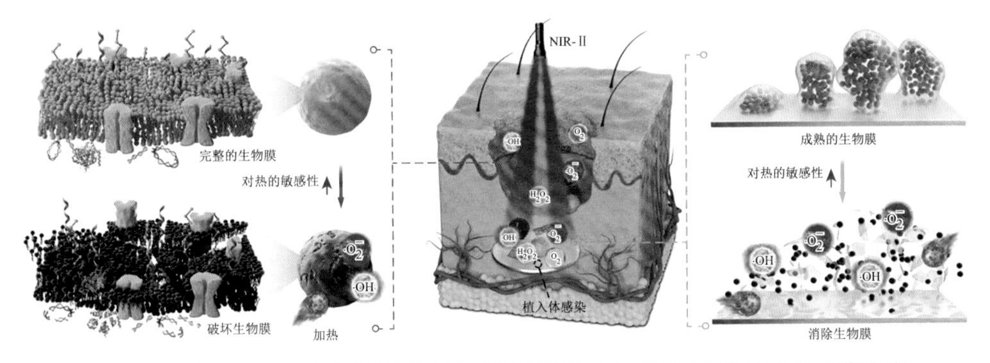

图 10.1 对 NIR-Ⅱ光响应的单原子纳米酶用于从表皮到深层组织感染的抗菌治疗

综上所述，单原子仿生药物作为一种创新的纳米药物平台，凭借其独特的物理化学性质和仿生特性，已经在药物开发和生物医学研究领域显示出极大的潜力。这类药物利用单个原子的高活性位点，能够精准地与生物大分子如蛋白质和核酸等物质相互作用，从而实现对疾病的高效治疗。其仿生特性使单原子药物能够模仿自然生物分子的功能，如酶的催化活性，提供一种全新的方法治疗以往难以解决的疾病。尽管如此，单原子仿生药物的研究和应用仍面临多方面的挑战。首先，生物体内环境的复杂性对单原子药物的稳定性提出了重大的挑战。在血液和细胞内部，丰富的蛋白质和其他生物大分子可能导致单原子中心不稳定或聚集，影响其疗效和选择性。因此，开发出能够在体内长时间保持稳定的药物递送系统是未来研究的重点之一。其次，单原子仿生药物的合成和纯化技术相对复杂。由于涉及精确控制单个原子的位置和化学环境，要求高度精细的合成方法以及严格的纯化过程来保证药物的质量和一致性。此外，为了确保安全性和减少潜在的毒性，对药物的生物相容性和分布行为进行全面的评估也是不可或缺的步骤。最后，安全性问题同样不容忽视，尽管单原子仿生药物在体外实验中展现了显著的疗效，但其在体内长期作用的安全性仍需通过详细的临床前研究来验证。尤其需要注意的是，对于长期积累和代谢产物的研究需要加强，以确保这些先进药物在人体中的应用既有效又安全。

总而言之，单原子仿生药物虽然展现了未来医学治疗方面的巨大潜力，但要将其从实验室成功转移到临床应用，还需克服一系列科学和技术障碍。未来的研究不仅需要聚焦于提高药物的稳定性和生物相容性，还要解决合成纯化过程中的技术挑战，并且进行全面的安全性评估。通过跨学科的合作和创新技术的开发，有望逐步解决这些问题，推动单原子仿生药物的发展，最终惠及患者。

10.2 电化学生物传感器

电化学生物传感器是一种将生物学信号转换成可测量的电信号的先进器件，它们在生物分子的定性和定量分析中发挥着至关重要的作用。这类传感器的工作原理基于特定的生物识别技术，如抗体与抗原的结合或酶与底物的相互作用，这些情况会引起电极表面电流的变化，从而实现对目标分子的检测。虽然传统的基于生物酶的传感器因其高度的特异性和灵敏度而被广泛研究，但它们在实际应用中面临着诸多挑战，尤其是生物酶在非理想环境下的不稳定性和高昂的成本。此外，科学界一直在努力寻找提高电化学生物传感器的选择性和灵敏度的解决方案。选择性是指传感器能够特异性识别目标分子而不受其他物质干扰的能力，而灵敏度则关乎传感器对目标分子浓度变化的响应度。这两个参数对于传感器的性能至关重要，直接影响传感器在疾病早期诊断、环境监测和食品安全等领域的应用效果。

随着纳米科技和精细表征技术的持续进步，研究人员开始探索新的策略来克服传统电化学生物传感器的限制。单原子催化剂的发现为传感器技术带来了革命性的突破，使传感器达到了前所未有的灵敏度和选择性。与传统的纳米粒子催化剂相比，单原子催化剂因其所有活性位点均暴露于表面，且具有独特的电子结构，从而展现出了卓越的催化活性和选择性。这使基于单原子催化剂的电化学生物传感器能够以前所未有的灵敏度和特异性检测生物分子。这类传感器将单原子催化剂的特有优势与电化学生物传感技术的高灵敏度相结合，开辟了一条高效的新路径，用于生物分子的精确检测。单原子电化学生物传感器通常由三个主要部分组成：工作电极、参比电极和辅助电极。其中，工作电极是传感器的核心，其表面通过单原子催化剂修饰来增强其电化学活性，这些单原子催化剂因具有独特的电子结构和极高的表面活性，不仅提供了高的反应效率，还通过精确的电子调控，实现了对特定生物分子的高选择性识别，能够极大地提高电化学反应的效率和选择性。此外，参比电极和辅助电极的配合使用，确保了传感器信号的稳定性和可靠性，进一步提升了检测的准确性。

单原子电化学生物传感器在现代科学研究和应用中，特别是在生物学、临床试验和食品工业等关键领域，扮演着至关重要的角色。在医疗领域的应用尤为广泛，单原子电化学生物传感器已经成为早期诊断和疾病监测的强大工具。目前，单原子电化学生物传感器在医疗领域已应用在癌症、帕金森病（Parkinson disease，PD）、阿尔茨海默病、糖尿病和其他疾病的辅助治疗上，通过快速准确地检测相关疾病的标志物，实现早期诊断和治疗监测[5]（图 10.2）。2023 年 2 月，泰达企业民康医疗科技（天津）有限公司与中国科学技术大学的课题组合作，成功克服了动态血糖监测系统中关键的生物传感技术挑战。该工作通过开发创新的单原子催化技术，不仅显著提升了葡萄糖测量的准确性，还有效降低了血糖测试纸的生产成本。另外，在食品安全方面，这类传感器常被应用在检测食品中的污染物和有害物质上，如病原体、重金属离子和有机污染物，为保障食品安全和公众健康提供了强有力的技术支撑。同时，食品中有时会存在一些特殊物质需要定量检测，如存在于肉、蛋、水果和蔬菜等多种食品中的 H_2S，虽然常被认为是一种有毒气体，但适当低浓度的 H_2S 对食品具有抗氧化和抑制微生物繁殖等积极影响，并在人的中枢神经系统中发挥重要作用。据报道，目前用于 H_2S 检测的单原子电化学生物传感器，与现有传感器相比具有更宽的浓度检测范围、更好的传感稳定性以及更强的抗生理干扰能力[6]。对于健康和食品安全监测，需要准确和定量地传感，以确保不会对人类健康产生显著的负面影响，而传统传感器很难满足这些要求。

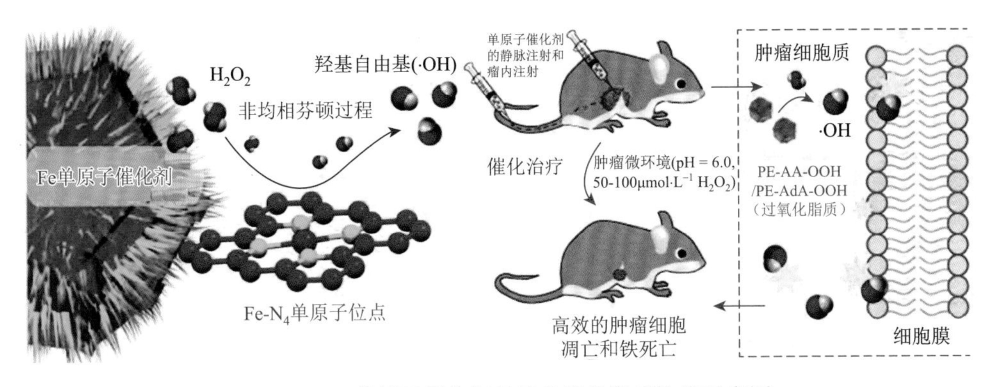

图 10.2　Fe 单原子催化剂的纳米催化肿瘤治疗示意图

新型聚乙二醇化单原子含铁纳米催化剂以 H_2O_2 作为底物引发芬顿反应，在酸性肿瘤微环境中产生丰富的有毒·OH，从而引发恶性肿瘤细胞凋亡；同时可诱导脂质过氧化物积累，导致肿瘤细胞铁死亡，促进协同肿瘤治疗[5]

值得注意的是，尽管单原子电化学生物传感器在技术上取得了显著成就，展示了巨大的潜力，但在实际应用中仍面临一些挑战。当前的主要困境在于载体材料的不稳定性、合成方法烦琐复杂以及传感器设计方案单一等。未来的研究需要努力攻克上述难题，推动单原子电化学生物传感器向大规模的实际应用继续迈进。

10.3 基因编辑

基因编辑是在特定位置对 DNA 序列进行添加、删除、修改或替换的技术。基因编辑技术是近年来生物医学领域的一项革命性进展，它允许研究者在遗传物质中进行精确的修改，从而研究基因的功能、治疗遗传性疾病以及改善农作物的性能。当前最著名的基因编辑技术包括 CRISPR-Cas9（clustered regularly interspaced short palindromic repeats and CRISPR-associated protein 9）、转录激活因子样效应核酸酶（transcription activator-like effector nuclease，TALEN）和锌指核酸酶（zinc finger nucleases，ZFN）。这些技术通过特定的分子剪刀精确地“剪辑”或“编辑”基因，改变其表达方式，从而达到研究或治疗的目的[7]。

基因编辑和前文所介绍的生物工程都是现代生物科学的关键领域，它们都旨在改造生物体的遗传或生理特性以达到特定的科学、医学或工业目的。虽然这两个领域在目标上可能有所重叠，但它们在技术手段、应用范围、目的性以及跨学科性等方面均有明显的区别。在技术手段上，基因编辑专注于 DNA 层面的直接修改，而生物工程包括对生物体整个生物系统的改造和优化。在应用范围方面，基因编辑通常局限于遗传层面的改造，生物工程则涉及从分子到系统的广泛应用。在目的性上，基因编辑更侧重于精确修改生物体的特定遗传特征，生物工程则旨在通过综合应用多种生物学、化学和工程技术解决实际问题。在跨学科方面，生物工程更强调跨学科的集成与创新，涵盖生物学、化学、物理学、工程学等多个领域。总的来说，生物工程是一个更广泛的领域，包括但不限于基因编辑，它利用和整合了多种科学和技术来改善和创造生物系统与生物过程。例如，前文所介绍的生物传感器和仿生药物的应用也属于生物工程的重要分支。而专注于精确的基因水平操作的基因编辑技术，尤其是 CRISPR-Cas9 系统在近年来越来越多地被应用于各种疾病的研究和治疗（图 10.3），使基因编辑技术大放异彩，逐渐从生物工程的分支中脱颖而出[8-10]。

单原子催化材料近年来在生物医学领域，特别是基因编辑技术中，开始显示潜力。其一是基因递送系统的开发，在基因编辑中，将基因编辑工具高效且安全地送达目标细胞是一大挑战。单原子催化材料因其独特的表面性质和生物相容性，可以作为潜在的基因递送载体。利用单原子催化材料的表面可修饰性以增强与 DNA 或 RNA 分子的亲和力，从而形成稳定的复合物以保护基因编辑分子免受

图 10.3　CRISPR-Cas9 在生物医学领域主要的应用范围示意图

这种系统已经应用于动物疾病模型的生成、CAR-T 疗法、单基因遗传病的矫正、疾病表型的恢复、免疫检查点阻断疗法和癌症依赖性映射等方面[8]

核酸酶的降解，并促进其在细胞内的释放。例如，单原子催化材料可以作为载体，通过表面改性技术增强 CRISPR-Cas9 系统的细胞内递送效率，通过载体表面的特定官能团与 Cas9 蛋白或导向 RNA 形成稳定的复合物，增加其在细胞内的稳定性和活性[11, 12]。其二是优化基因编辑的特异性和效率，利用单原子催化材料的高选择性，可以减弱基因编辑过程中的非特异性剪切效应。例如，可以用于提高 CRISPR 系统中 Cas9 蛋白与目标 DNA 结合的效率；通过向 Cas9 蛋白或 sgRNA 的构造中引入与单原子催化剂相互作用的部分，可以增强其在复杂的细胞环境中的稳定性和活性，从而提高基因编辑的精确性和效率。此外，通过调控单原子位点的电子结构和配体环境，可以精确控制 Cas9 蛋白的活性和选择性[13, 14]。其三，优化基因编辑后处理，提升基因编辑后的细胞存活率，基因编辑过程中可能产生的副反应或非目标效应的最小化是提高其安全性的关键。单原子催化材料可以通过其催化性能减少基因编辑过程中可能产生的氧化应激反应，从而提高细胞的存活率和稳定性。除此之外，还可以通过其催化特性参与基因编辑后的 DNA 修复过程，如通过催化特定的 DNA 修复途径，减少错误配对的可能性，从而降低非目标效应，这一功能对于临床应用中的基因治疗尤为重要[10]。

总而言之，单原子催化材料在基因编辑领域的应用仍处于初步探索阶段，但其独特的物理化学特性已显示出巨大的潜力。未来的研究可以进一步探索该材料在增强基因编辑工具递送效率、提高编辑精确性及安全性等方面的具体机制。此外，开发新的生物相容性单原子催化材料，以及优化其与生物大分子的相互作用，将是推动该领域进步的关键。未来的研究可以集中在以下几个方面：首先是材料合成和表面改性的优化，研究更多种类的单原子催化材料，并优化其表面特性以适应不同类型的基因编辑工具；其次是机制研究，深入研究单原子催化材料如何具体影响基因编辑工具的递送和活性，包括它们如何与生物大分子如核酸和蛋白质相互作用；最后是临床前安全性评估，评估单原子催化材料在生物体内的长期稳定性和生物相容性，确保其在未来临床应用的安全性。通过进一步的研究和技术创新，这些材料有望提升基因编辑的效率和安全性，为遗传疾病治疗和生物医学研究开辟新的途径。随着更多关于单原子催化材料在生物医学中应用的深入研究，预计未来将在基因疗法和其他基因相关疾病的治疗中取得实质性进展。

10.4 交通航天动力系统

随着全球对于清洁能源需求的不断增长，新能源产业正在经历前所未有的发展。这些能源相关技术的应用不仅涵盖民用领域，如城市公共交通系统、交通运输、便携式电源、分布式电站等，同时也包括军用和航空航天领域，如无人机和潜水器等。电池技术作为推动这一领域进步的核心，已经成为实现可持续能源系统的关键驱动力。在众多电池技术中，燃料电池因其清洁高效的能源循环过程受到广泛关注。这类电池可以直接将化学能转化为电能，通过电化学反应高效产生电力。燃料电池的优势不仅在于其卓越的能量转换能力，还在于它使用氢气等能源作为燃料，能在不产生有害排放物的前提下提供电力。燃料电池技术的多样性也是其受到广泛关注的原因之一。它包括质子交换膜燃料电池（proton exchange membrane fuel cell，PEMFC）、固体氧化物燃料电池（solid oxide fuel cell，SOFC）、碱性燃料电池（alkaline fuel cell，AFC）等多种类型，每种类型都有其独特的优点和适用场景。例如，PEMFC 以其快速启动和高功率密度的特性，适用于汽车和便携式电源等；而 SOFC 则因其高温运作的特点，更适合于固定电源和大型发电站；AFC 的操作温度通常低于 PEMFC 和 SOFC，大多在 70～90℃，这使它们启动较快，对环境的适应性强，并且对环境中的二氧化碳非常敏感，二氧化碳会与碱性电解质反应生成碳酸盐，降低系统的性能和寿命，因此它们主要适用于纯氢和纯氧环境，如航天领域和潜艇中的应用[15, 16]。

燃料电池的基本原理是燃料（通常是氢气）和氧化剂（通常是氧气）在催化剂的作用下发生电化学反应，生成电力、水和热量。具体来说，燃料在阳极发生氧化反应，释放电子，而氧化剂在阴极接收这些电子并发生还原反应，两者通过外部电路连接，从而产生电流。如今，随着对替代能源需求的持续上升及军事与国防行业对燃料电池采纳率的提高，航空航天和国防领域的燃料电池市场预计将快速增长约 31%[17]。在此市场中，领先企业正为军事和国防领域推出配备先进技术的燃料电池，以支持更高级发动机的发展。例如，2022 年 11 月，空中客车公司推出了其首个兆瓦级氢燃料电池发动机的飞行测试展示。燃料电池在航空航天及国防行业的市场被细分为商业飞行器与旋翼机两大类。预计在接下来的几年里，旋翼机部分将经历显著的年复合增长率。航空航天和国防领域特别偏向使用直升机和垂直起降飞机等类型的旋翼机。旋翼飞机急需燃料电池技术，因其能够提供既安静又高效的能源。这主要是由于旋翼飞机对功率的需求较高，并且燃料电池有助于降低噪声排放。相较于其他能源解决方案，燃料电池技术还带来了更长的使用寿命、更低的物流和运营成本[18]。另外，在汽车交通领域，随着技术的发展和低碳理念的普及，新能源汽车尤其是氢燃料电池汽车已成为市场宠儿。国家发展和改革委员会、国家能源局联合印发的《氢能产业发展中长期规划（2021—2035 年）》指出，要“有序推进氢能在交通领域的示范应用”，并提出到 2025 年，“燃料电池车辆保有量约 5 万辆，部署建设一批加氢站”的发展目标[19]。相较于纯电动汽车，氢燃料电池汽车的续航里程大幅增加（图 10.4）。在高海拔、高温、高寒等多种环境下，氢燃料电池的性能也更加稳定。从低碳、环保的角度看，氢能源车也有更优异的表现，有些人甚至将氢能源车称为“移动的空气净化器”[20]。

我国在燃料电池技术领域也取得了显著的进展，已经有大量注册企业参与这一领域，参与研究、开发和应用。尽管如此，燃料电池技术的广泛推广和应用仍面临一些挑战，尤其是成本问题成为制约其商业化进程的关键因素。当前，Pt/C 催化剂因其在氢燃料电池的氧还原反应中展现的出色催化性能而被广泛使用。但是，铂作为一种稀有金属，其高成本和稀缺性限制了燃料电池的成本效益。此外，铂催化剂在长期使用过程中可能出现的抗毒性下降和颗粒聚集等问题，进一步影响了燃料电池系统的稳定性和寿命[21]。

鉴于此，研究和开发高活性、低成本、高稳定性的非贵金属催化剂，尤其是单原子催化剂，成为了燃料电池领域的一个热点。在燃料电池发生的化学反应中，

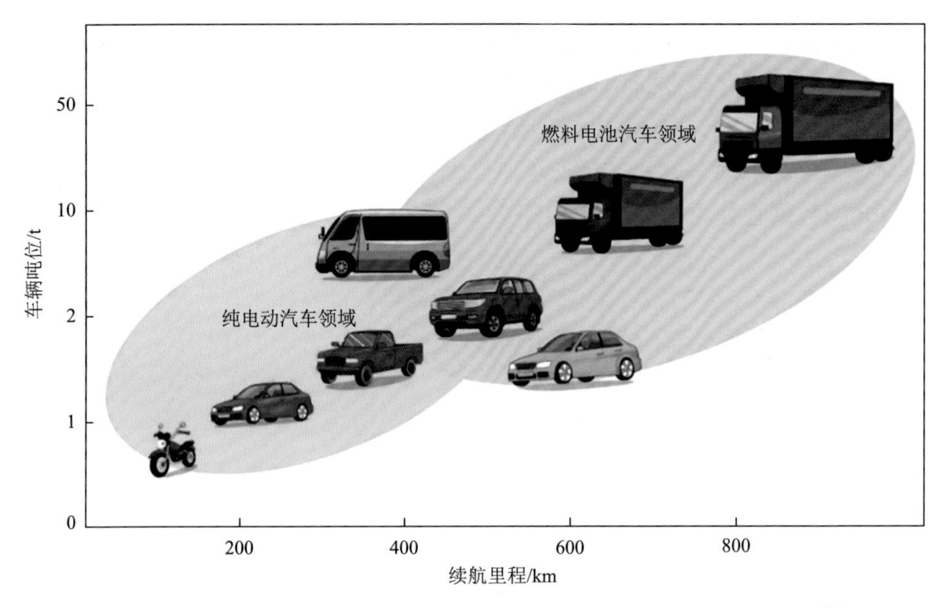

图 10.4 纯电动汽车和燃料电池汽车在未来车辆运输中的预期应用领域[20]

单原子催化剂的引入可以显著提升电化学反应的效率，非贵金属单原子催化剂因其独特的电子结构和催化性能，提供了一种高效且经济的替代方案。这些催化剂通过在宿主材料上精确控制单个原子的分布，实现了极高的原子利用率和催化活性，同时展现出良好的稳定性和抗毒性，特别是在加快氢气的氧化过程和优化氧气还原反应方面，单原子催化剂展现了无可比拟的优势，为燃料电池技术的进一步发展提供了新的动力[22, 23]。

通过持续的研究和技术创新，开发出的新型催化剂不仅有望降低燃料电池的制造和运营成本，也为燃料电池技术在交通航天领域的大规模部署奠定了基础。这将进一步推动燃料电池技术在全球能源转型中的发展，助力实现可持续发展的未来能源。因此，克服现有挑战，加速非贵金属单原子催化剂的商业化进程，对于推动燃料电池技术在交通航天动力系统方面的广泛应用具有重要意义[24]。

10.5 净化装置

在全球范围内，环境污染一直是挑战人类生存和发展的重大问题。随着工业化和城市化的加速，空气和水体污染日益严重，这不仅对人类的公共健康构成了直接威胁，也为生态系统的稳定和全球经济的持续发展带来了负面影响。在这一背景下，我国作为世界上最大的发展中国家，快速的经济增长带来的环境问题一直以来都受到广泛关注。为了应对这一挑战，研究人员和工程师一直在探索更有效的环境净化技术。利用单原子催化剂设计的净水器和空气净化器便是这方面的重要进展，它是将高效催化技术应用于环境净化领域的前沿尝试，单原子催化剂独特的电子性质和催化机制，为清洁技术提供了一个革新的视角。近年来，用于室内空气净化、机动车尾气净化以及净化废水的单原子催化剂专利被纷纷提出，相关研究的数量也处于持续增长状态[25-27]（图 10.5）。

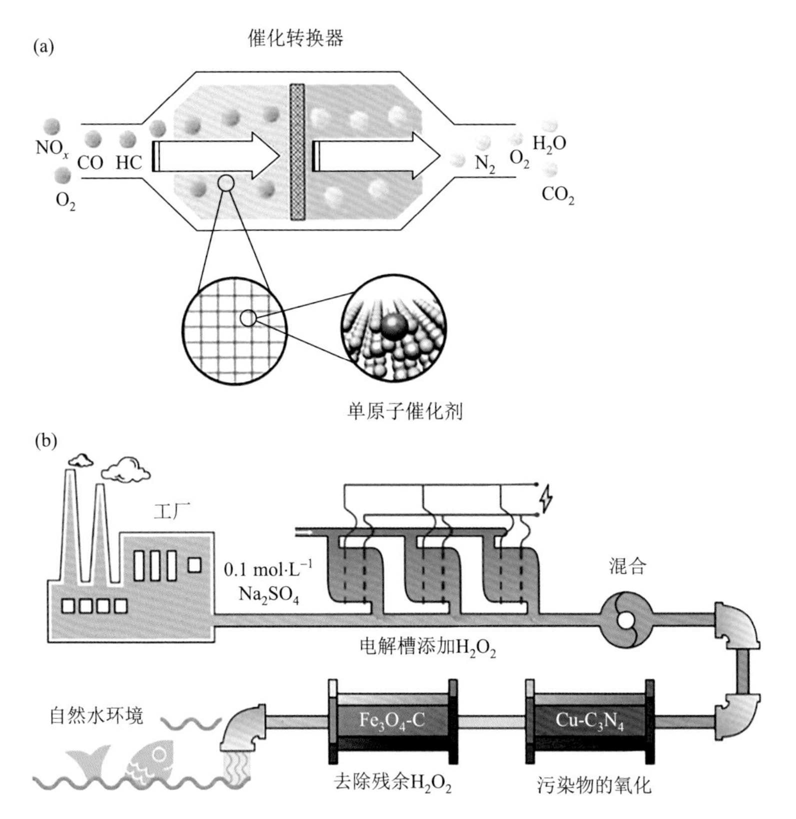

图 10.5　（a）单原子催化剂应用于机动车尾气净化[25]；（b）单原子催化剂应用于废水净化[27]

尽管单原子催化剂在实验室中表现出了卓越的催化效率和精准的选择性，成为理想的净化技术解决方案，但在将其商业化和规模化应用于环境净化设备的过程中仍然面临着多方面的挑战。首先，高效的单原子催化剂往往伴随着较高的制备成本，这在一定程度上限制了其在净化设备中的广泛应用。此外，单原子催化剂在实际使用环境中的稳定性和耐用性，以及如何在保持高效催化性能的同时实现大规模生产和应用，也是目前研究中亟须解决的关键问题。即便如此，鉴于单原子催化剂在处理某些特定类型污染物上，如重金属离子、有机染料和氮氧化物等，展示出了显著优势，科研人员正通过不懈努力，试图克服上述挑战，将这一前沿科技转化为有效的环境净化解决方案。通过对单原子催化剂的进一步研究和开发，以及对其在实际环境中应用性能的深入评估，有望最终实现低成本、高效稳定的环境净化设备，为全球环境保护和可持续发展贡献力量。

在未来的发展中，随着科学研究的不断深入和技术的不断进步，特别是单原子催化剂合成方法的革新、成本效益的提高以及在实际应用场景中稳定性的显著增强，基于单原子催化剂的净水器和空气净化器有望大幅提升其市场竞争力，成为家庭和工业环境中不可或缺的净化设备。这些设备的普及将对提高居民生活质量、保护环境健康和促进可持续发展策略的实施发挥关键作用。并且，单原子催化剂不仅在城市家庭和公共场所中的应用会日益普及，其在工业排放控制、农业废水处理以及大型环境修复项目中的应用也将逐步增加。此外，随着人们环保意识的提高和对健康生活质量的追求，基于单原子催化剂的净化技术有望在全球范围内获得更广泛的认可和支持，它不仅是科学探索的成果，更是面向未来的环保解决方案。它们的应用进展将直接影响环境保护、能源转换效率以及公众健康等多个方面，开启新的商业应用前景，并最终实现人类社会的可持续发展目标。

10.6 气体捕获、分离与储存

单原子催化材料因其独特的物理特性，在气体捕获、分离与储存技术中扮演了关键角色。这些材料提供高度均匀的活性位点，对气体分子的选择性吸附和分离具有显著效果，这种分离通常基于物理吸附原理，而非化学转换。本节将介绍单原子催化材料在特殊气体的提取、纯化和储存，天然气处理以及温室气体处理等方面的应用，并强调这些技术对环境保护和能源利用的重要意义。

在半导体制造、灯具生产以及其他工业应用中，高纯度的惰性气体（如氩、氖、氙）具有重要的价值。同样，在医疗领域，这些气体的回收也非常关键。单原子催化材料能够通过其精细调控的孔隙结构和表面性质，实现对这些气体的高效吸附和分离。例如，通过调整孔隙大小和表面功能基团，可以增强对特定惰性气体的亲和力，从而提高分离效率并降低成本。另外，在空气分离的应用中，这些材料的特性同样发挥着重要作用[28]。在工业和科研需求中，从空气中提取氧气、氮气以及其他稀有气体是一项关键任务。单原子催化材料通常基于分子的大小、形状或偶极矩等特性，能够特异性地吸附这些气体，从而实现高效的分离。此外，这些材料还能够在较低的压力和温度条件下实现稀有气体的有效储存，这对于维持气体的稳定性和降低运输成本非常重要。单原子催化材料在稀有气体储存方面展现了显著优势，主要得益于其高度均匀的活性位点和可调控的孔隙结构，能够实现对特定稀有气体如氩、氖、氙的选择性吸附。这些材料在低温条件下具有优异的吸附能力，确保了稀有气体的稳定储存，同时具备良好的吸附-解吸循环性能，支持高效的气体回收和再利用。此外，由于高比表面积，单原子催化材料可以在较小体积内实现高密度储存，有效降低储存成本并节约空间，满足工业和科研对高效、低成本、安全稳定的稀有气体储存需求[29]。

另外，单原子催化材料因其独特的结构和化学性质，为天然气净化提供了新的解决方案。天然气作为一种被广泛应用的能源，主要由甲烷组成，但在开采和运输过程中，通常含有二氧化碳、硫化氢以及其他杂质。这些杂质不仅降低了天然气的热效，还可能引起管道腐蚀和环境污染，因此必须在天然气进入使用前有效去除这些杂质。传统的天然气净化技术往往涉及复杂的工艺和较高的运营成本，这促使研究人员寻找更高效、更经济的新方法[30]（图 10.6）。这些材料具有原子级别的均匀和可控的活性位点，使其能够精确调控吸附过程[31]。通过设计和优化单原子催化材料的孔隙结构和表面功能基团，可以制造出具有高度选择性的吸附剂。这些吸附剂能够特异性地捕捉杂质分子如二氧化碳和硫化氢，而不吸附甲烷，从而实现天然气的高效净化。例如，通过向单原子催化材料中引入特定的活性金属中心和调整其电子结构，可以增强其对二氧化碳的亲和力，而对甲烷的吸附影响最小。这样，甲烷作为主要成分得以保留，而杂质被有效去除[32]。此外，对于含硫的杂质如硫化氢，可以通过调整材料的化学组成，增强其对硫化物的选择性吸

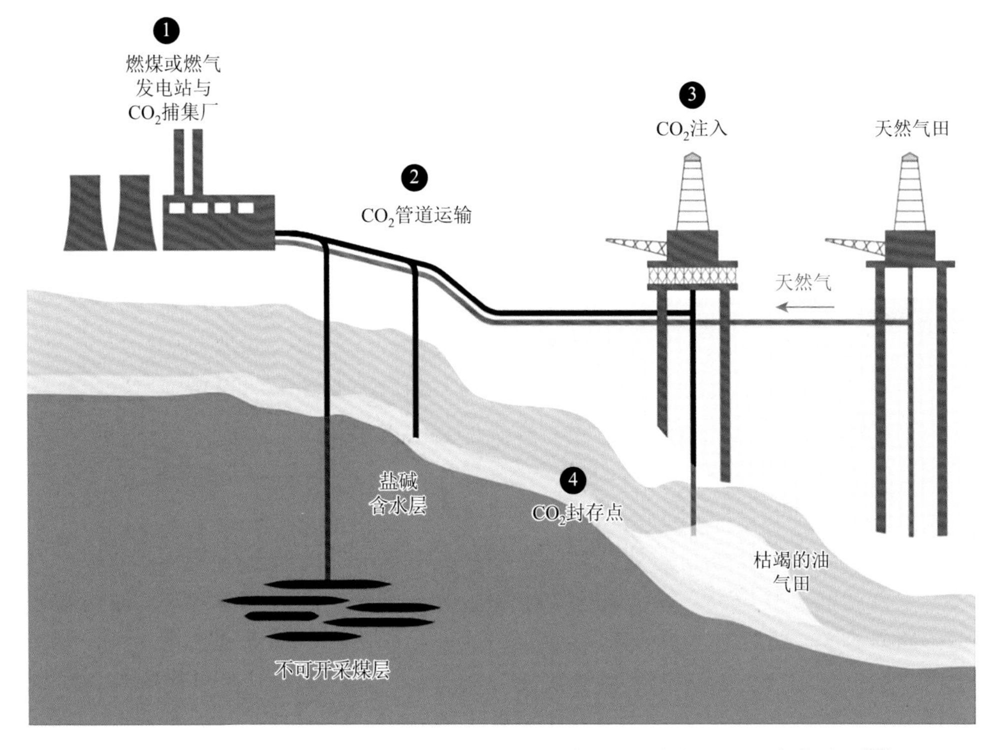

图 10.6　工业用 CO_2 捕集、调节、压缩、运输，并与大气长期隔离的过程[30]

附，进一步提高天然气的纯度和安全性。这种利用单原子催化材料的天然气净化技术不仅能够提高天然气的使用效率和环境友好性，还有望降低净化过程的能源消耗和成本，对于推动可持续能源技术的发展具有重要意义。

不仅如此，在全球气候变化的背景下，控制温室气体排放已成为迫切的环境需求。因为这些材料可以高效地吸附和固定二氧化碳、甲烷等关键温室气体，从而减少它们对环境的影响，所以，单原子催化材料在温室气体的捕获和处理方面展现了巨大的潜力。目前全球大气中的二氧化碳储量超过 2.75 万亿吨，并且全球每年的二氧化碳排放量超过 30 亿吨[33]。因此，从环保和碳资源利用的角度出发，利用单原子催化材料对二氧化碳进行资源化处理具有重要的研究意义。除了二氧化碳，甲烷和一氧化氮等其他温室气体同样对气候变化有显著影响。单原子催化材料通过提高吸附效率和选择性，能够有效捕获和储存这些气体，从而减少它们对环境的负面影响。例如，甲烷是一种比二氧化碳更强的温室气体，单原子催化材料可以通过特定的表面活性位点吸附甲烷分子，有效减少排放。一氧化氮的处理同样重要，这些材料能够吸附并固定这种气体，有助于减少城市和工业区的空气污染。

单原子催化材料因其独特的化学和物理特性，在气体捕获、分离与储存领域展现出卓越的性能。在未来，单原子催化材料的研究和应用将持续深入。随着对这些材料结构和功能的进一步认识，有望开发出更为高效和专业化的单原子催化材料，以满足更广泛的工业和环境需求。特别是在气体处理和环境保护领域，这些材料的优化和创新将为解决全球能源危机和气候变化问题提供关键支撑。未来的研究也将侧重于降低这些材料的生产成本和提高其稳定性，以实现更广泛的商业应用和环境效益。

10.7 可穿戴柔性电子设备

随着可穿戴电子技术的快速进步，特别是柔性、多功能的设备，对能够集成于电路中的轻质、可弯曲的微型储能解决方案的需求正日益增加，无论是在科研领域还是实际应用中都显示出其重要性。目前，柔性电池与微型超级电容器在可穿戴电子产品中极具吸引力，获得了广泛的研究和关注。与柔性电池（包括微型电池和薄膜电池）相比，微型超级电容器展现出更加持久的使用周期，能够实现超过十万次的充放电循环，同时充放电速度快，具备更高的功率密度。而相对于传统的电容器，微型超级电容器以更小的体积和更高的能量密度脱颖而出。尤其值得注意的是，柔性且轻便的芯片式微型超级电容器因其卓越的机械弹性和电化学性能，以及与柔性电子设备进行片上集成的便利性，而受到特别的重视[34]。

超级电容器，作为一种先进的储能器件，因其独有的性能特点在能源存储领域占据了重要地位。这种装置成功填补了传统电容器与离子电池之间的性能空缺，提供了一种高效、可靠的电能存储解决方案。与传统电容器相比，超级电容器拥有更高的能量密度和更大的储能容量，能够在更宽的工作温度范围内稳定运行，并具备更长的使用寿命，这使它们在需要快速充放电的应用场景中尤为突出；相较于离子电池，超级电容器展现出了更高的功率密度，这意味着它们能够在极短的时间内释放大量能量，非常适合用于功率需求高的场合。此外，超级电容器的环境友好性也是其受到欢迎的一个重要原因，它们在使用过程中几乎不产生污染，与当前全球增强环保意识的趋势相契合。而微型柔性超级电容器不仅具有较小的尺寸和重量，便于集成进微型电子设备和可穿戴设备中，并且在材料选择和结构设计上更加注重灵活性和可集成性。这类超级电容器因为具有柔性材料，可以进行印刷、编织或其他形式的微型化处理的结构设计，以适应特定应用需求。微型柔性超级电容器通常能提供相对较高的能量密度，适合快速充放电的小型电子设备使用需求[35]。

美国、日本、俄罗斯、瑞士、韩国、法国等国家对超级电容器的研究和商业化起步较早，美国的Maxwell，日本的NEC、松下、Tokin，俄罗斯的Econd，这些公司占据了全球大部分市场[36]。直到2005年，我国制订了《超级电容器技术标准》，填补了我国超级电容器行业标准的历史空白。同年，中国科学院电工研究所完成了用于光伏发电的超级电容器储能系统的研究开发工作。随着超级电容技术的不断发展，其应用领域不断拓展，市场规模持续扩大[37]。近几年，国内外超级电容器都处于快速发展期，随着市场需求的迅速扩大和国家新能源政策的提出，2022年我国超级电容器市场规模已经高达31.42亿元[38, 39]。近日，西安石油大学材料科学与工程学院金属材料系闫哲博士团队根据柔性可穿戴超级电容器的最新进展，对每个柔性部件的独特机械性能、结构设计和制造方法进行了系统分类、总结和讨论，整理了近期制备高性能柔性电极材料的最新方法，包括水热合成法、真空过滤法、沉积法、丝网印刷法、打印喷涂法和纺丝法等[40]。除此之外，根据中国科学院半导体研究所沈国震研究员与北京科技大学陈娣教授的综述讨论，未来的柔性芯片微型超级电容器面临的挑战和研究重点将是制作具有可拉伸性、自愈性、电致变色和热可逆自保护性能等多功能器件，这也会赋予可穿戴柔性电子设备更多样化的制造策略和使用功能（图10.7）[41]。

尽管有着独特的优势和几十年的发展，可穿戴柔性电子设备在未来依然有需要面对的挑战。可穿戴柔性电子设备自身最主要的缺点就是负责其能源存储和供给的超级电容器与传统电池相比能量较小，能量密度较低，限制了一部分需要以其作为长期能量来源的应用。为了克服这一挑战，研究者一直在探索新的材料和技术以提升超级电容器的性能。近年来，单原子催化剂作为一种新兴的材料，因其具备独特的催化活性和优越的电子性质，被认为是提升超级电容器性能的有

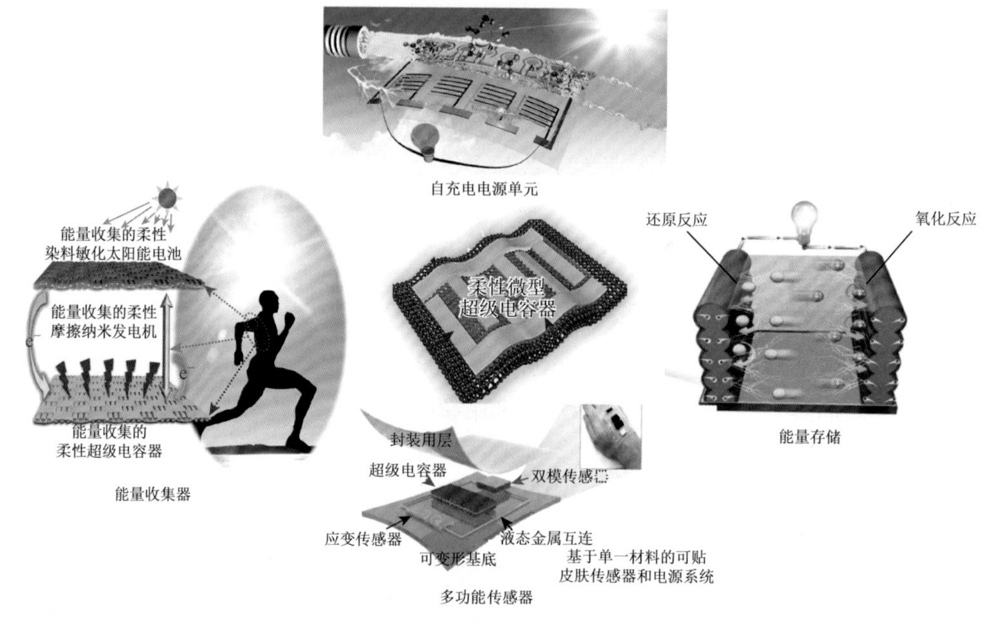

图 10.7　集成了智能可穿戴功能设备的柔性微型超级电容器的示意图[41]

力手段。这些催化剂能够有效增加电极表面的活性位点，提高电荷传输效率，从而显著提升超级电容器的能量密度和电容性能。同时，单原子催化剂还有望增强超级电容器的循环稳定性和可靠性，进一步延长其使用寿命。值得注意的是，单原子催化剂在提升超级电容器性能方面的应用并不局限于单一种类。例如，单原子锌被证明能有效提高超级电容器的性能，但科研人员并未停止探索，他们正在研究更多种类的单原子催化剂，如铁、钴、镍等，以期找到更优的解决方案[42]。未来，通过对单原子催化剂的种类、负载量和分布的深入优化，有望进一步提高超级电容器的电容性能和能量密度，为高性能柔性储能设备的开发提供新的可能性。这不仅将促进超级电容器技术的广泛应用，也将为全球能源转型和绿色发展贡献重要力量。因此，尽管面临挑战，基于单原子催化剂的超级电容器无疑是未来储能技术发展的一个重要方向，随着这些技术的不断成熟和优化，基于单原子催化剂的超级电容器不仅有望在便携式柔性电子设备中大放异彩，也有望在电动汽车、可再生能源存储系统，以及电力系统的调节和备用电源等领域发挥更加重要的作用[43]。

10.8 光伏器件

光伏器件通过将太阳能转换为电能，为解决全球能源需求提供了解决方案。随着能源需求的增长和环境保护意识的提高，高效且经济的光伏技术发展至关重要。光伏效应是指光照射半导体材料时，产生电压和电流的现象，这是光伏器件工作的基本原理。早期的光伏技术主要基于单晶硅和多晶硅材料，它们具有较高的能量转换效率但成本相对较高。随着研究的进展，薄膜太阳能电池、染料敏化太阳能电池和钙钛矿太阳能电池等新型光伏技术相继出现，这些技术在降低成本和提高可用性方面展现出巨大潜力。

在这一背景下，单原子催化剂因其卓越的催化效率和性能优势，在光伏领域引起了广泛关注。这些催化剂以其独特的原子级催化活性和可控的电子性质，预示着光伏技术的革新。单原子催化剂由单个原子构成活性位点，这些原子均匀分散在载体材料上，具有极高的催化活性和选择性。相比于传统的纳米粒子催化剂，单原子催化剂具有更高的表面活性位点利用率；此外，它们的物理化学性质，如电子结构和反应活性等，可以通过载体的调控和配位环境的优化来精确控制[44]。单原子催化剂在光伏器件中的应用主要集中在提高光电转换效率和稳定性上。例如，在光电极的设计中，单原子催化剂可以用于修饰电极材料，提高电子注入效率和减少能量损失（图 10.8）。另外，在钙钛矿太阳能电池中，通过引入单原子可以优化界面电荷转移，从而增强器件的长期稳定性和光电性能。而在目前的前沿研究中，研究者尝试用碳材料负载 Mo 单原子来催化混合光伏阴极的$[Co(bpy)_3]^{2+/3+}$（bipyridine，bpy）的氧化还原反应，用以代替贵金属 Pt。研究发现混合光伏器件表现出了更优秀的功率转化效率和长期稳定性，这样的高催化性能可以归因于$[Co(bpy)_3]^{2+/3+}$在单原子催化剂上的相对低吸附能，以及从单原子催化剂到$[Co(bpy)_3]^{2+/3+}$氧化还原电对的便捷电荷转移过程[45]。再者，多孔碳基负载的 Ni 单原子催化剂在三碘化物、碘化物混合光伏中同样展现出了与 Pt 电极相媲美的性能，这些工作都对高效低成本的混合光伏做出了重大突破，将为太阳能转换应用中的单原子催化剂奠定新的平台[46]。

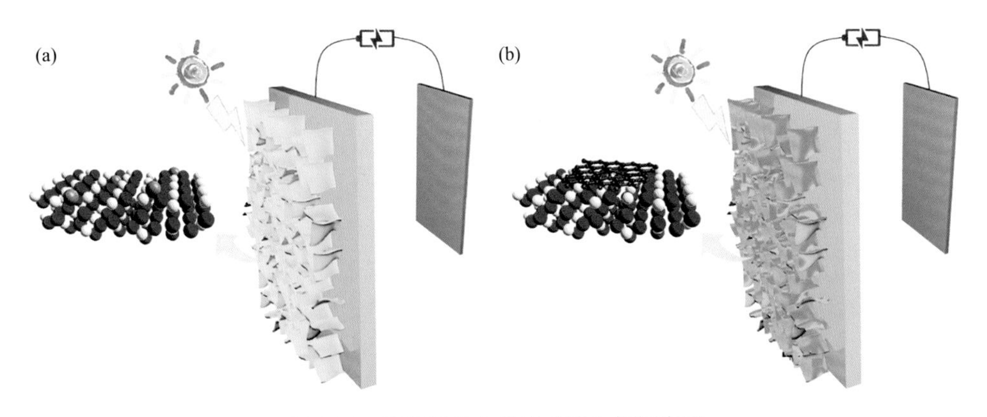

图 10.8　光伏器件中单原子催化剂的应用

（a）基于单原子催化剂制备的光电极的应用；（b）单原子助催化剂与光电极桥接的应用[44]

除了混合光伏之外，量子点（quantum dot，QD）光伏器件因其独特的光电特性，如通过尺寸控制可调节带隙、高摩尔吸光系数、多重激子产生等，而被认为是具有前景的太阳能转换设备的杰出代表。如今，这类太阳能电池也在单原子催化剂的辅助下得到了迅猛发展。通常，一个典型的 QD 光伏器件由一个 QD 光阳极、含有多硫化物氧化还原的电解液和一个含有高效催化剂的光阴极组成，其中催化剂用于催化多硫化物还原反应。硫化物/多硫化物氧化还原对因在 QD 纳米晶体的完美稳定效果以及与适宜能级匹配而在 QD 光伏中得到了集中研究。光阴极的主要功能之一是在催化剂/电解液界面高效催化硫化物/多硫化物氧化还原[47]。因此，理想的催化剂应具有优异的电导率、在多硫化物电解液中高的化学稳定性，以及对多硫化物还原反应的完美催化性能。然而，传统的 Pt 对多硫化物还原反应不活跃，因为硫化物可以与 Pt 配位，这种不利影响导致 QD 光伏的功率转换效率偏低。作为 Pt 的替代物，单原子催化剂由于独特的金属配位环境和特殊的电子结构，在各种反应中均展现出巨大的潜在催化性能优势，其中碳负载的铁单原子催化剂由于对多硫化物还原反应具有出色的活性优势，且表面电势与多硫化物氧化还原对非常匹配，已被开发为 QD 光伏中多硫化物还原反应的高效催化剂[48]。

通常来说，单原子催化剂的优点包括催化活性高、选择性高以及具备原子级的反应控制能力，这些特性使其在提高光伏器件性能方面具有显著潜力。然而，这些催化剂也存在一些挑战，包括高成本、复杂的合成过程以及在实际应用中的稳定性问题。未来的研究将致力于解决单原子催化剂在光伏应用中面临的挑战，包括通过新的合成策略降低成本、改善稳定性以及提高其在不同光伏系统中的兼容性和效率。随着对单原子催化剂物理化学性质的深入理解和技术的进步，它们在光伏器件中的应用有望在未来实现更大的突破。

总结与展望

本章详细介绍和探讨了单原子催化材料的应用现状与前景，凭借其在众多领域中受到的广泛探索和深刻的潜在影响，单原子催化材料向我们揭示了其在现代科技中蕴含的巨大可能性。这些材料不仅在已知的应用领域中表现卓越，也在科学的新领域和未知前沿展现出极大的探索潜力。随着材料科学的不断进步和创新，这些材料的研究正在打开新的科学大门，从生物基因工程到交通航天动力系统，从环境改造和治理再到可穿戴柔性电子设备和光伏器件，单原子催化材料以其独特的性质和催化原理，正逐渐渗透生活的方方面面。

在仿生药物领域，单原子催化材料以其高可控性和高效的催化活性，为药物合成提供了新的思路和方法，为人类的健康事业做出贡献。而在电化学生物传感器方面，单原子催化材料的高灵敏度和选择性使生物检测更加准确、快速，为医学诊断和疾病治疗提供了有力支持。在基因编辑方面，这些材料通过提高CRISPR-Cas9 等技术的编辑效率和精确度，为精准医疗和基因疗法提供了新的可能性。在交通航天动力系统领域，单原子催化材料以其出色的催化性能和稳定性，为燃料的高效利用和排放物的减少提供了新的解决方案，为环保出行和可持续发展做出了贡献。同时，在净化装置中，单原子催化材料的高效催化作用使污染物的去除更加彻底，创造了更加清洁、健康的生活环境。此外，在气体捕获、分离与储存方面，单原子催化材料的独特结构和高选择性能够有效地分离和储存关键气体如甲烷、二氧化碳，以及稀有气体，从而提高能源效率和环境质量。最后，在可穿戴柔性电子设备和光伏器件领域，单原子催化材料的应用也展现出了巨大的潜力。其独特的物理化学性质使这些设备在性能上得到了显著提升，为生活带来了更多的便利和可能性。

展望未来，单原子催化材料的研究与应用将不断扩展到更加广阔和深入的领域。在人们构想的未来蓝图中，这些材料在量子计算与信息存储方面将发挥关键作用，特别是在量子比特的稳定与高效信息存取中，具体而言，单原子催化材料的独特性在于其原子级的精确控制能力和极高的表面活性，使它们能够在量子比特的制造和操作中提供高效的电子和光子互作用，从而提升量子比特的稳定性和信息存取效率。这些独特的量子效应和电子性质，如单原子层的高度局域化电子态和优化的能带结构，预示着它们在推动量子计算机发展方面存在巨大潜力。

同时，单原子催化材料的可调控性赋予其在开发具有自我修复功能的智能材料方面的潜在价值。这些材料可以通过调控其化学和物理性质来设计反应外部刺激（如温度、压力、化学物质的存在等）的自适应行为，实现对损伤的自动检测和响应。这种高度的可控性和响应性使单原子催化材料在生产更高效、更持久的智能材料方面显示出前所未有的潜力。

不仅如此，在未来激烈的国际太空竞争中，太空动力系统及高效能量转换和生命支持系统的应用很可能离不开单原子催化剂的贡献，因为这种材料能够极大地提高化学反应的效率和选择性。催化效率高意味着能够在低温和低压条件下促进反应，这对于太空环境中资源的有限性和能源需求尤为重要。此外，它们的高稳定性也确保了极端环境下的可靠性，这对于深空探测和外星资源开发或许至关重要。

最后，单原子催化剂由于其原子级的尺寸和特殊的物理性质，理论上能够在纳米尺度上调控声波的行为，这意味着它们可能对声学材料具有潜在的应用价值。声学材料是指利用材料的声学特性控制和操纵声波的传播。这些材料在噪声控制、声传感器以及更高级的声波操纵等领域有广泛的应用。在科学家的构想中，单原子催化剂在声学材料中的应用主要是利用其独特的机械性能和声学性质。例如，单原子层可以用于制造极薄的声学屏障，这些屏障能有效地调控声波的反射、吸收和传输。此外，单原子催化剂的高表面活性和可调控的表面性质也使其成为制备高灵敏度声传感器的理想材料，这种传感器有望在医学、环境监测及工业应用中发挥重要作用。

总之，单原子催化材料以其卓越的性能和广泛的应用前景，正逐渐改变我们的生活。未来，随着科学技术的不断进步和研究的深入，以及跨学科合作的加强，有理由相信，单原子催化材料将在更多领域发挥重要作用，为人类社会的进步和发展贡献更多的力量。从能源转换到疾病治疗，从环境保护到新材料开发，单原子催化材料将继续作为科研和工业领域的热点，推动全球科技革新的浪潮，为建设更加美好的未来奠定坚实的基础。

参考文献

[1] Zhao Y，Zhou H，Zhu X，et al. Simultaneous oxidative and reductive reactions in one system by atomic design. Nature Catalysis，2021，4（2）：134-143.

[2] Lu X，Kuai L，Huang F，et al. Single-atom catalysts-based catalytic ROS clearance for efficient psoriasis treatment and relapse prevention via restoring ESR1. Nature Communications，2023，14（1）：6767.

[3] Bai J，Feng Y，Li W，et al. Alternative copper-based single-atom nanozyme with superior multienzyme activities and NIR-Ⅱ responsiveness to fight against deep tissue infections. Research，2023，6：0031.

[4] Yang J，Zhang R，Zhao H，et al. Bioinspired copper single-atom nanozyme as a superoxide dismutase-like antioxidant for sepsis treatment. Exploration，2022，2（4）：20210267.

[5] Zhang X，Li G，Chen G，et al. Single-atom nanozymes：A rising star for biosensing and biomedicine. Coordination Chemistry Reviews，2020，418：213376.

[6] Pan C，Wu F，Mao J，et al. Highly stable and selective sensing of hydrogen sulfide in living mouse brain with NiN_4 single-atom catalyst-based galvanic redox potentiometry. Journal of the American Chemical Society，2022，144（32）：14678-14686.

[7] 蒋嘉彦，朱芳，李聪，等. 2021年生命科学热点回眸. 科技导报，2022，40（1）：96-112.

[8] Bhattacharjee G，Gohil N，Khambhati K，et al. Current approaches in CRISPR-Cas9 mediated gene editing for biomedical and therapeutic applications. Journal of Controlled Release，2022，343：703-723.

[9] Bhattacharjee G，Gohil N，Lam N L，et al. CRISPR-based diagnostics for detection of pathogens. Progress in Molecular Biology and Translational Science，2021，181：45-57.

[10] 刘超，李志伟，张艳桥. CRISPR/Cas9基因编辑系统在肿瘤研究中的应用进展. 中国肺癌杂志，2015，18（9）：571.

[11] Song X，Yu L，Chen L，et al. Catalytic biomaterials. Accounts of Materials Research，2024，5（3）：271-285.

[12] 刘奇奇，王春玉，齐天翊，等. 合成生物纳米酶. 合成生物学，2022，3（2）：320.

[13] Xiang H，Feng W，Chen Y. Single-atom catalysts in catalytic biomedicine. Advanced Materials，2020，32（8）：1905994.

[14] Peng C，Pang R，Li J，et al. Current advances on the single-atom nanozyme and its bioapplications. Advanced Materials，2024，36（10）：221172.

[15] 向蓬林，李贞惠. 新能源汽车构造与原理. 重庆：重庆大学电子音像出版社，2019.

[16] Wang J，Zhang B，Zheng X，et al. Pt single atoms coupled with Ru nanoclusters enable robust hydrogen oxidation for high-performance anion exchange membrane fuel cells. Nano Research，2024，17：6147-6156.

[17] 佚名. 航空航天和国防领域燃料电池市场：现状分析与预测（2022—2030）. https://cn.gii.tw/report/umi1333877-fuel- cells-aerospace-defense-market-current.html. 2023-7-30.

[18] 迭名. 分析|全球氢动力飞机产业发展对航空供应链的影响. https://www.chinaerospace.com/article/show/837812869439e66d03064fef1ae3412b. 2024-03-07.

[19] 国家发展和改革委员会，国家能源局. 氢能产业发展中长期规划（2021—2035 年）. https://www.ndrc.gov.cn/xxgk/zcfb/ghwb/202203/t20220323_1320038.html. 2022-03-23.

[20] Jiao K，Xuan J，Du Q，et al. Designing the next generation of proton-exchange membrane fuel cells. Nature，2021，595（7867）：361-369.

[21] Ren X，Wang Y，Liu A，et al. Current progress and performance improvement of Pt/C catalysts for fuel cells. Journal of Materials Chemistry A，2020，8（46）：24284-306.

[22] 刘应都，郭红霞，欧阳晓平. 氢燃料电池技术发展现状及未来展望. 中国工程科学，2021，23（4）：162-171.

[23] 郭博文，罗聃，周红军. 可再生能源电解制氢技术及催化剂的研究进展. 化工进展，2021，40（6）：2933-2951.

[24] 张鹏，李佳烨，潘原. 单原子催化剂在氢燃料电池阴极氧还原反应中的研究进展. 太阳能学报，2022，43（6）：306.

[25] Lu Y，Zhang Z，Lin F，et al. Single-atom automobile exhaust catalysts. ChemNanoMat，2020，6（12）：1659-1682.

[26] 丁辉，王宪琴. 一种室内空气净化的单原子催化剂的制备方法. CN106622227 A. 2017-05-10.

[27] Xu J，Zheng X，Feng Z，et al. Organic wastewater treatment by a single-atom catalyst and electrolytically produced H_2O_2. Nature Sustainability，2021，4（3）：233-241.

[28] 陈润道，郑芳，郭立东，等. 稀有气体 Xe/Kr 吸附分离研究进展. 化工学报，2021，72（1）：14-26.

[29] 刘博煜，龚有进，刘强，等. 新型多孔材料在惰性气体 Xe/Kr 分离中的应用. 材料导报，2018，31（19）：51-59.

[30] Haszeldine S，Bryant S，Fennel P，et al. 二氧化碳的捕集和封存：通往电力与工业净零排放之路. https://royalsociety.org/-/media/about-us/international/climate-science-solutions-chinese/climate-science-solutions-ccs-chinese-translation.pdf. 2021-6.

[31] 杨文远，梁红，乔智威. 高通量筛选金属-有机框架：分离天然气中的硫化氢和二氧化碳. 化学学报，2018，76（10）：785.

[32] Li H，Pan F，Qin C，et al. Porous organic polymers-based single-atom catalysts for sustainable energy-related electrocatalysis. Advanced Energy Materials，2023，13（28）：2301378.

[33] Gao P，Li S，Bu X，et al. Direct conversion of CO_2 into liquid fuels with high selectivity over a bifunctional catalyst. Nature Chemistry，2017，9：1019-1024.

[34] 宋忠乾，韩方杰，孔惠君，等. 柔性可穿戴传感器件与储能器件的发展现状与挑战. 电化学，2019，3：326-339.

[35] 李艳. 基于柔性电子技术的可穿戴产品系统设计与实现. 微型电脑应用，2018，34（10）：68-70.

[36] 迭名. 中国超级电容器行业发展现状分析：新能源汽车快速发展刺激市场需求增长. https://bg.qianzhan.com/trends/detail/506/190102-48c17fc1.html. 2019-01-02.

[37] 迭名. 2023-2029 年中国超级电容器行业全景调研及竞争格局预测报告. https://www.sohu.com/a/616800745_121308133. 2022-12-13.

[38] Huang S，Zhu X，Sarkar S，et al. Challenges and opportunities for supercapacitors. APL Materials，2019，7（10）：100901.

[39] Lasrado D，Ahankari S，Kar K K，et al. Handbook of Nanocomposite Supercapacitor Materials Ⅲ：Selection. Springer Series in Materials Science 2021，313：329-365.

[40] Yan Z，Luo S，Li Q，et al. Recent advances in flexible wearable supercapacitors：Properties，fabrication，and applications. Advanced Science，2024，11（8）：2302172.

[41] Jia R，Shen G，Qu F，et al. Flexible on-chip micro-supercapacitors：Efficient power units for wearable electronics. Energy Storage Materials，2020，27：169-186.

[42] Li Z，Wang D，Li H，et al. Single-atom Zn for boosting supercapacitor performance. Nano Research，2022，15：1715-1124.

[43] Olabi A G，Abbas Q，Al Makky A，et al. Supercapacitors as next generation energy storage devices：Properties and applications. Energy，2022，248（1）：123617.

[44] Liu D，Wan X，Kong T，et al. Single-atom-based catalysts for photoelectrocatalysis：Challenges and opportunities. Journal of Materials Chemistry A，2022，10（11）：5878-5888.

[45] Liu X，Wang H，Li W，et al. Molybdenum-single atom catalyst for high-efficiency cobalt(Ⅲ)/(Ⅱ)-mediated hybrid photovoltaics. ACS Applied Energy Materials，2022，5（10）：12991-12998.

[46] Lin D，Jiang R，Ma P，et al. Nickel-based single-atom catalyst toward triiodide reduction reaction in hybrid photovoltaics. ACS Sustainable Chemistry & Engineering，2021，9（11）：4256-4261.

[47] 王森阳，张兆有，孙杰，等. NiO 光电阴极膜厚对量子点敏化太阳能电池性能的影响. 河北大学学报（自然科学版），2023，43（5）：492.

[48] Li L，Lin Y，Xia Y，et al. Fe single atom catalysts promoting polysulfide redox reduction in quantum dot photovoltaics. Nano Letters，2023，23（11）：5123-5130.

关键词索引